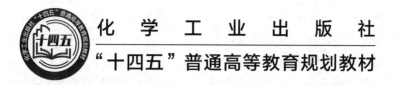

化 学 工 业 出 版 社
"十四五"普通高等教育规划教材

农业机械学

NONGYE JIXIEXUE

第2版

张 强◎主编　　梁留锁　张劲松◎副主编

U0296708

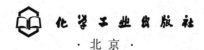

化学工业出版社
·北京·

内 容 简 介

本书依据农作物生产作业过程，介绍了各作业环节农业机械相关技术，主要包括作物播种前的土壤耕作机械，作物播种施肥机械、移栽机械，作物生长过程中的田间管理机械，农作物成熟后的稻麦收获机械、玉米收获机械、其他经济作物收获机械，谷物清选与种子加工机械，谷物干燥机，设施农业机械等内容，并对各农业机械装备的工作原理、基本类型、结构、主要设计参数确定方法等进行了系统介绍，为读者熟悉现代农业机械的发展现状与趋势，掌握农业机械的典型工作原理、设计原则、分析方法等奠定了基础。

本书可作为高等学校农业机械及其自动化专业、农业工程类专业、智能农机装备技术专业本科生、研究生教材或教学参考书，也可供从事农业机械设计、研究、创新、开发制造、试验和使用维护等工程技术人员的使用与参考。

图书在版编目（CIP）数据

农业机械学/张强主编；梁留锁，张劲松副主编. —2
版. —北京：化学工业出版社，2024.2
ISBN 978-7-122-44704-3

Ⅰ.①农…　Ⅱ.①张…②梁…③张…　Ⅲ.①农业机械
Ⅳ.①S22

中国国家版本馆 CIP 数据核字（2024）第 001393 号

责任编辑：周　红
责任校对：刘曦阳　　　　　　　　装帧设计：王晓宇

出版发行：化学工业出版社
　　　　　（北京市东城区青年湖南街 13 号　邮政编码 100011）
印　　装：河北鑫兆源印刷有限公司
787mm×1092mm　1/16　印张 21　字数 547 千字
2024 年 4 月北京第 2 版第 1 次印刷

购书咨询：010-64518888　　　　　售后服务：010-64518899
网　　址：http://www.cip.com.cn
凡购买本书，如有缺损质量问题，本社销售中心负责调换。

定　　价：79.00 元　　　　　　　　版权所有　违者必究

前言

随着农业工程及其关联技术的进步，农业机械已经成为我国现代农业生产的重要物质基础，农业机械化更是农业现代化的重要组成部分和标志。特别是随着我国现代化与城镇化进程的推进，农村大量青壮年劳动力涌向了城市，导致从事农业生产人员减少和高龄化及女性化进一步发展，使得我国农业生产方式已经发生重大变革，农业机械已经成为农业生产过程中不可或缺的重要载体。我国作为一个农业大国，农业机械化发展水平虽然已经进入中级阶段，但相对发达国家来说还有差距，现代农业机械设计制造理论技术还有待提高。要实现我国农业现代化，向农业强国发展以及增强农业综合生产能力，保障国家粮食安全和促进农民增收，促进传统农业向现代农业转变的关键是需要大力发展农业机械，采用最先进的科学技术提高农业机械的研究和设计水平，建立农业机械的数字化设计理论、方法及软件平台，使我国农业机械实现跨越式发展，这也是促进早日实现农业机械化和实施国家农业中长期科技发展战略的重要措施。

本教材以农作物生产过程为基础，针对土壤耕作、施肥、播种、移栽、田间管理、收获、谷物清选与种子加工、谷物干燥以及设施农业等主要生产环节所使用的典型机械装备，进行功能、工作原理、结构、设计计算等详细介绍。本次修订对第一版教材进行了有关内容的更新、完善，并删除了陈旧落后的内容，融入大国三农情怀、国家粮食安全保障和乡村振兴战略内容。提升工程师意识、工匠精神，崇尚科学精神，增强水土保护、双减和生态环境保护意识，重新凝练部分思考题。教材的第1章～第4章由张强编写；第5章、第8章、第9章由张劲松编写；第6章由梁留锁编写；第7章由邹猛编写。参与本教材插图及文字校核整理工作的还有韩丽曼、于路路、张莉等。教材由周德义审核。

本教材为吉林大学本科"十四五"规划教材项目资助出版。

教材编写过程中参考了相关资料，特别是典型农业机械部分的编写，谨对相关作者和编者表示衷心感谢。

由于水平有限，书中难免存在不妥之处，敬请读者批评指正。

编　者

目录

第 **1** 章　概论　001

1.1　农业机械学的意义　001
1.2　农业机械在农业生产中的作用　001
1.3　农业机械分类　003
1.4　农业机械特性与农业机械创新　003
1.5　农业机械化发展的必然　004
1.6　本课程学习内容和方法　005
复习思考题　005

第 **2** 章　土壤耕作机械　006

2.1　土壤耕作的意义　006
　2.1.1　土壤耕作目的　006
　2.1.2　土壤性质　006
　2.1.3　土壤耕作方法分类　009
　2.1.4　土壤耕作机械种类　010
2.2　犁　010
　2.2.1　铧式犁的种类及特点　010
　2.2.2　铧式犁的主要部件　011
　2.2.3　其他类型的犁　014
　2.2.4　铧式犁工作原理　016
　2.2.5　铧式犁的犁体曲面　018
　2.2.6　犁的牵引阻力　020
　2.2.7　铧式犁的挂接与调整　022
　2.2.8　悬挂犁　025
　2.2.9　各种犁耕方法的利用与保护性土壤耕作　033
2.3　旋耕机　034
　2.3.1　旋耕机的种类及特点　034
　2.3.2　旋耕机的构造及工作原理　034
　2.3.3　旋耕刀运动与耕地作用　037
　2.3.4　旋耕阻力　040
　2.3.5　旋耕机功耗与配置　041
2.4　深松机　043

　　2.4.1　深松机具的种类与构造　　043
　　2.4.2　深松铲　　044
2.5　碎土整地机械　　044
　　2.5.1　圆盘耙　　044
　　2.5.2　水田耙　　050
　　2.5.3　齿耙　　052
　　2.5.4　镇压机械　　054
复习思考题　　055

第 3 章　施肥播种机械　　056

3.1　肥料种类与施用方法　　056
　　3.1.1　肥料种类　　056
　　3.1.2　化学肥料特性　　056
　　3.1.3　肥料的施用方法　　057
3.2　施肥机　　057
　　3.2.1　厩肥撒布机　　057
　　3.2.2　粉末施肥机　　058
　　3.2.3　颗粒肥料撒布机　　059
　　3.2.4　液肥撒布机　　060
3.3　化肥排肥器　　063
　　3.3.1　排肥器农业技术要求　　063
　　3.3.2　化肥排肥器主要类型及其性能特点　　063
3.4　制粒肥机　　066
　　3.4.1　颗粒肥料特点　　066
　　3.4.2　制粒肥机的种类及构造　　066
3.5　播种机　　068
　　3.5.1　播种方法　　068
　　3.5.2　播种作业的农业技术要求　　069
　　3.5.3　播种机类型及其构造　　070
　　3.5.4　播种机排种器　　074
　　3.5.5　播种机开沟器　　085
　　3.5.6　播种机其他辅助部件　　087
　　3.5.7　播种机总体设计　　090
　　3.5.8　播种机的使用与调整　　090
复习思考题　　093

第 4 章　移栽机械　　094

4.1　概述　　094
4.2　育苗法　　094
　　4.2.1　水稻育秧的农艺要求　　094
　　4.2.2　水稻育秧设备　　095

4.3　移栽机　098
　　4.3.1　水稻插秧机　098
　　4.3.2　水稻钵苗移栽机　105
　　4.3.3　旱地移栽机　109
　　4.3.4　嫁接机　112
复习思考题　116

第 5 章　田间管理作业机　117

5.1　栽培管理机械　117
　　5.1.1　除草技术及其发展趋势　117
　　5.1.2　铺膜机　119
　　5.1.3　中耕除草机　120
　　5.1.4　间苗机　123
　　5.1.5　水田除草机　124
　　5.1.6　农田水管理用机械　127
5.2　植物保护机械　139
　　5.2.1　喷雾机　140
　　5.2.2　撒粉撒粒机　145
　　5.2.3　风力式喷雾机　145
　　5.2.4　烟雾机　149
　　5.2.5　静电喷雾　150
　　5.2.6　航空喷药　151
　　5.2.7　土壤消毒机　153
复习思考题　153

第 6 章　收获机械　154

6.1　概述　154
6.2　谷物收获机械　154
　　6.2.1　谷物生物学特性及谷物收获的农业技术要求　154
　　6.2.2　收割机　156
　　6.2.3　脱粒机　175
　　6.2.4　谷物联合收获机　200
　　6.2.5　谷物联合收获机的总体设计　222
　　6.2.6　玉米收获机械　228
6.3　蔬菜水果收获机械　239
　　6.3.1　蔬菜收获机械　239
　　6.3.2　果品收获机械　242
6.4　经济作物收获机械　243
　　6.4.1　棉花收获机械　243
　　6.4.2　甜菜收获机械　245
　　6.4.3　甘蔗收获机械　248

　　　　6.4.4　花生收获机械　250
　　6.5　牧草收获机　253
　　　　6.5.1　牧草收获工艺　254
　　　　6.5.2　牧草收获机械的种类　255
　　　　6.5.3　割草机　255
　　　　6.5.4　搂草机　257
　　　　6.5.5　捡拾压捆机　259
　　　　6.5.6　青饲料收获机械　263
　　复习思考题　265

第7章　谷物清选与种子加工机械　267

　　7.1　概述　267
　　7.2　清选原理与清选方法　267
　　7.3　清选装置　270
　　7.4　风扇　278
　　　　7.4.1　风扇的基本理论　278
　　　　7.4.2　风扇的计算　284
　　　　7.4.3　横流风机和轴流风机　286
　　7.5　种子加工机械　287
　　　　7.5.1　种子清选原理的确定　287
　　　　7.5.2　常用种子处理机具　288
　　　　7.5.3　种子加工成套设备和种子加工厂　290
　　复习思考题　293

第8章　谷物干燥机械　294

　　8.1　概述　294
　　8.2　干燥基本知识　294
　　8.3　谷物干燥机基本结构　299
　　8.4　谷物干燥机工作装置　308
　　复习思考题　310

第9章　设施农业机械与装备　311

　　9.1　概述　311
　　9.2　设施农业作业机械　312
　　9.3　环境调控设备　318
　　9.4　自动控制技术　321
　　复习思考题　323

参考文献　324

第 1 章

概论

1.1 农业机械学的意义

农业机械（Agricultural Machinery）是指在进行农业生产过程中所使用的动力机器与设备。农业机械学是研究农业机械基本构造、工作原理、理论分析与计算、创新设计以及研究农业生产机械化方式的一门农业工程技术科学。自从拖拉机、耕地机械、种植机械以及联合收获机等农业机械投入农业生产以来，已经历半个多世纪，对促进农业近代化和现代化发展发挥了巨大作用。目前，虽然还有许多农业生产环节依然依靠人力来完成，但是可以预见在不远的将来农业生产将更加离不开农业机械。特别是随着我国现代化与城镇化进程的推进，农村大量男性青壮年劳动力涌向城市，也导致从事农业生产人员的减少和高龄化及女性化的进一步发展。在此背景下，开发应对农业就业人口减少和高龄化发展的智能农业机械也将是重要的研究课题。

农业机械与其他机械不同，其工作对象为农业生产过程中涉及的生物及其生长环境，其中主要包括种子、作物、土壤、牲畜、水、肥料、农药等。这些对象又根据作业地域、作物类别、气候条件和栽培制度以及作业环节的不同差异很大。即使是同一种土壤或同一种作物，在其含水量不同或生产成熟期不同时，它们的物理机械特性也相差悬殊。为了适应不同工作对象的作业要求，农业机械的类型越来越多。由于每种农业机械的作用不同，其结构也不尽相同，而同一类机械又根据作业对象的不同，结构也存在差异。同时，由于农业生产过程中面临季节性限制，常常要求在短时间内完成高强度的作业，而且很多作业是在田间以及行走状态下进行。特别是中国地域辽阔，造成各区域对农机产品的需求不同，这也决定了农业机械的适应性与地域、土壤、气候、农艺等密切相关，发达国家成熟机型不一定适应我国各地的作业条件，因此自主研发农业机械不但是为了知识产权竞争，更是为了适应本地农业生产的需求。目前从全世界范围来看，如果要实现农业生产过程的全面、全程机械化，需要7000种左右的农机品种。因此，研究开发能够应对各种农业生产作业，具有高性能、高可靠性以及高度智能化功能的农业机械将越来越重要。

我国作为一个农业大国，全面综合农业机械化率相对发达国家来说还很低，现代农业机械设计制造理论技术还有待提高。要实现我国农业现代化，向农业强国发展以及增强农业综合生产能力，保障国家粮食安全和促进乡村振兴，促进传统农业向现代农业转变，关键是需要大力发展农业机械。采用最先进的科学技术提高农业机械的研究和设计水平，建立农业机械的数字化设计理论、方法及软件平台，使我国农业机械实现跨越式发展，是早日实现农业机械化和实施国家农业中长期科技发展战略的重要措施。

1.2 农业机械在农业生产中的作用

农业机械改变了传统农业生产艰辛和工作环境恶劣的局面，它不但是农业生产水平的标志，也促进了农业生产力发展。它在农业生产中的作用主要体现在以下几个方面：

（1）降低劳动强度，改善劳动条件

采用农业机械进行农业生产，可以将农业生产者从重体力劳动中解放出来，降低劳动强度，改善劳动条件。特别是在设计现代农业机械时，更加注重充分考虑操作者的因素。从人机工程学角度设计出舒适、操作简单、安全可靠的农业机械工作环境，例如设计拖拉机和联合收获机的驾驶室时，充分考虑了减振、降噪、空调、仪表显示等功能。为了减振将驾驶室固定在减振装置上，实现阻隔噪声与振动；驾驶室内层面料为可清洗的隔声面料，有效地降低噪声；为了给操作者提供舒适的工作环境，驾驶室内配备空调系统；为了能自动完成一些复杂的操作，并有效地降低操作人员的劳动强度和紧张程度，有些机器上配备了完善的电子监测、计算机控制、自动报警、自动导航等系统。

（2）提高劳动生产率

农业机械以人力、畜力无法比拟的大功率、高速度、高质量进行作业，大幅度提高了劳动生产率。20世纪70年代初期到90年代初期，每个农业劳动力的国民抚养能力，发达国家由15人提高到30～40人，美国2002年提高到127人，而发展中国家仍停滞在3～4人，前者为后者的7～12倍。例如，与1台310kW的大型拖拉机配套组成的高速犁耕机组进行耕地作业，1小时可耕地几十亩，而用畜力犁耕地，1天不过几亩。用1台大型谷物联合收获机收获小麦，1天可收获500～600亩，能抵得上500～600个劳动者的手工作业。由于高效农业机械的使用，农业生产中所需的人力劳动量大大减少。从对世界各国农业经济活动分析对比中可知，农业机械化程度越高，农业劳动生产率也越高。

（3）提高土地产出率与资源利用率

农业机械可以显著提高土地产出率和资源利用率。现代农业机械有利于抢农时、争积温、抗灾害、降成本，而且高性能农业机械可以完成高精度的作业。如种子精选、精量播种、育苗移栽、化学除草、喷药治虫、喷灌、滴灌等，成为实现现代农业技术措施的手段；采用多功能精密播种联合作业机组，可以一次完成整地、施肥、播种、覆土、镇压、喷药等多项作业环节，减少了机组进地次数，节省种子，并保证增产。有的机械作业比传统方式可以节省耕地，如喷灌技术比地面沟灌、漫灌节省耕地达7%～10%，节水50%以上，增产20%～30%。科学施用肥料，能充分发挥肥料的作用，而科学施肥只有使用农业机械才能够实现。

（4）争取时间，不违农时

农业生产中的各个环节，受节气的严格限制。无论是耕地、播种、中耕、施肥、防治病虫害还是收割、脱粒，都必须根据气候条件和作物特性在一定的适宜时间内进行。许多作物的播种期和移栽期都很短，且时间又很集中，必须适时完成，才能保证良好生长。病虫害的发生，需要及时快速采取措施，干旱或洪涝也需及时进行田间喷灌或排灌作业，否则会造成减产甚至绝收。谷物适时收割期一般只有一星期左右，需在此期间内完成收获，否则损失严重，可能还会影响后续生产环节。正是由于农业机械的高效作业，可以在短时间完成大量工作，才能保证"不违农时"，且还可以提高土地复种指数。土地复种指数，也叫种植指数，是指耕地面积上全年内农作物总的种植面积与耕地面积之比，是反映耕地利用程度的指标之一，用百分数表示。

（5）促进了农业新技术的发展

20世纪中叶以后，农业科技取得了一系列重大突破，带动了农业生产长足发展。育种技术、植物矿物质营养学、合成化学等在农业生产中广泛应用，化肥、农药、良种及灌溉技术大幅度提高了农产品产量，新技术在农业上的广泛应用必须依靠农业机械来实现，而农业机械的发展又促进了农业新技术进步。农业技术不断进步和创新，推动了现代农业向前发展。20世纪90年代出现"精准农业"技术概念，农业技术的高难度与机电结合又发展到一个新的历史阶段。以机电为载体的机械电子与农艺的高度紧密结合，包括精准播种、精准灌溉、精准收获、精准平衡施肥、精准土壤测试、精准种子工程、生物动态监控、无人机喷药等技术，根据自然资源的实际状况和植物不同生长期的需要进行土壤耕作、播种、施肥、灌溉和收获。目前提出的智慧农业，也必将推动农业新技术不断进步。

（6）推动了农业的社会化和商品化生产

现代农业是产前、产中和产后紧密结合，产供销一体化的农业。以国内外市场为导向，以提高农业比较效益为中心，呈现出与传统农业迥然不同的新型面貌。完成社会化生产和商品化生产的基本环节是各种先进机械设备和设施，而且由于机械化程度提高，商品化生产、社会化生产也不断扩大。例如种植业的种子精选、烘干、储藏等使用的机械和应用高新技术，向农民提供种子商品；由于大型、高速、高质量机械化机具的出现，耕作、施肥、播种、排灌、植保、收获、运输等，也逐步形成了社会化、专业化服务组织。

（7）防治农业环境破坏与污染

合理正确使用农业机械是保护农业生态环境，减少农业面源污染，实现农业可持续发展的重要支撑。土壤过度耕作或不合理的耕作制度，容易造成土壤侵蚀、水蚀和风蚀；化肥、农药等生产要素的过多施用，是造成地力下降、生态环境失衡的重要原因。运用科学有效的方法，机械化技术手段，革新传统农业耕作模式，减少农业面源污染，增强土壤保护利用，是农业生态环境保护最有效的方法。如利用农业机械实现节肥、节水、节药等资源节约型、环境保护型新技术的实施，不仅节约能耗，有利于减少农药、化肥等生产要素对环境的不利影响，而且对提升地力，改善土壤生态环境，提高农产品品质和产量，提高农业核心竞争力很有好处。低碳经济时代的到来，对环境保护和资源节约提出了更高要求，因此，研发先进适用、智能化、精准化、多功能、高效率的农业机械，逐渐成为新时代技术发展趋势。

1.3 农业机械分类

农业机械也简称为农机，包含农业生产的农、林、牧、副、渔各个部门的产前、产中、产后各环节使用的所有动力机器与设备。涉及种类繁多，通常分为农用动力机器和农用作业机械。农用动力机器是为农用作业机械提供动力，主要包括电动机、发动机和拖拉机。农用作业机械是指农业生产的各种作业环节使用的由动力机器牵引或驱动的机械，通常广义上依据作业用途可以分为种植机械、场地作业机械、农产品加工机械、林业机械、畜牧机械、渔业机械、农田基本建设机械、农业运输机械等。狭义的农业机械是指进行田间或场上作业的农业机械，主要包括农田基本建设机械、土壤耕作机械、播种机械、移栽机械、施肥机械、农田排灌机械、中耕机械、植物保护机械、收获机械、脱粒机械、清选机械、烘干机械等。

1.4 农业机械特性与农业机械创新

（1）作业对象复杂及机械种类繁多

农业机械作业对象是生物及其生长环境。作业对象又根据作业区域、作物类别、自然条件和栽培制度的不同差异很大。为了适应不同作业对象的作业要求以及实现农业生产过程全面机械化，农业机械种类越来越多，也要求农业机械应具有较强的适应性。

（2）作业复杂

大多数农业机械在作业时需要完成一系列作业项目。如播种机在作业时不仅需要将种子按农艺要求均匀地排出种箱外，还要一边前进，一边开沟、覆种、镇压；联合收获机作业时，要连续完成收割、脱粒、分离、清选等作业项目。用于田间作业的各种机械，还必须在移动的同时完成相应作业，从而增加了机器设计上的难度和结构上的复杂性。

（3）作业环境条件差

大多数农业机械是在野外露天场地（旱田、水田）作业，面临烈日、风沙、尘土，有时还受雨淋，也有地面不平或负荷不均，机器所受的振动大，容易变形或疲劳失效，影响使用寿命和可靠性。在室内作业的机器，如饲料粉碎机和食品加工机等，或是粉尘多，或是湿度大，工作条件差。因此农业机械应有较高的产品质量，并且在使用中要加强管理，延长使用寿命。

（4）农业生产季节性强及农业机械使用时间短

许多作物的播种期和收获期都很短，某些农产品（如水果等）收获后的加工期也不长，使得很多农业机械通常是在比较集中的高强度条件下进行作业。因此，既需要农业机械具有较高的可靠性和生产效率，又需要具有多功能，以便实现综合利用，从而降低成本。

（5）农业机械新产品设计

设计制造农业机械新产品一般需要以下过程：设计要求→搜集相关资料→调研→综合分析→寻找创新要素→确定实施方案→寻求设计参数→核心部件制造→台架试验→结构优化→整机设计→样机制造→田间试验→批量生产。农业机械特性决定了农业机械创新具有相当大的难度，不但要求研究者必须掌握机械设计和优化方法以及数学、工程力学、机械学、计算机、图像识别等知识，特别还要求熟悉农业机械化生产实践，了解有关农业物料特性和农艺要求。传统农业机械设计制造方法由于受制于试验环节的季节性要求，往往周期很长，因此随着现代设计方法的飞速发展，特别是虚拟样机、虚拟制造以及有关数字设计、分析软件的不断推陈出新，也促进了农业机械设计制造的快速发展。

农业机械创新一般是指发明新的机器以及进行农业机械化生产工艺的创新。前者主要是发明新的核心工作部件代替传统部件，后者主要是农业机械与农艺相结合的成果。农业机械创新首先要有目标，并且要满足结构简单、可靠，低成本。创新可以在原有基础上进行改进，也可以对原来的部分结构做出重要更改，以及对核心工作部件进行原始创新发明。因此，面对我国农业现代化的发展和提高农产品以及农业机械的竞争能力，更需要进行适合我国农业生产的农业机械创新。

1.5 农业机械化发展的必然

简单地说农业机械化是在适宜使用机器的农业领域，采用适用且先进的农业机械，改造传统农业的技术与经济过程，不断提高农业的生产技术水平和经济效益、生态效益的过程。在农业机械没有普及使用之前，农业就业人员承受着非常繁重的体力劳动，尤其是在播种、移栽和收获季节更是需要进行高强度的劳动，而在喷施农药作业过程中又承受着健康的危害。正是农业机械的普及，使农业就业人员的劳动强度得到减轻，并且劳动生产率与机械化以前相比也得到大幅提高。农业劳动生产率是衡量农业现代化水平的一项重要指标，而农业机械化是提高农业劳动生产率的重要手段。纵观世界农业现代化发展进程，发达国家都是在农业机械化的基础上实现了农业现代化。因此，农业机械化是农业现代化的重要物质基础。

农业机械化显著降低了农业生产劳动强度，改善了农业生产和农业就业人员生活条件，促进了农业生产方式的根本变革，而且可以使农村劳动力有能力、有条件向非农产业输出，进而促进工业化、城镇化、信息化、农业现代化建设，为社会创造更多物质财富，使农业就业人员的收入和农村生活水平也随之得到提高，有利于实现乡村振兴。农业机械化作为提高农业综合生产能力的重要内容和实现农业现代化的必由之路，必将在乡村振兴中发挥极其重要的作用。同时，随着农业就业人员的进一步减少和新时代农业强国建设发展，为农业机械化提供了良好的发展机遇和广阔的施展舞台。为了更好地发挥农业机械化作用，还需要进行合理的农业机械化规划、机械利用费用核算和机械化管理等。

1.6 本课程学习内容和方法

农业机械学是研究农业生产过程中所使用的各种农业机械基本构造、工作原理、理论分析与设计计算，以及研究农业生产机械化方式的一门农业工程技术科学。课程学习要求主要在于使学生掌握常用农业机械结构、工作原理、使用方法，熟悉农业机械新技术、新机具、新理论。在此基础上学习有关农业机械理论、计算和设计方法，学会典型农业机械性能设计，典型工作部件结构设计原则、步骤和方法，培养学生具有农业机械设计、结构对比分析、试验鉴定和新产品开发的能力。

为了学好本课程，学生必须预先掌握已学农业课程中关于耕作、作物栽培等各环节的农业技术要求和措施；掌握机械机构力学原理与计算；掌握机械零件结构、型式和材料（金属和非金属的）的选取以及有关设计和计算；了解土壤、空气和水的动力学性质；掌握计算机辅助设计技术；了解信息测试、采集、控制工程技术等。本课程是一门综合性和实践性很强的课程，需要引导学生应用所学相关课程的知识与技能来分析解决农业机械的理论分析和实际问题。农业机械学内容非常丰富，但受课时所限，课堂讲授只能是少数常用的典型机械，而其他农业机械的类似问题，要求学生充分利用课余时间主动通过自学、参观、阅读有关参考文献、多媒体课件及网络教材等形式进行学习和掌握。

本课程教学方式包括课堂讲授、实验实习、课堂讨论、课程设计等环节。课堂教学以工作原理、基本计算、设计方法及理论分析为主，追求以学生为主体，教师为主导的学生自主学习模式；实验实习以基本构造、工作过程、使用维护、性能实验等为主；采用课堂教学、实验实习、课程设计相结合的教学模式，辅之以专题讲座或学术报告，提高教学质量。如前所述，由于农业机构有许多不同的作业特点，运用所学习到的农业机械知识和技术参数等绝不能生搬硬套，而必须事先彻底了解工作对象、地区、季节以及环境条件等加以分析研究，找出规律，不断通过试验和实践来改善农业机械的运用方法和改进设计。因此，要求学生努力发挥自己的积极性、主观能动性，刻苦钻研，深入思考。

复习思考题

1. 联系我国农业发展现状，说明学习农业机械学的意义。
2. 联系农业生产实际，举例说明农业机械在农业生产中的地位和作用。
3. 举例分析现代农业发展为何必然发展农业机械化。
4. 查阅最新有关农业机械发展及其研究现状和趋势的高水平科研论文，试述对农业机械的认识。

第 2 章

土壤耕作机械

2.1 土壤耕作的意义

2.1.1 土壤耕作目的

农业土壤是人类在农业生产活动中对自然土壤改造的结果。人类通过耕作、施肥、灌溉或排水、施用土壤改良剂、平整土地、栽培农作物等措施，使土壤更适合农作物生长和田间管理，提高农作物土地产出率。土壤耕作是农业生产中最基本也是最重要的工作环节之一，目的就是在农业耕作栽培制度中通过对土壤施加力学作用，为作物生长创造适宜的土壤环境。主要体现在：

① 改善土壤结构，使土壤适度松碎，形成良好的团粒结构，有利于种子发芽和根系生长。

② 改善土壤通气性能，促进有机物质分解，有利于雨水吸收和保持，提高土壤含水性能。

③ 将地表杂草、作物残茬翻扣土下，有利于消灭杂草和病虫害，促进土壤中腐殖质增加和地力持续提高。

④ 增加土壤孔隙度，有利于土壤保温性能提高。

⑤ 将地表做成某种形状（如开沟、作畦、起垄、筑埂等）以利于种植、灌溉、排水或减少土壤侵蚀。

2.1.2 土壤性质

在土壤耕作过程中，通过机械对土壤施加作用力使土壤产生变化，需要了解耕作土壤的物理特性，还必须研究土壤在机械作业过程中所产生的动力特性，即只有在受外力作用时才表现出来的力学特性，也称土壤的动力效应（Dynamic Behavior）。

（1）土壤分类

土壤是由固体、气体和液体组成（称为土壤的固相、液相和气相）的复杂物质。固相部分是由不同大小、形状的固体颗粒组成的，包括粗细不同的矿物质颗粒和与其紧密结合的有机质。在固体颗粒之间的孔隙中，充有水和空气。固体颗粒分类有多种方法。国际土壤学会分类系统中把土壤颗粒分为黏粒（Clay：约 0.002mm）、粉粒（Silt：0.002～0.02mm）、砂粒（Sand：细砂为 0.02～0.2mm，粗砂为 0.2～2mm）。土壤分类也有多种，美国的土壤分类体系，把土壤分为 12 类，我国则通常分为 5 类，分别是黏土、黏壤土、壤土、砂壤土和砂土。随着所含砂粒、粉粒和黏粒成分的不同，土壤具有不同的物理力学性质。土壤中含黏粒成分越多，则土粒之间凝聚力就越大，耕作时土壤不易破碎，耕作阻力也大。相反，砂土和砂质壤土含黏粒成分很少，因此耕作时土壤易于破碎，耕作阻力也较小。

（2）耕层土壤物理特性

① 土壤容重（Soil Bulk Density）是指在自然状态下单位体积土壤的干土重量。土壤容

重与土壤内孔隙度和固体颗粒密度有关。土壤孔隙度指单位容积土壤中孔隙容积所占百分比。土壤孔隙度越大（疏松），则土壤容重越小，土壤结构、透气、透水性能越好，通常耕作层土壤容重为 $1.0\sim1.3\mathrm{g/cm^3}$。土壤容重越大，土壤紧实，加工时工作阻力就比较大；反之，土壤容重越小，土壤松软，工作阻力较小。

② 土壤湿度（Soil Moisture）是表示一定深度土层的土壤干湿程度的物理量，又称土壤水分含量。土壤湿度的高低受农田水分各个分量平衡的制约。土壤湿度决定农作物水分供应状况。土壤湿度过低，则土壤干旱，降低作物产量和品质，严重缺水导致作物凋萎和死亡。土壤湿度过高，则土壤通气性差，使作物根系呼吸、生长等受到阻碍，从而影响作物正常生长。土壤水分的多少还影响田间耕作措施和播种质量，并影响土壤温度高低。

在降雨或灌溉之后，耕作层内的水有一部分在重力作用下，沿着土壤中大孔隙或裂缝向下渗漏，另一部分则在土粒吸附作用和毛细管作用下保持在耕层之内。土壤所能保持的最大水分含量称为"田间持水量"。土壤湿度一般用绝对湿度和相对湿度来表示，土壤绝对湿度为土壤中水分质量与烘干后同体积的土壤质量的比值，可以用公式表示为

$$W=\frac{q-q'}{q'}\times100\%\tag{2-1}$$

式中　q——自然状态下取样土壤质量，kg；

　　　q'——烘干后同体积土壤质量，kg。

因土壤类型不同，田间持水量变化范围相当大。在对比不同类型土壤含水量时，往往用相对湿度来表示。土壤相对湿度即土壤绝对湿度与田间持水量的比值。或者说是自然土壤含水量占田间总持水量的百分数，可以用公式表示为

$$W_0=\frac{W}{W_n}\times100\%\tag{2-2}$$

式中　W_0——土壤相对湿度，%；

　　　W_n——田间持水量，%。

土壤含水量对工作阻力的影响比较复杂。一般含水量很小时，工作阻力较大；含水量适中时工作阻力较小；含水量较大时，由于土壤的黏结使工作阻力增大；土壤含水量很大时，特别是达到泥浆的程度时工作阻力就会很小。一般对于旱田土壤来说，相对湿度在 40%～60% 的范围内较宜于耕作。

（3）耕层土壤力学特性

① 土壤与金属材料间摩擦系数　土壤与金属材料间摩擦系数与土壤类型、含水量、工作部件的材料性质和表面状况、压强以及运动速度等因素有关。在土壤耕作过程中，土壤耕作部件上产生的土壤与金属间摩擦力 F 通常按下列公式计算：

$$F=fN\tag{2-3}$$

式中　f——摩擦系数；

　　　N——正压力，N。

式（2-3）为刚体摩擦定律，摩擦系数 f 与两个刚体接触面积无关。但耕作状态下土壤并非刚体，而是呈现弹塑性物体，因此，土壤与金属间摩擦系数应由黏附摩擦和摩擦两部分组成，而黏附摩擦和土壤与工作部件接触面积有关。

依据现有研究报告，认为当运动速度在 $0.5\sim4\mathrm{m/s}$ 之间，压强在 $20\sim100\mathrm{kPa}$ 范围内，可用表 2-1 的摩擦系数 f 值作估算，其中序号 1～4 的数值，除砂土外，水分低时取下限，水分高时取上限。砂土则在有一定黏性时，水分高时取下限，水分低时取上限。

表 2-1　土壤与钢材之间的摩擦系数及摩擦角

序号	土壤类型	摩擦系数	摩擦角/(°)
1	砂土及砂壤土（松散）	0.25～0.35	14～19.5
2	砂土及砂壤土（较黏结）	0.50～0.70	26.5～35
3	轻型及中型黏壤土	0.35～0.50	19.5～26.5
4	重型黏壤土及黏土	0.40～0.90	22～42
5	棕壤水稻土（如苏南地区等）	0.90～1.00	42～45
6	极黏重土壤（如云南堡子田）	1.00～1.20	45～50

②土壤强度（Soil Strength）　土壤强度是土壤在外力作用下，由于土壤颗粒间黏结力和颗粒相互位移的摩擦力等影响，尚未引起屈服应变而破坏的最大应力。外力可能是剪切、压缩、拉伸、穿透等作用下的一种或多种，破坏包括断裂、压缩、塑性流动或其他。但由于土壤质地和水分不同，存在固体、散粒体、塑性体以及流体等多种物理状态，其破坏情况完全不同。另外，破坏有复合作用，土壤受压到一定程度时受压土壤与周围土壤之间因剪切而破坏，并在受压外围发生隆起。再者，土壤体内有较多孔隙，难以衡量有效截面积，因此土壤强度值往往波动很大。

a. 土壤坚实度（Soil Compaction）。土壤坚实度是指土粒排列的紧实程度，又称土壤硬度或土壤贯入阻力。土壤坚实度是表征土壤机械抗力综合指标，是指在垂直载荷作用下，土壤不同深度抗压能力。其测定原理是用一定的测头（金属柱塞或探针）垂直压入土层中，测得不同深度的土壤单位面积压力（Pa），称为某一深度的土壤坚实度。土壤坚实度同土壤质地和土壤湿度有密切关系。坚实度越大，土壤承压能力及耕作阻力越大。

b. 土壤凝聚力和附着力。土壤凝聚力和附着力是指土粒之间结合力，其数值与土壤质地、土壤湿度等因素有关，黏土的凝聚力大于砂土。凝聚力大的土壤（重质土）不易破碎，耕作阻力也较大。凝聚力小的土壤（轻质土）容易破碎，耕作阻力较小。

土壤与耕作部件接触面之间的黏结力称为附着力，是因水膜的表面张力造成。因此，附着力也与土壤质地、土壤湿度、接触面的材料和表面粗糙度等因素有关。土壤沿耕地机械工作表面的滑移阻力 T 可表示为

$$T=F+F'=fN+\mu'N'A'　　　　　　　　(2-4)$$

式中　F——摩擦力，N；

　　　F'——附着力，N；

　　　f——土壤对钢的摩擦系数；

　　　N——作用在工作表面上的法向载荷，N；

　　　μ'——附着系数；

　　　N'——由水膜吸附作用而产生的单位面积法向载荷，N/m^2；

　　　A'——吸附水膜的面积，m^2。

当土壤与耕作部件表面的摩擦力和附着力大于土壤凝聚力和土粒之间的摩擦力时，耕作部件的工作表面就会黏土，会使耕作质量变差，并且会增加牵引阻力。需要指出，土壤在一定含水量下表现出有附着性，当附着力达最大值后，若土壤湿度继续增加，则附着力反而下降。

c. 土壤抗剪强度。耕层土壤在土壤耕作部件（如犁体、中耕铲等）作用下所引起的变形，在大多数情况下属于剪切变形。即在外力作用下土粒之间会出现相对位移，而阻止这种相对位移的土壤内部阻力称为土壤的抗剪强度。土壤在耕作部件作用下出现的剪切破坏，其剪应力大致服从库仑定律：

$$\tau=c+\sigma\tan\varphi　　　　　　　　(2-5)$$

式中 τ——剪应力，kN/m^2；

σ——剪切面上的法向正应力，kN/m^2；

c——土壤凝聚力，kN/m^2；

φ——土壤的内摩擦角。

式（2-5）表明土壤产生剪切破坏时，剪应力 τ 与正应力 σ 成正比关系。图 2-1（a）所示在二向受力情况时，则为 σ_1 和 σ_2 综合作用的结果。为了直观表达这种应力状态，莫尔应力圆提供了一个很好的二维应力图解法。如图 2-1（b）所示，以 σ 和 τ 建立直角坐标系，σ_1 和 σ_2 为土壤失效时的二向主应力组，由试验测得。在 σ 轴上截取 σ_1 和 σ_2。以 $\sigma_1 - \sigma_2$ 为直径画圆，此圆即应力圆。在同一土壤中用不同的 σ_1 和 σ_2 值可以画出不同的应力圆，这些圆的公切线即式（2-5）所表示的直线。该直线与 σ 轴的夹角为内摩擦角 φ，在 τ 轴上的截距为凝聚力 c。直线上任意点 P 的坐标分别代表正应力 σ 和剪应力 τ。θ 即表示土壤的破裂面方向。

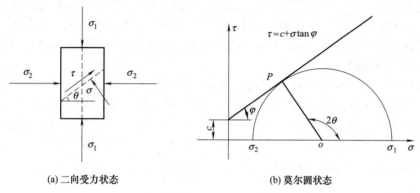

(a) 二向受力状态   (b) 莫尔圆状态

图 2-1　莫尔圆表示的土壤应力状态

抗剪强度是土壤的力学性质之一，在很大程度上决定着土壤耕作能量的消耗，而且与土壤颗粒大小的分布、土壤容重和土壤湿度有很大关系。若土壤中小于 0.02mm 的土粒所占的比例较大，则破坏土粒之间凝聚力所需的载荷也很大，土壤就难以破碎，动力消耗也大。同时，随着土壤容重的增加和土壤湿度的减少，抗剪强度也会增大。

2.1.3　土壤耕作方法分类

土壤耕作（Tillage）方法也称为土壤耕作制度（Soil Cultivatio Regime），土壤耕作分为常规耕作法或精细耕作法、少耕法、免耕法和联合耕作法等。

（1）精细耕作法

精细耕作法（Intensive Tillage）指作物在生产过程中由机械耕翻、耙压和中耕等组成的土壤耕作体系。我国北方旱地过去常采用精耕细作法，在一季作物生长周期内，机具进地进行耕翻、整地、中耕、除草、施肥、喷灌、喷药等多次作业。虽然该方法已通过长期实践检验对有些地区和作物具有很好的适应性，有利于改善土壤的透气性和消灭杂草，并为后续生产环节创造良好的作业环境，但是也存在诸多缺点，主要体现在容易加速土壤的有机质含量降低；土壤侵蚀退化，土层变浅，导致农作物产量降低，农田毁坏严重；土壤压实严重，影响作物的生长和农业的可持续发展。

（2）少耕法

少耕法（Less-tillage）指在常规耕作基础上减少土壤耕作次数和强度的一种保护性土壤耕作体系，有利于保持土壤含水量，防止水土流失，减少能耗和人工用时。少耕法的实质在于减少土壤耕翻作业，使耕层只松不翻，地表土层较紧，不易被雨水冲走，也可抵抗风蚀。深松作业可破坏坚实的耕作底层（又称犁底层），改善耕层结构，调节土壤的固、液、气三相比例，协调其中的水、肥、气、热状况，以适应作物生长。又由于减少耕作次数，大大降低了耕作机组对耕层的压实程度，保持适当的孔隙度，并可减缓土壤内有机质的分解速度，能持续供给腐殖质，促使土壤团粒结构的形成，提高蓄水保肥性能。但应注意水田地的犁底层具有防止水分流失的功能，应该不允许破坏。

（3）免耕法

免耕法（No-tillage，Zero-tillage）是指免除土壤耕作，利用免耕播种机在作物残茬地表直接进行播种，或对作物秸秆和残茬处理后直接播种的一种保护性耕作方法。免耕法是抵御"沙尘暴"和防止水土流失的重要措施。采用免耕法带来的草荒和病虫害，往往需用能消灭多种杂草的广谱型除草剂和高效低毒的农药以防治病虫害和消灭杂草，这样会增加农业生产成本。因此，每隔数年需进行一次土壤的耕翻作业，以克服上述缺点。

（4）联合耕作法

联合耕作法（Combinning Tillage）是指作业机在同一种工作状态下或通过更换某种工作部件一次完成深松、施肥、灭茬、覆盖、起垄、播种、施药等作业的耕作方法，该方法可以提高作业机械的工作效率，并减少机组进地次数，目前受到广大农业种植户的普遍欢迎。

2.1.4　土壤耕作机械种类

目前所使用的土壤耕作机械分为耕地机械（Primary Tillage Equipment）和整地机械（Secondary Tillage Equipment）。耕地机械也称为一次耕作机械，是对整个耕作层进行耕作的机具，主要有铧式犁、圆盘犁、凿形犁、深松机以及兼有耕耙联合作业的联合耕作机械。整地机械也称为二次耕作机械，是对耕地后的浅层表土再次进行耕作的机械，主要有圆盘耙、齿耙、水田耙、镇压器、驱动耙、旋耕机、灭茬机等。

2.2　犁

犁（Plow，Plough）是一种耕地机械，主要功能是松、碎土壤。根据犁的工作原理不同，主要分为铧式犁（Mouldboard Plow）、圆盘犁（Disc Plow）和凿形犁（Chisel Plow）。铧式犁应用历史最长，技术最为成熟，作业范围最广，铧式犁是通过犁体曲面对土壤的切削、碎土和翻扣实现耕地作业。圆盘犁是以球面圆盘作为工作部件的耕作机械，依靠其重量强制入土，入土性能比铧式犁差，土壤阻力小，切断杂草能力强，可适用于开荒、黏重土壤作业，但翻垡及覆盖能力较弱，价格较高。凿形犁，又称深松犁，工作部件为一凿齿形深松铲，利用挤压力破碎土壤，深松犁底层，没有翻垡能力。

2.2.1　铧式犁的种类及特点

以犁铧（Share）为其主要工作部件的犁，称为铧式犁。铧式犁按应用对象可分为旱地犁、水田犁、果园犁等；按重量可分为轻型犁和重型犁；按与拖拉机挂接形式可分为牵引犁、悬挂犁、半悬挂犁。

（1）牵引犁

牵引犁（图 2-2）是发展最早的一种型式。犁和拖拉机通过牵引装置单点挂接，拖拉机的挂接装置对犁只起牵引作用，犁的重量由三个轮子支承。牵引犁由牵引装置、犁架、犁体、犁轮、机械或液压升降机构和调节机构等部件组成。耕地作业时沟轮在前一行程所开出的犁沟中行走，地轮行走在未耕地上，尾轮行走在最后犁体所开出的犁沟中。现代牵引犁具有液压调节机构，作业幅宽大，机具的重量不受拖拉机挂接装置的限制。但是，牵引犁整机较笨重，结构复杂，转弯不方便。

（2）悬挂犁

悬挂犁（图 2-3）是通过悬挂架与拖拉机三点悬挂机构相铰接，靠拖拉机的液压提升机构

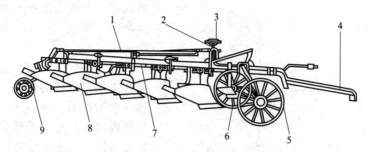

图 2-2　牵引犁

1—尾轮拉杆；2—水平调节手轮；3—深浅调节手轮；4—牵引装置；

5—沟轮；6—地轮；7—犁架；8—犁体；9—尾轮

进行升降。运输时，犁悬挂在拖拉机上，由犁架、悬挂架、犁体、调节装置和限深轮等部件组成。根据拖拉机液压系统的不同型式，犁的耕深可由限深轮或拖拉机液压系统来控制。相对于牵引犁，悬挂犁结构紧凑，机动性好，运输和转弯都很方便；主要缺点是机具重量受拖拉机悬挂系统限制，作业幅宽不能太大，有时会发生偏牵引现象。

（3）半悬挂犁

半悬挂犁（图 2-4）的前端通过悬挂架与拖拉机液压悬挂系统相连，犁的后部设有限深轮及尾轮机构。由工作位置转换到运输位置时，犁的前端由液压提升器提起；当前端抬升一定高度后，通过液压油缸，使尾轮相对于犁架向下运动，于是犁架后部即被抬升，犁的后部重量由尾轮支承。尾轮通过操向杆件与拖拉机悬挂机构的固定臂连接，当机组转弯时，尾轮自动操向。犁的耕深由拖拉机液压系统和限深轮控制。半悬挂犁的优点是比牵引犁结构简单，重量减少 30%，机动性、牵引性能

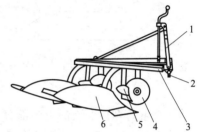

图 2-3　悬挂犁

1—悬挂架；2—悬挂轴；3—犁架；
4—限深轮；5—小前犁；6—犁体

与跟踪性较好，比悬挂式可配置较多犁体。运输时，改善了机组的纵向稳定性。

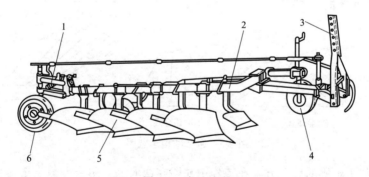

图 2-4　半悬挂犁

1—液压油缸；2—犁架；3—悬挂架；4—地轮；5—犁体；6—限深尾轮

2.2.2　铧式犁的主要部件

铧式犁主要由犁体、犁架、调节机构、牵引装置或挂接装置等部件构成。为了改善作业质量，有的犁还配有犁刀、覆茬器等辅助工作部件，还有超载安全装置等附件。

（1）犁体

犁体（图 2-5）是铧式犁的主要工作部件。它的作用是切土、碎土和翻转土垡，达到覆

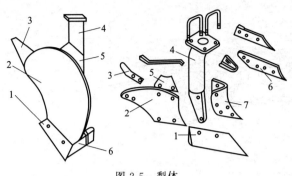

图 2-5　犁体
1—犁铧；2—犁壁；3—延长板；4—犁柱；
5—滑草板；6—犁侧板；7—犁托

盖残茬、杂草和疏松土壤的目的。犁体由犁铧、犁壁、犁柱、犁托、犁侧板等组成。

① 犁铧主要起入土、切取土垡、抬升土垡至犁壁的作用。常用的有梯形铧、凿形铧和三角形铧（图 2-6）。梯形铧结构简单，整个外形呈梯形，但铧尖容易磨钝，入土性能较差。凿形铧的铧尖呈凿形，铧尖向沟底以下伸出 5～10mm，入土性能比梯形铧好，保持耕深稳定性的能力较梯形铧强。三角形铧一般呈等腰三角形，有两个对称的铧刃，三角形犁铧在机力犁上应用不够广泛，仅在日本犁、我国水平摆式双向犁和某些用于水田的窜垡犁上采用。

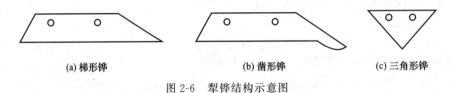

（a）梯形铧　　　　　（b）凿形铧　　　　　（c）三角形铧
图 2-6　犁铧结构示意图

② 犁壁是犁体曲面的主要部分，具有使土垡碎裂并翻转的功能。犁壁有整体式、组合式和栅条式（图 2-7）。犁壁与犁铧构成犁体曲面，犁体曲面的前边称为犁胫，在犁体工作时切出沟墙。有的犁壁翼部装有延长板，可以提高翻垡性能。犁壁的前部称为犁胸，后部称为犁翼，由于犁胸部分磨损较快，为了磨损后不至于更换整个犁壁，常将犁胸和犁翼分两部分制造，即组合式犁壁。犁胸和犁翼的形状不同，可使犁壁达到滚、碎、翻、窜等不同的碎土、翻垡效果，以满足农艺的不同要求。犁壁一般由钢板冲压而成，采用的材料有 65Mn 钢或经渗碳处理的低碳钢。

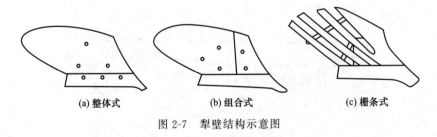

（a）整体式　　　　　（b）组合式　　　　　（c）栅条式
图 2-7　犁壁结构示意图

③ 犁侧板位于犁铧的后上方，在工作中靠贴在沟墙上，用来平衡土壤对犁体的侧向力，以保持耕宽的稳定（图 2-8）。一般前犁体的犁侧板较短以保证土垡在相邻犁体之间顺利通过和翻转。在多铧犁的最后犁体的犁侧板末端，常装有可更换的犁踵，以便磨损后更换［图2-8（d）］。犁侧板安装时，一般使其与沟底和沟壁成一角度，而构成只有铧尖和犁踵接触土壤的情况，增加了犁铧刃对沟底的压力及犁胫刃对沟墙的压力，从而使犁在工作时始终有一种增大耕深和耕宽的趋势，这样犁侧板就起到了稳定耕宽和耕深的作用。这两个安装角度由犁体的水平间隙和垂直间隙来保证，犁体的水平间隙（δ_2）一般是指侧板前端至沟墙平面的水平距离；垂直间隙（δ_1）一般是指犁侧板前下边缘至沟底平面的距离（有的犁如北方系

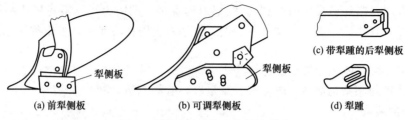

(a) 前犁侧板　　(b) 可调犁侧板　　(c) 带犁踵的后犁侧板

(d) 犁踵

图 2-8　犁侧板的位置和结构形式

列犁，其犁侧板前后端高度一致），如图 2-9 所示。

④ 犁柱和犁托将犁铧、犁壁和犁侧板等通过沉头螺栓组装成犁体。犁柱用来将犁体固定在犁架上，可分整体式、直犁柱和弯犁柱三种型式（图 2-10）。犁托用来固定犁铧、犁壁和犁侧板，故分为曲面部分和平面部分，平面部分通过沉头螺栓与犁柱和犁侧板相连。

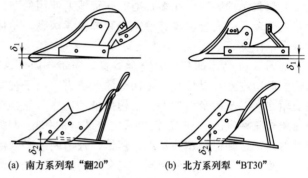

(a) 南方系列犁"翻20"　　(b) 北方系列犁"BT30"

图 2-9　犁体的水平间隙及垂直间隙

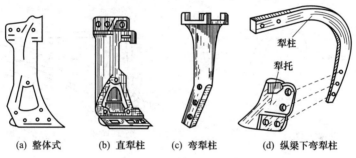

(a) 整体式　　(b) 直犁柱　　(c) 弯犁柱　　(d) 纵梁下弯犁柱

图 2-10　犁柱结构与犁托

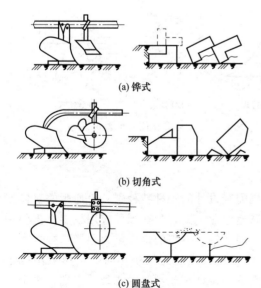

(a) 铧式

(b) 切角式

(c) 圆盘式

图 2-11　小前犁及其翻垡过程

（2）小前犁

小前犁也叫覆草器，位于犁体前方，将土垡上层一部分土壤、杂草耕起，并先于主垡片翻转而落入沟底，从而改善了犁体的翻垡覆盖质量。在杂草少、土壤疏松的地区，可以不用覆草器。覆草器主要有铧式、切角式和圆盘式三种结构形式，各种小前犁的翻垡过程如图 2-11 所示。铧式小前犁比较常用，其构造与犁体相似，犁柱和犁托常做成一体，无犁侧板，固定在犁架上。铧式覆草器切下的垡片为矩形，耕宽为犁体的 2/3，耕深约为犁体的 1/2。

（3）犁刀

犁刀安装在犁体和小前犁的前方，作用是沿铅锤方向切开土壤，减少犁体切土阻力和胫刃磨损，防止沟墙塌落，改善覆盖质量。犁刀有圆犁刀和直犁刀两种形式（图2-12）。圆犁刀比直犁刀的阻力小，不易缠草和堵塞，应用较广，圆犁刀还有缺口刀盘和波纹刀盘形式。直犁刀应用在耕深大、工作条件恶劣的地区。

（4）犁架

犁架用来安装犁体和其他零部件，并传递牵引力。常见的犁架是用空心管材焊接而成的（图2-13），这种犁架结构简单、强度好、重量轻，容易制造。

（5）安全装置

安全装置（Safety Releas）的作用是当犁体碰到意外的障碍时，为避免造成犁的损坏而设置的超载保护装置。在多石地或开荒地上使用的犁，特别是高速作业犁耕机组，一般需要设置安全装置。安全装置有整体式和单体式两类，整体式装在犁的牵引装置上，单体式设置在每个犁柱上。

如图2-14所示的整体式安全装置，当工作阻力超过最大设计负荷时，工作阻力亦大于销子的剪切应力和纵拉板与挂钩间的摩擦力，销子被剪断，拖拉机与犁自动脱开。这种装置主要用在牵引犁的牵引架上，结构简单，工作可靠。单体式超载安全装置有销钉式、弹簧式和液压式三种（图2-15）。销钉式安全装置的作用原理是当犁体碰到障碍物引起超载时，销钉被剪断，达到保护犁体作用，但销钉被剪断后必须停车才能更换；弹簧式和液压式安全装置结构复杂，其作用原理相同，当犁体碰到障碍物引起载荷超载时，会克服弹簧或液压缸的力而升起，越过障碍后自动复位，无须停车即可继续作业，工作效率高。

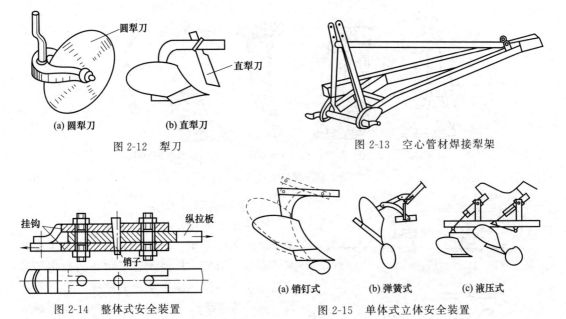

（a）圆犁刀　　　　　（b）直犁刀

图2-12　犁刀

图2-13　空心管材焊接犁架

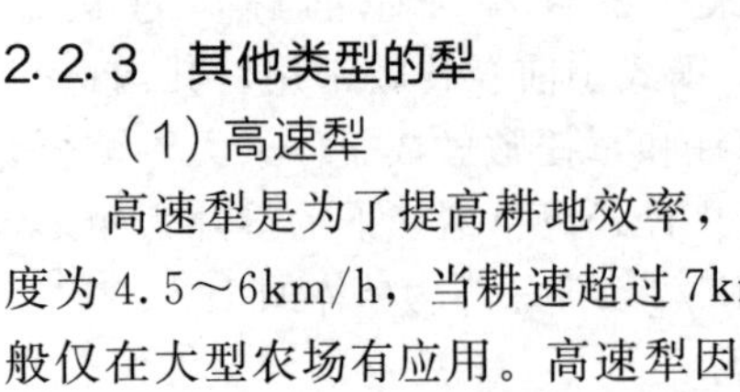

图2-14　整体式安全装置

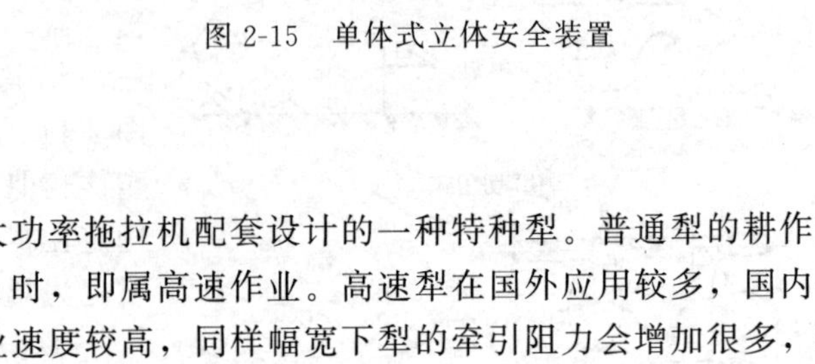

（a）销钉式　　（b）弹簧式　　（c）液压式

图2-15　单体式立体安全装置

2.2.3　其他类型的犁

（1）高速犁

高速犁是为了提高耕地效率，与大功率拖拉机配套设计的一种特种犁。普通犁的耕作速度为4.5～6km/h，当耕速超过7km/h时，即属高速作业。高速犁在国外应用较多，国内一般仅在大型农场有应用。高速犁因作业速度较高，同样幅宽下犁的牵引阻力会增加很多，犁的耕作质量也相应发生变化。试验表明，用普通犁体进行高速土壤耕作时，土壤被抛掷过远，犁沟过宽，还会导致阻力陡增。为减少这种现象，设计高速犁时，在犁翼末端，水平截面与前进方向的夹角（推土角）需要小些，使土垡沿犁体曲面运动的侧向分速不超过1m/s

（与普通犁的侧向推土速度相同），并适当减小起土角和碎土角，犁翼扭曲过程尽量平缓，过渡长度可长些，犁体的纵向长度也大些，以减少土壤阻力，犁体的高度应较普通犁体高些，如图2-16所示。

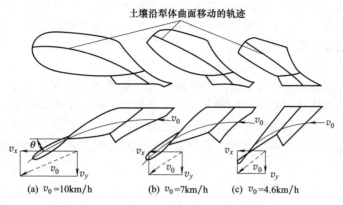

图2-16 具有相同侧向分速度的犁体形状

（2）圆盘犁

圆盘犁是利用球面圆盘进行翻土和碎土的耕作机械（图2-17），它依靠其重量强制入土，是以滑切和撕裂的方式、扭曲和拉伸共同作用来加工土壤。工作时圆盘被动旋转，圆盘与前进方向成一偏角，并且圆盘回转平面与铅锤面也成一倾角。圆盘犁的入土性能比铧式犁差，要求具有较大的重量，通常配用重型机架，有时还要附加配重以提高入土性能。圆盘犁工作时，工作部件属于滚动前进，与土壤的摩擦阻力小，不易缠草、堵塞，圆盘刃口长，耐磨性好。但是耕地过后沟底不平，因而耕深不稳定，翻垡和覆盖能力较弱，造价较高，适用于开荒、黏重土壤作业。

（3）翻转犁

翻转犁（Reversible Plow）可以实现双向翻土，也称双向犁（One-way Plough）（图2-18）。用这种犁耕的地，垡片始终向地块的一边翻倒，地表不留沟垄，耕后地表平整，空行程也较普通犁少。因有上述特点，故尽管双向犁的构造比较复杂，重量较大，且难以进行耕耙联合作业，但仍得到很大的发展。目前我国采用较多的翻转犁是在犁架上下装两组不同翻垡方向的犁体，通过翻转机构（机械式或液压式）在耕地往返行程中分别使用，达到向一侧翻土的目的。

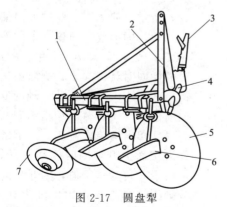

图2-17 圆盘犁

1—犁架；2—悬挂架；3—悬挂轴调节手柄；
4—悬挂轴；5—圆盘犁体；6—翻土板；7—尾轮

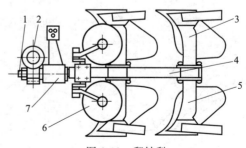

图2-18 翻转犁

1—犁轴；2—翻转机构；3—左翻犁体；4—犁架；
5—右翻犁体；6—圆犁刀；7—悬挂架

（4）调幅犁

普通铧式犁工作时幅宽不易调节，而调幅犁能改变犁耕机组本身总幅宽，以适应土壤条件及耕作要求改变时，对拖拉机牵引力要求的变化，并提高拖拉机的工作效率，降低油耗。如图2-19所示的调幅犁水平面投影示意图，其工作原理是通过调节机构改变犁的主梁与前进方向的夹角而改变犁间的重叠量。安装在主梁上的犁体与主梁的夹角也必须做相应的同步变化，以保持犁的设计工作状态。

（5）凿形犁

凿形犁，又称深松犁（图2-20）。工作部件为一凿齿形深松铲，安装在机架后横梁上，连接处有安全销，当碰到大石头等障碍物时，安全销被剪断，保护深松铲。凿形齿在土壤中利用挤压力破碎土壤，深松犁底层，没有翻垡能力。一般限深轮装于机架两侧，用于调控耕作深度。有些小型深松犁没有限深轮，依靠拖拉机液压悬挂油缸来控制耕作深度。

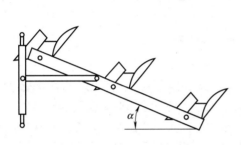

图2-19　调幅犁调节原理

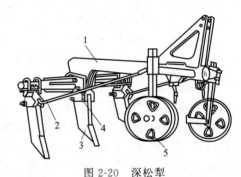

图2-20　深松犁

1—机架；2—拉筋；3—深松铲；4—安全销；5—限深轮

2.2.4　铧式犁工作原理

（1）三面楔工作原理

犁体曲面是由犁铧和犁壁所形成的曲面，犁体的切土、碎土和翻土作用都是由犁体曲面来完成的。可以把犁体曲面简化成由若干个三面楔组成，而三面楔可以由两面楔（工作面和支承面）复合而成。犁体的工作过程可以看成几个两面楔沿水平面运动时对土壤的复合作用。由于楔子在土壤中的安放位置不同，它对土壤的作用也不同。图2-21中的（a）、（b）和（c）分别表示两面楔的起土、侧向推土和翻土作用。如果使楔角为ε的两面楔偏斜放置，如图2-21（d）所示，使楔刃与前进方向偏斜一θ角，即形成三面楔（工作面为ACD，支承面为ACB和ABD）。三面楔同时具有起土、侧向推土和翻土的作用。当楔子沿x轴的反方向前进时，楔刃AD切出沟底，楔刃AC切出沟墙，被切下的土垡一面沿楔面上升，同时侧移并翻转。但由于β角为一定值，因此不能充分翻土，其碎土作用也极为有限。为了达到农业技术所要求的翻土、碎土和覆盖的要求，三面楔的楔角

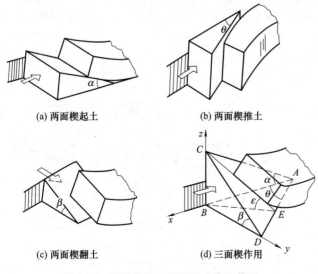

(a) 两面楔起土　　　　(b) 两面楔推土

(c) 两面楔翻土　　　　(d) 三面楔作用

图2-21　两面楔和三面楔对土壤的作用

α、β 和 θ 必须不断变化。铧式犁的犁体曲面就可以看成是由楔角不断变化的许多微小三面楔所构成。由图 2-21（d）不难看出，各楔角之间存在着如下几何关系：

$$\tan\alpha = \tan\beta\tan\theta \tag{2-6}$$

（2）矩形土垡的翻转过程

土垡的翻转过程，大致可分为滚垡和窜垡两种形式，其中以滚垡形式应用较多。为了分析方便，假设土垡在翻转过程中其截面形状保持不变。

① 滚垡就是假设土垡在被翻转过程中只有纯粹的翻转而没有侧移，如图 2-22 所示，在耕作时滚垡过程可以分为三个阶段：

(a) 滚垡过程

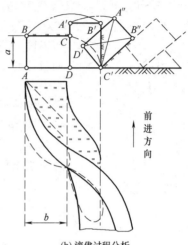

(b) 滚垡过程分析

图 2-22　滚垡过程

首先由犁体的铧刃和胫刃分别自水平方向和铅垂方向将土壤切开，从而形成一宽为 b、深度为 a 的垡条，其横断面 $ABCD$ 为矩形。

其次被切出的土垡在犁体曲面的作用下，左边被抬升，绕右下棱角 D 向右翻转。

然后土垡在翻转过程中，翻转成直立状态（$A'B'C'D'$），在犁翼作用下继续绕棱角 C' 翻转至最终位置 $A''B''C''D''$，靠在前一行程已翻土垡上。因为整个过程相当于一个物体做纯滚动，故称为滚垡。滚垡的翻垡最终位置是否稳定，与土垡的宽深比 $k=b/a$ 或土垡表面与沟底的倾角 δ（称为土垡的覆盖角）有关。如图 2-23 所示，土垡被翻转后的重心线应落在支承点的右方才能稳定[图 2-23（a）]，如落在支承点左边，则土垡在犁体通过后又会重新翻回犁沟中，成为回垡或立垡，影响耕地质量。

图 2-23（b）为不稳定状态（临界状

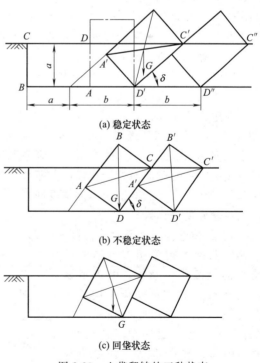

(a) 稳定状态

(b) 不稳定状态

(c) 回垡状态

图 2-23　土垡翻转的三种状态

态），可知△$DA'D'$与△BCD为相似三角形，故有

$$\frac{a}{b}=\frac{b}{\sqrt{a^2+b^2}}$$ (2-7)

将 $k=b/a$ 代入，并移项整理，则有

$$k^4-k^2-1=0$$ (2-8)

解此方程可得 $k=1.27$，临界覆土角 $\delta=52°$，即当犁体的宽深比为 1.27 时，未松散的矩形堡片处于不稳定的临界状态。因此，在使用翻堡型铧式犁进行耕翻不易松散的土壤时，其宽深比 k 要大于 1.27，或者临界覆土角 $\delta<52°$。

实际上由于土壤的特性，土堡在翻转过程中是会变形的，有的变形很严重，而含水量高的黏重土壤变形较小。因此设计或使用铧式犁时，k 值的选择要因犁的类型、土壤性质而有所不同。对于宽幅犁一般取 $k=1.3\sim3.0$，适合于黏壤土，而且土壤越黏重，要求 k 值越大。对于窄幅犁一般取 $k=1.0\sim1.4$，适合于沙壤土。由于砂质土的土壤很难成形堡条，犁体通过后立刻堆积，因此 k 值可以小于 1.27。

② 窜堡方式与滚堡方式不同，如图 2-24 所示窜堡方式工作时，土堡是沿着犁体曲面向上窜升，同时略有扭转和侧移。当土堡上窜到一定高度后，扭转和弯曲加大，并腾空翻转。土堡离开犁壁后，在重力和落地的撞击作用下，土堡内的剪切裂纹发生断裂，并形成较短的堡块，称为断条。

由于土堡是腾空翻转的，而且回转点沿高度不断变化，因此土堡的铺放状态同滚堡犁不同，土堡的宽深比 k 也就可取较小数值，比较适合南方水田犁系列中的窜堡型犁体。

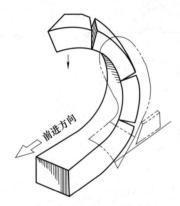

图 2-24　窜堡过程示意图

2.2.5　铧式犁的犁体曲面

犁体作为铧式犁的最主要组成部分，在提高耕作质量、提高生产率和降低能耗方面具有极其重要的作用。铧式犁的曲面形状和参数不仅影响土堡翻转和破碎性能，而且对土壤耕作过程的动力消耗、适应性能也有很大的影响，因此犁体曲面的设计成为铧式犁设计中的核心内容。20 世纪以来，犁体曲面的研究主要从两个方面进行：一是按经验设计法（主要采用水平直元线法和样板曲线法）设计和生产了现有的各类铧式犁；二是试图将犁体曲面设计和耕地工艺过程联系起来，将犁体曲面设计建立在理论研究或半经验半理论的基础上。进入21 世纪后，仿生技术逐渐成为研究热点，按照仿生学原理在犁体曲面的表面规律地分布具有一定几何形状的结构单元体，从而达到脱附减阻效果。同时，随着计算机绘图技术和 3D技术的发展，在复杂曲面设计和仿形方面有了较大的突破，将现代设计方法与理论应用于犁体曲面的优化设计，改变了犁体传统设计方法存在的不足，进一步提高了犁体曲面的设计质量，取得较好的设计效果。

（1）犁体曲面类型及对工作性能的影响

犁体曲面的类型很多，旱地犁最常用的是滚堡型犁体。由于犁体曲面的参数及其变化规律不同，又可分为熟地型、半螺旋型和螺旋型（也称为碎土型、通用型、翻土型）三种（图 2-25）。熟地型是应用最普遍的一种，其曲面是扭柱形，犁胸

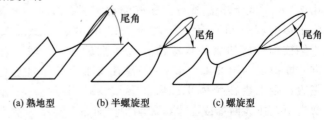

图 2-25　犁体曲面的基本类型

部较陡，翼部扭曲较小，碎土性能好，翻土能力差，适于耕熟地。螺旋型犁体曲面胸部平坦，犁翼长而扭曲程度大，翻土能力强，而碎土作用差，适于开生荒地和黏重、多草、潮湿的土壤。半螺旋型介于二者之间。

（2）犁体曲面形成原理

犁体曲面是由直线或曲线在空间按照一定规律运动而形成的，这些构成曲面的直线或曲线，称为"元线"。元线在空间的运动，可由直线、曲线或平面来控制。这些控制元线运动规律的几何要素称为导线或导面（在几何学上又称"准线"或"准面"）。犁体曲面的形成方法很多，但其理论和设计方法却还不完善，有待进一步研究。下面简介几种曲面的形成方法。

① 水平直元线法形成犁体曲面原理　水平直元线法形成犁体曲面的原理是以直线 AB 为元线，沿导线 CD 运动，并始终平行于水平面 XOY 面（图 2-26），且不断改变直元线 AB 与 ZOX 面的夹角 θ_n（元线角）所形成的曲面。

图 2-26 中 θ_0 为铧刃角，直元线 AB 既通过犁胸又通过犁翼，其等高剖面线均为直线；a 和 b 分别表示耕深和耕宽，v_m 表示犁的前进速度。由于水平直元线沿导线 CD 的运动方式不同，所构成的曲面又分圆柱形和扭柱形。

② 倾斜直元线法形成犁体曲面原理　倾斜直元线法形成犁体曲面的原理是以直元线 AB 的端点 P，沿导线 CD，按与三个投影面的夹角成一定规律运动所形成的曲面（图 2-27）。图中 a 和 b 分别表示耕深和耕宽，v_m 表示犁的前进速度。S_1、S_2 和 S_3 分别表示犁翼、犁铧和犁胸。螺旋型犁体曲面就是由倾斜直元线法形成的。

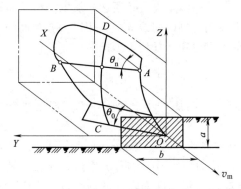

图 2-26　水平直元线法形成犁体曲面

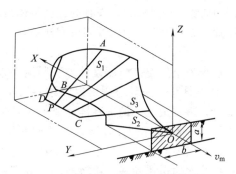

图 2-27　倾斜直元线法形成犁体曲面

按这一原理形成的犁面的特点是：根据犁体工作要求，可分为犁翼 S_1、犁胸 S_3 和犁铧 S_2 三部分。由于它们的交界线均为直元线，因此可按各部分的要求作分片设计。

导线 CD 可以是直线、折线，也可以是曲线（平面或空间）。如是平面曲线，所在平面既可以是坐标平面也可以是其他平面，这样可有较多的自由度，供设计者选用。当然，只要能满足设计要求，应尽量选取在坐标平面上的直线作为导线，这样可简化设计。

上述两种方法所形成的曲面都属于直纹面。

③ 曲元线法形成犁体曲面原理　曲元线形成犁体曲面的原理是以曲元线 AA_1B 沿导线 CC_1、C_1D 运动而形成犁面（图 2-28），图中 a 和 b 分别表示耕深和耕宽，v_m 表示犁前进速度，曲元线可用圆弧、抛物线或其他曲线。准线为两段直线，CC_1 为铧刃线，C_1D 为平行于 OX 轴的直

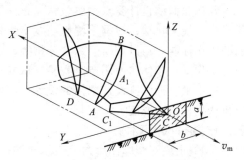

图 2-28　曲元线法形成犁体曲面

线（C_1D 也可不平行于 OX 轴）。所谓曲元线，是指横剖面（平行于 YOZ 面）上一条不变的平面曲线。

④ 剖面曲线族法形成犁体曲面原理　利用平行于直角坐标系内某一坐标平面的一组平面剖切犁体曲面，所得交线称为剖面曲线族。根据现有经验，可以修改这些曲线族，通过试验，使其作业质量达到预定要求。

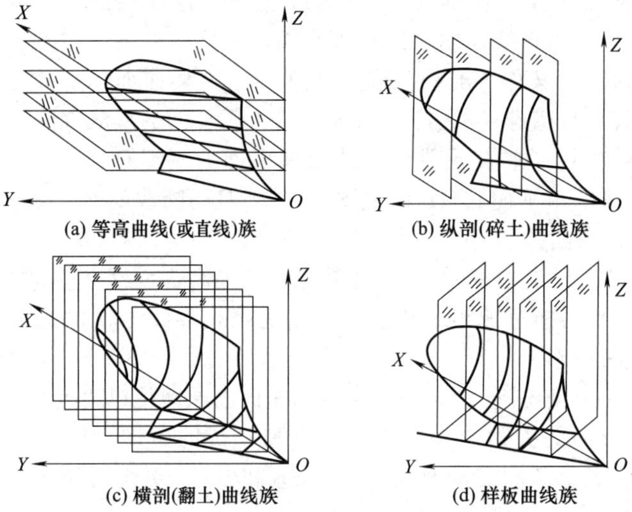

坐标面有三个，所得相应剖面曲线族也有等高曲线（或直线）族、纵剖（碎土）曲线族和横剖（翻土）曲线族，如图 2-29（a）、（b）、（c）所示。此外，还有一组垂直于铧刃的平面与犁面的交线称为样板曲线族，如图 2-29（d）所示，该曲线族既是犁面性能的综合反映，又是检验犁体、制造压模等的主要依据。

(a) 等高曲线(或直线)族　　(b) 纵剖(碎土)曲线族

(c) 横剖(翻土)曲线族　　(d) 样板曲线族

图 2-29　四种剖面曲线族

以剖面曲线族法形成犁面的方法属于经验设计的范畴，因为每一个剖面曲线都不相同，因此不能当作元线，必须逐一加以分析。而这些剖面曲线族，又必须以现有的优良犁体为标本。上述四种剖面曲线族中，用以形成犁面的主要设计方法有等高剖面曲线族法和横剖曲线族法，前者可以用于任何类型的犁体。

（3）犁体曲面设计

迄今为止的犁体曲面设计方法归纳起来有：

① 试修法，设计过程可以归结为选定某一种曲面，在某一特定的土壤、工况下进行反复试验，边试边改，是一种纯经验的设计方法。

② 几何动线作图设计法，按选定几何曲面的形成规律，选择参数，通过作图设计表达曲面。在以往的设计过程中靠人工计算与绘图，费时费力，很难对多种方案进行比较。随着计算机技术的迅速发展，用解析法设计犁体曲面逐渐成为犁体曲面设计的新亮点。由于这种方法应用计算机计算，利用参数化设计，解决了人工作图法设计犁体曲面绘图工作量大且重复进行等问题，缩短了犁体曲面的设计周期，从而提高了设计质量。

③ 依据土垡和犁体的运动规律形成犁体曲面法。结合土垡运动规律、土垡与犁体的相互作用规律和曲面数学特性，建立犁体曲面的解析式，并运用三维计算机辅助设计方法进行设计，已成为目前犁体曲面研究的主要方向。

犁体曲面的设计要点主要包括：首先了解当地农业生产中耕地作业的基本要求，确定可能出现的最大耕深；根据土壤性状及土垡稳定铺放原则确定耕宽；根据作业要求确定犁体曲面的工作性能；通过调研、综合分析等确定设计方案，寻求设计参数，进行设计计算；绘制设计工作图；犁体曲面制造，实验台试验，参数优化；样机制造，田间试验，定型生产。

以水平直元线法设计犁体的设计方法可以参考《农业机械设计手册（上册）》（中国农业机械化科学研究院，2007）。

2.2.6　犁的牵引阻力

（1）土壤对犁体作用力及表示方法

土壤施加于犁体上各部位的作用力，其大小和方向是随犁体部位而变化的。尤其是土垡在犁体曲面上的运动方向在不断改变，因而曲面各处所承受土垡的反作用力的大小和方向也各不相同。因此要想求出犁体上的受力分布情况，无论是用计算方法还是用实验方法都有一定的困难。但是土壤对犁体作用力又极为重要，不仅在设计犁体时作为零件强度计算和总体受力平衡的依据，而且在使用犁体时也是操作调节的依据。同时，为了减小犁体土壤阻力，提高耕作速度，改善耕作质量，也必须了解犁体受力情况。

犁体在耕作过程中受到的土壤阻力主要有土壤对犁体曲面的阻力，以及土壤对犁侧板的支反力和摩擦力等。由于犁体曲面所受土壤阻力属于空间力系，且在一般情况下不能简化为一简单合力，可以用六分力法表示犁体稳定工作时的犁体曲面的受力，即将犁体外载放在空间直角坐标系中，用对某简化中心的主矢量三个分量和主矩三个分量来表示。例如可以用向理论铧尖 O 点简化的主矢量三个分量 R_x、R_y、R_z 和主矩的三个分矩 M_x、M_y、M_z 来表示。而为了满足理论研究和结构设计需求，也可以将上述六个土壤阻力要素简化成三个坐标平面（纵向、横向和水平面内）的分阻力，如图 2-30 所示。

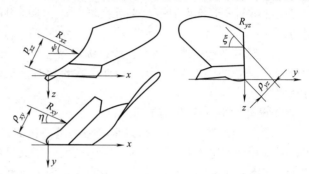

图 2-30　犁体曲面受力在三个坐标平面上的分量

（2）犁的牵引阻力

犁的牵引阻力是指土壤作用在犁上的总阻力沿前进方向的水平分力。这部分阻力直接关系到耕地机组的动力性和经济性。因此它是犁的主要性能指标之一。在满足作业要求的情况下，应尽量减小牵引阻力。犁的牵引阻力包括有用阻力和无用阻力。犁体对土垡切割、破碎、扭转推移以及使土垡产生运动所需的力为有用阻力，而犁体在行进中，犁底、犁侧板、轮子等所产生的摩擦力为无用阻力。犁的牵引阻力的计算，目前常用下面公式：

$$P = kab \tag{2-9}$$

式中　P——牵引阻力，N；

　　　a——耕深，m；

　　　b——耕宽，m；

　　　k——土壤的比阻（Specific resistance），N/m²。

土壤的比阻 k 是指作用于土垡单位横断面积的阻力，它受土壤性质、犁体的性能以及耕地速度等各项因素影响，是一个综合性系数，有学者提出可以用下式估算（Witney，1996）：

$$K = 37.6R_P + 23.9\rho v^2(1 - \cos\theta) \tag{2-10}$$

式中　R_P——土壤的坚实度，kPa；

　　　ρ——土壤容重，kg/m³；

　　　v——犁体前进速度，m/s；

　　　θ——犁臂的尾角（Tail angle）。

（3）减少牵引阻力途径

关于减少犁牵引阻力的问题，世界各国都进行了大量的研究工作，有以下几方面：

① 机务技术措施

a. 选择适耕期和适当作业速度。选择土壤含水量适宜、残根腐烂适度的时间进行耕地，此时土壤强度较小，易于松散破碎，可减少牵引力。并且选择适合的耕作速度，过高则阻力显著增加。

b. 保持铧尖、铧刃和犁胫刃锐利。锐利的铧尖、铧刃和犁胫刃，切割土壤的能力强，刺入并切开土壤时所受的阻力较小，因此，勤磨铧刃、犁胫刃和勤换犁铧，保持铧尖、铧刃和犁胫刃锋利，可以显著减小犁的牵引力。

c. 减少摩擦力。保持犁体曲面以及犁侧板、犁底、轮子等与土壤接触的部分光洁平滑（例如，犁闲置时涂上废机油或黄油，避免生锈；不以铁锤敲击犁体曲面等）。减少犁与土壤之间的摩擦，可以减小犁的牵引力。

d. 正确装配零件。犁铧、犁壁、犁侧板等工作部件安装的位置正确，接缝严密，犁体上埋头螺钉与安装件表面平坦光滑，减少对土垡的阻碍，让土垡顺利滑动，可以减小犁的牵引力。

e. 正确调整牵引线。当牵引线在纵向铅垂面上的倾角和水平面上的偏角调整到一适宜的位置时，犁的牵引阻力最小。因此，在耕地时，正确调整牵引线，也是减小牵引力的重要方法之一。

② 设计制造方面的措施

a. 良好的犁体曲面设计是减小阻力的重要因素。曲面形状塑造得好，各项参数选择得当，对减小犁的阻力有很大影响。犁体曲面除了满足翻土、碎土等性能要求外，欲使其阻力较小，还需对土壤的挤压较小，土垡能在犁面上顺利滑过；在翻垡过程中，垡片重心的提升高度小，因而势能变化小；土垡在翻转过程中发生的位移小；土垡运动时的绝对速度小，所消耗的动能少，则所需的牵引力也就较小。

b. 用两种软硬不同的材料制造犁铧，使刃口能够自己磨锐。自磨锐犁铧经过热处理后，表面部分的材料硬度和耐磨性很高，背面的材料则较软，不耐磨，则当犁铧在耕地时，表面磨损慢，背面磨损快，可以使刃口始终保持锋锐。

c. 采用非金属特殊材料。用特制的塑料薄膜敷贴在犁壁上，此种塑料与土壤的摩擦系数很小，且十分耐磨，可以减少犁的阻力。

③ 其他方法和原理的探讨

a. 在减少摩擦阻力方面有两种方法：一是改固定部件为转动部件，使滑动摩擦变为滚动摩擦；二是在犁体曲面上加润滑剂。在前一种方法中有将犁壁制成由许多滚柱组成的曲面；利用滚轮来代替犁侧板的犁，已在生产中使用。在犁曲面上加水作润滑剂以减少阻力的办法，据试验可以减少阻力 30%。加水的方法是将犁体曲面上的螺钉中央通一小孔，孔的开口处是一向土垡运动方向倾斜的缝。水箱置于机架上，用软管在犁壁背面与螺钉连通。据试验，这种方法在透水性差的黏土中效果较好，在砂土中则较差。

b. 应用振动技术。试验表明，在铧式犁的犁铧或其他耕作土壤机具的工作件上加装振动器，可以减少牵引阻力 5%～25%，并能改善碎土质量。试验表明，振动犁所需的振动频率和振幅，应随机组前进速度增加而增加。当犁的前进速度小于 1m/s 时效果较好，振动频率以 2000～3000Hz，振幅以 0.5～3mm 为宜。振动犁的振动件因需要消耗动力，故在总的能量消耗上是否经济亦无定论。

c. 仿生法。土壤中的动物，在体表形态等多方面具有减黏脱土的特殊功能，可以将这一功能应用在犁体的设计制造上，使犁体具有减黏脱土效果，达到减少阻力的目的。

2.2.7 铧式犁的挂接与调整

铧式犁的挂接与调整涉及挂接方式、工作幅宽、犁体数量、犁体间距、梁架高度、挂结牵引点的高度，以及犁刀或覆茬器位置等对工作性能有影响的尺寸或数据。不同参数的犁，其作业特性和适应性不相同。为某一特定拖拉机设计或选择配套犁，首先应根据不同的土壤

（砂性、黏性、草地、水田等）和作业要求（耕深、覆盖、碎土程度等），确定单个犁体的幅宽和曲面类型，然后再来确定这一台犁的总体参数。

（1）犁的总耕幅和犁体数量

总耕幅根据拖拉机有效牵引力 P 来确定。假设所在地区的土壤耕作比阻为 k，要求的耕深为 a，单个犁体的幅宽为 b，则犁体数量 n 可用下式算出：

$$n = \frac{P}{kab} \tag{2-11}$$

n 取整数，从而犁的总耕幅 $B = nb$。

在 P、b、n 确定后，为了考虑这台犁的适应能力，可将前式写成：

$$ka = \frac{P}{nb} = c \tag{2-12}$$

c 为一已知的常数。式（2-12）表明，一台犁耕机组在作业时，如果土壤的比阻较大，则犁的耕深要适当减小，否则牵引力 P 不足；如果要求耕得较深，则只能在土壤比阻较小的地方使用。当农业技术要求耕得较深，而土壤的耕作比阻又较大时，则会 $ka > P/(nb)$，此时，机组将无法适应，牵引不动。在土壤的耕作比阻较小，而又需要浅耕时，则会 $ka < P/(nb)$，此时，机组的功率将不能充分利用。解决上述问题的较好办法就是使用幅宽可以调节的调幅犁。这种犁的总幅宽 B 可以改变，这样就能在各种情况下都满足 $ka = c$ 的条件。

（2）犁体间距（Plough-body spacing）

多铧犁相邻两犁体的间距是犁的一个重要参数。犁体横向间距应满足不漏耕和不重耕的条件，应等于单犁体的幅宽 b。纵向间距太小，没有足够的空间让土垡通过就会造成堵塞；间距太大，则将增加犁的总体长度，这不仅浪费钢材，对于牵引式犁还将使转弯半径增大，对于悬挂式犁则因重心后移，会影响机组的纵向稳定性。因此，在保证土垡能顺利通过的前提下，犁的纵向间距尽量缩小。

犁体纵向间距的表示方法，可以用纵向间距 S_s（相邻犁体在纵向铅垂面上的投影距离），或铧尖距 S（相邻犁体的铧尖点或两对应点之间的距离），或犁体配置角 α（各犁体在犁上所形成的斜线与犁的前进方向线的夹角）来表示（图2-31）。

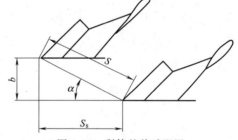

图 2-31　犁体的前后配置

带有圆犁刀和小前犁的犁，应将犁体间距适当增大。圆犁刀和小前犁的配置要求见图2-32，图中 l_1 应保证土垡翻转不受干扰，一般不小于耕深 a。小前犁的胫刃边较主犁体胫刃边向未耕地突出保持间隙 $c_1 = 1$cm。圆犁刀保持间隙 c_2 为 $2 \sim 3$cm，以防沟墙垮塌，l_2 为 $0 \sim 3$cm，c_3 为 $2 \sim 4$cm。

（3）拖拉机轮距与犁的工作幅宽

对于中小型轮式拖拉机，因受牵引力限制，一般轮距总是大于犁的耕幅，因此，通常是让拖拉机一侧的轮子走在已耕地的犁沟内，轮胎内侧与沟墙保持 $\delta = 1 \sim 2$cm 的间隙，犁的阻力中心应处于拖拉机的中心线上（或很靠近）。其配置关系如图2-33所示，以保证机组具有较好的牵引稳定性。如果差距较大，应对

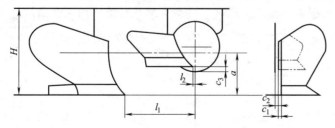

图 2-32　圆犁刀和小前犁与主犁体的间距

拖拉机轮距进行调整使之符合下列关系式：

$$B_T = B + E + 2\delta + 2b/4 \tag{2-13}$$

式中　B_T——拖拉机倾斜后的轮距投影，cm；

　　　$b/4$——阻力中心与胫刃边的距离，cm；

　　　b——单铧幅宽，cm；

　　　E——轮胎宽度，cm。

对于履带式拖拉机或大型轮式拖拉机，当轮子或履带走在未耕地上时，轮胎或履带外侧与沟墙线保持的距离 δ' 应不小于10cm，以免压塌沟墙（图2-33）。这时，犁的阻力中心，亦应处于拖拉机的中心线附近，以免产生偏转力矩。

（4）第一犁体的配置

无论是轮子走在沟内的机组，或履带走在未耕地上的机组，第一犁体的横向位置均应将铧翼末端置于沟墙线上（图2-34），使第一犁体的切垡宽度正好等于单个犁体的耕宽 b。第一铧的纵向位置，对于轮子走在沟内的悬挂式机组，铧尖与轮子外缘的纵向投影距离 e 一般不小于犁体的幅宽 b（图2-35）。对于牵引式或半悬挂机组则应考虑机组在转弯时，拖拉机不会与犁架碰撞。

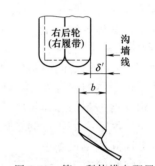

图 2-34　第一犁体横向配置

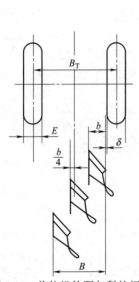

图 2-33　拖拉机轮距与犁的幅宽

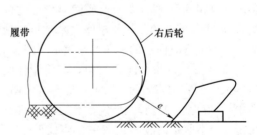

图 2-35　第一犁体的纵向配置

（5）犁的梁架高度

犁的梁架高度是指犁架下表面至犁底平面的空间高度。为了保证垡片在犁架下面顺利翻转，不产生拥土堵草现象。一般是根据矩形土垡的厚度（按最大耕深计算）加割茬高度的对角线高度计算，即

$$H = \sqrt{b^2 + (a_{max} + h)^2} \tag{2-14}$$

式中　H——梁架空间高度，m；

　　　b——单个犁体耕宽，m；

　　a_{max}——最大耕深，m；

　　　h——割茬高度，m。

对于采用直犁柱和主斜梁结构的犁，因垡片主要是在主斜梁的下方翻转，故 H 的数值应适当加大。而对于钩形犁柱的梁架，则因垡片是在梁架外侧翻转，故可比前者略小。

（6）犁与拖拉机的挂接方式

拖拉机与农业作业机械可以组成牵引式（Trailing type，drawbar hitch type）、悬挂式（Direct mounted type）和半悬挂式（Semi-mounted type）作业机组，耕地作业时，依据犁与拖拉机的挂接形式，犁耕机组的主要形式有：牵引犁、悬挂犁和半悬挂犁。犁耕机组作业时，犁和拖拉机之间的相互影响最大的是悬挂犁，影响最小的是牵引犁，而半悬挂犁介于二者之间。

牵引犁和拖拉机通过牵引装置单点球铰挂接，拖拉机的挂接装置对犁只起牵引作用，犁相对拖拉机可以有三个自由度。悬挂犁一般采用后悬挂形式，通常以三点悬挂方式（Three-point linkage hitch system）和拖拉机相结合。所谓三点悬挂，就是用三根杆分别把拖拉机后部的三个点和犁上的三个点铰接起来，而使二者构成为犁耕机组。这种挂接形式不仅能挂接犁，也可以挂接其他农具，目前已是现代拖拉机普遍采用的通用挂接形式。悬挂犁的起落运动，由拖拉机液压系统控制，它通过左右提升臂直接作用于左右下拉杆。半悬挂犁的前端通过悬挂架与拖拉机液压悬挂系统相连，犁的后端设有限深轮及尾轮机构，与拖拉机的连接具有双自由度，满足升降和转弯要求。

2.2.8 悬挂犁

目前悬挂犁多采用三点悬挂机构。在设计或挂接调节悬挂犁时，合理选择悬挂参数以及进行挂接调节，对保证犁耕质量，提高机组的牵引性能有很大的影响。对犁耕机组进行耕地作业时所受作用力的分析，可以更好地指导犁的设计和挂接调整。

（1）悬挂参数选择和挂接调节原理

悬挂犁的悬挂参数有下悬挂轴至犁体支持面的距离，上下悬挂点的纵向距离（犁架立柱高度），悬挂轴的长度以及两下悬挂点与犁梁的相对位置。在选择悬挂参数时，应满足以下要求：在犁入土时，能使犁平稳而迅速地达到预定耕深，入土行程短；在犁耕过程中，当土质不均匀或地表起伏时，犁具有良好的耕深耕宽稳定性，如有偏差，能迅速自动纠正；机组有良好的牵引性能和直线行驶性；能进行耕深耕宽等调整，犁的纵轴与机组前进方向一致，多铧犁前后犁体耕深相同；在运输状态，有足够的运输高度使其通过性好，纵向稳定性好。

① 纵垂面悬挂参数的选择 在此平面内，立柱高度 H_1 和下悬挂轴至犁体支承面的距离 h 决定着瞬心 π_1（上拉杆与下拉杆在纵垂面内交点）的位置。现从犁的入土性能、耕深稳定性、机组牵引性能和运输通过性方面分析，确定合理的悬挂参数。

a. 入土性能。悬挂犁在入土过程中，拖拉机上的悬挂杆件和犁都处于"浮动状态"。犁体随机组前进的同时绕瞬心点 π_1 转动（图 2-36）。犁的入土性能，是以能否满足耕深要求和入土行程来衡量的。所谓入土行程，是指最后犁体从铧尖触及地表至达到要求的耕深时，犁所经过的水平距离 S。犁能否入土和入土行程的长短，主要取决于入土隙角与入土压力两个必要的条件。

犁入土的第一个条件是犁体必须前倾，铧尖首先着地，犁体底面与水平面有一夹角，称为入土隙角。它的作用是保证犁有入土趋势。因此必须把瞬心 π_1 配置在犁的前方，即 $BD > AC$，才能满足这一条件。由于悬挂机构通常采用四连杆机构（即纵向垂直面 $ABCD$ 内），犁铧刚入土时，入土隙角为 γ，随耕深增加，隙角逐渐减小。当达到预定耕深时，隙角 γ_0 等于零或稍大于零。若隙角为负值，则耕深有变浅的趋势。入土隙角的大小还直接影响入土行程的长短。铧尖入土过程的理论轨迹为一条指数衰减曲线，用下列近似公式计算入土行程 S：

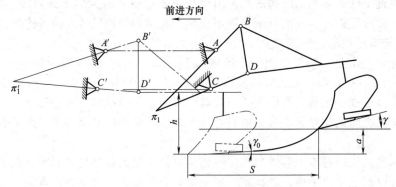

图 2-36 悬挂犁的入土过程

$$S = a / \tan \frac{\gamma + \gamma_0}{2} \tag{2-15}$$

式中 a——耕深，m。

由上式看出，增大入土隙角能缩短入土行程，而 γ 角的大小，当悬挂机构尺寸一定时，与瞬心位置有关，瞬心前移，γ 角减小；瞬心后移，γ 角增大。除入土隙角外，影响入土行程的因素还有入土力矩、耕速等参数，是一个比较复杂的问题。在设计或运用悬挂犁时，γ 角一般选取 $5°\sim8°$ 为宜。

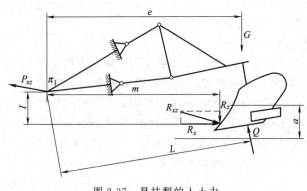

图 2-37 悬挂犁的入土力

犁入土的第二个条件是入土过程中，铧刃对土壤的压力。当其大于土壤的抗压强度时，方可切入土中。据贝尔纳斯基多次试验表明，作用于铧刃上的平均比压（铧刃单位长度上的压力）大于 1kgf/cm 时，才容易入土。国内一般用入土力矩分析入土性能，即必须使绕瞬心 π_1 的入土力矩大于可能产生的最大反入土力矩。上述两种分析的实质是一致的。现假定机组等速前进，犁绕瞬心转动的角加速度亦不计，犁的瞬时受力状态按静力学分析，如图 2-37 所示。对瞬心取矩得下列平衡式：

$$Ge + R_z m = M \tag{2-16}$$
$$R_x I + QL = M' \tag{2-17}$$

式中 M——入土力矩，N·m；

$\quad\quad M'$——反入土力矩，N·m；

R_x，R_z——土壤对犁曲面的阻力，N；

$\quad\quad Q$——土壤对犁底面的反力，N。

按上述入土的必要力学条件为 $M > M'$，即

$$M - M' = \Delta M > 0 \tag{2-18}$$

在入土的起始阶段，因瞬心位置偏低，土壤对犁的阻力较小，ΔM 值较大。随着入土深度增加，ΔM 值逐渐减少。当达到预定耕深时，$\Delta M = 0$，犁失去入土能力处于工作状态。在同一耕深和土壤情况下，犁重、铧刃厚度及瞬心位置是影响入土力矩的重要因素。瞬心上移时，M 值减少，而 M' 值增大，入土能力减弱；瞬心下移时效果相反。当瞬心前后平移

时，M' 增大，M 也相应增大，对 ΔM 的影响较小。

b. 耕深稳定性。悬挂犁在工作时，悬挂机构可以有以下三种状态：一是"浮动"状态，油缸内无压力，悬挂犁由地面支承，在限深轮作用下随地形起伏而浮动，称为高度调节法；二是"力调节"状态，悬挂犁的位置及其耕深由液压系统控制；三是"位调节"状态，作业机下降到所要求的耕深时，利用液压系统将机构锁定，使作业机与拖拉机结成一个整体，作业机与拖拉机在纵的方向不能产生相对运动。在犁耕过程中，由于土壤质地变化及地表起伏，会引起耕深的变化，为保证耕深稳定，在达到预定耕深时，仍使犁保留一定的入土力矩，即 ΔM 大于零为 $\Delta M'$。对高度调节的机组来说，由于存在着储备入土力矩 $\Delta M'$，使限深轮承受一定载荷 Q_{xz}，$\Delta M'$ 由 Q_{xz} 对瞬心 π_1 的反力矩来平衡。按我国北方犁系列设计研究认为：在适耕条件下，限深轮压力在 $150\sim250\mathrm{kgf}$ 时，耕深稳定性比较好。如 $\Delta M'$ 过大，则限深轮对土壤的压陷过深，由于土质软硬等变化，反而使耕深稳定性变坏。对采用力调节的悬挂犁，储备入土力矩由作用于提升杆上的力对瞬心 π_1 的反力矩来平衡。当 $\Delta M'$ 较大时，机组仍能正常作业。为了有利于入土，并保证耕深稳定性，力调节机组比高度调节机组可具有较大的 $\Delta M'$ 值。

c. 牵引性能。用轮式拖拉机带动的耕地机组作业时，由于牵引力 P_{xz} 的作用，拖拉机前后轮所受载荷重新分配，驱动轮上的载荷比不带犁时增多。这种现象称为驱动轮增重或重量转移。增重越大，越有利拖拉机牵引力的发挥，机组的生产率越高。如图 2-38 所示，驱动轮增载量 ΔQ_1 和前轮的减载量 ΔQ_2 按下式计算：

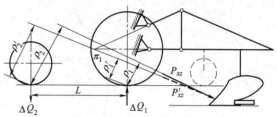

图 2-38　驱动轮增重作用
—力调节机组；－－－高度调节机组

$$\Delta Q_1 = P_{xz}\rho_2/L \tag{2-19}$$
$$\Delta Q_2 = P_{xz}\rho_1/L \tag{2-20}$$

式中　L——拖拉机前后轮轴距；

　　ρ_1——P_{xz} 作用线至驱动轮接地点的垂直距离；

　　ρ_2——P_{xz} 作用线至前轮接地点的垂直距离。

对高度调节的悬挂犁，当 π_1 点位置改变时，P_{xz} 的作用线亦改变，影响驱动轮的增重量。π_1 点上移或后移，使牵引线变陡，ρ_1' 和 ρ_2' 均增加，ΔQ_1 和 ΔQ_2 亦随之增加，从而提高了拖拉机的牵引性能，这对功率大、重量大的拖拉机尤为重要。但若前轮减载过多，对拖拉机的操向性不利。当采用力调节时，P_{xz} 不通过点 π_1，作用线较陡，其增重效果比高度调节的好。因此从改善机组作业经济性（生产率、油耗）出发，力调节机组比高度机组优越。

d. 运输通过性。在田间或道路上运输转移时，悬挂犁机组应有良好的通过性。如图 2-39 所示，通过性指标是运输间隙 h 和后通过角 ε。h 为悬挂犁最低点（铧尖）距离地面的高度。按 ε 不同情况确定，当犁体支持面与水平面的夹角 γ 大于前铧尖向后轮所作切线与水平面的

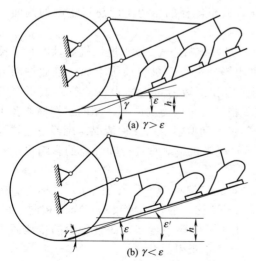

(a) $\gamma > \varepsilon$

(b) $\gamma < \varepsilon$

图 2-39　运输间隙和后通过角

夹角 ε 时，ε 即后通过角；当 $\gamma < \varepsilon$ 时，则以最后铧侧板末端向后轮作切线与水平面的夹角 ε' 为后通过角。h 和 ε 的大小应根据一般田间道路条件，通过改变悬挂参数，用作图法确定，一般 h 为 $25 \sim 30 \mathrm{cm}$，ε 或 ε' 为 $18° \sim 20°$。

e. 确定纵垂面悬挂参数的要点。综合上述，确定纵垂面悬挂参数的一般原则是：

（a）瞬心 π_1 应位于悬挂犁的前方，使犁有适宜的入土隙角，并满足运输通过性的要求。

（b）瞬心位置的选择，应使犁在达到预定耕深后仍具有一定的储备入土力矩。对高度调节的悬挂机组来说，瞬心位置对增大入土力矩与驱动轮增重的影响是互相矛盾的。一般应在保证入土性能和耕深稳定性的前提下，提高拖拉机的牵引性能。力调节机组可具有较大的入土力矩，但需避免液压系统负荷过大。

（c）为适应不同拖拉机和不同土壤条件，应使犁架立柱高度 H 和悬挂轴至犁体支持面的距离 h 能够调节，因此，悬挂犁的上下悬挂点多设有调节孔位，以改变瞬心的位置。

② 水平面悬挂参数的选择　在水平面内的悬挂参数，应满足耕宽稳定、机组直线行驶和操作省力的要求。

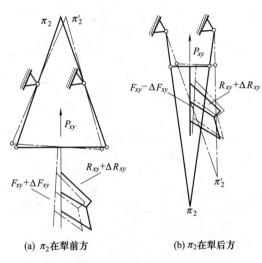

(a) π_2 在犁前方　　　　(b) π_2 在犁后方

图 2-40　瞬心位置对耕宽稳定性的影响

a. 耕宽稳定性。在犁耕过程中，为适应土质地表情况的变化，保持耕宽稳定，瞬心 π_2 应配置在犁的前方 [图 2-40（a）]。正常工作时，水平面投影的牵引力 P_{xy}、犁体曲面土壤阻力 R_{xy} 与犁侧板阻力 F_{xy} 处于平衡状态。当遇到额外犁耕阻力，R_{xy} 变为 $R_{xy} + \Delta R_{xy}$，产生力偶矩使犁体随悬挂轴左移，瞬心向右移，使沟墙对犁体的侧向力亦随之增加，及时达到新的平衡，犁体侧移量小，耕宽稳定。若瞬心配置在犁的后方 [图 2-40（b）]，当产生 ΔR_{xy} 时，产生力偶矩使犁体随悬挂轴右移，瞬心也向右移，使沟墙对犁体的侧向力减少，犁难以达到新的平衡，甚至有加剧偏转的作用，耕宽不稳定。

另外，犁的侧向力将使犁侧板对沟墙产生压陷。侧向力 F 的变化会引起压陷深度的变化，故犁侧板的压力不应超过土壤的侧向承载能力，也是保证耕宽稳定的必要条件。

b. 机组的直线行驶性能。为使机组直线行驶，最好使瞬心 π_2 位于拖拉机纵轴的水平投影线上，犁的牵引线（牵引力 P_{xy} 作用线的水平投影）平行于机组前进方向，且通过动力中心 O_{T}。在这种理想情况下，拖拉机不承受侧向力和回转力矩，称为正置机组或正牵引 [图 2-41（a）]。但目前我国广泛使用的机组，因受拖拉机牵引力的限制，犁的工作幅宽多小于轮距，构成偏置机组。其中又可分为偏牵引、斜牵引和偏斜牵引三种情况。现假设上拉杆延长线通过瞬心 π_2（称为虚牵引点），按不同偏置情况，机组对直线行驶性能的影响也不相同，分述如下：

（a）当牵引线通过动力中心 O_{T}，但与前进方向成一偏角时 [图 2-41（b）]，称为斜牵引。这种情况可将 P_{xy} 在 O_{T} 点分解为 P_x 和 P_y。分力 P_x 的作用效果与正牵引相同，P_y 将引起土壤对轮胎的侧向反力 S，由于 P_y 与 P_x 相比一般要小得多，而且轮胎的接地面积较大，因此 P_y 易于得到平衡，机组可直线行驶，近于正牵引。

（b）牵引线与机组前进方向平行，但与拖拉机动力中心 O_{T} 偏一距离 e 时，称为偏牵引

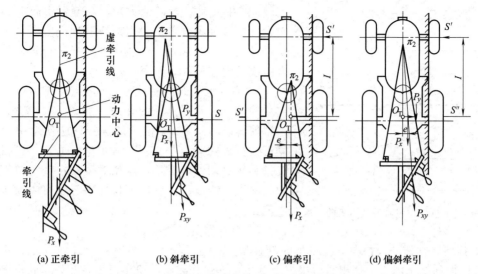

|(a) 正牵引|(b) 斜牵引|(c) 偏牵引|(d) 偏斜牵引|

图 2-41　瞬心和牵引线位置对直线行驶的影响

[图 2-41（c）]。在这种情况下，P_x 对拖拉机产生一偏转力矩 $M＝P_xe$，使拖拉机前、后轮分别受着土壤侧向反力及轮胎与土壤的摩擦力的合力 S' 和 S''，方向相反。如 $P_xe \leqslant S'l$，机组可直线行驶，如 $P_xe \geqslant S'l$，拖拉机将自动向一侧偏头，造成操向困难。

（c）当牵引线既不通过动力中心 O_T，又与机组前进方向有一偏角时，称为偏斜牵引[图 2-41（d）]，在这种情况仍可将 P_{xy} 分解为 P_x 和 P_y，其作用效果兼有偏牵引和斜牵引两种影响因素的综合效果。

以上偏置机组的三种情况，就拖拉机而言，以斜牵引为好，拖拉机不承受偏转力矩，但因多数是右偏置机组，牵引线前端偏向未耕地，使犁侧板与沟墙的摩擦力增加，牵引阻力亦随之增大，效率降低。对犁来说，采用偏牵引犁的受力情况较好，犁侧板与沟墙的摩擦力较小，但拖拉机承受偏转力矩。因此在选择配置方案时，需根据拖拉机和悬挂犁的情况加以综合考虑确定。例如轮式拖拉机具有差速器，轮胎抵抗侧向滑移的能力不及履带，易受偏转力矩的影响，因此可配置成近于斜牵引机组；而履带拖拉机则可配置成偏斜牵引机组。

为了消除或减少偏转力矩，首先应考虑犁的总幅宽与拖拉机轮距相配合。其次，在设计悬挂轴架时，两个下悬挂点与犁架的相对位置应有调节范围，以改变瞬心 π_2 的位置，使牵引线通过或尽量接近动力中心。第三，可以加长犁侧板和适当增长犁体与拖拉机的纵向距离。意大利有一种为 $58.8 \sim 95.6 \mathrm{kW}$ 拖拉机配套的偏置悬挂犁，耕深 $35 \sim 75 \mathrm{cm}$，总幅宽 $50 \sim 100 \mathrm{cm}$，悬挂架由前后弧形板构成（图 2-42），前弧形板与拖拉机悬挂机构相连接，犁架连同犁体可在后弧形板上

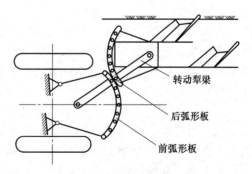

图 2-42　特种偏置犁

做水平摆动，后弧形板可绕前弧形板的中心转动。通过上述运动以改变犁和拖拉机的相对位置，使犁偏置于拖拉机的右侧或左侧，使地边的地都能耕到。就这种犁来说，保证直线行驶的措施是增长了犁侧板和犁架的长度。

上拉杆位置对机组直线行驶性的影响如图 2-43 所示，若上拉杆通过动力中心点 O_T，对机组不产生偏转力矩。若将上悬挂点向左配置在 B' 的位置，上拉杆对拖拉机作用力 S'_{xy} 对

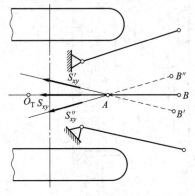

图 2-43 上拉杆位置对偏转力矩的影响

点 O_T 产生逆时针方向的力矩，与偏置引起的力矩方向相反，有利于改善机组直线行驶性。若向右配置在 B'' 的位置，效果相反。一般使上拉杆平行于机组前进方向或稍向左偏斜。

c. 确定水平面内悬挂参数的要点。瞬心 π_2 配置在犁的前方，两下拉杆的夹角一般为 $15°\sim25°$；当悬挂犁偏置时，瞬心 π_2 位置的选择，应使牵引线尽量靠近拖拉机的动力中心。为减少偏转力矩，进行犁的正位和耕宽调整，下悬挂点相对犁架在一定范围内能做横向纵向调节；一般使上拉杆平行于机组前进方向或偏左。

③ 悬挂犁的挂结与调整

a. 挂结原则。一般情况下，在犁的悬挂架上，上下悬挂点各有两个挂结孔位，更换孔位，可以得到四个瞬心。使用时应根据土壤条件、耕作要求、机组类型及其技术状态分析选用。用高度调节的机组，应首先满足入土性能的要求，并兼顾重量转移，以下悬挂点靠下挂，上悬挂点靠下或上挂为主。力调节机组，只取决于入土能力的需要，以下悬挂点靠上挂，上悬挂点靠上或下挂为主。

b. 耕深调节。采用高度调节的悬挂犁，提高其限深轮的高度，则增加耕深；反之，则减少耕深。当犁达到预定耕深时，要求限深轮有适当的土壤支反力。根据经验，先使犁达到预定耕深，然后将限深轮升离地面，继续耕作，测定最后犁体的耕深增量，如该值为 $3\sim4cm$，则认为是合适的；否则重新选取挂结孔位。这种耕深调节方法，工作部件对地表的仿形性好，容易保持耕深一致。

位调节的悬挂犁由拖拉机液压系统来控制耕深。耕作时，拖拉机上的位调节手柄向下降方向的移动角度越大，耕深也越大。这种方法，犁和拖拉机的相对位置固定不变，当地表不平时，拖拉机的起伏使耕深变化较大，上坡变深，下坡变浅，因此仅适于在平坦地块上耕作。

力调节悬挂犁在耕地过程中，其耕深是由液压系统自动控制的，阻力增大时，上拉杆的压力增加，液压系统将犁向上提起，耕深自动变浅。阻力减小时，上拉杆的压力减少，耕深增加。当土壤比阻不变时，拖拉机上的力调节手柄向深的方向移动角度越大，耕深也越大。这种方法，当地表不平时，基本上能保持耕深均匀。

c. 偏牵引调整。凡机组存在着偏转力矩，并使拖拉机产生自动摆头的情况，称为偏牵引现象。调整偏牵引的原则是通过调节下悬挂点相对犁架的位置，来改变瞬心的位置以消除或减少偏转力矩，并保持耕宽不变。图 2-44 为装有耕宽调节器的悬挂犁。在某一耕作状态，左下悬挂点在位置 d 时，通过瞬心 π_2 的牵引线位于动力中心 O_t 右侧，拖拉机有向右偏转的现象。调整时可先将下悬挂点沿横梁从 d 平移至 d'，这样瞬心点 π_2 也相应地由 π_2 移至 π_2'，牵引线通过动力中心或为斜牵引状态，于是偏牵引现象消除。反之，当发现拖拉机左偏时，则向左平移悬挂点。但当横移左下悬挂点后，则犁侧板相对沟墙产生倾角 α，

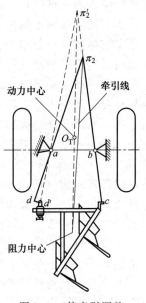

图 2-44 偏牵引调整

为使耕宽不变，则转动耕宽调节器丝杠手柄以消除偏角 α，使犁侧板平行于机组前进方向，达到仅改变瞬心位置的目的。

d. 纵向水平调整。多铧犁在耕作时，犁架纵向应保持水平，使前后犁体耕深一致。调节方法是改变上拉杆的长度。当前犁体耕浅、后犁体耕深时，应将上拉杆缩短；反之，则伸长。

e. 横向水平调整。犁耕时，犁架横向应保持水平，使多铧犁左右耕深一致。调整方法是改变悬挂机构右提升杆长度，缩短右提升杆，使犁架右边抬高；反之，使犁架右边降低。

（2）工作状态与纵垂面内的受力分析

悬挂犁在稳定工况下是典型的空间力系，所受到的作用力有犁的重量、土壤对犁体的阻力和拖拉机的牵引力，三者处于相对平衡状态。为了满足耕地要求，减少耕作阻力，改善拖拉机的牵引和操作性能，有必要对机组进行受力分析，以便指导悬挂犁的设计和挂接调整。目前国内外多采用静力平衡的方法分析计算犁的受力，可以用解析法求解未知力，以高度调节悬挂犁为例，如果土壤对犁体曲面的作用力由测定得到，机组中各部件位置和上、下拉杆位置确定，应该有 6 个未知力或力矩，可以建立 6 个方程。它的 6 个未知力或力矩包括上、下拉杆作用力（3 个），两个下拉杆作用的横垂面的力矩（由液压锁定装置承受），限深轮的支反力（包括正压力和土壤阻力），土壤对犁侧板的作用力（包括正压力和摩擦力）。解析法精度高，耗时少，但不直观。然而图解法只能逐个平面进行分析，每个平面分析时只允许有 3 个未知数，超过 3 个则成为静不定问题，将有无限多的解。实际工况是除了正牵引或偏牵引状态外，犁在每个平面的受力都超过 3 个，要想得到精确受力求解，还是用解析法耗时少。但是为了利用图解法直观地分析犁的受力，以悬挂犁在正牵引或偏牵引状态下为例进行分析。先做如下假定：一是犁在耕作过程中做匀速直线运动；二是犁侧板仅与沟墙接触而不接触沟底；三是多铧犁各犁体曲面的土壤阻力相同，各犁体曲面的合力作用在中间犁体或假想的中间犁体上；四是犁体曲面的侧向力由犁侧板平衡（正牵引或偏牵引状态）。

① 高度调节悬挂犁在稳定工况下，犁处于浮动状态，拖拉机的上下拉杆为二力杆，犁侧板仅承受犁体的侧向力，在进行图解时，先按比例绘出悬挂犁工作状态的机构简图（图 2-45）。因拖拉机右轮一般走在犁沟内，左右下拉杆不重合，故假设下拉杆 CD 位于实际左右下拉杆 C_1D_1、C_2D_2 的中间位置。延长上拉杆 AB 和下拉杆 CD 交于点 π_1。该点为犁在纵垂面内的瞬时回转中心，简称瞬心。作用在此平面的力有犁的重量 G，作用于犁的重心位置，其大小、作用线位置和方向已知；犁体曲面在纵垂面内的土壤分阻力为 R_{xz}，力的大小、方向、作用线位置由实测或按同类型犁体的经验值选取；犁侧板与沟墙的摩擦力为 F_x，正牵引状态下 $F_x = fR_y$（$f = 0.3 \sim 0.8$ 为摩擦系数），假设作用在犁侧板的中心线上，方向与机组前进方向相反，力的方向、大小均已知。土壤对限深轮的反力（包括滚动阻力）

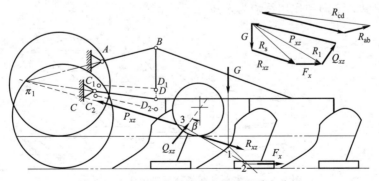

图 2-45　高度调节悬挂犁在纵垂面受力分析

为 Q_{xz}，不计轴承摩擦时作用线通过轮心，并指向上方与铅垂线成 β 角，$\tan\beta = f_r$，为滚动阻力系数，其值取决于轮缘材料、土壤条件，力的方向、作用线已知，大小未知。牵引力 P 在纵垂面内的投影为 P_{xz}，作用线通过瞬心 π_1，力的作用点已知，大小、方向未知。在此力系中只有三个未知量。用图解法可以求解，其步骤如下。

首先，选一比例尺，作力多边形 $G + R_{xz} = R_s$，在犁的机构图中作 G 和 R_{xz} 的作用线交于点 1，过点 1 引平行于 R_s 的直线交 F_x 的作用线于点 2。在力多边形上作 $R_s + F_x = R_1$，在犁的机构图中作 R_1 和 Q_{xz} 的作用线交于点 3，连接点 3 和瞬心 π_1，确定 P_{xz} 的作用线位置。其次，在力多边形上作 $R_1 + Q_{xz} = P_{xz}$，从而确定 Q_{xz} 和 P_{xz} 的大小；再将 P_{xz} 的反作用力沿上、下拉杆 AB、CD 方向分解，即得到作用于上拉杆的力 R_{ab} 和下拉杆的合力 R_{cd}。进而可将向 C_1D_1、C_2D_2 方向分解，可求得两个下拉杆的作用力。

② 悬挂犁采用力、位调节时的受力。同样按上述图解法步骤（图 2-46）先由 G、R_{xz} 和 F_x 求得 R_1，因作用于上悬挂点 B 的力 S_{xz} 的作用线已知，下拉杆对犁的作用力 N_D 通过下悬挂点 D，则 R_1、S_{xz} 和 N_D 处于平衡状态，故可在犁的机构图上，作 R_1 的作用线交上拉杆 AB 于点 H，连接点 D 和 H 即力 N_D 的作用线；在力多边形上可确定 S_{xz} 和 N_D 两力的大小。再以提升杆 EF 和下拉杆 CD 为脱离体，同理可求

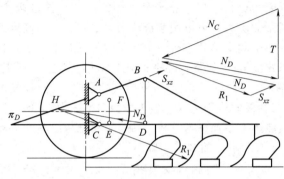

图 2-46 力、位调节时悬挂犁在纵垂面受力分析

得作用于提升杆的力 T 和作用于 C 点的力 N_C。

（3）水平面内的受力分析

如图 2-47 所示，悬挂耕地机组在水平面内的受力，不论是浮动状态还是力位调节状态，因两个提升杆近似地垂直于水平面，且限位链不拉紧，允许犁在一定范围内左右摆动，故下拉杆与上拉杆均视为二力杆。将两下拉杆的延线交于 π_2 点，该点为犁在水平面内的瞬时回转中心。犁所受外力可分解为水平面内的分阻力 R_{xy}，大小、方向、作用线位置均已知；土壤对限深轮的阻力为 Q_x，假设轮不承受侧向力，大小由纵垂面内 Q_{xz} 的投影确定，方向与机组前进方向相反，作用在轮缘中心线上。力的大小、方向、作用线位置已知；犁侧板所受土壤反力为 F_{xy}，方向与犁侧板法线成 ϕ 角（土壤与金属的滑动摩擦角），大小根据纵垂面内的 F_x 和 ϕ 角确定 $F_{xy} = F_x / \sin\phi$，大小、方向已知，作用线位置未知（由于前后犁侧板受力的不同，不能将作用点假设在中间犁体侧板末端）；牵引力 P 在水平面内的投影为 P_{xy}，其大小已知，方向和作用线均为未知。

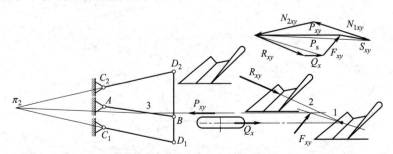

图 2-47 高度调节时悬挂犁水平面受力分析

在上述力系中，只有三个未知量，可用图解法，由 $R_{xy}+Q_x=R_q$ 和 F_{xy} 求得 P_{xy} 的大小，若上拉杆不通过瞬心 π_2，则确定不了作用线的位置。在多边形上画出作用于上拉杆的力 S_{xy}（大小由纵垂面内的投影确定），作 $P_{xy}+S_{xy}=P_s$，则 $P_s=N_{1xy}+N_{2xy}$（作 N_{1xy} $//C_1D_1$，$N_{2xy}//C_2D_2$，即可求出作用于下拉杆的力），且 P_s 通过 π_2 点，在犁的机构图上过 π_2 点作平行于 P_s 的直线，交上拉杆 AB 延长线于点 3（P_{xy} 也通过该点），过点 3 作平行于 P_{xy} 的直线，交 R_q 的作用线于点 2，过点 2 作 F_{xy} 的平行线，则该线就是 F_{xy} 作用线。

（4）横垂面内的受力分析

图 2-48 为高度调节悬挂犁机组在横垂面内的受力。作用于犁的外力有犁的重力 G，土壤对犁体曲面阻力在横垂面的分力 R_{yz}，犁侧板的土壤反力 F_y，土壤对限深轮的支反力 Q_z，作用于上拉杆的力 S 和作用于下拉杆的力 N_1 和 N_2。将纵垂面和水平面的力投影到横垂面内，即得到此平面的力。做力多边形，该多边形是封闭的。但检查此力系所构成的多边形不封闭，即多边形的起始射线 1 和最终射线 7 不在起点 O 相交，而在 O' 处相交，偏 e 的距离，使犁在横垂面内受有顺时针方向的力偶 Ge。此力偶由拖拉机两提升杆产生的反力偶与之平衡，从而使拖拉机左右两轮的载荷进行重新分配，即左轮减载，右轮加载。

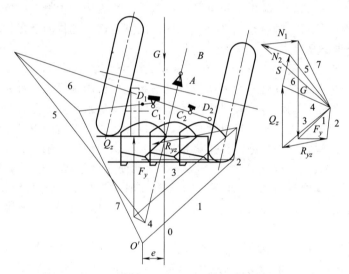

图 2-48　高度调节悬挂犁在横垂面内的受力

上述图解法分析只是在正牵引或偏牵引状态下的求解过程，由于土壤状况的瞬时变化，悬挂犁犁耕机组实际作业时，也可能处于斜牵引或偏斜牵引状况，即此时犁在每个平面的受力可能超过三个，用图解法很难得到精确的受力求解，建议还是用解析法分析为好。

（5）牵引犁和半悬挂犁犁耕机组

牵引犁和半悬挂犁犁耕机组由于犁和拖拉机的连接方法、犁的总体配置不同，各有某些特点。它们的受力分析方法和挂结调整原理与悬挂犁犁耕机组基本相同。

2.2.9　各种犁耕方法的利用与保护性土壤耕作

耕翻作业可除掉地面残茬、杂草，有利于播种，但同时也破坏了对地面的保护，导致土壤风蚀、水蚀加剧；旋耕切碎土壤，创造了松软细碎的种床，但同时又消灭了土壤中的蚯蚓等生物，使土壤慢慢失去活性。耕作强度越大，土壤偏离自然状态越远，土壤本身的保护功能、营养恢复功能就丧失越多，要维持这种状态的代价就越大。特别是在坡地进行犁耕作业时，常采用等高线栽培、轮作以及间作等组合式耕作体系，更加需要谨慎对待土壤侵蚀问题。在干旱、半干旱以及高温持续地域，翻垡耕作法将加速土壤水分蒸发和有机物的消耗。因此，20 世纪 90 年代发达国家开始推广了免耕技术。

保护性耕作取消了铧式犁翻耕，在保留地表覆盖物的前提下，特别是利用凿形犁等进行最小限度的耕地方法，被称为保护性耕作，免耕也是由此延伸而来。即保护性耕作采取少耕或免耕方法，将耕作减少到只要能保证种子发芽即可，用农作物秸秆及残茬覆盖地表，并主要用农药来控制杂草和病虫害的一种耕作技术。保护性耕作虽然失去了翻地作业的优点，但可以期待具有抑制土壤侵蚀，有利于有机物和水分的保持，防止土壤压实和确保透水性。另外通过破坏犁底层作业，扩大作物根系生长范围的同时，还可以改善排水性能。保护性耕作以保留土壤自我保护机能和营造机能为目的，是机械化耕作由单纯改造自然到利用自然，进而与自然协调发展农业生产的重要变化。因此，应根据地域实际情况，在避免土壤侵蚀、水蚀和风蚀的前提下，合理制定土壤耕作制度，充分发挥各种土壤耕作的优点。

2.3 旋耕机

旋耕机（Rotary tiller）是一种由动力驱动的以主动旋转刀齿为工作部件，以铣切原理加工土壤的耕作机械。其切土、碎土能力强，能切碎秸秆并使土肥混合均匀，耕后地表平整、土壤细碎、土肥掺和好、减少拖拉机进地次数、在抢收抢种中能及时完成任务，一次作业能达到犁耙几次的效果，耕后地表平整、松软，能满足精耕细作的要求，但其功耗较大。

2.3.1 旋耕机的种类及特点

旋耕机的种类很多，按其工作部件的运动方式可分为横轴式（卧式）、立轴式（立式）和斜轴式等几种。按动力配置可分为手扶拖拉机用和拖拉机用旋耕机两种。按动力传输路线可分为中间传动和侧边传动。卧式旋耕机的工作部件刀轴呈水平方向配置，根据刀轴的旋转方向不同，卧式旋耕机分为正转旋耕机和逆转旋耕机。立式旋耕机的刀轴呈铅垂配置，多用螺旋形刀齿，其耕深较深。手扶拖拉机用旋耕机主要在水田地区、果园和小地块地区使用。

卧式旋耕机具有较强的碎土能力，一次作业即能使土壤细碎，土肥掺和均匀，地面平整，达到旱地播种或水田栽插的要求，有利于争取农时，提高工效，并能充分利用拖拉机的功率。但对残茬、杂草的覆盖能力较差，耕深较浅（旱耕 12～16cm；水耕 14～18cm），能量消耗较大。

立式旋耕机的工作部件为装有 2～3 个螺线形切刀的旋耕刀轴，作业时旋耕刀轴绕立轴旋转，切刀将土切碎。其突出的功能就是可以进行深耕，一般能达到 30～35cm，较深的能达到 40～50cm，而且可使整个耕层土壤疏松细碎，但前进速度较慢，适用于稻田水耕，有较强的碎土、起浆作用，但覆盖性能差。

中间传动型旋耕机的动力经旋耕机动力传动系统分为左右两侧，驱动旋耕机左右刀轴旋转作业。其结构简单，整机刚性好，左右对称，受力平衡，工作可靠，操作方便。但中间往往有漏耕现象存在，为减少漏耕现象常在中间位置配备深松机具或犁体，而中间深松机具或犁体也容易缠草。

侧边传动型旋耕机的动力经旋耕机动力传动系统从侧边直接驱动旋耕刀轴旋转作业，结构较复杂，使用要求较高，但适应土壤、植被能力强，尤其适应于水田旋耕作业。

2.3.2 旋耕机的构造及工作原理

（1）旋耕机的一般构造

旋耕机主要由机架、传动系统、旋转刀轴、刀片、耕深调节装置、挡土罩壳、平土拖板和挂接装置等组成（图 2-49）。刀轴和刀片是主要工作部件，由拖拉机动力输出轴传来的动力经万向节传给中间齿箱，再经侧边传动箱驱动刀轴旋转，也有直接由中间齿轮箱驱动刀轴旋转。目前我国旋耕机系列多采用齿轮-链轮和全齿轮传动两种形式。旋耕刀轴由无缝钢管制成，轴的两端焊有轴头，用来和左右支臂销连接。轴上焊有刀座或刀盘（图 2-50），刀座按螺旋线排列，供安装刀片。刀盘周边有均布的孔位，便于安装刀片。机架由中央齿轮箱、左右主梁、侧边传动箱和侧板等组成。主梁上装有与悬挂犁上相似的悬挂装置，用来与拖拉机组成旋耕机组。因为旋耕机一般在拖拉机上多采用偏向右侧悬挂，侧边传动箱多配置在左侧，使两边重量较均衡。除此之外，还配有挡泥罩和平土板，用来防止泥土飞溅和进一步碎土，也可保护机务人员的安全，改善劳动条件。

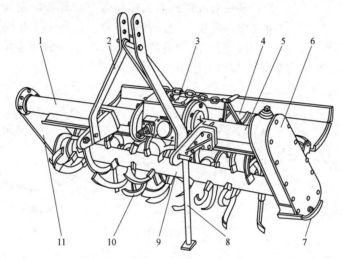

图 2-49　旋耕机的构造

1—右主梁；2—挂接装置；3—齿轮箱；4—罩壳；5—左主梁；6—传动箱；
7—防磨板；8—支承杆；9—刀轴；10—刀片；11—右支臂

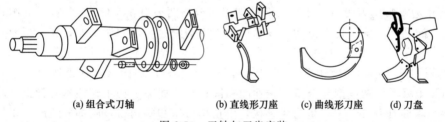

(a) 组合式刀轴　　　　(b) 直线形刀座　　(c) 曲线形刀座　　(d) 刀盘

图 2-50　刀轴与刀齿安装

卧式旋耕机工作时（图 2-51），刀齿一方面由拖拉机动力输出轴驱动作回转运动，一方面随机组前进做等速直线运动。刀齿在切土过程中，首先将土垡切下，随即向后方抛出，土垡撞击到罩壳与拖板而细碎，然后再落回到地表上。由于机组不断前进，刀齿就连续不断地对未耕地进行松碎。

立式旋耕机的刀齿或刀片绕立轴旋转，图 2-52 是一种立轴转齿式旋耕机。它的工作部件是由两个钉齿构成倒置"U"形的转子。多个转子横向排列成一排。两个相邻的转子由两个齿轮直

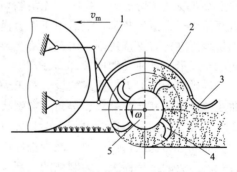

图 2-51　卧式旋耕机的工作过程示意图

1—悬挂架；2—罩壳；3—拖板；
4—刀齿；5—刀轴

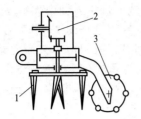

图 2-52　立式旋耕机示意图

1—刀齿；2—变速箱；3—镇压轮

接啮合驱动。因此，每个转子与左、右相邻转子的旋转方向相反。转子在安装时，相邻转子的倒置"U"形平面均互相垂直，故可互不干扰，并使相邻钉齿的活动范围有较大的重叠量以防止漏耕。工作时，钉齿旋转破碎土壤。

（2）旋耕机的主要工作部件

刀轴和刀片是旋耕机的主要耕作部件，刀轴主要用来安装刀片和传递动力。旋耕刀是旋耕机的关键工作部件，刀片的形状和参数对旋耕机的工作质量、功耗影响很大。为适应不同土壤耕作的需要，设计者对旋耕刀进行了大量研究。按结构型式分，常见的刀片有弯形刀、直角刀、凿形刀等类型（图 2-53），一般用螺栓固定在刀座或刀盘上，随刀轴一起旋转，完成切土和碎土作用。

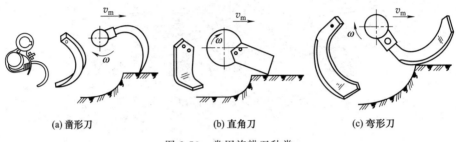

(a) 凿形刀　　　　　　　　(b) 直角刀　　　　　　　　(c) 弯形刀

图 2-53　常用旋耕刀种类

① 凿形刀　凿形刀正面有凿形刃口，工作时凿尖首先刺入土壤，然后在刀身作用下使土壤破碎，有较好的入土和松土性能，但容易缠草。凿形刀刃口窄，一般适合在较疏松的土壤条件下工作，通常用于杂草、茎秆不多的菜地、果园中。凿形刀又分为刚性凿形刀和弹性凿形刀两种，后者可在多石砾的土壤条件下工作。

② 直角刀　直角刀刃口由正切刃和侧切刃组成，两刃口相交成 90°左右。工作时，先由正切刃从横向切开土壤，再由侧切刃逐渐切出土垡的侧面，这种切土方式和凿形刀一样，也容易缠草。直角刀刀身宽，刚性好，适合于土质较硬、杂草不多的旱田工作。

③ 弯形刀　弯形刀主要由侧切面（包括侧切刃）和正切面（包括正切刃）组成，侧切面具有切开土壤，切断或推开草茎、残茬的功能；正切面除了切土外还具有翻土、碎土、抛土等功能。弯形刀刃口较长并呈曲线形状，由正切刃口和侧切刃口两部分组成，正切刃口较宽，正、侧面均有切削作用。弯形刀依据刀部的弯转方向不同，分为左弯刀和右弯刀，在刀轴上交互安装。弯形刀工作时，先由侧切刃沿纵向切削土壤，并且是先由离旋转轴较近的刃口开始切割，由近及远，最后由正切刃横向切开土壤，这种切削过程可以把草茎及残茬压向未耕地，进行有支持切割。因此，草茎及残茬较易切断，即使不被切断，也可以利用刃口曲线的合理形状，使其滑向端部离开弯形刀，不致缠草。

旋耕刀侧切刃刃口曲线的设计要求为能由近及远切土，并具有良好的滑切性能，侧切刃曲线常采用阿基米德螺线、等角对数螺线、正弦指数曲线、偏心圆弧曲线等。正切面刃口曲线对缠草、切削阻力影响也较大，其刃口曲线为空间曲线，它的形成为一柱面被一倾斜平面所截而成，为保证耕深一致、减少沟底横向不平度，在斜平面内正切刃投影应落在刀片最大直径所形成的圆柱面上，为圆弧的一部分。

（3）旋耕刀的排列

旋耕刀在刀轴上的排列和配置的目标是使旋耕机在作业时达到不堵塞、不漏耕、刀轴受力均匀、耕后地表平整等要求。因此，旋耕刀在刀轴上的排列应遵从下述原则：

① 在同一旋转平面内，若配置两把以上的刀，应均匀配置等，使之切土均匀。

② 整个刀轴回转一周的过程中，在同一相位角上，应当只有一把刀入土（受结构限制时，可以是一把左弯刀和一把右弯刀同时入土），以保证工作稳定和刀轴负荷均匀。

③ 轴向相邻刀（或刀盘）的间距，以不产生实际的漏耕带为原则，一般均大于单刀幅宽。

④ 相继入土的刀齿的轴向距离越大越好，以免发生干扰和堵塞。

⑤ 左弯刀和右弯刀应尽量交替入土，以保证刀辊的侧向稳定。

⑥ 通常旋耕刀排列应尽量规则，多采用螺旋线排列；中央传动式刀辊，可分左、右段排列，以简化结构参数。

⑦ 刀盘或刀座应便于刀齿安装。旋耕刀齿在排列时能最大限度地兼顾到上述要求即最佳排列。

常用刀齿排列方式，从展开图上看，有双线单向螺旋排列、人字形或 V 字形排列等几种（图 2-54），近年来还有采用多区段的排列方式。双线单向螺旋排列，是从刀轴的一端向另一端按双头螺旋线顺序排列。用这种方式排列的刀齿，规律性明显，参数单一，但作业时存在的侧向偏移力矩较大。人字形或 V 字形排列，侧向力可得到较好的平衡，但分界处土壤容易出现凹沟或凸埂。

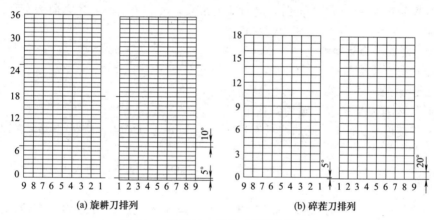

图 2-54　旋耕刀、碎茬刀的螺旋线排列

秸秆粉碎灭茬旋耕机的刀片（锤爪）的排列在一些新机型上采用了均匀免振法排列方式，其特点是在刀轴的全长上和刀齿的回转圆周上均匀地配置刀齿；相邻两刀齿粉碎秸秆时，刀轴受力均匀，每次只有一组刀齿打击秸秆；刀轴旋转时不振动，无须加配重块，粉碎效果好。

2.3.3　旋耕刀运动与耕地作用

各种驱动式耕耘机械，由于其工作原理各不相同，因而工作部件的运动情况也不相同。下面着重对目前使用较为广泛的卧式正向旋转的旋耕机进行一些相关分析。

（1）旋耕刀的运动轨迹

以卧式正转旋耕机为例，分析刀齿运动形式。旋耕刀无论为何种形状，刀齿在工作时一方面是绕其轴心旋转，同时随着旋耕机不断前进。旋耕机在工作时，这两种运动同时在刀齿上产生，刀齿的绝对运动就是这两种运动的合成，运动轨迹为摆线。

如图 2-55 所示，在刀齿旋转前进的过程中，以刀齿轴心为坐标原点建立直角坐标系，x

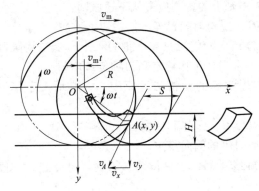

图 2-55　旋耕刀端点的运动

轴正向与旋耕机前进方向相同，y 轴正向垂直向下。当刀齿端点的转动半径 R、旋转角速度 ω 以及机器的前进速度 v_m 已知时，取开始时刀齿端点位于前方水平位置与 X 轴正向重合，则旋耕刀端点随时间 t 的运动轨迹方程可以表示如下：

$$\begin{cases} x = v_m t + R\cos(\omega t) \\ y = R\sin(\omega t) \end{cases} \tag{2-21}$$

刀齿端点在 x 轴和 y 轴方向的分速度为

$$\begin{cases} v_x = \dfrac{\mathrm{d}x}{\mathrm{d}t} = v_m - R\omega\sin(\omega t) \\ v_y = \dfrac{\mathrm{d}y}{\mathrm{d}t} = R\omega\cos(\omega t) \end{cases} \tag{2-22}$$

刀片端点的绝对速度 v 为

$$v = \sqrt{v_x^2 + v_y^2} = \sqrt{v_m^2 + R^2\omega^2 - 2v_m R\omega\sin(\omega t)} \tag{2-23}$$

设 $v_p = R\omega$ 为旋耕刀齿端点的圆周线速度，由式（2-23）可知，当刀齿端点处于最低位置即 $\omega t = 2n\pi$ 时，绝对速度最小 $v_{min} = v_m - v_p$，在 $v_m < v_p$ 时，方向为水平向；当刀齿端点处于最高位置即 $\omega t = (2n+1)\pi$ 时，绝对速度最大，$v_{min} = v_m + v_p$，方向为水平向前。

令 $\lambda = v_p / v_m = R\omega / v_m$，$\lambda$ 称为旋耕速度比。λ 的大小对旋耕刀运动轨迹（图 2-56）及旋耕机工作状况有重要影响。

从刀齿运动轨迹公式得知，刀齿运动轨迹曲线的形状与刀齿半径 R、圆周线速度 v_p 以及机器前进速度 v_m 有关。此曲线具有以下特性：

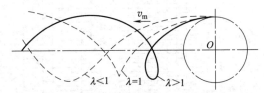

图 2-56　取值对刀齿端点运动轨迹的影响

① 当 $\lambda = 1$ 时，轨迹变为一标准的摆线，刀齿只能像轮爪一样刺入土中，不能起到松碎土壤的作用。

② 当 $\lambda < 1$ 时，刀齿端点在任何位置的绝对运动水平位移的方向均与机器前进方向相同，其运动轨迹是短辐摆线，刀齿不能向后切土，而出现刀齿端点向前推土的现象，使旋耕机不能正常工作。

③ 当 $\lambda > 1$ 时，刀齿转动到一定位置，它的端点绝对运动的水平位移就会与机器前进的方向相反，此时 $v_x < 0$，旋耕刀能够向后切削土壤。具有这种运动的曲线称为余摆线（图 2-57），此种摆线具有一个绕扣，MN 为绕扣的横弦，在横弦的下方具有水平分速度 $v_x < 0$ 的特性。当 λ 值越大时，绕扣的横弦越大。若 $v_m = 0$（即机器停止前进时），则绕扣即一圆，其最大横弦等于 $2R$。只要刀齿在开始切土时 $v_x < 0$，整个切土过程刀刃上切土部分各点的运动轨迹都是余摆线，即其圆周速度 v_p 应大于旋耕机前进速度 v_m。

（2）旋耕耕作深度

刀齿运动轨迹曲线的绕扣大小与 λ 值有关。λ 值越大时绕扣越大；反之，则绕扣越小。绕扣的最大横弦 MN 可以从图 2-57 中得知，因刀齿在最大横弦 N 点处其绝对速度的方向是垂直向

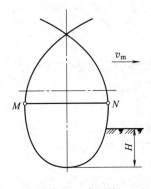

图 2-57　余摆线

下。于是有 $v_x = 0$，故最大横弦距沟底的高度

$$H_{max} = R(1 - v_m/v_p) = R(1 - 1/\lambda) \tag{2-24}$$

在最大横弦的 N 点以上，刀齿沿水平方向的分速度 v_x 为向前，N 点以下则向后。因此一般用途的旋耕机刀齿入土处，均在 N 点以下，以利于向后抛土，减少功耗。因此，旋耕机的耕作深度 H 应满足 $H < H_{max}$，即

$$H < R(1 - 1/\lambda) \tag{2-25}$$

由式（2-25）可知，刀齿的半径 R 较大或 λ 值较大时，刀齿的耕作深度可以较大。旋耕速度比 λ 对旋耕机的工作性能有重要影响，λ 值的选择要保证旋耕机正常工作既满足农业生产的耕作深度要求，还要综合考虑旋耕机结构、功耗及生产率等因素。常用的旋耕速度比 $\lambda = 4 \sim 10$。

（3）切土节距

沿旋耕机前进方向在刀齿旋转的同一纵垂平面内，相邻两把旋耕刀切下的土块厚度，称为切土节距。亦即在同一纵垂平面内相邻两把旋耕刀相继切土的时间间隔内，机器前进的距离 S（图2-58）。

设在旋耕机的同一刀盘上均布安装 z 把刀齿，则刀盘旋转一周时，刀齿相继切土的时间间隔为 $t_s = 2\pi/(z\omega)$。在此时间内，机器前进的距离 S 即切土节距。

$$S = v_m t_s = \frac{2\pi v_m}{z\omega} = \frac{2\pi R}{z\lambda} \tag{2-26}$$

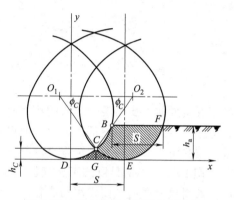

图2-58　切土节距与沟底凸起高度

式（2-26）表明改变同一平面内旋耕刀的安装数量、悬挂耕机前进速度或刀轴转速都可以改变切土节距。但同一平面内的刀齿数量不宜太多，否则刀齿之间夹角过小，工作时易发生土壤堵塞现象。切土节距对旋耕机的碎土程度有较大影响，在一般情况下，切土节距越大，切下的土块厚度越大，碎土程度越低。通常在旱耕熟地时，由于土壤容易破碎，切土节距可以大一些，而黏重土壤和多草地时，土垡不易破碎，切土节距应小一些。

（4）沟底凸起高度

旋耕机两个纵向相邻刀齿相继切土后，耕层底部存在一个凸起部分。此凸起部分是没有耕到的生土，其高度与刀齿的运动轨迹和进距有关，由前后两刀齿轨迹的交点 C 确定。如图2-58所示，在交点 C 处，凸起高度 $h_C = R(1 - \sin\phi_C)$，前一刀齿转角 $\phi_C = \arcsin(1 - h_C/R)$，后一刀齿转角 $\phi_C' = 2\pi/z + \pi - 2\phi_C$，若旋耕机转速为 ω，此时刀辊中心的移动距离为

$$\overline{O_1 O_2} = v_m t = v_m \left(\frac{2\pi}{z\omega} + \frac{\pi - 2\phi_C}{\omega} \right) \tag{2-27}$$

又因

$$\overline{O_1 O_2} = 2R\cos\phi_C \tag{2-28}$$

令上两式相等并整理后得

$$\lambda \sqrt{1 - \left(1 - \frac{h_C}{R}\right)^2} + \text{Arcsin}\left(1 - \frac{h_C}{R}\right) = \frac{\pi}{z} + \frac{\pi}{2} \tag{2-29}$$

上式即凸起高度 h_C 与 λ、R 和 z 的关系式。上面所计算的凸起高度是假定在旋耕刀齿切土时，所切下的土片和沟底的土壤均能按刀齿所经过的轨迹，保持完整的几何形状而推导

出来的理论公式。由于耕作时土壤的破坏，不会形成纯几何图形上的那种尖角，凸起高度的实际值要小于理论值。

2.3.4 旋耕阻力

单刀的切土阻力与刀齿的速度、切土角、进距、刀齿排列形式、刃面角大小和刃口锋利程度以及土壤性质等因素有关。而在切土过程中，随着刀齿入土深度的不同，阻力变化很大。当切削终了时，刀齿还存在抛土阻力（图 2-59）。为了解各种因素的综合影响，常用试验方法测定一把刀齿在切土过程中的扭矩变化来考察阻力变化的过程。试验测定的结果表明，正转刀齿从开始入土到切至垡片中段部位时，扭矩迅速增加到最大值，然后慢慢减少，到切削终了时因向后抛土，故仍存在一定的扭矩。随着旋转而变化的旋耕刀齿所受土壤耕作阻力 F_1，若用一个回转周期内的平均耕作阻力来计算，则可以用 F_2 来表示，通常 F_2 作用在刀齿回

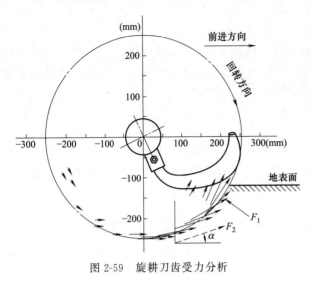

图 2-59　旋耕刀齿受力分析

转半径的外侧。虽然瞬时刀齿的耕作阻力作用在回转半径之内，但由于伴随刀轴的旋转 F_1 的大小、方向和作用线都在变化，使得合成求得的平均耕作阻力 F_2 处于回转半径之外。另外，耕作阻力除了与回转轴垂直的部分之外，沿轴向也受到作用力。

图 2-60 所示的是卧式正转旋耕机工作时，旋耕机的受力情况，在由液压装置控制耕深时，旋耕机所受的主要作用力有作用在旋耕刀齿的耕作阻力 F_R、托土板受到的土壤反作用力 F_C 以及旋耕机的重力 F_G。这些力的合力作用于拖拉机上，可以表示为由 F_R、F_C、F_G 的垂直方向的合力 F_V 和水平方向的合力 F_H 合成的合力 F。由于合力 F 水平方向的分力与机器前进方向相同，成为拖拉机的推进力，因此，正转旋耕机在水田地等柔软田间的作业也

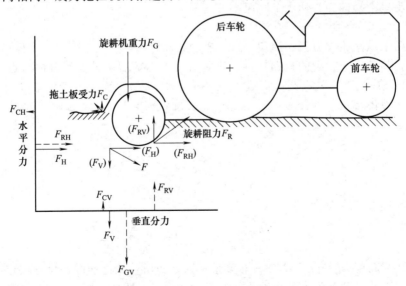

图 2-60　旋耕阻力与旋耕机受力关系

很容易进行。在图 2-60 所示状态，垂直分力 F_V 的方向向下，当耕作阻力 F_R 的垂直分量变大时 F_V 就变小，在遇到土壤变硬时就会出现耕深减小的现象。另外，使旋耕机急剧下沉、切土节距和耕深增大时，可以有利于拖拉机向前推进。

钩状凿形刀的受力与弯刀有所不同。刀齿入土后阻力迅速增大，土壤受挤压，当刀齿转过一定角度（约 20°）时，达到最大值。在转角为 25°~40° 的区段内，土壤受挤压达到极限应力后开始破裂并保持继续受力、继续破裂的过程，切削阻力保持在最大值上。然后在切下垡片剩余部分的过程阻力逐渐减小至零。最大切削阻力出现位置与垡片的最大厚度位置不相重合，由于土壤被压缩产生形变，使最大阻力的出现比垡片的最大厚度要延迟一定转角。在完全切下垡片以后的一段时间内，由于抛土作用，仍有阻力存在。

反转旋耕时的扭矩变化与正转时不同。反转时从开始切土到切土终了的过程中，扭矩是从零开始逐渐增大，刀齿接近地表时，扭矩达最大值，然后急剧下降至零。实验表明，反转旋耕在切削量与正转相等时，反转的扭矩峰值较正转的小，总功耗亦较小。这是因为反转时，刀片自下而上切土，使垡片向不受约束的地表区破裂，土壤在这种状态下强度较低，故所需功耗较小。

2.3.5 旋耕机功耗与配置

（1）整机作业功耗

旋耕机的功耗主要由旋耕刀齿切削土壤消耗的功率、抛掷土垡消耗的功率、推动旋耕机前进消耗的功率、传动及摩擦所消耗的功率以及土壤沿机组前进方向作用于刀轴上的反力所消耗的功率组成，目前对旋耕机功耗的计算常用以下两种方法。

① 综合计算　以 kWh 所切碎的土方量来计算功率，即

$$N = aBVK_\phi \tag{2-30}$$

式中　a——耕深，m；

B——旋耕工作幅宽，m；

V——前进速度，m/s；

K_ϕ——系数，J/m³（切碎单位体积土方量所消耗的功），由实验测得。此系数受力齿形状、土壤种类以及刀齿距离等的影响，其数值的变化颇大。

② 分别计算　将刀齿在工作中的各个过程进行分别计算。一些实验表明，旋耕机所消耗的功率 N 是下述各项的总和，即

$$N = N_q + N_p + N_T + N_f \pm N_n \tag{2-31}$$

式中　N_q——刀齿切削土壤所消耗的功率；

N_p——土块被旋转刀齿抛出所需的功率；

N_T——机器前进所需的功率；

N_f——传动及摩擦所消耗的功率；

N_n——土壤沿机组前进方向作用于刀轴上的反力所消耗的功率。

在旋耕机的总功耗中，刀齿切削土壤所消耗的功率占 40%；土块被旋转刀齿抛出所需的功率占 20%~30%；机器前进所需的功率占 10%~15%；传动及摩擦所消耗的功率约占 10%；式（2-30）中 N_n 是土壤沿机组前进方向作用于刀辊上的反力所消耗的功率，正转旋耕机取负号（此功率有帮助机器前进的作用），反转旋耕机取正号。正转时，若 $N_n < N_T$，则由拖拉机的驱动轮所产生的功率 N_T 与土壤对力辊的反作用功率 N_n 共同推动机组前进；若 $N_n > N_T$，那就会在机组传动系统内部出现寄生功率，对传动系统产生干扰，造成功率内耗，这是应当避免的。反转旋耕不会产生寄生功率，但如果 N_n 太大，也可能造成驱动轮打滑。

（2）旋耕比能耗

为比较不同旋耕机或不同刀齿功耗大小，常用旋耕比能耗即旋耕单位体积土壤所消耗的能量来衡量。旋耕机在作业时，设其耕深为 a，耕宽为 B，机组前进速度为 V_m，所消耗的总功率为 N_p，则旋耕比能耗 K_r 为

$$K_r = \frac{N_p}{BaV_m} \ (\text{N} \cdot \text{m/m}^3) \tag{2-32}$$

K_r 的数值可通过实验测定出 N_p、B、a、V_m 后求得。至于单个刀齿的旋耕比能耗 K_s，则可根据刀齿旋转一周所切下的垡片体积 S 与刀齿的扭矩 M 求得。即

$$K_s = \frac{2\pi M}{S} \ (\text{N} \cdot \text{m/m}^3) \tag{2-33}$$

旋耕比能耗从量纲上约去一级 m 也可以将其看成是 N/m^2，这就与犁或其他土壤耕作机械的比阻有类似的含义，因而也被称为旋耕比阻。

（3）影响旋耕机功耗的主要因素

影响旋耕机功耗的因素很多，除土壤性质和作业要求外，主要是旋耕机本身的诸多因素，其中主要的有：

① 刀轴的圆周速度　在切土量一定时，圆周速度越大，刀齿使垡片产生的加速度越大，或者说垡片获得的动能越大。因阻力与速度的平方成正比，故旋耕功耗越大。

② 切土节距　许多试验结果表明，增大切土节距可使功耗降低。由于在耕作单位体积土壤时，切削的总面积随切土节距的增大而有所减少，同时也减少了对垡片的重复切削程度。旱地耕作时，由于刀体使垡片产生剪切破裂面，从而使土壤的强度降低，故增大切土节距可使功耗减少而不影响碎土效果。

③ 耕深　有关试验结果表明，作业（切削和抛掷）功率与耕作深度间存在线性关系并通过坐标原点。当切土节距为定值时，旋耕机的比能耗随耕深的增加而下降。但在轻质土壤中则与深度的关系不大。

④ 刀轴直径　从刀齿旋转的速度关系看，旋耕机的抛掷功率与刀辊直径的平方成正比。试验测定表明：刀辊直径由 0.66m 增加到 0.96m 时，切土功率平均增加 9.6%。直径增大使功率增加的原因是刀片切削土垡的行程增大和切削速度增大（当转速一定时）。也有一些试验发现，在耕深一定时，刀辊直径过小反而使功率增大。由此看来刀辊直径与耕深之间，或切削行程与耕深之间应有一个最佳比值（即功耗最小的比值）。现有的旋耕机设计，通常是使刀轴的半径接近于最大耕深。

⑤ 切土角　试验表明，切土角由 17° 增加到 30° 时，功耗逐渐增加。而由 30° 变化到 42° 时，功耗大大增加。切土角 42° 时的功耗比 30° 时增大一倍。一些研究者在经过试验分析后认为切土角的最佳值一般为 20°～25°。

综上所述，对于降低旋耕阻力，可以采取的途径主要有，在能够达到农业技术对碎土要求的指标时，尽量降低刀轴转速，并尽量加大切土节距；尽量减少刀轴的半径并使之与耕深的数值接近，在机具使用时，浅层旋耕与深层旋耕不妨采用两种直径的刀轴；在刀齿设计时，直角刀正切刃的切土角、弯刀侧切刃的滑切角以及钩形刀的挤推角，均应控制适当，且在整个切土过程中不使其变化太大。

（4）旋耕机工作幅宽

旋耕机的工作幅宽应根据配套的拖拉机功率、耕深以及旋耕比能耗（旋耕比阻）来确定。设拖拉机动力输出轴的额定输出功率为 N_p，旋耕机传动效率为 η，旋耕机前进速度为 V_m，旋耕比能耗为 K_r，则旋耕机的工作幅宽 B 为

$$B = \frac{N_P \eta}{K_r a V_m}$$

（2-34）

（5）旋耕机的总体配置

若旋耕机的工作幅宽大于拖拉机轮距，机组可以采用对称配置；反之，则采用偏置配置。偏置旋耕机多采用从侧边传动而不采用中央传动。

2.4 深松机

深松技术可打破长期翻耕作业形成的坚硬犁底层，以及机械作业造成的土壤压实，使耕层以下的土壤得到松动，从而使耕作层变厚，提高土壤的孔隙度和土壤的透水、透气性能，改善作物根系生长环境，增强雨水的入渗能力，提高土壤蓄水抗旱能力，并保持地表的植被覆盖，减少土壤的风蚀与水土流失，有利于生态环境的保护。在进行深松时，由于只松土而不翻土，不仅使坚硬的犁底层得到疏松，调节土壤三相（固、液、气）比，创造虚实并存的耕层结构、减轻土壤侵蚀，而且又使耕作层的肥力和水分得到提高。因此，深松技术可以大幅增加作物的产量，尤其是深根系作物产量，是一项重要的增产技术。用于深松作业的机具称为深松机，深松按作业方式可分为全方位深松和局部深松两种方式。

2.4.1 深松机具的种类与构造

（1）全方位深松机具

全方位深松是利用深松铲（Subsoiler）进行全面松土并打破犁底层的作业，一般从土壤中切出梯形截面土垡并铺放回田中，创造出适于作物生长的"上虚下实、左右松紧相间及紧层下部有鼠道"的土壤结构（图2-61），有利于通水透气、积蓄雨水，改善耕层土壤特性。但全方位深松对土壤的扰动量较大，存在较大的水分蒸发量。全方位深松机的深松铲（图2-62）主要是由左右对称的连接板、侧刀及一个底刀组成的梯形框架，使土壤受剪切、弯曲、拉伸等作用而松碎，并且不会对深松铲底部及侧边的土壤进行挤压。深松区域较大，碎土性能好，并保持表层秸秆、残茬的覆盖，可减少土壤的风蚀、水蚀。

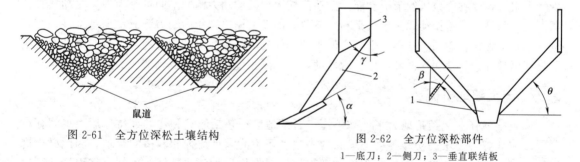

图2-61 全方位深松土壤结构

图2-62 全方位深松部件
1—底刀；2—侧刀；3—垂直联结板

（2）局部深松机具

局部深松是利用深松铲进行松土作业，实现疏松土壤，打破犁底层，增加蓄水量，不翻转土壤的保护性耕作方式。通常深松铲的耕深比深松犁的耕深大，并且铲柄的宽度比深松犁的窄，深松铲的通过性能好，对土壤的扰动量相对较小，局部深松机主要由机架和深松铲组成，相邻两深松铲的间距可调。

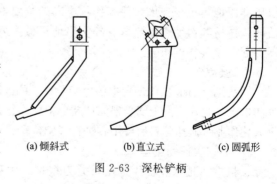

(a)倾斜式　(b)直立式　(c)圆弧形

图2-63 深松铲柄

2.4.2 深松铲

深松铲主要由深松铲柄和铲尖组成，现有深松铲的铲柄主要有倾斜式、直立式和圆弧形铲柄三种（图2-63），铲尖主要有凿形、箭形和双翼形三种（图2-64）。深松铲作业时，铲柄底部的铲尖在深松机自身的重力与入土角的作用下压入土壤，依靠铲柄和铲尖切土、碎土和松动土壤。同时，可以在深松铲的两侧安装侧翼，带翼的深松铲可增加松碎土壤面积，但会对铲柄两侧土壤产生挤压作用。

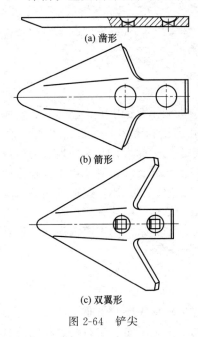

(a) 凿形

(b) 箭形

(c) 双翼形

图2-64 铲尖

深松部件（铲柄、铲尖、侧翼）是深松机的关键部件，由于其结构形状和参数对土壤深松质量、机具性能、工作阻力、能源消耗及作业效果有很大影响，合理改善深松铲的外形结构是降低深松机具牵引力、节约能耗的有效途径之一。一些深松铲结构参数设定得不合理，导致其工作阻力过大、耗费大量能源，影响深松效果，而且现有深松铲的适应范围较小，不能满足在不同耕深的深松要求。基于深松铲形状的变化来减少深松阻力的研究已取得很大的进展，特别是目前随着仿生技术的发展，仿生减阻技术也融入深松机的设计中。现有的"仿生减阻深松铲柄"是通过模仿某些土壤动物的爪趾结构形态，经等比例放大设计出的一种比传统深松铲柄具有减阻效果的曲线结构。其曲线是用与耕深有关的多项式或指数方程制得的曲线，经试验检验具有很好的减阻效果。另外，由于土壤动物是通过爪趾的刨、钩、抓等动作将土壤切碎、运走，而深松机具通常是通过深松铲的移动进行作业，与土壤动物爪趾的运动不同。因此，除了模仿爪趾的结构形态，还要考虑作业时的姿态及适应的深松深度。目前，针对深松机减阻问题，也有学者对振动减阻的机理进行了分析。研究表明，振动深松可减少牵引阻力，改善拖拉机的牵引性能。振动深松根据振动动力源的不同可分为强迫振动式和自激振动式两种。强迫振动式深松机是利用拖拉机的动力输出轴作为动力源驱动振动部件，使其按一定频率和振幅振动，减小牵引力，但驱动部件易增加拖拉机的功耗消耗。自激振动深松主要是利用弹性元件使深松部件产生自激振动，可以减小拖拉机动力驱动造成的能耗。

2.5 碎土整地机械

碎土整地作业包括耙地、平地和镇压。有的地区还包括起垄和作畦。耕耘后土垡间存在着很多大孔隙，土壤的松碎程度与地面的平整度还不能满足播种和栽植的要求。因此必须进行第2次碎土、平整耕作整地，为播种和栽植以及作物生长创造良好的条件。在干旱地区用镇压器压地是抗旱保墒，保证作物丰产的重要农业技术措施之一。有的地区应用钉齿耙进行播前、播后和苗期耙地除草。碎土整地机械主要包括耙（圆盘耙、水田耙和齿耙等）、镇压器、起垄犁和作畦机等。

2.5.1 圆盘耙

圆盘耙（Disk harrow）主要用于犁耕后的碎土和平整地表，也可用于搅动土壤、除草及播种前松土。此外，由于圆盘耙能切断草根和作物残株，搅动和翻转表土，故可用于收获后的浅耕灭茬作业。撒播肥料后可用它进行混肥、覆盖，也可用于果园和牧草地的田间管理。

（1）圆盘耙的类型

按机重、耙深和耙片直径可分为重型、中型和轻型三种，其结构参数和适用范围如表

2-2所示；按与拖拉机的挂接方式可分为牵引式、悬挂式和半悬挂式三种，通常重型圆盘耙多采用牵引式或半悬挂式，中型和轻型圆盘耙则三种形式都有，但宽幅圆盘耙仍以牵引式为主；按耙组的配置方式可分为单列对置、双列对置、单列偏置和双列偏置式（图2-65）等。

表 2-2　圆盘耙的分类

类型	重型圆盘耙	中型圆盘耙	轻型圆盘耙
耙片直径/mm	660	560	460
单片耙重/kg	50～65	20～45	15～25
耙深/mm	18	14	10
单位幅宽牵引阻力/(kN/m)	6～8	3～5	2～3
适应工作范围	适用于开荒地、沼泽地等黏重土壤的耕后碎土，也可用于壤土的以耙代耕	适用于黏壤土的耕后碎土，也可用于一般壤土的灭茬耙地	适用于一般壤土的耕后碎土，也可用于轻壤土的灭茬耙地

注：单片耙重＝机重/耙片数

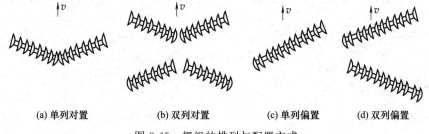

(a) 单列对置　　(b) 双列对置　　(c) 单列偏置　　(d) 双列偏置

图 2-65　耙组的排列与配置方式

对称式配置的耙组的位置左右对称，圆盘的方向相反（面对面或背靠背）。作业时，在中缝处留有残沟或土埂，需用弹性齿铲搂平。双列式排列时，后列耙组的耙片正处于前列耙组的相邻两圆盘之间，彼此错开，这样可使同一耙组上的圆盘间距增大一倍以避免泥土堵塞，这也是一般圆盘耙组都排成前后两列的原因。有些圆盘耙为避免在地面上留下一条沟痕，影响播种，常在两侧最外边加一个直径较小的耙片，它具有填平耙沟和刮平土埂的作用。

（2）圆盘耙的构造

圆盘耙主要由耙组、耙架、牵引架（或悬挂架）、偏角调节机构等组成（图2-66、图2-67）。牵引式圆盘耙还有液压式（或机械式）起落调平机构、牵引架、牵引器限位机构以及行走轮等。

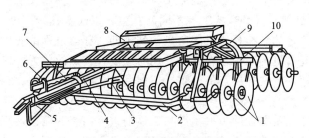

图 2-66　牵引式圆盘耙结构

1—耙组；2—前列拉杆；3—后列拉杆；4—主梁；
5—牵引器；6—卡子；7—齿板式偏角调节器；
8—配重箱；9—耙架；10—刮土器

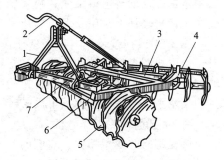

图 2-67　悬挂式圆盘耙结构

1—悬挂架；2—水平调节螺杆；
3—后耙架；4—调节杆；5—缺口圆盘耙；
6—前耙架；7—前梁

① 耙组　耙组是圆盘耙的主要工作部件，由安装在方轴上的 5～10 片耙片组成。耙片之间通过间管隔开，保持一定间距（图 2-68），一般为 20～25mm。耙组通过轴承和轴承支板与耙组横梁相连接。为了清除耙片上黏附的泥土，每个耙片的凹面一侧都有一个刮土板，安装在横梁上，刮土板与耙片之间的间隙应保持 1～3mm，并可以调节。

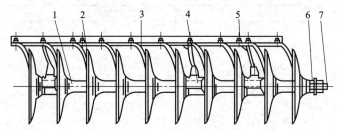

图 2-68　耙组的构成

1—间管；2—耙片；3—刮土板；4—轴承；5—横梁；6—螺母；7—方轴

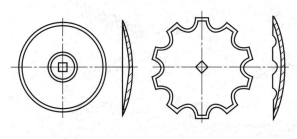

(a) 全缘耙片　　　　**(b) 缺口耙片**

图 2-69　耙片

耙片是一球面圆盘，其凸面一侧的边缘磨成刃口，以增强入土能力。耙片一般分为全缘耙片（Concave disk）和缺口耙片（Cutaway disk）两种（图 2-69）。缺口耙片在耙片外缘有 6～12 个三角形、梯形或半圆形缺口，耙片凸面周边磨刃，缺口部位也磨刃。由于缺口耙片减小了周缘的接地面积，因而入土能力增强。缺口耙片也易于切断草根、残茬，这是因为缺口能将其拉入切断而不向前推移。

② 耙架　用来安装圆盘耙组、调节机构和牵引架（或悬挂架）等部件。有铰接耙架和刚性耙架两种。有的耙架上还装有载重箱，以便必要时加配重，以增加和保持耙的深度。

③ 偏角调节机构　用于调节圆盘耙的偏角，以适应不同耙深的需要。偏角调节机构有丝杠式、齿板式、液压式、插销式等。

丝杠式用于部分重耙上，其结构复杂，但工作可靠。齿板式在轻耙上使用，调节比较方便，但杆体容易变形，影响角度调节。插销式结构简单，工作可靠，调整时，将耙升起，拨出锁定销，推动耕组横梁使其绕转轴旋转，到合适的位置时，把锁定销插入定位孔定位，一般在中耙与轻耙上采用。液压式用于重耙系列上，虽然结构复杂，但工作可靠，操作容易。

④ 牵引或挂接装置　对于悬挂式圆盘耙，其悬挂架上有不同的孔位，以改变挂接高度。对于牵引式圆盘耙，其工作位置和运输位置的转换是通过起落机构实现的。起落过程由液压油缸升降地轮来完成，耙架调平机构与起落机构联动，在起落的同时改变挂接点的位置，保持耙架水平。在工作状态，可以转动手柄，改变挂接点的位置，使前后列耙组耕深一致。

（3）圆盘耙的工作分析

圆盘耙与圆盘犁相比，它们的共同特点是圆盘的刃口平面与机器前进方向有一偏角，不同的是圆盘犁刃口平面相对于水平面有一向后的倾斜角度，而圆盘耙刃口垂直于地面。

圆盘耙耙地作业时（图 2-70），在拖拉机的牵引力作用下耙片滚动前进，在圆盘耙的重力和土壤阻力的作用下切入土中，并达到一定的耙深。圆盘耙片既有自身的滚动，又有随机器向前的滑动，是两者运动的合成，使圆盘耙完成切土和碎土功能。耙片从 A 点到 C 点回转一周的复合运动可以分解成由 A 点到 B 点的滚动和由 B 点到 C 点的移动。在滚动中耙片刃口切碎土块、草根及作物残茬。在移动中，由于耙片的刃口和曲面的综合作用，进行推土、铲草、碎土、翻土和覆盖。当偏角 α 减小时，则推土、铲草、碎土和翻土等作用减弱，入土性能较差。相反，在一定范围内，α 角增大，则推土、铲草、碎土和翻土等作用增强，入土性能较好。因此在设计圆盘耙时，应根据圆盘耙的类型而选择不同的偏角，并应有一定的调节范围，以适应

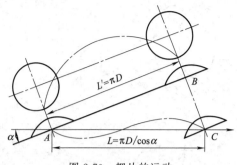

图 2-70　耙片的运动

不同的土壤情况和作业要求。土壤湿度大时，偏角宜小，否则容易造成耙片黏土和堵塞。

（4）圆盘耙片参数

圆盘耙片的参数主要有耙片直径 D、球面曲率半径 ρ、耙片刃角 i、扇形中心角 φ 和耙片厚度等（图 2-71）。

① 耙片直径 D　根据耙深要求，按以下经验公式确定：

$$D = K a_{\max} \tag{2-35}$$

式中　　$a_{\max}$——最大设计耙深，cm；

　　　　K——径深比系数，或经验系数。

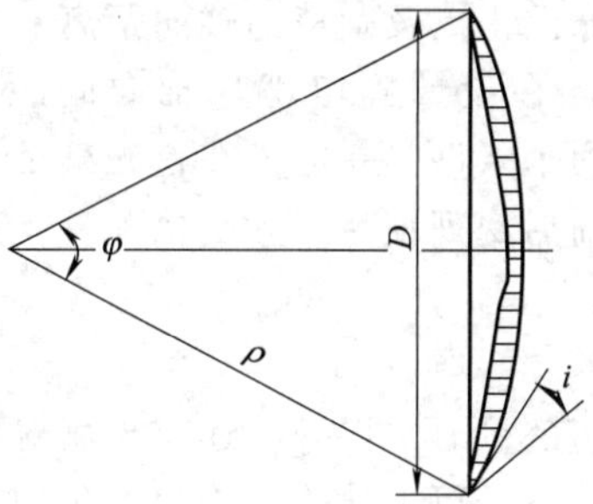

图 2-71　耙片结构参数

在耙片曲率相同，耙深一定的情况下，耙片直径越大，机具重量也越大。当设计的耙深比较大时，K 值可取小些。在保证工作质量的前提下，应尽可能选用较小的 K 值。为了保证在作业中达到设计耙深，而又避免间管碰到地表，耙片直径还应满足结构尺寸上的要求。即 $D > 2a + d$，其中 d 为间管的最大外径。

② 圆盘耙片的曲率半径 ρ　曲率半径 ρ 是圆盘耙片的主要参数。ρ 与耙片直径 D 和扇形中心角 φ 的关系为

$$\rho = D / [2\sin(\varphi/2)] \tag{2-36}$$

在式（2-36）中，D 可以从式（2-35）求得。φ 为扇形中心角，即耙片直径所对应球心角，其一般常用范围为 42°～54°。

③ 耙片刃角 i　耙片刃角 i 是指过刃尖的球面切线与刃面线所成夹角。耙片刃角 i 的大小依据圆盘耙的工作情况而定，刃角大时，刀刃强度较好，不易损坏，但切土性能较差；刃角小时，切土性能较好，但刃口薄，易磨损。通常在保证耙片刃口强度和制造工艺允许的条件下，刃角 i 应尽量取小值，以减少切土阻力。一般刃角 i 常在 14.5°～22°范围内选取。

④ 耙片厚度 δ　选择时要充分考虑直径的大小、工作的负荷等因素，一般用下式来确定圆盘厚度的大小：

$$\delta = (0.008 \sim 0.012) D \tag{2-37}$$

一般情况下，我国圆盘耙系列的耙片厚度 δ 对应于重型、中型和轻型分别为 5mm、4mm 和 3.5mm。

⑤ 耙片轴向间距 b　耙片间距对圆盘耙设计安装和使用耙组、保证其正常工作是非常重要的。轴向间距的大小直接影响耙组在耕作横断面内对土壤加工和处理的程度、碎土质量。间距太小易造成土壤堵塞，太大易产生漏耙。耙片轴向安装间距的合理选择是至关重要的。

在横断面内的耙片对土壤平整后沟底的影响区域形状如图 2-72 所示，圆盘耙工作时，

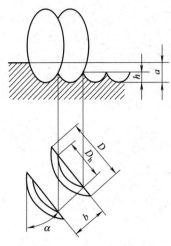

图 2-72　圆盘耙间距与沟底形状

在沟底留下的凸起高度 h 不应太大，应符合农业技术要求。若 $h=a$，则说明有漏耙现象。而 $h=0$ 又是不可能的，因此要求 $h<a$，耙片间距与沟底凸起高度有以下关系：

$$b=D_h\tan\alpha \qquad (2\text{-}38)$$

式中　α——耙片偏角；

　　　D_h——沟底凸起最高点处的耙片弦长。

因 $D_h/2$ 是 h 和（$D-h$）的比例中项，故有

$$D_h=2\sqrt{h(D-h)} \qquad (2\text{-}39)$$

$$b=2\sqrt{h(D-h)}\tan\alpha \qquad (2\text{-}40)$$

由式（2-40）求得的 b 值理论上满足了圆盘耙不产生漏耙的条件，但由实验表明 b 值往往过小，工作中容易造成耙组堵塞。耙片之间不产生堵塞泥土以及杂草的轴向距离 b 不应小于（1.5～2.0）a。因此在设计确定耙片轴向间距 b 时，应考虑不漏耙和不堵塞两个条件，并应该在首先满足不堵塞的条件下确定 b 值，再采取把耙片排成前后两列，并使前后两列耙片相互交错配置，达到整台圆盘耙既不漏耙又不堵塞。

（5）圆盘耙的受力分析

圆盘耙工作时，作用在耙组上的外力除重力（作用在耙组的重心）以外，还有土壤对每个耙片的阻力以及拖拉机作用在耙组上的牵引力。在一般情况下，可以认为土壤阻力集中作用于耙组的中间耙片上。

① 圆盘耙的受力分析　作用在圆盘耙片工作面和刃口上的土壤单元阻力一般为空间力系，不可能合成单一的合力。但是可以简化成在空间互不相交的两个力 R_1 和 R_2。如图 2-73 所示，阻力 R_1 的作用线位于圆盘刃口平面内，与水平面成角 φ，作用线通过圆盘轴线后方 ρ 处。阻力 R_2 的作用线平行于圆盘的回转轴线，通过圆盘入土部分的重心附近，与沟底的距离约为耙深的一半，离耙片垂直中心线 l 处。由于 ρ 和 l 值很小，为了简化分析，忽略 ρ 和 l 值的影响，图 2-73（b）为其受力的简化分析。

为了进一步简化分析，通常将 R_1 和 R_2 沿坐标轴 x、y 和 z 方向简化。在图 2-73（b）中，力 R_1 分解为 R_z 和 R_{1xy}，R_{1xy} 位于 xOy 坐标平面内。将 R_2 从 C 点平移到轴心 O，于

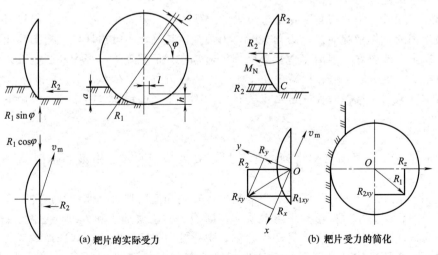

　　（a）耙片的实际受力　　　　　　　　　（b）耙片受力的简化

图 2-73　单个圆盘耙的受力

是 R_2 与 R_{1xy} 合成为 R_{xy}，同时产生一力矩 M_N。R_{xy} 再沿 x 和 y 轴分解为 R_x 和 R_y，则力 R_1 和 R_2 就可以用 R_x、R_y、R_z 和 M_N 来表示。

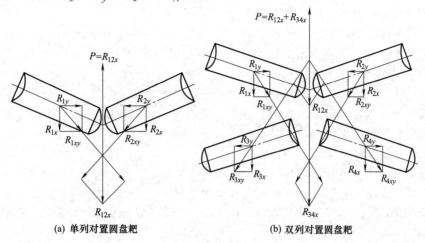

(a) 单列对置圆盘耙 (b) 双列对置圆盘耙

图 2-74　对置耙的平衡

② 圆盘耙在水平面内的受力平衡　对置圆盘耙无论是单列对置还是双列对置（图 2-74），由于左右耙组的对称，合力位于对称线上，并与拖拉机牵引线一致，因而不存在偏牵引。

如图 2-75 所示，偏置圆盘耙工作时，其前后两列耙组在水平面内分别受着土壤阻力 R_{1xy} 和 R_{2xy} 的作用。该二力的作用线在 H 点相交。在平衡状态下，牵引力的作用线也必须通过 H 点，而且与 R_{1xy} 和 R_{2xy} 的合力 R_{xy} 相平衡。当 R_{1y} 的大小与 R_{2y} 大小相等时，合力 R_{xy} 的作用线方向与机组前进方向平行。因此牵引点应位于通过 H 点而与前进方向平行的 F 点上。此时圆盘耙的偏量（牵引点 F 离耙组中心线横向间距离）e_0 应为

$$e_0 = \frac{L_2 R_{1y}}{R_{1x} + R_{2x}} \tag{2-41}$$

式中　L_2——前后列耙组中心的纵向距离。

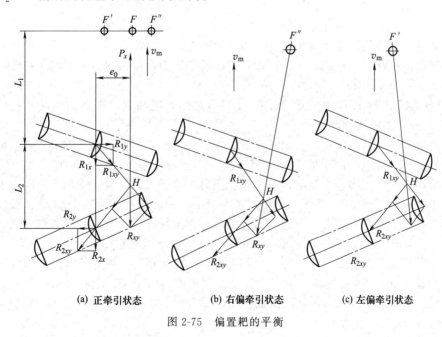

(a) 正牵引状态 (b) 右偏牵引状态 (c) 左偏牵引状态

图 2-75　偏置耙的平衡

若牵引点位置选择不当（如选择在 F' 或 F'' 点），则因牵引力和土壤阻力的作用线不共线，从而使偏置耙产生逆时针或顺时针力偶。机具在力偶作用下将在水平面内出现转动，从而使耙片偏角改变，机具偏离正常工作状态。

由于前列耙组在未耙地上工作，在前后两列耙组偏角相同的情况下，将会出现 $R_{1xy} >$ R_{2xy}。这在坚硬土壤上更为明显。为使前后两列耙组的阻力接近相等，设计时应使后列耙组的偏角大于前列耙组。

由式（2-41）及图 2-75 还可以看出，前后列耙组间的纵向距离 L_2 对平衡的影响。如将后列耙组向后移，则合力的作用线向右移，只有将牵引线也相应地从 F 点向右移，才能使耙组保持原有偏角进行工作，并获得平衡。

2.5.2 水田耙

水田耙是在水田进行整地作业的机具，水田土壤比较黏重，耕后土块较大，因此进行秧苗移栽前需要整地作业，以达到耕后碎土（或代替犁耕）、平整地面及使泥土搅混起浆的目的，以利于移栽作业。水田耙按工作部件有无动力驱动可分为从动型和驱动型两种，一般采用悬挂方式与拖拉机组成机组。

（1）从动型水田耙的一般构造

从动型水田耙一般由耙组、轧滚和耙架（包括悬挂架）组成（图 2-76）。

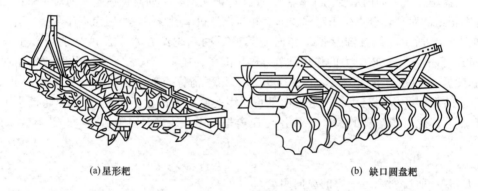

(a)星形耙   (b) 缺口圆盘耙

图 2-76　水田耙

由于单一的耙地部件往往无法满足水田整地的要求，因此我国的水田系列耙在设计时采用不同工作部件组合在一起的方法，以加强耙碎和整平的作用，同时又可减少耙地次数，降低作业成本。

① 耙组　耙组是水田耙的工作部件，主要有星形耙组和缺口圆盘耙组两种。耙组一般为 2～4 组，分一列或两列配置。

星形耙组主要由星形耙片、方轴、间管、橡胶轴承和耙轴等组成（图 2-77）。星形耙片的特点是刀刃长，切土、碎土能力强；刀齿的外端小，里端大，有利于使田面表层达到松软，而下层保持团粒结构，有利于秧苗生长。同时，由于刃口有滑切作用，故阻力较小。耙片直径有 400mm 和 450mm 两种。耙片套在方轴上，中间用间管隔开，组端部通过压盖用四个螺栓将耙片紧固在方轴上。方轴为焊合空心件，两端焊有轴承座，橡胶轴承嵌在轴承座内。耙轴也是焊合件，它穿在橡胶轴承内孔中，工作时耙组在耙轴上转动。为了工作平稳，减少冲击，星形耙片在方轴上安装时，要使各耙片六个齿错开，按螺旋排列。因此，耙片的安装孔要冲成 0° 和 15° 两种规格。为了保证耙片在水平面内的平衡，左右耙组的耙片螺旋排列方向应相反。为保证侧向力平衡，前后列耙组的凹面应相互反装，星形耙组的安装如图 2-78 所示。

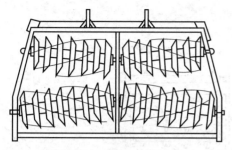

图 2-77　星形耙组的结构

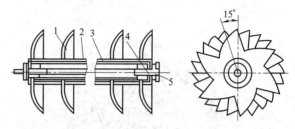

图 2-78　星形耙组的安装

1—星形耙片；2—间管；3—方轴；4—橡胶轴承；5—耙轴

缺口圆盘耙片有较强的破土、翻土能力，对较黏重的或脱过水的稻茬地适应性较强，但其碎土和起浆作用不如星形耙片，阻力也较大。

由于水田耙在泥浆水中工作，条件较差，因此系列耙都采用橡胶轴承。这种轴承规格统一，使用寿命长（一般可用两个季度），成本低。

② 轧滚　轧滚具有较突出的灭茬起浆性能，并兼有碎土、平整田面和土肥混合等作用。轧滚的工作主要是依靠不同形状与不同排列方式的轧片来完成，目前使用较多的轧滚型式有实心直轧滚、空心直轧滚、百叶桨轧滚和螺旋轧滚等（图 2-79）。

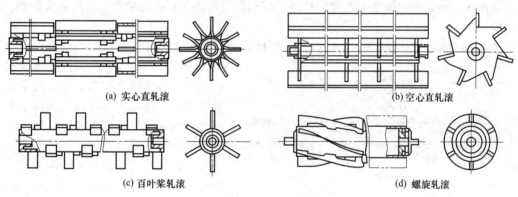

(a) 实心直轧滚　　　　　　　　　　　　(b) 空心直轧滚

(c) 百叶桨轧滚　　　　　　　　　　　　(d) 螺旋轧滚

图 2-79　轧滚的类型

实心直轧滚是将带有出水孔隙的直叶片分段交叉焊在滚筒上。实心轧滚具有较强的灭茬能力和起浆性能，由于滚筒的作用，平整性能也较好。因此水田系列耙大都取实心轧滚型式。但是，实心轧滚较易堵泥，只适用于一般土壤。在土壤较黏重的地区，为了避免泥土堵塞轧滚，可采用空心直轧滚。空心轧滚是将叶片焊接在固定于心轴上的几个星盘上，因而形成较大的空隙，泥块不易堵塞其中。但这种轧滚轧深较大，阻力也大，田面平整程度也较实心直轧滚差。

在重黏土地区，可采用百叶桨轧滚。百叶桨轧滚的叶片短小，按单头螺旋排列焊接在轴上。它的特点是不夹泥黏土，但碎土和起浆性能均较前两种为差。螺旋轧滚的轧片为有一定导角的螺旋形叶片，直接焊接在滚筒上，其特点是工作平稳，冲击力小，但地表平整性差，制造工艺复杂。

（2）水田驱动耙

① 卧式水田驱动耙与卧式旋耕机的原理相似，水田驱动耙由拖拉机动力输出轴输出动力传递到耙辊上，通过转动耙辊达到切削、破碎土块，再用耥板耥平田面，其具体结构如图 2-80 所示。

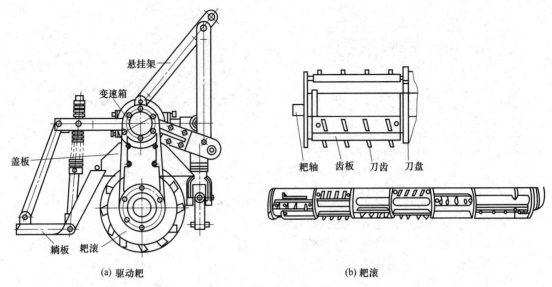

(a) 驱动耙

(b) 耙滚

图 2-80 卧式水田驱动耙及刀齿式耙滚

工作时通过万向节传动轴将拖拉机的动力传至传动箱，经变速后驱动耙辊转动，实现切土、搅拌，达到碎土、起浆和覆盖的目的。利用拖板和耥板将已经搅拌均匀的土壤整平，以利插秧。

② 立轴式水田驱动耙与立式旋耕机的原理相似，它的工作部件是由两个钉齿构成倒置的 U 形转子（图 2-81）。多个转子横向排列成一排。两个相邻的转子由两个齿轮直接啮合驱动。因此，每个转子与左右相邻转子的旋转方向相反。转子在安装时，相邻转子倒置的 U 形平面均互相垂直，故可互不干扰，并使相邻钉齿的活动范围有较大的重叠量以防止漏耕。由于钉齿的圆周速度比机器前进速度大 2 倍以上，故每个钉齿在地面上经过的

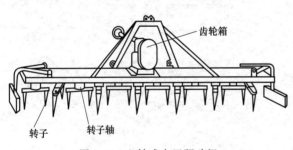

图 2-81 立轴式水田驱动耙

路线都是长辐摆线，因而钉齿有较好的碎土效果。为了加强耙碎和整平的作用效果，通常在驱动耙的后方配置拖板等辅助部件。

③ 往复型驱动耙有两排或四排钉齿，通过传动机构把拖拉机动力输出轴的旋转运动转变为钉齿的往复运动（图 2-82），完成切土和碎土作用，具有碎土能力强的特点。

2.5.3 齿耙

齿耙（Tooth harrow）主要用于旱地犁耕后或播种前进一步松碎土壤、平整地面，为播种创造良好的条件。也可用于撒播后的种子、肥料的覆盖作业以及进行苗前、苗期的耙地除草作业。齿耙主要有钉齿耙（Spike tooth harrow）和弹齿耙（Spring tooth harrow）两大类。

（1）钉齿耙

钉齿耙的类型很多，按其结构特点可分为固定式、震动式、可调式和网状式等（图 2-83）。其主要工作部件是钉齿，按钉齿适应土壤的性质和深度可分为轻型、中型和重型三种。按结构形状可分为菱形、方形、圆形、刀形等多种形式（图 2-84）。其中菱形或方形断面钉齿具

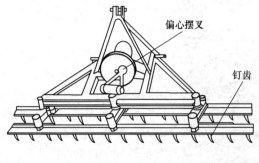

偏心摆叉

钉齿

(a) 往复式驱动耙示意图

(b) 往复式驱动耙实物配置

图 2-82　往复式驱动耙

(a) 固定式　　　　　　　　　(b) 可调式　　　　　　　　　(c) 网状式

图 2-83　钉齿耙的类型

有良好的松土、碎土能力，工作稳定，钉齿磨损后，可将钉齿旋转半周重新使用，广泛用于重型和中型钉齿耙上。箭形钉齿的横向破土性能好。L 形钉齿是一种特殊结构形式，它的水平刀刃形成一个平面，使耕层不生硬。

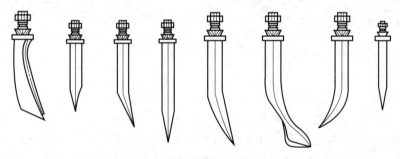

图 2-84　各种钉齿

① 固定式钉齿耙由钉齿、耙架、牵引机构或悬挂机构等组成。其结构特点是耙齿固定安装在耙架的齿杆上，耙的入土深度取决于耙的重量，钉齿耙的纵杆呈 Z 形，横杆与纵杆交点处配置耙齿，每 3～4 根 Z 形纵杆用 3～5 个横杆结合起来，作为一节，再用刚性牵引架把数节连接起来，各节可单独摆动，因而工作较平稳，仿形效果好。

② 可调式钉齿耙与固定式钉齿耙结构相比，增加了钉齿角度调节机构，用于调整钉齿的倾角，耙架用 5 根横梁连接而成，每根横梁上装有 5～7 个钉齿，每个耙组上的钉齿数量为 25～35 个，通过悬挂架或牵引架把 2～4 个耙组连接起来。运输状态时，左右耙组可以折叠。

③ 网状钉齿耙的特点是耙架为柔性，像网状一样，能紧贴地面工作，仿形性能好，耙深比较稳定，有较强的平土性能。

图 2-85　弹齿耙

（2）弹齿耙

弹齿耙的耙齿由弹簧钢制成（图 2-85），具有一定的弹性，遇到坚硬障碍物时不易损坏，弹齿的颤动能增强碎土能力，松土效果也较好。特别适用于凹凸不平或多石块的地面作业，也可用于牧草地、果园的整地和中耕作业。

2.5.4　镇压机械

土壤经过耕耙作业后，常常变得过于疏松，使土壤容易干燥，通过对表土的镇压，可以防止水分蒸发、风蚀以及霜冻。镇压器（Roller）主要用于压碎土块、压紧耕作层、平整土地或进行播种后镇压，使土壤紧密，有利于土壤底层水分上升，促使种子发芽，也可用于压碎雨后地表硬壳。在干旱多风地区还可以防止土壤的风蚀，在寒冷地区还可以防止土壤上冻。

常用的镇压器多为牵引式，根据形状可分为 V 形、网环形和圆筒形等（图 2-86）。

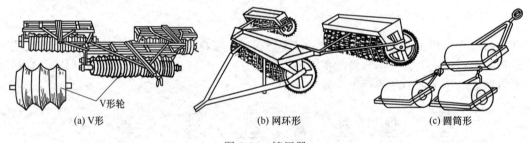

V形轮

(a) V形　　　　　　　　　　(b) 网环形　　　　　　　　　　(c) 圆筒形

图 2-86　镇压器

（1）V 形镇压器

V 形镇压器的工作部件由若干个具有 V 形边缘的铁轮套装在轴上组成，每一铁轮均能自由转动，一台镇压器通常由前后两列工作部件组成。前列直径较大，后列直径较小，前后列铁轮的凸环横向交错配置。作用于土层的深度和压实土壤的程度取决于其工作部件的形状、大小和重量。压后地面呈 V 形波状，波峰处土壤较松，波谷处则较紧密，松实并存，有利于保墒。

（2）网环形镇压器

网环形镇压器又称心土镇压器，其结构与 V 形镇压器相似，但工作部件由许多轮缘上有网状突起的铁轮组成，作业时网状突起深入土中将次表层土壤压实，在地表形成松软的呈网状花纹的覆盖层，达到上松下实的要求，并有一定的碎土效果。

（3）圆筒形镇压器

圆筒形镇压器的工作部件是石制（实心）或铁制（空心）圆柱形压碾，外表面光滑。其特点是结构简单，接触面积大，压强小，对表土镇压作用强，而对心土镇压作用弱，镇压后地表易有裂痕，造成透风和水分蒸发，主要用于表层土壤镇压。

（4）管状辊镇压器

管状辊镇压器把管子或型钢做成圆筒形（图 2-87），平行排列起来，在一根轴上安装许多个。具有重量轻，破碎效果好，镇压后地表面呈规则的凹凸形状，可减少风蚀，土壤保水性能较好。

（5）齿盘 V 形镇压器

齿盘 V 形镇压器在两个 V 形轮之间加装一个齿盘，且齿盘的外径稍大于 V 形轮（图 2-88），齿盘在回转的同时进行上下运动。具有极强的碎土能力，可用于黏重土壤，也可用于镇压带霜冻的土壤。

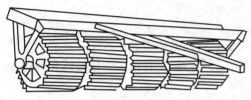

图 2-87　管状辊镇压器

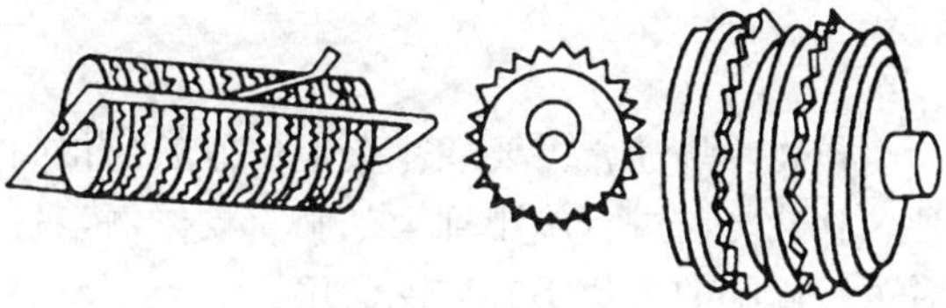

图 2-88　齿盘 V 形镇压器

（6）心土镇压器

心土镇压器（Subsoil packer）采用薄 V 字形轮按等间隔排列在回转轴上（图 2-89），可以消除耕地后的土壤及下层土壤的空隙。

图 2-89　心土镇压器

镇压器向前滚动时，靠自重将土层下压，因此，镇压作用的强弱除了与其表面形状有关外，主要取决于单位面积压强的大小、工作速度以及土壤等因素。

复习思考题

1. 影响土壤力学性质的主要因素是什么？为什么在农机设计中要研究土壤力学性质？
2. 犁体曲面按土垡运动情况分有几种？各用于什么场合？
3. 犁体曲面常用的设计方法有几种？各有何特点？
4. 普通犁体用于高速耕作会出现什么问题？如何解决？
5. 简述犁耕机组受力分析目的。悬挂犁耕机组悬挂参数对工作性能有何影响？并简要说明原因。
6. 旋耕机的功耗由哪几个部分组成？简述各部分的物理意义。
7. 耙片的碎土作用是如何产生的？
8. 深松机具作业特点及其作业目的是什么？
9. 土壤耕作制度有哪些？如何利用土壤耕作机具解决各耕作制度存在的缺陷？

第3章
施肥播种机械

作物栽培通常需要在耕整地作业后的田间进行施撒肥料、播种或者进行秧苗移栽。在播种、移栽之前进行施肥称为基肥，在作物生长中进行施肥为追肥。目前，在播种或移栽的同时进行施肥的方法得到广泛应用。

3.1 肥料种类与施用方法

土壤是农作物赖以生长发育的基础。土壤所蕴藏的肥力在经过长期耕作以后，将会逐渐下降，致使农作物产量和品质随之降低。因此，需要及时对土壤补施肥料，以保持和增进肥力。合理施肥，特别是养分均衡供应可以明显地提高农产品品质。但不合理的施肥方式可能造成肥效降低，不仅造成了经济上的巨大损失，而且引起了严重的环境污染。因此，需要科学合理地施用肥料，以期保护地力、增加作物产量，并减轻对环境的污染。

3.1.1 肥料种类

肥料主要分为有机肥料和化学肥料两大类，每大类中又都有固体和液体两类。

有机肥料主要由人畜粪尿、植物茎叶及各种有机废弃物堆积沤制而成，故亦称农家肥。另外，中国传统重要有机肥料之一的绿肥（Green manure）是用作肥料的绿色植物体，是一种养分完全的生物肥源。种绿肥也是增加肥源的有效方法。有机肥料能增进土壤有机质，改善土壤结构，提高保水能力，而且还能提供植物所需多种养分。但它所含有养分需要在氧化过程中慢慢分解，才能释放到土壤里，以便提供给作物吸收，效果缓慢，但有效期较长，多用作基肥。由于有机肥料中所含氮、磷、钾的比例小，导致施用量大，装载、运输与施撒劳动强度大，卫生条件差。因而，施用有机肥料是一项亟待实现机械化的田间作业。

化学肥料只含有一种或两三种营养元素，但含量高，肥效快，用量少。半个世纪以来，化肥对于保证农作物产量的不断增长，在全世界都起着不可低估的作用。化学肥料是由工厂生产的商品肥料，一般加工成颗粒状、结晶状或粉状，装袋出售。液态化肥主要是由液氨和氨水组成的。液氨含氮量高，约82%，氨水则是氨的水溶液，含氮量仅15%～20%。但由于长期大量施用化学肥料，极易造成土壤某些营养成分严重缺乏，氮、磷、钾的比例失调，土壤板结，影响了农作物产品的品质。因此，从土壤施肥的发展趋势上来看，增加有机肥营养成分比例，有机肥的加工和施撒更有发展前途。

3.1.2 化学肥料特性

化学肥料也称为无机肥料，简称化肥，通常为颗粒状、晶粒状或粉末状。其特点是易溶于水，易被植物吸收，其物理机械性质主要取决于它的吸湿量或含水量。吸湿量增加，则流动性变差，黏结性和架空性增加。

（1）流动性

干燥的化肥颗粒间只有摩擦力的作用。将松散的化肥自然堆放成一个圆锥体时，圆锥体底角（自然休止角）大小即可代表该化肥的流动性。表 3-1 是几种常用化肥的休止角。

表 3-1　几种常用化肥的休止角

肥料名称	休止角	肥料名称	休止角
硝酸铵（粉）	42°	硫酸钾（粉）	48°
过磷酸钙（粉）	44°	氯化钾（粉）	50°
过磷酸钙（粒）	33°	尿素（粉）	43°
重过磷酸钙（粒）	28°	尿素（粒）	33°

（2）吸湿性

化肥从空气中吸收水分的性质和能力称为吸湿性，大多数化肥有吸湿作用。其吸湿能力取决于周围空气的温度和相对湿度，同时取决于化肥颗粒大小和堆放厚度。化肥吸湿后流动性变差。

（3）黏结性

化肥黏结、团聚而形成硬块的性质为黏结性。化肥吸湿后或受到一定压力后，易黏结成大的颗粒甚至结成大块，或黏结在排肥器上。因此，使用化肥时应注意其黏结性。

（4）架空性

将肥料放在平面上，从其下部取出一部分，形成洞穴而上部的肥料并不松塌，这种现象称为架空性。化肥吸湿后架空性增强。

3.1.3　肥料的施用方法

在栽培作物的过程中施用肥料主要有以下几种方法：

（1）施基肥

在播种前将肥料撒在土表，耕地时翻入土中，或在犁上安装施肥器将肥料施入犁沟内，由下一犁的垡片覆盖，也有在深松铲上装设施液肥装置，随着松土作业将液肥施入沟底。

（2）施种肥

在播种时将肥料与种子同时播入土中。常见施肥方法有侧深施（肥料位置在种子侧下方）、正深施（肥料在种子正下方）和将肥料与种子混施在一起的。

（3）施追肥

在作物生长期间，将肥料施于植株根部附近，称为追肥，也有将某种易溶于水的营养元素用喷雾的方法施于作物叶面上，让作物吸收，称为"根外追肥"。

施用肥料应注意合理施用，否则不仅会徒耗能源，而且还会导致养分不平衡，降低土壤肥力。合理施肥主要包括两个问题，一是注意保持土壤中养分平衡，避免因偏施某种元素肥料导致养分严重不平衡，使土壤肥力降低。植物健康生长需要吸收十几种不同元素（其中最主要的是氮、磷、钾三种），如果缺乏某一种元素，即使其他养分供应充足，作物生长也不会良好。长期大量使用化肥会使土壤结构破坏，最好与有机肥配合使用。二是要提高化肥施用后的利用率。目前国内外化肥施后利用率都不高。我国氮肥的利用率只有 30% 左右，磷肥只有 20% 左右，而生产化肥需要消耗大量能源，提高肥效对节约农用能源具有重要意义。

3.2　施肥机

根据肥料种类和特性，施肥机（Fertilizing machinery）可分为固态化肥施用机、固态厩肥施用机、液态化肥施用机和液态厩肥施用机；根据施肥方式不同，可分为肥料撒布机、施种肥机、施追肥机和施肥播种机。由于农家肥料和化学肥料、液体肥料和固体肥料性质差别很大，因而施用这些肥料的机械其结构和原理也不相同，特别是随着变量施肥技术的发展，施肥机技术也在不断改进。

3.2.1　厩肥撒布机

使用厩肥能改良土壤，使作物增产。采用厩肥撒布机（Manure spreader）施肥可以显著提高劳动生产率，并可提高施肥质量。据统计，在撒施厩肥的全过程中，厩肥撒布所消耗时间仅占 15%，而装肥与运肥时间则占 85%。有机肥含水分多时黏结而不易松散，干后又易结成硬块，因此撒施有机肥时要用较大的力量将其撕裂。有关部门曾对垃圾及长秸秆所做成的堆肥进行试验，得出撕裂肥料所需的力平均为肥料本身重力的 2.07 倍，最大可达 3.34 倍。其体积与容重如表 3-2 所示。

表 3-2　厩肥的每吨体积与容重

厩肥腐熟期	每吨体积/(m³/t)	容重/(t/m³)
新鲜松软	0.3～0.4	2.5～3.3
新鲜坚实	0.5～0.7	1.4～2.0
半腐熟	0.7～0.8	1.2～1.4
全腐熟	0.8	1.2

厩肥撒布机种类和构造如下。

厩肥撒布机按其工作原理有螺旋式和甩链式两种，其中以螺旋式最为常见。

① 螺旋式厩肥撒布机　螺旋式厩肥撒布机的工作原理是由装在车厢式肥料箱底部的输肥链将整车厩肥缓缓向后移动，喂入撒肥部件进行撒布。撒肥部件包括撒肥滚筒、击肥轮和撒布螺旋（图 3-1）。撒肥滚筒的作用是击碎肥料，并将其喂送给撒布螺旋。击肥轮用来击碎表层厩肥，并将多余的厩肥抛回肥箱中，使排施的厩肥层保持一定厚度，从而保证撒布均匀。撒布螺旋高速旋转将肥料向后和向左右两侧均匀地抛撒。

② 牵引式装肥撒肥车　近年来，以动力输出轴为动力的厩肥撒布机的数量有所增加，有的甚至把撒肥器做成既能撒肥，又能装肥。图 3-2 所示为一种牵引式自动装肥撒肥机。装肥时，撒肥器位于下方，将肥料上抛，由挡板导入肥箱内。这时，输肥链反转，将肥料运向撒肥机前部，使肥箱逐渐装满。撒肥时，油缸将撒肥器升到靠近肥箱的位置，同时更换传动轴接头，改变转动方向，进行撒撒。

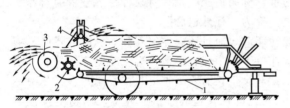

图 3-1　螺旋式厩肥撒布机

1—输肥链；2—撒肥滚筒；3—撒布螺旋；4—击肥轮

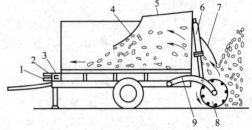

图 3-2　牵引式自动装肥撒肥机

1—撒肥传动接头；2—装肥传动接头；3—换向器；
4,5,7—挡板；6—升降油缸；8—撒肥装肥器；9—传动支承

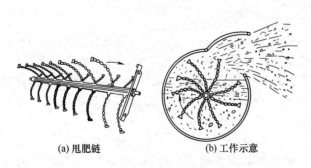

(a) 甩肥链　　　　(b) 工作示意

图 3-3　甩链式厩肥撒布机

③ 甩链式厩肥撒布机　甩链式厩肥撒布机采用圆筒形肥箱，筒内有根纵轴，轴上交错地固定着若干根端部装有甩锤的甩肥链（图 3-3）。工作时，甩链由拖拉机动力输出轴驱动以 200～300r/min 的转速旋转，破碎厩肥，并将其甩出。

3.2.2　粉末施肥机

粉末施肥机是为了将粉末状化学肥料等撒布在田地的施肥机械。撒布

化学肥料的同时进行土壤耕作作业。具有代表性的粉末撒布机（Fertilizer distributors）是日本的石灰撒布机（Lime sower）（图 3-4）。为了改良旱田作物中酸性土壤，撒布石灰是一项重要作业。在装载石灰的长方形料斗（Hopper）下方配有兼作搅拌的转子，改变排肥口的开度进行撒布量的调节。田间作业效率在工作幅宽为 1.6m、作业速度为 5km/h 时大约是 0.65ha/h。近年来，针对大型化田间作业要求，相应作业效率在 1.5ha/h 的粉末撒布机也投入应用。

图 3-4　石灰撒布机

3.2.3　颗粒肥料撒布机

（1）撒肥机械

① 离心式撒肥机　离心式撒肥机是欧美各国用得最普遍的一种撒施机具（图 3-5）。它是由动力输出轴带动旋转的撒肥盘利用离心力将化肥撒出，有单盘式与双盘式两种。撒肥盘上一般装有 2～6 个叶片，叶片的形状有直的，也有曲线形的。前倾叶片能将流动性好的化肥撒得更远，而后倾叶片对于吸湿后的化肥则不易黏附。

离心式撒肥机撒下的化肥沿纵向与横向分布都很不均匀。一般是通过重叠作业面积来改善其均匀性。此外，还可以通过将撒肥盘上相邻叶片制成不同形状或倾角使各叶片撒出的肥料远近不等或分布各异以改善其分布均匀性。离心式撒肥机具有结构简单、重量较轻、撒施幅宽大和生产效率高等优点。

② 气力式撒肥机　气力式撒肥机（图 3-6）工作原理大致相同，都是利用高速旋转的风机所产生的高速气流，并配合以机械式排肥器与喷头，大幅宽、高效率地撒施化肥与石灰等土壤改良剂。

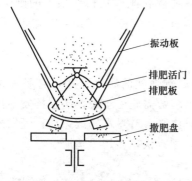

图 3-5　离心式撒肥机结构示意

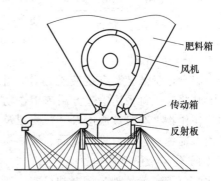

图 3-6　气力式撒肥机

（2）犁底施肥机

犁底施肥机是一种深施基肥的施肥机械，通常是在铧式犁上安装肥箱、排肥器、导肥管及传动装置等，在翻地作业的同时进行底肥深施。

（3）种肥施用机

种肥施用机是将肥料伴随着种子施入土壤，为种子生长发芽提供肥料的机械，施用种肥的合理方法是在播种机上装设施肥装置，在播种的同时施用种肥。依据种肥相对位置关系可以分为种肥混施和种肥分开施肥的方法。

用于种肥混施的机器是将化肥与种子排入同一输种管中，施于同一开沟器所开的沟底（图 3-7）。种肥混施容易使化肥"烧伤"种子。

图 3-8 是利用组合式开沟器将化肥施在种子的正下方，采用这种方法，虽然在种子与化肥之间有土壤隔离，但种子或根系仍不能完全脱离种肥分解后的高浓度区，因而仍可能有被"烧伤"的危险。

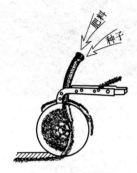

图 3-7 种肥混施

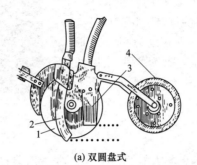

(a) 双圆盘式

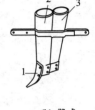

(b) 靴式

图 3-8 组合式开沟器
1—开沟器；2—导肥管；3—导种管；4—镇压轮

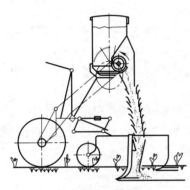

图 3-9 中耕追肥机

为了克服上述缺点，可以采用侧深施肥方法。用于侧深施肥的机器是将化肥施在种子的侧方下方，一般是在播种机上采用单独的输肥管与施肥开沟器，实现侧深施肥。侧深施肥是种肥的合理施用方法，可以提高肥效，增加土壤含水量，平抑地温，减少冻害和盐碱化危害，具有增产效果。

（4）追肥机械

追肥机械是在作物生长发育过程中施用化肥的机械，追肥的合理施用方法是将化肥施在作物根系的侧深部位，通常是在通用中耕机上安装排肥器与施肥开沟器（图 3-9）。

3.2.4 液肥撒布机

液肥有化学液肥和有机液肥之分。化学液肥对金属有强烈的腐蚀作用，且易挥发。因此，除某些液肥可采用喷雾方法施于作物茎、叶上外，多数需施入土中，防止挥发、损失肥效和灼伤作物。有机液肥由人、畜粪尿及污水组成，其中常含有悬浮物或杂质，经发酵处理后，用水稀释、过滤后进行喷洒。液肥易被作物吸收，肥效快，多用于追肥。

（1）化学液肥施用机

化学液肥主要品种是液氨和氨水。液氨为无色透明液体，含氮 82.3%，是制造氮肥的工业原料，价格较固体化肥低 30%～40%，而且肥效快，增产效果显著。由于液氨必须在高压下才能保持液态，因而必须用高压容器装运，从出厂、运输、储存到田间施用，都必须有一整套高压设施。施肥机上的容器也必须是耐高压的，否则很不安全。氨水是氨的水溶液，我国农用氨水的含氮量为 15%～20%。氨水对钢制零件的腐蚀不显著，但会使铜合金制件迅速腐蚀。

施用液肥时为了防止氨的挥发损失，必须将其施在深度为 10～15cm 的窄沟内，并应立即覆土压实。

① 施液氨机与施氨水机　液氨施肥机的主要组成部分有：液氨罐、排液分配器、液肥

开沟器及操纵控制装置。

图 3-10 所示为一种半悬挂式液氨施用机。液罐用厚 8mm 的钢板制成，直径为 610mm，容量为 550L，罐内装有液面高度指示浮子。液氨通过加液口注入液氨罐。

排液分配器的作用是将液氨分配并排送至各个施肥开沟器，液氨压力由调节阀控制。

施肥开沟器的后部装有一根直径为 10.3mm 的输液管，管的下部有两个出液孔。在黏重的土壤中工作时，需在开沟器前面加装圆盘切刀，以减轻开沟器的工作阻力。镇压轮用来及时压实施液肥后的土壤，以防止氨的挥发损失。

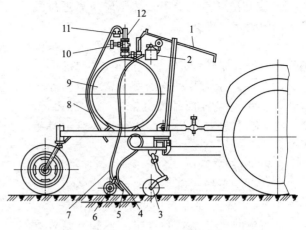

图 3-10　半悬挂式液氨施用机

1—截流阀拉杆；2—排液分配器；3—圆盘刀；4—施肥开沟器；
5—输液管；6—镇压轮；7—输液胶管；8—加液胶管；
9—液氨罐；10—加液阀；11—放液开关；12—加液装置

施氨水机的主要部件有液肥箱、输液管和开沟覆土装置（图 3-11）。工作时，液肥箱中的氨水靠自流经输液管施入开沟器所开沟中，覆土器随后覆盖，氨水施量由开关控制。

② 排液装置　排液装置是液肥施用机的主要工作装置，有以下几种：

自流式排液装置依靠液罐内的压力，通过开关控制流量将液肥排出（图 3-11）。这种排液装置结构简单、使用简便；但是，由于液箱内液面总在变化，故不能保持恒定的施液量。

挤压式排液装置的挤压泵由地轮传动，按强制排液原理工作，故能使排液量保持恒定，是一种既简单又实用的排液装置。它的工作原理与结构如图 3-12 所示。

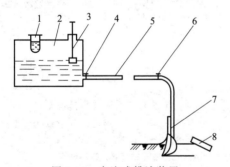

图 3-11　自流式排液装置

1—加液口及滤网；2—液肥箱；3—浮标；4—总开关；
5—输液管；6—分开关；7—施液肥开沟；8—覆土器

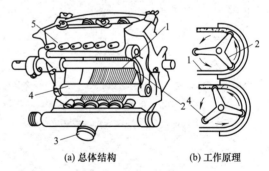

图 3-12　挤压式排液装置

1—输液管；2—滚柱架；3—排液滚柱；4,5—出液口

柱塞泵式排液装置能精确地控制排液量，使排液量稳定，不受作业速度变化的影响。图 3-13 所示为柱塞泵式排液装置的工作原理。

除柱塞泵式排液装置外，国外的施液肥机也采用离心泵式和齿轮泵式排液装置。它们的特点是排液量准确，但造价较高。

③ 施液肥开沟器　施液肥开沟器应满足以下性能要求：

a. 液氨的施用是一个制冷过程，施液氨开沟器不应由于过冷而出现结冰与黏土。

b. 液肥出口不应受阻，液肥应从靠近排液管下端的侧孔中流出。

c. 为了将施下的液肥及时覆盖严实，施液肥开沟器不应挂草而影响土壤的正常流动。

图 3-14 所示为几种施液肥开沟装置。除了这几种专用的装置而外，也常有在中耕锄铲、凿式松土铲和铧式犁后面，装上输液管进行施肥的。

（2）厩液施肥机

厩液主要是指人畜粪尿的混合物和沼气池的液肥等，它是农业生产的重要有机肥源。

厩液施肥机分泵式和自吸式两种。泵式厩液施肥机可以配备各种类型的泵，用来将厩液从储粪池抽吸到液罐内，运至田间后再由泵对液罐增压，或直接由液泵压出厩液。自吸式厩液施肥机的工作原理是利用拖拉机发动机排出的废气，通过引射装置将厩液从储粪池吸入液罐内，再去施洒（图 3-15）。自吸式厩液施肥机结构简单，使用可靠，不仅可以提高效率、节省劳力，而且采用封闭式装、运厩液，有利于环境卫生。

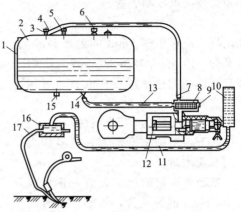

图 3-13　柱塞泵式排液装置工作原理

1—液面指示表；2—液罐；3—超压阀；4—吸液阀；
5—联合阀；6—通气阀；7,13—胶管；8—过滤网；
9—滤清器壳体；10—空气室；11—压液胶管；
12—排液泵；14—三通开关；15—放液口塞；
16—分配器；17—输液胶管

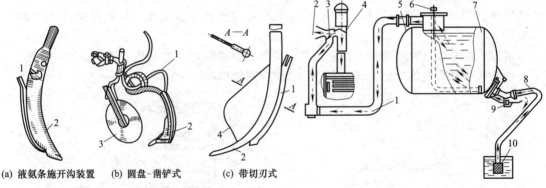

(a) 液氨条施开沟装置　　(b) 圆盘-凿铲式　　(c) 带切刃式

图 3-14　几种施液肥开沟装置
1—输液管；2—开沟器；3—圆盘切刀；4—切刃

图 3-15　自吸式厩液施肥机
1—吸压气管；2、4—气门；3—引射器；5—观察窗；
6—搅拌气管顶盖；7—液罐；8—吸液管；
9—排液管；10—厩液池

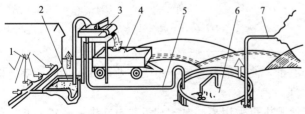

图 3-16　厩液处理流程
1—从各个饲养房收集到的厩肥；2—集厩肥池；3—厩肥分离机；
4—收回固体厩肥；5—厩肥排送管道；6—待用厩液储存器
（在此用涡轮机进行氧化处理）；7—喷施经过处理的厩液

（3）厩液的管道输送与喷洒

厩液的施用量大，为了提高生产效率、降低作业成本，可发展管道输送厩液，并用固定的喷洒装置进行洒施。图 3-16 所示为法国对禽畜舍的厩肥进行分离处理后用管道输送厩液，并用固定喷洒装置进行洒施的设备。据称，处理后的干物质与液体没有臭味，不含有害物质。

3.3 化肥排肥器

3.3.1 排肥器农业技术要求

化肥排肥器是施肥机的重要工作部件，其工作性能好坏，直接影响施肥机工作质量，化肥排肥器应满足以下性能要求。

① 排肥稳定、均匀，不受前进速度与地形等因素的影响。

② 排肥量调节灵敏、准确，调节范围能适应不同化肥品种与不同作物的施用要求。

③ 最好能通用于排施粉状、结晶状和颗粒状化肥。

④ 便于清理残存化肥。

⑤ 工作部件采用耐腐蚀材料制造。

3.3.2 化肥排肥器主要类型及其性能特点

化肥排肥器种类多，有外槽轮式、离心式、星轮式、振动式、转盘式、螺旋式、链指式、钉轮式、搅刀-拨轮式、水平刮板式等几种。

（1）外槽轮式排肥器

有些播种施肥机上采用外槽轮式排肥器，其工作原理和结构与外槽轮排种器相似，仅槽轮直径稍加大，齿数减少，使凹槽容积增大（图 3-17）。其特点是结构较简单，施肥均匀性较好，适用于排流动性好的松散颗粒化肥和复合粒肥。为了改进外槽轮排肥器的性能，制造材料多采用铸塑，减少了肥料对排种器的黏附和腐蚀。

（2）离心式撒肥器

离心式撒肥器的撒肥盘叶片有直形和弯形，叶片数目 2～6 个不等（图 3-18）。在一个撒肥盘上安装不同形状和不同角度的叶片，使各叶片撒出的化肥远近不同，可提高撒布均匀性。

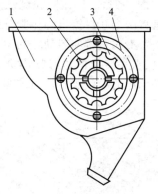

图 3-17　外槽轮式排肥器

1—排种盒；2—外槽轮；
3—内齿形挡圈；4—外挡圈

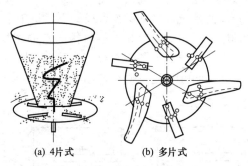

(a) 4片式　　　(b) 多片式

图 3-18　离心式撒肥盘

离心式撒肥器撒施的化肥沿机器前进方向和横向都是不均匀的。当撒肥盘的转速较高、叶片数目较多、前进速度较慢时，不均匀性可以减小。离心式撒肥器的工作过程可以分为两个阶段：第一个阶段是化肥质点位于撒肥盘上的一段过程；第二阶段是化肥质点离开撒肥盘至落到田地表面上的一段过程。

（3）星轮式排肥器

星轮式排肥器如图 3-19 所示，主要由星轮、排肥活门、排肥器支座和带活动箱底的肥箱等组成。工作时，肥箱内的肥料被旋转的排肥星轮带动，经肥量调节活门输送到排肥口，靠自重或辅助打肥锤敲击落入导肥管。可用排肥调节手柄改变排肥活门开度以及改变速比实现调节排肥量。星轮结构比较简单，拆卸方便，主要适用于流动性好的晶状、颗粒状和干燥粉状化肥。星轮采用对转方式，有利于消除肥料架空和小锥齿的轴向力。因此，星轮的齿设计成等腰梯形。星轮背面的凸棱 A、B 可把进入星轮下底面内圈的肥料推送到下肥口，以消除积肥。

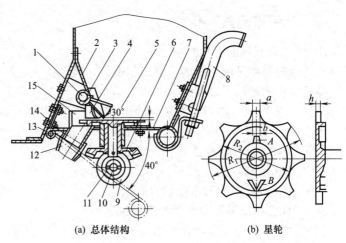

(a) 总体结构　　　(b) 星轮

图 3-19　星轮式排肥器

1—活门轴；2—挡肥板；3—排肥活门；4—导肥板；5—星轮；
6—大锥齿轮；7—活动箱底；8—箱底挂钩；9—小锥齿轮；10—排肥轴；
11—轴销；12—导肥管；13—铰链轴；14—卡簧；15—排肥器支座

（4）振动式排肥器

振动式排肥器由肥箱、振动板、振动凸轮等组成（图 3-20）。工作时，凸轮使振动板不断振动，使化肥在肥箱内循环运动，可消除肥箱内化肥的"架空"，并使之沿振动板斜面下滑，经排肥口排出。排肥量大小用调节板调节，对流动性较好的化肥，可更换调节板。由于振动关系，肥料排量受肥箱内肥料多少、肥料密度、黏结力等的影响较大，排肥量的稳定性和均匀性较差。现用的振动式排肥器上，振动板倾角为 60°、振幅 18mm、频率 250 次/min。

（5）转盘式排肥器

转盘式排肥器的肥料箱底部有一个水平旋转的圆盘（图 3-21）。工作时化肥从肥料筒下部的两个孔口自流进入转速不大的水平转盘内，水平转盘将两个孔口流出的化肥分别带向两个转动的排肥盘。排肥盘直径较小，位于水平转盘的边缘，沿垂直方向转动。利用水平转盘与排肥盘的相对速度和肥料与排肥盘的摩擦力，使肥料从水平转盘的边缘排出进入导肥管内。两个排肥盘可条施两行。这种排肥器只适于排施疏松干燥的粉状肥料，但结构复杂。由于是非强制性排肥，故均匀性亦较差。

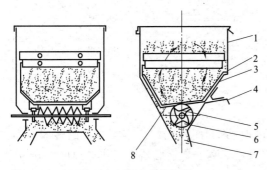

图 3-20　振动式排肥器

1—肥箱；2—铰链；3—振动板；4—肥量调节板；
5—振动凸轮；6—排肥螺旋；7—导肥管；8—排肥孔

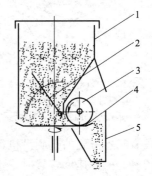

图 3-21　转盘式排肥器

1—肥料筒；2—调节活门手柄；3—排肥盘；
4—水平转盘；5—导肥管

（6）螺旋式排肥器

螺旋式排肥器主要工作部件是排肥螺旋（图 3-22），工作时螺旋旋转，将肥料推入排肥管。

排肥螺旋叶片有普通形、中空形和钢丝弹簧形三种。叶片式施肥量大，但对肥料压实作用亦大，只适于排施粒状及干燥的粉状化肥，对吸水性强、松散性差的化肥，肥料易架空、叶片易黏结化肥而无法工作。中空叶片对肥料压实作用较小，施肥量较叶片式均匀，其他特点与叶片式相同。钢丝弹簧式不易被肥料黏附，排施潮湿肥料的能力较前两种强，但对吸水性很强而松散性较差的化肥如碳铵、粉状过磷酸钙、磷矿粉等的适应性仍然较差。在排肥量小时，螺旋式排肥器的排肥均匀性都比较差。

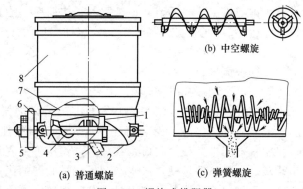

图 3-22　螺旋式排肥器

1—插板；2—箱底；3—排肥管；4—排肥螺旋；

5—排肥轴；6—链轮；7—隔板；8—肥箱

（7）链指式排肥器

链指式排肥器是全幅施肥机上采用的一种排肥器（图 3-23），其工作部件为一回转链条，链节上装有斜置的链指。工作时，链条沿箱底移动，链指通过排肥口将化肥排出。为了清除箱底部被链指压实的化肥层，在链条上每隔一定距离装有一把刮刀。为了防止化肥在肥箱内架空，肥箱前壁还装有一块振动板。

链指式排肥器工作时，撒下的化肥沿纵向和横向均有较好的分布均匀性。排肥量由排肥口高度和链条速度控制。

（8）钉轮式排肥器

钉轮式排肥器（图 3-24）属于条施排肥器，常见于丹麦等欧洲国家的联合条播机上。它的工作原理和结构与钉轮式排种器相同。钉轮式排肥器用于排施流动性好的颗粒化肥时，排肥稳定性均匀性都较好，但它不能用于排施流动性差的化肥。

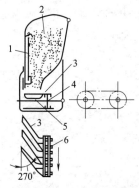

图 3-23　链指式排肥器

1—振动板；2—肥箱；3—链指；

4—传动链轮；5—箱底；6—排肥链

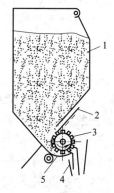

图 3-24　钉轮式排肥器

1—肥料箱；2—活门插板；3—钉轮；

4—导肥管；5—凹形底板

（9）搅刀-拨轮式排肥器

搅刀-拨轮式排肥器（图 3-25）是一种通用型排肥器，其工作过程为具有侧刃的搅刀在动力驱动下旋转，搅动箱内的肥料，同时有效刮除黏附在肥箱四周的化肥，并切碎化肥结块，以便消除可能的堵塞和肥箱上部的肥料架空现象。搅刀叶片左右各三把，按对称螺旋线排列，喂肥叶片左右各两片，位于排肥口正中，向排肥口喂进肥料，最后由拨肥轮将肥料强制排出，排肥量由活门调节。该排肥器结构简单，能有效消除肥料的架空，适用于排施含水量较大（达9%）的碳酸氢铵，排肥稳定性和均匀性较好；还可用于排施颗粒状化肥，播种玉米、大豆等流动性好的种子。缺点是清肥不便，工作阻力大，适用于单行或双行追肥机，不适于多行条播机。

（10）水平刮板式排肥器

水平刮板式排肥器（图3-26）主要由刮板弹击器、防架空的搅拌器和防排肥口堵塞的清肥杆等组成，工作过程为动力经锥齿轮传动到排肥轴以后，刮板弹击器与搅拌器同时旋转，将肥料强制推送至排肥口，在弹击器作用下弹入排肥口。旋转清肥杆通过清肥杆齿轮套同步转动，不断清理排肥口。水平刮板式排肥器的优点是能可靠地排施碳酸氢铵等流动性差的化肥，排肥稳定性较好；缺点是排肥阻力较大，不适于流动性好的颗粒状化肥。

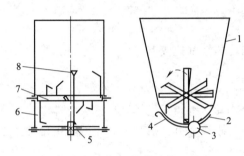
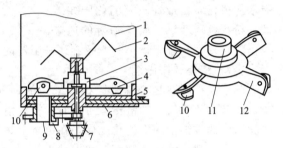

图 3-25　搅刀-拨轮式排肥器

1—肥箱；2—密封胶垫；3—拨肥轮；4—活门；
5—排肥口；6—搅刀；7—搅刀筒；8—喂肥叶片

图 3-26　水平刮板式排肥器

1—肥箱；2—搅拌器；3—排肥轴；4—刮板弹击器；
5—调节板；6—排肥孔板；7—锥齿轮；8—螺旋清肥杆；
9—排肥口；10—刮板；11—刮板轴套；12—刮板座

3.4　制粒肥机

3.4.1　颗粒肥料特点

为使肥料养分逐渐被作物吸收，并减少肥效损失，常将几种化肥或化肥与粉碎的厩肥按一定比例混合制成粒肥。直径为2～10mm的称粒肥，直径大于10mm的称球肥。球肥主要用于水田深施，粒肥常用作种肥与种子混播或同时分别施入沟穴。颗粒肥具有良好的松散性，与外界接触面积较粉状肥料小，不易潮解，并具有一定的强度，一般的排肥机构均能做到施肥均匀可靠，因此，颗粒肥料的使用越来越普遍。

3.4.2　制粒肥机的种类及构造

制粒肥机按工作原理可分为挤压式和非挤压式两种。按机具结构特点可分为转盘式、滚筒式、螺旋推运器式、刮板式、滚柱式和模压式等。

（1）转盘式制粒肥机

转盘式制粒肥机主要工作部件有倾斜圆盘、供水装置、传动装置和圆盘倾角调节机构等（图3-27）。工作时，动力通过传动装置带动倾斜圆盘转动，同时将事先按比例混合好的肥料（厩肥要粉碎过筛）逐渐装上圆盘，并将水雾均匀地喷洒在肥料粉上，喷洒水量应使肥料不过湿或过干而影响质量。肥料随圆盘转动到一定高度后靠自重向下滚

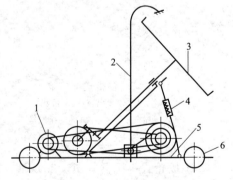

图 3-27　转盘式制粒肥机示意图

1—动力及传动机构；2—供水装置；3—倾斜圆盘；
4—圆盘倾角调节机构；5—机架；6—行走轮

落，然后再随圆盘升高。这样不断滚动使肥料粉一层层地黏附在一起，逐渐变成颗粒状。当圆盘下方的粒肥厚度超过圆盘边缘高度时，粒肥就撒落到盘外。连续、适量地向盘中加粉肥，就使制粒肥机连续工作。

（2）螺旋推运器式制粒肥机

螺旋推运器式制粒肥机主要工作部件有螺旋推运器、切刀和出肥孔盘（图 3-28）。出肥孔盘上均匀分布着许多圆孔。孔径按要求的粒肥直径而定，一般为 4mm 左右。肥料加入料斗之前，应过筛和加水。工作时，动力驱动螺旋推运器旋转，将加入料斗的肥料推向出肥孔盘。这时，肥料受到很大压力并被挤出肥孔。由于切刀回转，不断切断受挤压而成的肥料条成为圆柱形颗粒，再将粒肥晾干过筛。

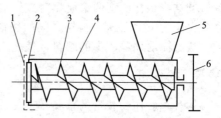

图 3-28　螺旋推运器式制粒肥机
1—出肥孔盘；2—切刀；3—螺旋；
4—壳体；5—加料斗；6—皮带轮

依据挤压制成的粒肥硬度大，便于机械施撒，因不易溶解，故肥效长。但因挤压过程中肥料温度升高，使肥效损失较大，同时，螺旋推运器和出肥孔盘因承受很大压力而极易磨损和损坏。

（3）压延滚筒式制粒肥机

如图 3-29 所示的压延滚筒式制粒肥机工作时，将粉状肥料加入加温器，加热到软点以上、溶点以下（70～120℃）。再经料斗送入光面的压延滚筒 3 和 4（压力为 200～500kgf/cm^2），将温热的粉肥压成板条，再送入光面压延滚筒 5 和窝眼压延滚筒。窝眼形状为半球形或近似于半球形，直径为 2～5mm。滚筒 5 和 6 的压力为 300～1000kgf/cm^2，可将肥料压成表面有很多小突起的肥料板，再将肥料板送入冷却器用冷风冷却 50℃。冷却后的肥料板进入折碎滚筒，在突起之间厚度最小的部件折碎成颗粒肥，之后进入去角机，利用滚筒旋转使颗粒互相摩擦，磨去棱角成为表面光滑的颗粒肥，最后用筛选机分级。未折碎的肥料块回到折碎滚筒，粉状肥则返回加温器。

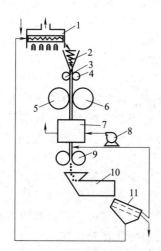

图 3-29　压延滚筒式制粒肥机工作过程
1—加温器；2—加料斗；3～5—光面压延滚筒；
6—窝眼压延滚筒；7—冷却器；8—风机；
9—折碎滚筒；10—去角机；11—筛选机

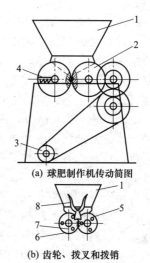

(a) 球肥制作机传动简图

(b) 齿轮、拨叉和拨销

图 3-30　球肥制作机
1—加料斗；2—滚筒；3—电动机；4—间隙
调节装置；5,6—齿轮；7—拨销；8—拨叉

（4）球肥制作机

球肥制作机的主要工作部件有加料斗、滚筒、滚筒间隙调节装置、拨叉等（图3-30）。工作时，肥料经加料斗落入滚筒的窝眼内，在两滚筒相对旋转挤压下成球状粒肥。

球肥制作机的成球性和球粒强度，除与肥料的含水量有关外，还与两滚筒间的间隙有关。因此该机设有滚筒间隙调整装置。为使肥料连续不断地供给滚筒，该机设有自动落料装置。其结构是在驱动两滚筒相对旋转的齿轮 5、6 上分别各装三个拨销，每个齿轮上的拨销之间夹角为 120°，两个齿轮之间的拨销相互错开 60°。当齿轮旋转时，拨销拨动拨叉绕轴摆动，拨叉搅动加料斗中的肥料，使之自动下落，滚筒转一周，拨叉摆动三次。

3.5 播种机

播种是农作物栽培的重要环节之一，根据作物种类、品种特性、种植制度、栽培方式及其对环境条件的要求，选用适宜的播种期、播种量和播种方法，以及播种机具将种子播到一定深度的土层内。播种适当与否直接影响作物的生长发育和产量，适时播种是使作物从种子发芽、出苗到成熟的各个生育期获得有利气候条件、全苗壮苗、植株正常生长、适时成熟的重要措施。不同作物的播种时期主要取决于品种特性、温度、水分、栽培制度、土质和地势。播种机械（Seeder, Broadcaster）所面对的作物种类、品种、播种方式等变化繁多，需要播种机械有较强的适应性并能满足不同的种植要求。

3.5.1 播种方法

作物生产的环境、条件、种植方式等多种多样，常用播种方法可分为撒播、条播、穴播及精密播种、铺膜播种和免耕播种。

（1）撒播

撒播（Broadcasting）是将种子按要求的播量撒于地面，再用其他工具覆土的播种方法。撒播时种子分布不太均匀，且不能完全被土埋盖，因而出苗率低，主要用于播种草籽或颗粒小的树籽。大面积种草、造林或直播水稻常用飞机撒播，某些地区为了不误季节常在水稻未收获时就在稻田里撒播绿肥种子，或在棉花地里撒种冬小麦。

（2）条播

条播（Drilling）是按要求的行距、播深与播量将种子播成条行。条播一般不计较种子的粒距，只注重一定长度区段内的粒数。条播时覆土深度一致，出苗整齐均匀，播种质量较好。条播的作物便于中耕除草、施肥、喷药等田间管理工作，故应用很广，可用于播多种作物，如小麦、谷子、高粱、油菜等。

（3）穴播

穴播（Dibbling, Planting），也称点播，是按规定的行距、穴距、播深将种子定点播入土中的播种方式。穴播法适于播种中耕作物，可保证苗株行距及穴距准确，较条播法节省种子并减少间苗工作量。某些作物如棉花、豆类等成簇播种，还可提高出苗能力。

（4）精密播种

精密播种是穴播的高级形式，按精确的粒数、间距与播深，将种子播入土中。精密播种可以是单粒种子按精确的粒距播成条行称为单粒精播；也可将多于一粒的种子播成一穴，要求每穴粒数相等。精密播种可节省种子和减少间苗工作量，但要求种子有较高的田间出苗率并预防病虫害，以保证单位面积内有足够的植株数。精密播种使作物植株分布均匀，通风透光性好，能充分利用土壤的营养面积和水分，苗期发育健壮，群体长势均衡，有利于扩大良种覆盖面积，达到提高产量的目的。

（5）铺膜播种

铺膜播种是播种时在种床表面铺上塑料薄膜，种子出苗后，幼苗长在膜外的一种播种方式。这种方式可以是先播下种子，随后铺膜，待幼苗出土后再由人工破膜放苗；也可以是先铺上膜，随即在膜上打孔下种。铺膜播种有以下优点：

① 提高并保持地温。由于阳光可透过薄膜给土壤热量，而薄膜可隔断空气流动和土壤以长波形式向空气辐射所散失的热量，因而有利于地温偏低时的种子发芽和幼苗生长。

② 减少土壤水分蒸发。薄膜阻隔了土壤蒸发的水汽流入大气中散失，于是水汽聚集在地膜下窄小的空间内，使空气湿度很高，减少了水分蒸发；凝结的水汽，还可返回土壤，因而使耕层土壤有较高而稳定的水分。

③ 改善植株光照条件。薄膜本身及膜下的细微雾滴对光有一定的反射能力，改善了植株下层叶片的光照条件，有利于提高作物的光合作用。

④ 改善土壤物理性状和肥力。由于水分的气态和液态循环变化使膜下土壤不断收缩和膨胀，灌溉水或雨水通过横向渗透作用浸润膜下土壤，使其比较疏松而不板结。而且温度较高、持水力强，有利于土壤微生物活动，可加快有机质分解，增强了土壤肥力。

⑤ 可抑制杂草生长。作物苗株周围均为薄膜覆盖封闭，杂草无法生长起来。

铺膜栽培有许多优点，但成本较高，消耗劳力较多，技术要求也较高。作物收获后，残膜回收问题也未完全解决。因此，目前主要用在花生、棉花、蔬菜等经济价值较高的作物栽培上。

（6）免耕播种

免耕技术的基本内容是在前茬作物收获后，土地不进行耕翻，让原有的秸秆、残茬或枯草覆盖地面；待下茬作物播种时，用特制的免耕播种机直接在茬地上进行局部的松土播种；并在播种前或播种后喷洒除草剂及农药。根据气候环境和土地情况的不同，有些地区在施行免耕法的过程中，也用圆盘耙或松土除草机在收获后或播种前进行表土耕作以代替犁耕；有些地方，每隔两三年也用铧式犁或凿式犁深耕一次。因此免耕技术在不同地区有不同的名称，如免耕法、少耕法、覆盖耕作法、直接播种法等。这种方法与常规耕作法相比，可以减少机具投资费用和土壤耕作次数，因而可降低生产成本、减少能耗、减轻对土壤的压实和破坏，并可减轻风蚀、水蚀和土壤水分的蒸发与流失。由于不进行土壤翻耕，害虫杂草较多，故对灭草剂和杀虫剂的需要量较大，质量要求也较高，有可能抵消掉因少耕而节约下来的成本。免耕播种在免耕法中占有重要地位。

播种方法还可分为平播、垄播和沟播。平播是将种子播在平整的田地上，简单方便。垄播是将种子播在垄脊上。沟播是将种子播在开好的垄沟内。垄播有利于排水，常用于降雨量较多的地区。沟播可将种子播于较深的湿土中，并能保护幼苗免受风沙之害，适用于半干旱地区。

3.5.2 播种作业的农业技术要求

（1）播种的农业技术要求

播种的农业技术要求包括播种期、播种量、种子在田间的分布状态、播种深度、播种后覆土深度及压密程度等。播种前，根据作物的品种、地温、墒情因地制宜地确定播种期。根据种子的发芽率和历年生产实践总结出来的最佳播种量确定实际播种量，且实际播种量不得超过或少于规定播种量的5%。根据作物品种、地温、墒情、土质等确定播种深度。播种时要做到播行端正，行距一致，地头整齐，不漏播和重播，而且要下种均匀，种子无机械损伤。播后覆土压实可增加土壤紧实程度，使下层水分上升，使种子紧密接触土壤，有利于种子发芽出苗。若播种同时进行施肥，施肥量不能超过规定数量，并做到施肥均匀，肥料和种子保持适当距离，以免化肥腐蚀种子。各种作物的播种要求不同，同一种作物因地区、耕作制度的不同也会有很大差异，播种时应根据当地的农业技术要求。

（2）对播种机的要求

对条播机的要求为：播种量符合农业技术要求、行距一致、播种均匀；种子播在湿土层上且用湿土覆盖、播深一致且符合规定；种子损伤率小。

对穴播机的要求为：每穴种子粒数一致，穴内种子不过度分散，播深一致且符合规定，种子损伤率低。

对精密播种机还要求每穴一粒，株距精密，播深精确。

播种机工作质量常用如下性能指标来评价：

① 播量稳定性：指排种器排种量的稳定程度，也可用来评价条播机播量的稳定性。

② 各行排量一致性：指一台播种机上各个排种器在相同条件下排种量的一致程度。

③ 排种均匀性：指从排种器排种口排出种子的均匀程度。

④ 播种均匀性：指播种时种子在种沟内分布的均匀程度。

⑤ 播深稳定性：指种子上面覆土层厚度的一致性。

⑥ 种子破碎率：指排种器排出种子中受机械损伤的种子量占排出种子量的百分比。

⑦ 穴粒数合格率：穴播时，每穴种子粒数以规定值± 1粒或规定值± 2粒为合格。合格穴数占取样总穴数的百分比即穴粒数合格率。

⑧ 粒距合格率：单粒精密播种时，若t为平均粒距，则粒距以$t\pm 0.5t$为合格，粒距$\leqslant 0.5t$为重播，粒距$\geqslant 0.5t$为漏播。合格粒距数占取样总粒距数的百分比即粒距合格率。

（3）种子的物理机械特性

作物种子的性状，由于品种和生长环境不同而有许多差别。作物种子的物理机械性质与播种机的设计和使用有密切关系。与播种机有关的种子特性主要有：种子几何尺寸、种子容重、种子千粒重、种子相互间的摩擦特性、种子流动特性等。在设计气力式排种器时还需了解种子的空气动力学特性。

一般种子的几何形状可以用长、宽、厚三个尺寸标出，其中以长度为最大尺寸，厚度为最小尺寸。各种作物籽粒的形体差别很大。如豌豆、油菜等为球体，瓜类、芝麻为扁平体，麦类为椭圆体，甜菜、菠菜为多棱体，棉花籽为绒球体等。而且同一类型种子的大小差别也甚为悬殊，芝麻和南瓜子的体积相差近10倍。

种子的流动特性对播种机排种的影响很大。特别容易流动的种子（如苋菜籽等）很容易自流失控，造成播量不稳或排种不匀。不易流动的种子（如带绒棉籽）容易阻塞、架空，难以均匀排种。种子的流动性用种子的自然休止角α表示（图3-31）。α角是让种子自由下落堆放成一个锥体时，它自然地形成的一个不变的锥底角α。α角越小表示流动性越好。种子与所接触材料的摩擦角大小，也影响流动性。

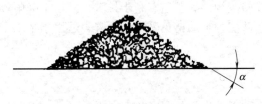

图3-31 种子的自然休止角

种子的千粒重是农学上常用的术语，即标准水分含量的1000粒种子的质量（g）。体积密度是单位体积的种子的质量（kg/L）。利用这两个参数可以计算种箱容积、排种器排量以及单位面积上的粒数，对播种机的设计和使用都非常重要。表3-3列出几种主要作物物理机械性质。

3.5.3 播种机类型及其构造

（1）播种机类型

按播种方法可分为撒播机、条播机、穴播机和精密播种机。按播种的不同作物则可分为

表 3-3　几种主要作物的物理机械性质

| 作物种子 | 种子尺寸/mm | | | 千粒重 δ | 容重 γ | 休止角 |
名称	长 l	宽 b	高 c	/g	/(kg/L)	α
粳稻	7.4	3.2	2.3	25～25.5	0.667	40°0′
冬小麦	5.2～6.1	2.6～2.9	2.4～2.9	24～38.5	0.749～0.791	27°20′～32°24′
谷子	2.16～2.44	1.5～1.71	1.28～1.41	2.7～2.73	0.635～0.655	27°25′～34°20′
玉米	7.49～9.1	7.47～7.9	4.86～5.3	234.8～241.9	0.691～0.778	27°16′～29°25′
高粱	4.15	3.44	2.66	25～30	0.714	34°30′
裸大麦	6.6	3.0	2.6	37.7～39.4	0.702	33°00′
棉花	9.2～9.9	5.13～5.94	4.56～5.30	90.9～125.7	0.2035	55°0′
大豆(北京)	6.3	5.9	4.7	115	0.724	24°50′
大豆满仓金	7.0		6.1	183.0	0.734	20°15′
绿豆	4.6	3.5		50.8	0.8548	30°0′
亚麻	4.26	2.3	0.86	3.7	0.600	34°30′

谷物播种机、玉米播种机、棉花播种机、牧草播种机和蔬菜播种机等。国产谷物条播机，大多装有施肥装置，又称施肥播种机或联合播种机。有些中耕作物播种机在换装工作部件后，可用于中耕、培土、追肥、起垄等作业，又称播种中耕通用机或通用机架播种机。此外，还可按动力分为人力、畜力和机力播种机，机力播种机又可分为机引、悬挂及半悬挂式三种。

随着科学技术的发展及栽培方法的不断变化，用新的工作原理设计成的播种机，如精量播种机及适用于少耕法及免耕法的联合播种机也广泛用于生产。

（2）播种机的一般构造和工作过程

① 撒播机　撒播主要用于面积较大、均匀度要求不太严格的作物，如在牧场上大面积播草籽、在水稻未收割前在田间撒播绿肥种子、在林区大面积撒播树籽、在某些特殊地域的谷物撒播直播等。撒播速度快，操作方便，播种机构简单。撒播机可以按动力、撒播装置的机构、拖拉机的悬挂方式和料斗的容量进行分类。撒播机的构造，一般比较简单，与施肥、药剂散布所用机具几乎相同，主要由种箱和排种器组成，排种器是一个由旋转叶轮构成的撒播器。工作时，种箱内的种子通过机体振动和搅拌器的作用，不会引起搭拱现象而靠自重落下，从底部排种门落到高速旋转的撒布轮上，落到撒布轮上的种子，靠离心力撒布在地面。撒出的种子流按照出口的位置和附加导向板的形状，可分为扇形、条形和带形。播种后为了提高发芽率，用钉齿耙及旋耕机进行地表浅土搅拌实现覆土。对于地上行走困难的水稻深水直播栽培以及地形复杂的草地和林区树种撒播作业，也可以用空中飞机撒播。

② 谷物条播机　条播机能够一次完成开沟、均匀条形播种、施肥、覆土和镇压等工作。图 3-32 为施肥播种机的工作过程简图。播种机工作时，开沟器（Furrow opener，Coulter）在地上开出种沟，种箱内的种子被排种器（Metering device）排出，通过输种管（Seed tube）落到种沟内。另外，肥料箱内的肥料，则由排肥器排入输种管或单独的排肥管内，与种子一起或分别落到种沟内，再用覆土器（Covering device）覆土，镇压器（Press wheel）镇压而完成播种工作。

条播机一般由机架、排种器、排肥器、种箱、肥料箱、行走装置、传动装置、开

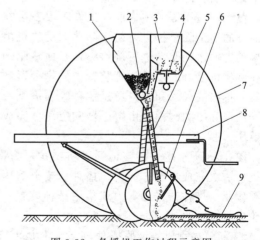

图 3-32　条播机工作过程示意图
1—种子箱；2—排种器；3—肥料箱；4—排肥器；5—输种输肥管；6—开沟器；7—行走轮；8—机架；9—覆土器

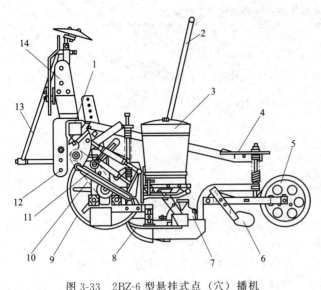

图 3-33　2BZ-6 型悬挂式点（穴）播机

1—主横梁；2—扶手；3—种箱及排种器；4—踏板；5—镇压轮；
6—覆土板；7—成穴器；8—开沟器；9—行走轮；10—传动链；
11—仿形机构；12—下悬挂点；13—划行器架；14—上悬挂架

沟器、输种管、覆土器、镇压器及开沟深浅调节装置等组成。

③ 点（穴）播机　在播种玉米、大豆、棉花等大粒作物时多采用单粒点播或穴播，主要是依靠成穴器来实现种子的单粒或成穴摆放。目前，我国使用较广泛的点（穴）播机有水平圆盘式、窝眼轮式和气力式等点（穴）播机。图 3-33 所示为 2BZ-6 型悬挂点（穴）播机，主要用于大粒种子的穴播。其主要结构包括机架、仿形机构、行走轮、种箱、排种器、开沟器、覆土器和传动装置等。通常将种箱、排种器、开沟器、覆土镇压器等完成一行播种的组件称为播种单体。单体数等于播种行数。播种单体通过仿行机构与主梁连接，具有随地表起伏的仿行功能。每个播种单体上排种器的动力来源于行走轮或镇压轮。

该播种机工作时与动力机械以悬挂的方式进行连接，首先由滑刀式开沟器开出肥沟，通过外槽轮式排肥器实现种肥和底肥的施撒，滑刀式开沟器工作时滑切性能强，工作阻力小。播种时由开沟器开出深度均匀的种沟，并由水平圆盘式排种器实现精密播种，最后覆土器完成覆土工作。

④ 联合播种机　联合播种机是指能一次完成整地、筑埂、平畦、铺膜、播种、施肥、喷药等多项作业或其中某几项作业的播种机械。联合播种机可以减少田间作业次数，减轻机具对土壤的压实，缩短作业周期，抢农时，还可以节约能源，降低作业成本。

图 3-34 所示是一种旋耕播种机示意图，它是将旋耕机、播种机有机组配的联合作业机具，可一次完成松土除草、耕地、整地、开沟、施肥播种、覆土及镇压等多项作业。工作时由安装在机器前方的松土除草铲进行松土除草，旋耕机由拖拉机动力输出轴驱动进行旋耕整地，地轮驱动安装在旋耕机上方的播种施肥装置中的排种器和排肥器，排出的种子和肥料通过输种管和输肥管导入开沟器开出的沟内，由覆土器和镇压器完成覆土镇压作业。

图 3-35 所示是一种整地播种机结构示意图，该机可一次完成松土、碎土、播种、覆土镇压等多项作业。排种器采用气力式集中排种装置，排种轮由行走轮驱动。

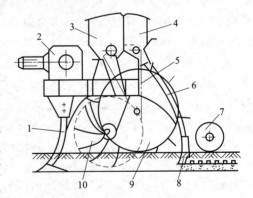

图 3-34　旋耕播种机

1—松土除草铲；2—变速箱；3—肥料箱；4—种箱；
5—传动链；6—导种管；7—镇压轮；8—开沟器；
9—行走轮；10—旋耕机

⑤ 铺膜播种机　铺膜播种机基本上是由铺膜机和播种机组成。铺膜机已有很多品种，包括单一铺膜机、作畦铺膜机、旋耕作畦铺膜机、播种铺膜机和铺膜播种机等，其铺膜过程大致相同。

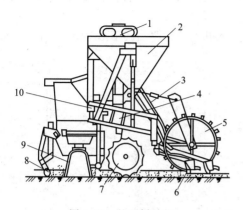

图 3-35 整地播种机

1—分配器；2—种箱；3—输种管；4—风机；
5—行走轮；6—开沟器；7—碎土镇压轮；
8—松土铲；9—立式旋耕耙；10—机架

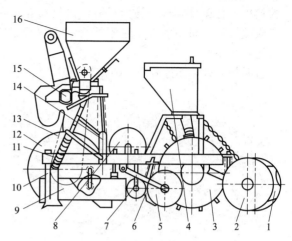

图 3-36 铺膜播种机工作过程

1—覆土推送器；2—后圆盘覆土器；3—穴播器；4—种箱；
5—前圆盘覆土器；6—压膜辊；7—展膜辊；8—膜卷；9—平
土器及镇压辊；10—开沟器；11—输肥管；12—地轮；
13—传动链；14—副梁及四连杆机构；15—机架；16—肥料箱

图 3-36 所示为先铺膜后播种方式的鸭嘴式铺膜播种机。该机每个播种单体配置两行开沟、播种、施肥等工作部件，并配有塑料薄膜卷和相应展膜、压膜装置。铺膜播种机工作过程为肥料箱内化肥由排肥器送入输肥管，经施肥开沟器施于种行一侧，平土器将地表干土及土块推出种床外，并填平肥料沟，同时，两行开沟器开出压膜小沟，镇压辊压平种床，展膜辊将塑料薄膜卷上薄膜展放到种床面上，然后由压膜辊将其横向拉紧，并使膜边压入两侧小沟内，圆盘式覆土器在两侧将土壤覆盖到薄膜边上压住薄膜。播种部分采用膜上打孔成穴器，种箱内种子经输种管进入穴播器的种子分配箱，随穴播滚筒一起转动的取种圆盘通过种箱时，从侧面接受种子进入取种盘倾斜型孔，并经挡盘卸种后进入种道，随穴播器转动而落入鸭嘴端部。当鸭嘴穿膜打孔到达下死点时，凸轮打开活动鸭嘴，使种子落入穴孔，鸭嘴出土后由弹簧使活动鸭嘴关闭。后面的圆盘覆土器翻起的碎土，小部分经锥形滤网进入覆土推送器，推送覆盖在穴孔上，其余大部分碎土压在薄膜边上压紧薄膜。

铺膜时要求薄膜平展，折皱少，破损率低，压得紧。因此，种床面土壤应平整松碎，薄膜在挂膜机构及压膜辊作用下，具有纵向及横向拉伸，提高铺膜平整度，节约用膜量。

⑥ 免耕播种机 免耕播种机是在没有进行耕翻的土地上直接进行播种作业的机具，由于土壤坚硬，地表还有秸草等覆盖物，因此，免耕播种机的主要特点就是具有较强的切断覆盖物和破土开种沟的能力，其他则与普通播种机无异。为了提高破土开沟能力，免耕播种机的开沟器一般在前面加设一个破茬部件。

图 3-37 所示是 2BQM-6A 型气吸式免耕播种机，该机与拖拉机三点挂接，用于玉米、大豆等中耕作物的免耕播种。工作时，破茬松土器开出 8~12cm 的肥沟，外槽轮式排肥器将肥

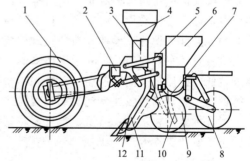

图 3-37 2BQM-6A 型气吸式免耕播种机

1—地轮；2—主梁；3—风机；4—肥料箱；5—四
杆机构；6—种子箱；7—排种器；
8—覆土镇压轮；9—开沟器；10—输种管；
11—输肥管；12—破茬松土器

料箱中的化肥排入输肥管，肥料经输肥管落入沟内，破茬松土器后方的回土将肥料覆盖。由气吸式排种器排出的种子经输种管落入双圆盘式开沟器开出的种沟内，随后靠V形覆土镇压轮覆土镇压。

常用的破茬部件有波纹圆盘刀、凿形齿或窄锄铲式开沟器和驱动式窄形旋耕刀（图3-38）。

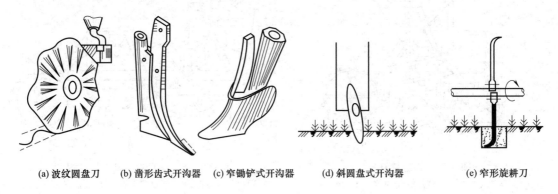

(a) 波纹圆盘刀　(b) 凿形齿式开沟器　(c) 窄锄铲式开沟器　(d) 斜圆盘式开沟器　(e) 窄形旋耕刀

图3-38　破茬部件

波纹圆盘刀具有5cm波深的波纹，对两侧土壤有一定的松碎作用，能开出5cm宽的小沟，其特点是适应性好，在湿度较大的土壤中作业时，也能保证良好的工作质量，并能适应较高的作业速度。凿形齿或窄锄铲式开沟器机构简单，入土性能好，但易缠草堵塞，当土壤太干而板结时，容易翻出大土块，破坏种沟质量，作业后地表平整度差。驱动式窄形旋耕刀有较好的松土、碎土性能，需要动力驱动，结构较为复杂。

3.5.4　播种机排种器

排种器是播种机关键工作部件，配置在种箱底或开沟器上方。排种器工艺实质是通过排种器对种子作用，将种子由群体转化为个体，转化为均匀的种子流或连续的单粒种子。播种机的播种方式和播种质量主要取决于排种器。排种器种类很多，按播种方式可分为撒播排种器、条播排种器和穴（点）播排种器三大类。按工作原理可以分为机械式和气力式。撒播排种器主要有离心式；条播排种器有外槽轮式、内槽轮式、拨轮式、勺式、磨盘式、离心式、气力式；穴播排种器有各种型孔盘式（水平圆盘、垂直圆盘、倾斜圆盘）、窝眼轮式、型孔带式、离心式、指夹式以及各种气力式（气吸式、气吹式及气压式等）。

机械式排种器结构相对简单，成本低，但对种子几何尺寸要求比较严格，在充种、清种过程中，种子容易受积压而损伤，且单粒播种效果差，不适合高速作业。依靠气体的力量完成充种、清种、护种、投种等播种的过程统的排种器称为气力式排种器。由于播种过程中减少了机械对种子的作用，对种子损伤降低，同时也提高了播种质量，适应高速作业，对种子要求较低，适用于撒播、条播、穴播和精密播种，使得气力式排种器应用越来越广泛。气力式排种器主要包括气吸式、气吹式和气压式等，是一种先进的播种技术。

对排种器的要求是：播量稳定可靠、排种均匀、不损伤种子、通用性好、播量调整范围大、调整方便可靠等。

（1）条播排种器

① 外槽轮式排种器　大部分谷物条播机均采用外槽轮式排种器，其特点是通用性好，能播各种粒型的光滑种子，如麦类、高粱、豆类、谷子、油菜等，也可用于颗粒肥料、固体杀虫剂的排施；播种量稳定，受地面不平度、种箱内种子存量及机器前进速度的影响较小；播量调整机构的结构较简单，调整方便可靠；各行播量一致性较好，但种子在行内分布有脉

动现象，均匀性较差；构造简单，制造较易。

外槽轮式排种器主要由排种盒（杯）、排种轴、外槽轮、阻塞轮及排种舌等组成（图 3-39）。排种轴带动外槽轮转动，用槽轮齿将种子排入输种管。外槽轮转动时，阻塞轮不转，内齿形挡盘（又叫花挡板）则随槽轮一起转动。阻塞轮与内齿形挡圈可防止种子从种子盒两个侧壁漏出。外槽轮转动时，凹槽内种子随槽轮一起转动。另外，在槽轮外面有一层种子随槽轮齿及凹槽内种子一起转动，这一层种子称为带动层（图 3-40）。在带动层外，则是不流动的静止层。带动层内种子的运动速度低于槽轮的圆周速度，且向外递减为零。

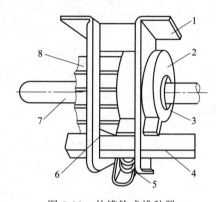

图 3-39　外槽轮式排种器

1—排种杯；2—阻塞轮；3—挡圈；4—清种方轴；
5—弹簧；6—排种舌；7—排种轴；8—外槽轮

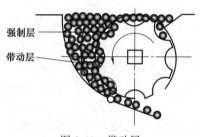

图 3-40　带动层

槽轮在排种杯内的有效长度，称为槽轮工作长度。轴向移动排种轴或轴向移动外槽轮和阻塞轮，可改变槽轮工作长度，以调节播量。外槽轮式排种器的排种量比较稳定。但是凹槽排种具有脉动性，使种子在行内分布的均匀性较差，一般采用下列措施来改善排种质量。

a. 提高排种器的通用性，可通过改变排种间隙或槽轮转动方向实现。槽轮与排种舌的间隙，称为排种间隙。此间隙过小，则种子损伤率增大；间隙过大，则降低播量稳定性。在小槽轮排种器上，排种舌有低、中、高三个位置，可用来播大、中、小粒种子。这种靠改变排种间隙来适应种子尺寸而槽轮转向不变的排种器，称为下排式排种器。

槽轮旋转方向可变的排种器，称为上、下排式排种器。下排时用于排中、小粒种子（排种间隙不变）；槽轮反转时，种子从上面排出，称为上排，适于播玉米、大豆等大粒种子（图 3-41）。上排时可降低大粒种子损伤率，但强制排种作用稍差，地面不平时会影响排种均匀性。国产条播机上大多采用下排式排种器。

b. 提高各行排量一致性，可通过提高制造精度或个别调整槽轮工作长度来实现。

c. 提高排种均匀性，可通过将排种舌在出口处

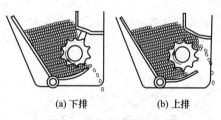

(a) 下排　　　　(b) 上排

图 3-41　种子下排和上排

制成斜线，使同一齿槽内的种子有先有后地排入输种管内，以减少齿槽排种脉动性的影响，提高排种均匀性。还可采用螺旋槽轮提高排种均匀性。槽轮排种时出现的脉动现象，仍是外槽轮式排种器的基本缺陷。

在设计外槽轮式排种器时应首先根据农业技术要求提出的播量和行距进行排种器每转应排出的种子量计算，再根据排种器内种子流运动特性和排种器的结构参数确定排种器每转可能排出的种子量；然后将两者联系起来得出关系式，此式便是排种器主要参数选择的依据。

排种器每转应排出的种子量 Q_0 可由下式计算：

$$Q_0 = \frac{Nb\pi D}{i(1-\delta)} \tag{3-1}$$

式中　Q_0——每转应排出的种子量，kg；

　　　N——播量，kg/hm^2；

　　　b——行距，cm；

　　　D——行走轮直径，m；

　　　i——传动比；

　　　δ——滑移系数。

排种器每转能排出的种子量 Q_1 可由下式确定：

$$Q_1 = q_1 + q_2 = \pi dL\gamma\left(\frac{af}{t} + c_n\right) \tag{3-2}$$

式中　q_1，q_2——排种器每转的强制层和带动层的排量，g；

　　　d——槽轮直径，cm；

　　　L——槽轮工作长度，cm；

　　　γ——种子容重，g/cm^3；

　　　a——种子对凹槽的充满系数；

　　　f——每个凹槽的断面积，cm^2；

　　　t——槽的节距，cm；

　　　c_n——带动层的特性系数或计算厚度，cm。

为保证槽轮的排种量能满足农业技术要求，式（3-1）和式（3-2）应相等，即

$$\frac{Nb\pi D}{i(1-\delta)} = 1000\pi dL\gamma\left(\frac{af}{t} + c_n\right) \tag{3-3}$$

外槽轮式排种器的主要参数有槽轮直径、工作长度、齿槽数、齿槽断面形状及槽轮转速等。槽轮直径越大，则每一转的排种量越大，排种能力越强。因小粒种子的播量较小，如槽轮直径过大，则必须相应地减小槽轮工作长度或降低转速，这样会使排种的均匀度降低，有时甚至无法满足小播量的要求。目前使用最多的槽轮直径为 40mm，播油菜和粟类等小粒种子的槽轮直径为 24~28mm。槽轮转速过高，会增大种子损伤率；转速过低，排种不均匀。槽轮转速在 $n = 9~60r/min$ 范围内，播量较稳定。槽轮最大工作长度可根据条播机最大设计亩播量并参照槽轮最高转速来确定，槽轮实际工作长度必须保证种子能正常流动。由试验可知，槽轮最小工作长度不得小于种子长度的 1.52~2.00 倍，否则种子流动不畅，容易局部架空，影响排种均匀性，且工作长度过小还容易伤种。槽轮的工作长度在 30~50mm 范围内。槽数太多，使种子损伤率增加；槽数太少，会减少带动层厚度，并降低排种均匀性，一般槽数在 10~18 范围内。凹槽断面常为圆弧形，播大粒种子时，可适当增大槽弧半径，但不要过大地增加凹槽深度。在以播小粒种子为主的排种器上，可增加凹槽数，减小凹槽断面尺寸。

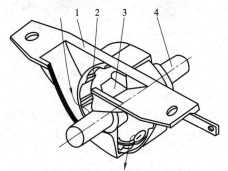

图 3-42　内槽轮式排种器

1—排种杯；2—内槽轮；
3—种子闸门；4—排种轴

② 内槽轮式排种器　排种器的工作部件是一个内缘带凸棱的圆环（图 3-42），称为内槽轮，它与排种轴一起转动。工作时种子从种箱经过排种杯流

入内槽轮，内槽轮将种子带到一定高度，然后靠重力下落到输种管内，排种均匀性比外槽轮好，但易受振动等外界因素影响，稳定性较差，适于播麦类、谷子、高粱、牧草等小粒种子。

内槽轮排种器对种子，特别是大粒种子的损伤率低。但因凸棱影响，排种时有脉动现象。内槽轮排种器主要靠改变排种轴转速来调节排种量，因而传动比较复杂。

③ 拨轮式排种器　拨轮式排种器安装在种箱的下外侧［图3-43（a）］，排种轮和外槽轮的形状相似，工作质量也相近。只是拨轮的工作长度不能改变，调整播量全靠改变拨轮转速，故传动机构比较复杂。如丹麦诺尔达斯坦公司的一种条播机系列上就装有60种传动比的齿轮箱。目前这种排种器被用在欧洲的一些播种机上。

④ 转勺式排种器　转勺式排种器［图3-43（b）］在排种器的工作圆盘上装有一圈舀勺，舀勺伸出另一圆盘进入排种杯。其工作原理和上排式外槽轮相似，利用舀出式原理排种。改变勺的伸出量和圆盘转速，便可改变排种量。这种排种器通用性较好，但排种均匀性较差，且排种质量受地形起伏的影响较大。

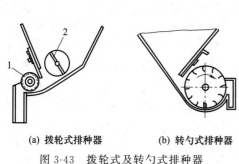

(a) 拨轮式排种器　　(b) 转勺式排种器

图 3-43　拨轮式及转勺式排种器

1—拨轮；2—搅拌器

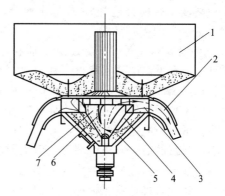

图 3-44　离心式排种器

1—种子筒；2—输种管；3—出种口；4—隔锥；
5—进种口；6—叶片；7—排种锥筒

⑤ 离心式排种器　离心式排种器的主要工作部件是一个高速回转的排种锥筒（图3-44）。种子从进种口进入锥筒后，受离心力作用而从排种口排入输种管内。因排种口是按圆周均布的，因此一个排种器可播多行。这种排种器构造简单，重量轻，排种均匀度好。但要求制造质量较高，且每转排种量因排种锥筒的转速而改变，故不利于保持稳定的亩播量。

⑥ 气力式条播装置（图3-45）　在气力式条播机的种箱底部，装着一个大直径的排种轮，用来将种子排入气流管道。进入管道的种子被气流输送到分配器处，然后通过气流输种管进入种沟。每个分配器上可装6～8个气流输种管。如果采用二次分配，则一个排种轮可播种64行之多。因此可简化排种装置的构造，提高播种机的通用性。

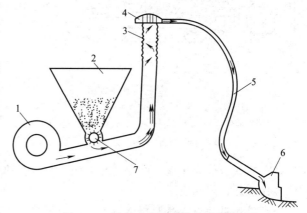

图 3-45　气力式条播机排种过程简图

1—风机；2—种箱；3—立式输种管；4—分配器；
5—气流输种管；6—开沟器；7—排种轮

（2）穴播排种器

穴播排种器用于中耕作物的穴播或单粒精密播种。穴播及精密播种对播种质量的要求比较高，影响工作质量的因素也较多，这些因素大多与排种器有关。现分析影响穴播机工作质量的主要因素。

排种器每次排种粒数取决于排种器的结构和运动参数，排种粒数的误差在穴播时影响每穴种子粒数合格率，在精密播种时产生漏播和重播；种子在投种过程中所受的干扰（如导种管壁的碰撞等）将影响株距或穴距合格率，并使穴内种子分散；排种器排种口到沟底距离称为投种高度。投种高度越大，种子到达沟底时速度越大，碰撞沟底而弹跳，影响精密播种株距或使穴内种子分散。种子在机器前进方向的绝对水平分速为排种器在排种时的水平分速度（相对速度）与机器前进速度（牵连速度）之和，绝对水平分速越大，种子与沟底碰撞及弹跳越厉害，播种质量越差。绝对水平分速度为零，则为"零速"投种，种子与沟底没有水平方向的碰撞，工作质量最为理想。随着高速播种的发展，绝对水平分速度越来越大，成为影响播种质量的重要因素。减少绝对水平分速的同时还必须相应地降低投种高度，否则会增加种子在导种管内的碰撞。此外，开沟器结构形状、覆土器、镇压轮等也会影响播种质量。

① 圆盘式排种器　圆盘式排种器主要用于中耕作物穴播和单粒精密播种。按圆盘回转方向可分为水平、倾斜和垂直三种形式。水平圆盘排种器构造比较简单，充种时间较长，充种性能好，工作比较稳定，但清种时采用滑动硬质材料清种，对种子的损伤严重，同时投种高度较大，种子在投种过程中受导种管管壁的阻碍，且在沟底的弹跳较大，会影响株距而降低株距合格率。采用倾斜圆盘可降低出种口高度，但其传动比较复杂。垂直圆盘排种器投种高度小，圆盘的后向分速可部分抵消机器前进速度，降低种子到达沟底时绝对速度的水平分速，减少种子在沟底的弹跳，其传动也比较简单。但垂直圆盘型孔的充种性能稍差。在高速作业时，圆盘式排种器充种都比较困难，因而使播种质量变差。

a. 水平圆盘排种器的构造及工作过程。在播种机上，每一行有一个单独的种子筒，它与开沟器连接成一体。在种子筒的底座上，装着水平圆盘排种器（图3-46）。排种器的主要工作部件是一个水平排种圆盘，排种圆盘在种子筒底座上水平旋转，将充入盘周型孔内的种子带到下种口排出，进而通过导种管进入种沟。在排种盘的上方装有刮种器及推种器，前者刮去型孔上多余的种子，后者将型孔内的种子推入下种口，以防型孔堵塞。

排种盘有周边型孔式（称为槽盘）及型孔式（称为孔盘，可为圆孔、椭圆孔或其他型孔）两类。周边型孔式对种子粒型的适应性比较好，因此应用较多。

型孔盘还可分为穴播型和单粒型。穴播型每孔可容纳几粒种子，用于穴播。单粒型每孔只能容纳一粒种子，适用于单粒条播或精密播种。如果在开沟器上装有成穴装置，则单粒型型孔盘也可用于穴播。

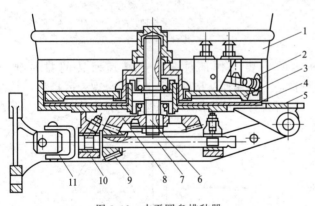

图3-46　水平圆盘排种器

1—种子筒；2—推种器；3—水平圆盘；4—下种口；
5—种子筒底座；6—排种立轴；7—水平排种轴；8—大锥齿轮；
9—小锥齿轮；10—支架；11—万向节轴

b. 倾斜圆盘勺式排种器。倾斜圆盘勺式排种器结构如图 3-47 所示。工作时，分种勺盘在转轴的驱动下转动时，充种区内的种子进入由分种勺和隔板组合形成的持种空间，并在其带动下由排种器下部向上部运动。当分种勺转到一定高度时，处于分种勺开口上部的非稳定状态的种子在重力作用下落回到充种区，而处于持种空间内部的稳定状态种子则随着种勺的转动到达排种器上部，并在种子重力和种勺推力的共同作用下穿过隔板上的开口落入到投种轮中。投种轮带动种子到达投种口，在重力和离心力的作用下，种子脱离排种器完成投种。

该排种器主要针对的作物是玉米，工作性能稳定，投种点低，播种准确，漏播现象少，不损伤种子。

② 型孔带式排种器　型孔带式排种器通过带有型孔的柔性输送带完成充种、排种，结构简单（图 3-48），不伤。由于排种器直接安装在开沟器上，投种高度很低，可减少种子与沟底在垂直方向的碰撞和弹跳，提高播种精度。但作业速度较慢。型孔带更换很方便，而且型孔带上的型孔可根据种子形状来冲制，因而通用性好，可播各种蔬菜及谷物种子。只是充种能力限制了皮带线速度的提高，因而不能高速播种。

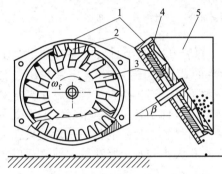

图 3-47　倾斜圆盘勺式排种器结构

1—排种器壳体；2—投种轮；3—分种勺盘；
4—隔板；5—种箱

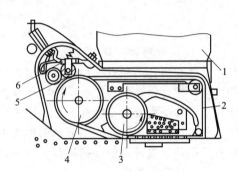

图 3-48　型孔带式排种器

1—种子箱；2—型孔带；3—清种轮；4—驱动轮；
5—监测器滚轮；6—金属触片

③ 窝眼式排种器　窝眼式排种器结构如图 3-49 所示，主要由窝眼轮、毛刷轮（刮种板）、种箱、传动机构等组成。工作时，来自地轮的动力经变速机构通过链传动带动排种轮转动，同时经主动齿轮、中间齿轮、从动齿轮带动毛刷轮转动。工作时，种子经输种管靠自重流入并充满排种器的容种腔中，进而充入窝眼轮上的型孔中。当种子被窝眼轮带动转至与毛刷轮接触时，转动着的毛刷轮将型孔周围未充入型孔及半充入型孔的种子清除并使之返回容种腔中重新充种，每个型孔中只能有一粒种子；充入型孔中的单粒种子随窝眼轮转过毛刷轮后，在离心力和重力的作用下逐渐脱离型孔，至排种口排出。窝眼轮通常设为双排或四排孔，可降低窝眼轮的转速，增加充种时间，提高充种率。窝眼轮式排种器结构及传统系统都比较简单，但排种精度有限，种子形状要求严格，伤种率高，作业速度较低。

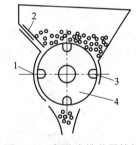

图 3-49　窝眼式排种器结构

1—护种板；2—刮种板；
3—窝眼；4—窝眼轮

④ 指夹式排种器　图 3-50 所示的指夹式排种器的竖直圆盘上装有由凸轮控制的带弹簧的夹子，夹子转动到取种区时，在弹簧作用下，夹住一粒或几粒种子，转到清种区时，由于清种区表面凹凸不平，被指夹压住的种子经过时引起颤动，使多余的种子脱落，只保留夹紧的一粒种子。当指夹转动到上部排出口时，种子被推到位于指夹盘背面并与指夹盘同步旋转

的导种链叶片上，叶片把种子带到开沟器上方，种子靠重力落入种沟。该排种器对扁粒种子如玉米等效果良好，但不适于大豆等作物，作业速度可达 8km/h。

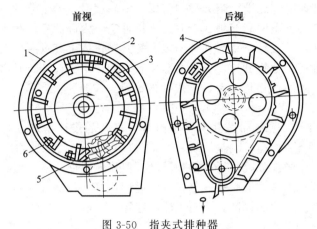

图 3-50 指夹式排种器

1—排种底座；2—清种区；3—排出口；4—导种叶片；5—夹种区；6—指夹

⑤ 气吸式排种器　气吸式排种器是利用空气真空度产生的吸力进行工作，其主要工作件是一个带有吸孔的竖直排种圆盘（图 3-51）。排种盘的背面有真空室，真空室与风机吸风口相连接，使真空室内存在负压。排种盘的另一面是种子室。当排种盘旋转时，在真空室负压作用下，种子被吸附于吸孔上，并随排种盘一起转动。当种子转出真空室后，不再受负压作用，靠自重或在推种器作用下落到种沟内。刮种片（播量校正片）的作用是除去吸孔上多余的种子，其位置可调整。排种盘可以更换，以改变吸孔大小和盘上吸孔数，使之适应各种种子尺寸、形状和株距。

气吸式排种器的优点是对种子尺寸、形状要求不严格，通用性好，排种精度高，适应高速作业，是目前国外应用最为广泛的精量排种器。但是旋转的排种盘与不动的真空室配合，密封性要求严格，压力要求较高，密封圈由于磨损需要经常更换；对于非类球形等流动性较差的种子，高速作业时排种精度明显下降；对气压波动的敏感度较高；结构较复杂，且容易磨损，刮种片的调整也比较麻烦。

⑥ 气吹式排种器　图 3-52 所示的排种器是在窝眼轮式排种器的基础上，采用气流清种使排种器的工作性能大为提高，窝眼作为型孔的功能也起了质的变化。

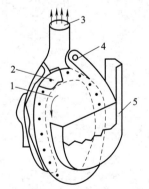

图 3-51　气吸式排种器的工作原理

1—排种盘；2—真空室；3—吸气管；
4—刮种片；5—种子室

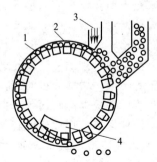

图 3-52　气吹式排种器的工作原理

1—护种器；2—型孔轮；3—气流；4—推种板

这种排种器的窝眼为圆锥形，外口直径较大，可不必按种子粒型做成型孔式样。一个窝眼内可装入几粒种子，窝眼底部有作为排种板通道的小缝与型孔轮内腔大气相通。窝眼在上部充种区内充入几粒种子后，当窝眼带着种子转动到气流喷嘴下方时，喷嘴喷出的气流首先将窝眼内位于上面的多余种子吹出落回种子室，而窝眼内剩下的一粒种子则被保存下来。由喷嘴后面护种板将种子送到投种口，由推种板投入种沟。

气吹式排种器的型孔为圆锥形，容积较大，因而充种性能好；对种子形状和尺寸要求不很严格，未分级的种子也可使用；改变作物种类靠更换型孔轮并相应地改变气压；调整株距则靠改变传动比；因充种性能好，可提高机器工作速度。

⑦ 气压式排种器　气压式排种器排种原理与气吸式类似，都是利用气压差提供充种力，不同的是气压式排种器在种室内部充满正压，种子在压差作用下被压附在型孔上。目前主要有两大类气压式排种器，即垂直圆盘式、滚筒式，滚筒式排种器也称集中式排种器。

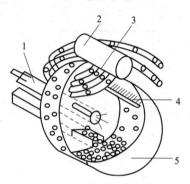

图 3-53　滚筒式排种器
1—进气管；2—弹性卸种轮；
3—接种漏斗；4—清种刷；5—排种筒

滚筒式排种装置的工作原理（图 3-53）是风机的气流从进风管进入排种筒，其中小部分通过筒周的型孔通孔泄出，其余的由接种漏斗进入输种管排出。排种筒是一个旋转的周边制有型孔的封闭圆筒。进入型孔的种子，因气流通过型孔泄出而产生的压差，紧贴在型孔上并随排种筒上升。在排种筒上方有一个橡胶卸种轮，可阻断型孔气流通过，使型孔内种子卸压并落到接种漏斗内，随气流通过输种管（先为水平段，后弯成竖直段，转弯处有泄气孔）落入种沟。种刷可刷去型孔上多余的种子，换播种子则需更换排种筒。改变株距靠调整排种筒的传动比或更换排种筒。这种排种装置的优点是用一个排种筒可播多行种子（现有机器最多可播八行），运动部件少，传动简单，结构紧凑且通用性好，但株距合格率稍差。

（3）穴（点）播型孔式排种器性能分析

用机械方式进行精密播种的排种器大多数属于型孔式排种器。这种排种器的特点是根据种子形状和尺寸等因素设计出各种型孔或窝眼，用以播下每穴数量相等的种子。型孔式排种器的设计应能满意地完成种子的充填、清除多余种子和投种成穴等一整套工作过程。

① 种子的充填　对于型孔轮式排种器，当种箱内有种子存在时，由于重力的作用，种子会自动地充填到运动着的型孔中去。型孔盘和窝眼轮的排种质量取决于型孔和窝眼的充种效果。为了获得高的充种率，种子必须精选并按尺寸分级，形状不规则的种子还要进行丸粒化加工，以保证籽粒大小均匀。

a. 型孔的形状和尺寸对充种性能的影响，根据所播种子的形状、尺寸、表面状态和所要求的穴粒数而设计型孔的形状和尺寸。在确定型孔尺寸时，要使种子在填充概率较大的情况下按一定的排列方式设计。常用圆盘型型孔形状如图 3-54 所示，其中槽孔的适应能力较好。型孔轮式型孔形状主要有圆柱形窝眼、圆锥形窝眼和圆弧形窝眼。

(a) 槽孔　　　　(b) 圆弧形　　　　(c) 圆柱形

图 3-54　圆盘型型孔形状

b. 型孔内种子填充数量一般需根据种子的品质、农艺要求来决定。

c. 种子在型孔内排列规律，由于种子充种过程是随机的，种子在型孔内的排列也是随机的，需进行大量试验和观察，用统计学原理确定某种作物种子在型孔内的排列概率。试验表明，扁粒玉米种子常以侧立或竖立状态从种箱侧壁向下运动进入型孔。由于摩擦力和离心力的关系，以侧立式型孔充种方式较好。

② 型孔运动速度　为了保证播种质量，首先满足型孔填充要求，需要一定填充空间和填充时间，填充空间由已经确定的型孔来保证，填充时间则由型孔线速度来控制。型孔线速度对种子充填性能及投种准确性有直接影响。若线速度过高，型孔通过充种区时间短，种子有可能来不及进入型孔，会造成漏播。从运动学角度考察种子充填条件，种子应在限定时间内充填到型孔中去。假定型孔的极限线速度为 v_p，种子靠重力落入型孔，则当种子在型孔上方运动过程中，其重心 O 降至低于型孔上平面时，才能保证进入型孔（图 3-55）。由此依据

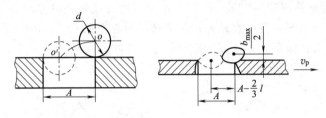

图 3-55　型孔极限线速度

自由落体运动方程可以求出直径为 d 的球形种子以及扁平种子充种的型孔极限线速度分别为

$$v_p = \left(A - \frac{d}{2}\right)\sqrt{\frac{g}{d}} \tag{3-4}$$

$$v_p = \left(A - \frac{2}{3}l\right)\sqrt{\frac{g}{b_{max}}} \tag{3-5}$$

式中　v_p——型孔的极限线速度，m/s；

A——型孔直径或槽的长度，m；

d——球形种子直径，m；

l——扁平种子长度，m；

b_{max}——扁平种子的最大宽度，m；

g——重力加速度，m/s^2。

如果没有增设其他用以提高充种性能的辅助措施，当型孔线速度 v 超过 v_p，则充种性能将大大降低。实际上，排种器的转动大多是由地轮来传动，而地轮则是由拖拉机牵引做直线运动，因此机组的前进速度 v_m 决定了型孔的线速度 v 的大小，工作时，必须对 v_m 加以严格的控制，v_m 与 v 之间必须有如下关系：

$$v = \frac{\pi D v_m (1 + \delta)}{Zt} \tag{3-6}$$

式中　v_m——机组前进速度，m/s；

v——型孔线速度，m/s；

t——穴距，m；

Z——排种盘上的型孔数量；

D——排种盘直径，m；

δ——地轮的滑移率。

由式（3-6）可知，当其他参数相同时，v 与 v_m 成正比，由于 v 受充种性能的限制不能大于 v_p，因而限制了 v_m。减少 D 或增加 Z 可降低 v，但会使充种路程缩短，降低种子充填

性能，同时也缩短了型孔间的间距，而间距太小，容易影响每穴之间种子分离的准确性。采用较大的排种盘直径，可以增加充种路程及充种时间，有利于提高充种性能。

③ 气吸式排种器的吸附能力　气吸式排种器的吸附能力取决于气吸室真空度，真空度越大，吸孔吸附种子的能力越强，不易产生漏吸。但真空度过大，一个吸孔吸附多粒种子的可能性加大，会产生重播。此外，吸孔直径越大，吸孔处对种子的吸力越大，可减少漏吸，但会增加重吸。目前，采用加大真空度以减少漏吸，同时采用清种器来清除多吸的种子。

种子在吸附过程中的受力分析如图 3-56 所示，排种器工作时，若忽略摩擦力的作用，则种子主要受到重力 G、吸附力 F、惯性力 J 及吸孔对种子的支持力 N 的作用。其中吸附力 F、惯性力 J 可以分别用下式表示：

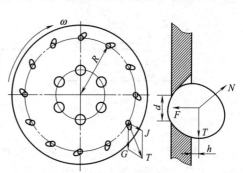

$$F = \frac{\pi d^2 (P_a - P_1)}{4} \tag{3-7}$$

$$J = mR\omega^2 \tag{3-8}$$

式中　P_a——大气压力，Pa；

　　　P_1——真空室压力，Pa；

　　　d——吸孔直径，m；

　　　m——种子质量，kg；

　　　R——种子重心到排种盘中心的距离，m；

　　　ω——排种盘的角速度，rad/s。

图 3-56　种子在吸附过程中的受力分析

要使吸孔吸住种子，应满足下列条件：

$$Fd/2 \geqslant Th \tag{3-9}$$

式中　T——重力 G 与惯性力 J 的合力，N；

　　　h——T 到吸种盘的距离，m。

在实际排种工作中，排种器受种子自然条件（吸种区种子分布情况、种子之间碰撞等）和外界环境及工作稳定可靠性系数等的影响，气吸室所需真空度最大值的计算公式为

$$H_{cmax} = \frac{80 k_1 k_2 mgc}{\pi d^3} \left(1 + \frac{v^2}{gR} + \lambda \right) \tag{3-10}$$

式中　H_{cmax}——气吸式真空度最大值，kPa；

　　　c——种子重心离排种盘之间的距离，cm；

　　　m——一粒种子的质量，kg；

　　　v——排种盘吸孔中心处的线速度，m/s；

　　　R——排种盘吸孔处的转动半径，m；

　　　g——重力加速度，m/s^2；

　　　λ——种子的摩擦阻力综合系数，$\lambda = (6 \sim 10)\tan\alpha$，$\alpha$ 为种子自然休止角，(°)；

　　　k_1——吸种可靠性系数，取 1.8～2.0，种子千粒质量小，形状近似球形时取小值；

　　　k_2——外界条件系数，取 1.8～2.0，种子千粒质量大时取大值。

由式（3-10）可知，气吸式排种器所需真空度的最大值与吸孔直径、吸孔处线速度及种子物理特性等有关。对于不同类型和品种的种子都有一个最佳的真空度范围，真空度减小时，漏吸率会增大，当真空度超过最佳值时，重吸率会增加。在实际工作中，由于风机与排种器之间存在管路压力损失及机器振动的影响，在设计时真空度应取大值。

④ 清种方式　对于穴（点）播排种器，种子充入型孔时可能附带多余的种子而必须加

以清除，以保证精量播种。

刮板式和刷轮式清种法适用于水平型孔盘、窝眼轮等形式的排种器（图 3-57）。刮板或刷轮需有弹簧保持一定的弹性，以免伤种，并能可靠地清除多余种子。刷轮以自身的旋转作用，用轮缘将多余的种子刷走，刷轮的线速度应大于或等于型孔线速度的 3～4 倍。气吸式排种器上常用齿片式清种器。气吹式排种器上常用气流清种，原理新颖，效果较好。

(a) 刚性清种板　　　　(b) 弹性清种轮　　　　(c) 橡胶刮种片

图 3-57　清种器

⑤ 排种器同步传动　为保证排种速度与播种机的前进速度严格同步，排种器常由地轮驱动。但是，由于地面凸凹起伏及地轮不规则的滑移，使排种速度与播种机前进速度不能完全同步，影响播种的均匀性和株距的精确性。因此，应尽量减少地轮的滑移。从整体驱动与单组驱动方式看，单组驱动受工作条件差异和不均匀传动影响，易形成各个排种器不均匀性，造成各行排量的不一致性。而整体传动能减少传动滑移的不一致性和不稳定性，从而提高排种均匀性和沟内种子粒距的精确度。

⑥ 投种高度与投种速度　充满种子的型孔运动到投种口时，应保证种子及时投出，否则种子在行内的粒距精确度将受到影响，因此有些排种器设有投种器进行强制投种。

投种高度是指投种口到种沟底面的距离，对种子在种沟内的分布有很大影响。从排种口均匀排出的种子经过这段路程后，由于受空气阻力和导种管壁碰撞的影响，使种子无法保持初始匀速下落。投种高度越大，种子经历的路程越长，所受的干扰越大，越容易引起种子落点不准。因此，应尽量缩短导种管长度，减少开沟器高度，降低投种高度。

投种时种子在机器前进方向的绝对水平分速是不容忽视的一个重要因素，此速度为排种盘在投种时的水平分速与机器前进速度之和。绝对水平分速越大，种子与沟底的碰撞及弹跳越严重，播种质量越差。种子绝对水平分速等于零时，种子落点精度最高，就是所谓的零速投种。

（4）排种器性能试验

排种器性能试验是播种作业前检查排种器工作性能的重要手段，通过排种器性能试验可以检查总播量稳定性、排种一致性、条播均匀性、成穴性及等性能指标。

撒播排种器主要工作性能指标是种子的分布均匀性，以单位面积内的种子数量的差异来评价。

条播排种器主要性能是种子播种量和种子分布，以单位长度内种子数量及其差异来评价。

穴播排种器主要性能是穴距、穴粒数。实际穴距等于（1±0.5）要求穴距时为合格穴距，合格穴距与总（测量）穴距数的比值为穴距合格率；穴内粒（种子）数在要求范围内的为合格，否则为不合格，粒数合格的穴数与总（测量）穴数的比值为穴粒数合格率。

精密排种器主要性能为粒（株）距合格率、重播率和漏播率。实际粒距 l 等于（$l±$ 0.5）要求粒距为合格粒距，合格粒距与总（测量）粒距数的比值为粒距合格率；实际粒距大于 1.5 要求粒距时为漏播，漏播数与总（测量）粒距数的比值为漏播率；实际粒距小于

0.5要求粒距时为重播，重播数与总（测量）粒距数的比值为重播率。

① 总播量稳定性测定　农业技术要求单位面积上应有合理的保苗株数，因此要求播种机和每个排种器在单位面积上的总排量保持稳定。尤其在上下坡、不同转速等条件变化时，也要求总排量稳定。对单个排种器可测量每10转排量，重复5次，各次播量越接近越好。

② 排种一致性测定　排种一致性要求播种机上各行的排量一致，该指标主要反映排种器的制造精度、排量控制和调节机构结构设计的合理性等方面的问题。

测定时，在试验台上同时驱动数个排种器，或者带动地轮使整机排种，分别测定各排种器的10转播量，求出各排种器的播量变异系数，试验重复3~5次。

③ 条播均匀性测定　均匀性一般是指种子在行内纵向分布的均匀程度，测定时应在排种器稳定工作后，将种子排到输送带或土槽内。测区连续长度应大于排种器转一圈所播的距离，重复测3~5次，测定总长度应在10m左右。条播均匀性的统计，通常是将播种区沿纵向分成小段（中、小粒种子5cm为一段，大粒种子10cm为一段），测出每段内种子数，各段种子数越接近，均匀性就越好；相反，各段种子数与各段平均种子数相差越大，则均匀性越差。在比较两种排种器的均匀性时可用以下三个具体指标衡量。

a. 所测段数中，其种子数为平均粒数 m 的段数占总段数的百分比越高越好。

b. $m \pm 1$ 粒数的段数占总段数的百分比越高越好。

c. 粒数为零的空段数越少越好。

④ 成穴性测定　成穴性是指穴播（玉米、棉花等）的穴长、穴距和每穴粒数是否符合农业技术要求。穴长是指穴内数粒种子的纵向长度。穴距是指两穴中点间的距离。要求穴距为平均穴距±5cm 的穴数所占百分比越高越好。每穴粒数各地要求不同。

测定时，连续测区长度要大于排种器转一圈所播距离，总穴数应在50穴以上。

⑤ 伤种率测定　伤种率是指被排种器损伤的种子数量占所测种子总数量的百分比，它也属于排种器性能测定的重要项目。

⑥ 点播精密度测定　单粒点播种子的分布情况一般可用种子间距变异系数来鉴定，室内以平均株距等于 $l \pm 0.1l$ 为合格株距，田间以 $l \pm 0.2l$ 为合格株距。

测定时，连续测区长度要大于排种器转一圈所播距离，总长度应超过50个株距。

3.5.5　播种机开沟器

开沟器和成穴器的作用是在田地上开出种沟或掘出种穴，并将种子导入沟穴内，然后盖上湿土，其工作对播种质量和种子发芽有很大影响。对开沟器和成穴器的要求是：开沟直、掘穴整齐、行距一致、开沟深度和播种深度合乎规定要求且稳定，种子在行内分布均匀，位置准确，用下层湿土覆盖种子，阻力小以及对土壤湿度及地表杂物的适应性好。在干旱地区还应防止上下土层干湿土搅混而损失水分。

开沟器分为移动式和滚动式两类。移动式开沟器又分为锐角式及钝角式两类。锐角式的入土角 $\alpha < 90°$，钝角式的 $\alpha > 90°$（图3-58），两类开沟器土壤阻力的方向不同，锐角式开沟器靠器尖刺入土壤，其入土能力强，而钝角式开沟器靠器刃楔入土壤并靠重力入土，开沟深度比较稳定。锐角式开沟器在开沟时有将土壤升起的作用，将下层湿土翻起并使干湿土壤搅混，不利于保墒，而钝角式开沟器保墒能力较好。开沟器侧边常做成斜线，使下层湿土先塌落到种沟内盖种。

滚动式开沟器有双圆盘式和单圆盘式，靠盘刃滚切土壤和茬根，同时也靠自重入土。成穴器有轮刺式和鸭嘴式等。

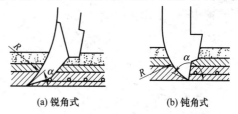

(a) 锐角式　　　　(b) 钝角式

图3-58　开沟器入土角

（1）双圆盘开沟器

双圆盘开沟器（图 3-59）的工作部件是两个平面圆盘，在前下方相交于一点，工作时靠重力和弹簧附加力入土，在土壤反力作用下，圆盘滚动切割土壤并向两边挤压，形成 V 形种沟。输种管将种子导入种沟，然后靠沟壁塌下的土壤覆土。开沟时不搅乱土层，且能用下层湿土覆盖种子。圆盘旋转，能切断植物根茎，不易挂草壅土。还可以用刮土板刮去黏附在圆盘上的泥土，因此双圆盘开沟器的适应性比较好，工作可靠，在整地不很细、有作物根茬和杂草以及土壤比较潮湿时均能使用。但是双圆盘开沟器结构复杂、尺寸较大、价格高、检查调整保养比较麻烦和开沟阻力较大。

（2）单圆盘开沟器

单圆盘开沟器的工作部件是一个球面圆盘（图 3-60），圆盘偏角为 3°～8°。其开沟原理与圆盘耙片相同。在圆盘凸面一侧，有输种管将种子导入种沟内。当圆盘偏角大、输种管前装有刮土板时，播后苗幅较宽，否则苗幅窄。与双圆盘开沟器相比，单圆盘开沟器重量较轻，入土能力强，对整地不良、潮湿土壤的适应性好，使用调整也比较方便。但是播深一致性较差，开沟时上下土层搅混，不利保墒，有干土覆盖种子现象，不利种子发芽。

（3）锄铲式开沟器

锄铲式开沟器（图 3-61）属于锐角型开沟器，工作时将土壤在铲前铲起，两侧土壤受挤压而分开，开沟器离开后土壤回落而覆盖种子，其结构简单、入土能力强、工作阻力小，但易粘土和缠草，干湿土混杂，高速作业时播深不稳。

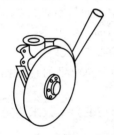 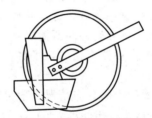 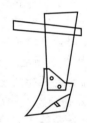

图 3-59　双圆盘开沟器　　　　图 3-60　单圆盘开沟器　　　　图 3-61　锄铲式开沟器

（4）芯铧式开沟器

芯铧式开沟器（图 3-62）是一种锐角开沟器，工作时，先由芯铧入土开沟，两个侧板向两侧分土形成种沟。种子从开沟器两侧板间落入沟内，当侧板通过后，土壤落入沟内覆盖种子。芯铧式开沟器的优点是开沟宽度大、入土性能好、沟底平整、苗幅宽，适用于垄作地区使用，缺点是阻力大，覆土比较困难。

（5）滑刀式开沟器

滑刀式开沟器（图 3-63）属于钝角型开沟器，工作时滑刀在竖直方向切入土壤，刀后侧板向两侧挤压土壤形成种沟。种子从两侧板之间落入沟底，两侧板后端的斜边能使湿土先落入沟内覆盖种子。滑刀式开沟器的特点是靠重力入土，沟深稳定、沟形整齐、不乱土层，断草能力强，工作阻力大。

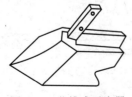 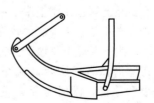

图 3-62　芯铧式开沟器　　　　　　　　　图 3-63　滑刀式开沟器

（6）铺膜播种掘穴装置

图 3-64 是一种用于铺膜播种的鸭嘴式掘穴器，内侧充种的型孔、孔环外圈有一个周边有多个成穴鸭嘴的滚轮，鸭嘴一片固定，一片活动。活动鸭嘴在Ⅰ区和Ⅱ区呈张开状态，一进入第Ⅱ区即因重心关系变为闭合状态。型孔内的种子在第Ⅲ区内经导种管道进入已闭合的鸭嘴内。当鸭嘴旋转到达地面时即在地上凿出一个穴，与此同时，活动鸭嘴因受地面反力而张开，种子即被释放在穴里。当滚轮继续转动，鸭嘴从穴中离开时，活动鸭嘴仍处于张开状态进入Ⅰ区，继续前一次的动作。这种穴播器可用于一般掘穴播种，也可用于铺好地膜后进行穿孔穴播。

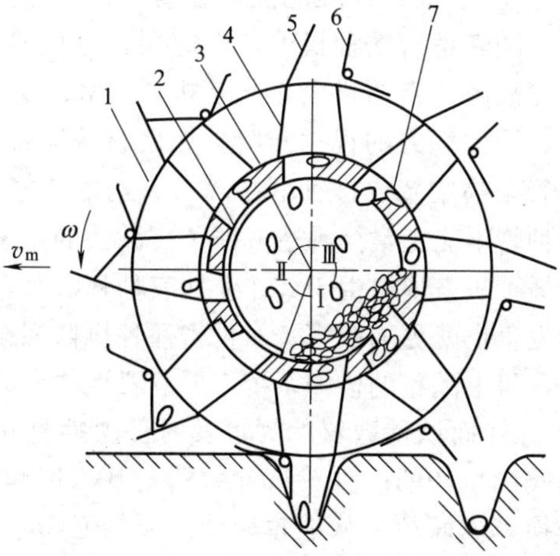

图 3-64　铺膜播种掘穴装置

1—滚轮；2—内护种板；3—内充式排种器；4—导种管；5—固定鸭嘴；6—活动鸭嘴；7—外护种板

3.5.6　播种机其他辅助部件

（1）导种管

导种管用来将排种器排出的种子导入开沟器或直接导入种沟。要求对种子流干扰小；有足够的伸缩性并能随意挠曲，以适应开沟器升降、地面仿形和行距调整需要。在谷物条播机上，排种器排出的均匀种子流因导种管的阻滞均匀度变差。在精密播种机上，导种管及开沟器上的种子通道形状往往是影响株距合格率的主要因素。

为了减少导种管对播种质量的影响，有的导种管设计成与前进方向相反的抛物线形状，平衡机具的前进速度。导种管可采用金属、橡胶或塑料制成，都具有一定的伸缩性。使用塑料管最为普遍。

（2）覆土器

开沟器只能使少量湿土覆盖种子，不能满足覆土厚度的要求，通常还需要在开沟器后面安装覆土器。对覆土器的要求是覆土深度一致，在覆土时不改变种子在种沟内的位置。

播种机上常用的覆土器有链环式、弹齿式、爪盘式、圆盘式、刮板式、双圆盘式等。链环式、弹齿式、爪盘式为全幅覆盖，常用于行距较窄的谷物条播机。圆盘式和刮板式覆土器，则用于行距较宽、所需覆土量大、要求覆土严密并有一定起垄作用的中耕作物播种机。

（3）镇压轮

镇压轮用来压紧土壤，使种子与湿土严密接触。压强要求为 $3\sim5N/cm^2$，压紧后的土壤容重一般为 $0.8\sim1.2g/cm^3$。有些镇压轮还被用作开沟器的仿形轮或排种器的驱动轮。平面和凸面镇压轮的轮辋较窄，主要用于沟内镇压。凹面镇压轮从两侧将土壤压向种子，种子上方土层较松，有利于幼芽出土。空心橡胶轮，其结构类似没有内胎的气胎轮，它的气室与大气相通（零压），胶圈受压变形后靠自身弹性复原，优点是压强恒定。

（4）划行器

划行器用来指示拖拉机下一行程的行走位置，以保证与邻接播行的行距准确无误。划行器的工作部件为球面圆盘或锄铲，装在划行器臂上。划行器臂铰连在播种机机架上，可根据需要升降。播种机两侧各有一划行器臂，划行部件伸出长度可以调整。在播种机上设有划行器升降机构，播种时应使未播地一侧的划行器工作，另一侧的划行器应升起离开地面。到地头转弯时，两个划行器都应该离开地面。

（5）播种作业的监测装置

随着精密播种机的广泛应用，播种机上装有作业质量监测与控制装置，以便及时发现和排除故障。精播机大多数是机械式和气力式播种机，在播种作业时具有播种过程全封闭的特点，因此凭人的视觉和听觉无法直接监视其作业质量，而在播种作业时发生的种箱排空、输种管杂物堵塞、排种器故障、开沟器堵塞或排种传动失灵等工艺性故障均会导致一行或数行导种管不能正常播种造成断条、漏播的现象，从而导致农业减产。对于目前大力推广使用的免耕播种机来说，由于其作业地表秸秆覆盖，精播机工作时环境条件更加恶劣，漏播、堵塞现象的发生也就更加频繁。对精密播种机监测系统进行设计与研究将会提高精密播种的质量。精密播种机上配置的监测系统主要有机械式监测装置、机电式监测装置和电子式监测装置等。

① 面积计数器　为了及时反映播种机作业面积，在播种机上装有面积计数器。图 3-65 是美国生产的一种英亩计数器，其原理和一般的计数器一样，由齿轮传动，按最终齿轮的转数换算成面积。从地轮转动一圈的面积，换算成面积计数器指针的角位移，以公顷或亩作单位标注在刻度盘上，可自动记下播种机所播的面积。面积计数器通常装在播种机地轮轴附近（或与排种器传动系统的某一级并联），便于查看记录的数据。

② 添种预报装置　当种箱的种子减少到规定的极限剩余量时，监测装置即发出信号通知加种子。如图 3-66 所示，浮动探测杆位于种箱内的种子层表面上，当种子不断减少，表层下降时，探测杆就随着向下转动，当转到种子剩余量极限位置时，探测杆后端与触点接触，接通电源，装在驾驶室内的指示灯即发亮。也可以接上蜂鸣器等音响装置，使之发出声音。

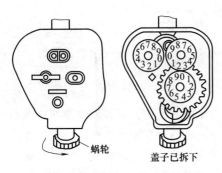

图 3-65　谷物条播机上的面积计数器

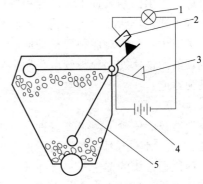

图 3-66　添种预报装置
1—信号灯；2—电源触点；3—探测杆触点；
4—电源；5—探测杆

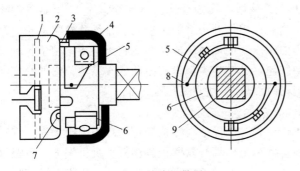

图 3-67　故障报警器
1—铃罩；2—弹片；3—击锤；4—离合器主动套；5—方轴；
6—塑料销钉；7—传动板；8—离合器被动套；9—凸耳挡片

③ 故障报警器　图 3-67 是一种响铃式排种故障报警器。工作正常时，动力由方轴通过离合器传动排种器旋转。当排种器受阻卡住不能转动时，塑料销钉被剪断，离合器被动套不能转动，而装在主动套上的弹片仍随主动套继续转动，当弹片从被动套上的凸耳挡片越过时，弹片振动，弹片上的小锤即敲击铃罩不断发出声响，达到报警目的。

④ 排种质量监测装置　现代播种

机上的电子监视装置，一般由传感器、转换线路和信号显示装置构成。图 3-68 所示的是光电传感器的元件及其在播种机上的安装位置。传感器通常使用光电元件（包括可见光和红外光等），工作时，当种子通过传感器的种子通道时，遮断光源，使光电管发出信号，表示有种子通过。当某一播行发生故障，无种子通过时，驾驶室的仪表盘上即显示出该播行的数码，并发出报警声响。

排种质量监测装置也有用压电元件作传感器的，将传感器安装在排种口或投种口下方，种子落下时冲击压电元件而产生电信号。

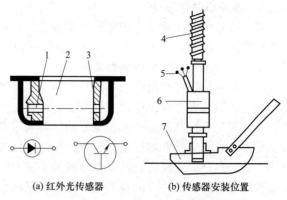

(a) 红外光传感器　　(b) 传感器安装位置

图 3-68　光电传感排种监视装置

1—红外光二极管；2—种子通道；3—光电三极管；
4—导种筒；5—导线；6—传感器；7—开沟器

⑤ 现代播种机监控系统

现代播种机的电子监控系统不仅可以实时显示播种作业情况，还能对每一行的播量、每米粒数、排种器转速等进行调节控制。当通过导种管的种子数多于或少于要求值时控制系统就自动调节排种器转速以达到所要求的数值。图 3-69 和图 3-70 是美国 Cyclo-500 型播种机上配置的电子监控系统，由监控显示器、监控电路、种子流光电传感器、测距传感器、转换器与驱动电机、播种机提升传感器及种子层面高度传感器等 8 部分组成。监控显示仪表盘安装在驾驶室内驾驶员易于观察和操纵的部位。监控系统把整个播种情况基本显示出来，重播、漏播、株距、播种面积、播种速度、播种量和行数等，实现了播种机的智能化监测，当播种机不能正常播种时，进行双向报警，及时通知驾驶员故障的位置和性质，便于停车检查，最大限度地避免了漏种现象的发生，极大地提高了播种机的工作质量。

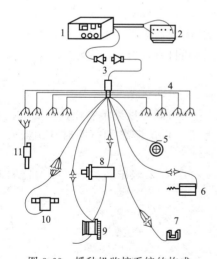

图 3-69　播种机监控系统的构成

1—监控仪；2—拖拉机 12V 蓄电池；3—柱塞式插头；
4—电线；5—测距轮；6—播种机提升传感器；
7—种子面高度传感器；8—驱动电机；9—交流发电机；
10—排种室气压传感器；11—种子流传感器

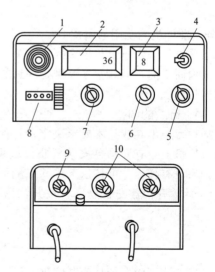

图 3-70　播种机监控仪表盘

1—故障报警器；2—播量显示屏；3—播行显示屏；
4—扫描同步选行开关；5—株距调整盘；
6—排种滚筒孔数盘；7—显示选择盘；8—计亩器；
9—行数盘；10—行距盘

3.5.7 播种机总体设计

播种机总体设计涉及挂接参数以及各工作部件的相互配置关系、整机的平衡、稳定性、动力性等诸多因素，各因素不仅互相关联，而且还互相影响。特别是关键部件排种器的设计，其性能将决定播种机的播种质量。

播种机总体设计原则是：①满足不同作物播种的基本要求，即一次完成开沟、播种、施肥、覆土、镇压等作业工序，并确保工艺流程的流畅和连续，使各工作部件互相协调地配合工作，以保证有较高的生产率、良好的作业质量和使用可靠性。②合理确定整机的结构型式和主要参数，正确配置整机重心位置，使重心位置位于拖拉机的横向对称平面上，使偏牵引最小，达到良好的直线行驶性，保证机器的稳定性和可操作性。③要充分考虑到作业工况的复杂性、恶劣性，在主要的传动部位设置张紧机构，避免传动失效，保证正常运行，并保证播种单体具有良好的仿形性能。④传动路线简捷，便于实现，性能可靠。⑤便于机器的运行、操作、调整、维修和保养。总体设计的目标是实现机具的先进性、可靠性、适应性、经济性，每一个运动机构应达到简单、适用、可靠。

播种机结构型式有牵引式、悬挂式和半悬挂式。谷物条播机由于其单位幅宽工作阻力较小，在与大功率拖拉机配套时，工作幅宽较宽，或者多台联结，常采用牵引式或分组悬挂式；与中小功率拖拉机配套时，则多采用悬挂式或半悬挂式。机架结构大多为框架式，普遍采用单梁通用机架，便于更换不同的工作部件和调节行距。

总体参数主要包括工作幅宽、工作速度、运输速度和通过间隙等参数。播种机工作幅宽主要取决于配套拖拉机的牵引能力和播种机工作阻力。对于悬挂式播种机还应考虑拖拉机悬挂系统的悬挂能力、机组纵向稳定性和拖拉机后轮轮胎承载能力。同时，工作幅宽还受田块大小、道路运输、仿形性能和结构因素的限制。单台播种机工作幅宽一般为 3～5m，当要求更大的工作幅宽时，可采用多台联合作业，或折叠机架结构。播种机的工作速度主要取决于工作部件（如排种器、排肥器、开沟器）和行走装置对速度的适应性能否达到播种质量的要求。特别是某些播种机，在作业速度较高时，精密播种性能显著下降，达不到农业技术要求。

3.5.8 播种机的使用与调整

播种机的工作质量与很多因素有关，播种机上的调整项目很多，调整方法因各种播种机具体结构而不同，但其基本原则是一致的。重要的调整项目有：行距、穴距、播量、播深和划行器长度。

（1）行距的调整

播种行距由农业技术要求决定，各种播种机的行距均可调整以满足农业技术要求。有些谷物条播机上带有开沟器安装样板，根据样板上的标记，可决定各种行距时开沟器安装位置。如果没有样板，可按以下步骤来配置条播机的开沟器。

① 计算开沟器安装数目　按开沟器梁长度 l_k 及行距 b 来确定行数 n（开沟器安装数目）：

$$n = \frac{l_k - b_1}{b} + 1 \tag{3-11}$$

式中　b_1——开沟器拉杆安装宽度，m；

　　n 取整数。

② 安装开沟器　安装时应以播种机中线为对称线配置开沟器，播种窄行谷物时，为防止堵塞，开沟器应前后互相错开。当播种宽行作物时可并排安装。开沟器固定后，必须检查实际行距，并进行校正。根据开沟器位置，安装导种管，并调整开沟器起落调节机构中相应

的杆件位置。

（2）穴距的调整

中耕作物穴播时，用改变传动比来调整穴距，传动比计算公式为

$$i=\frac{\pi D_d(1+\delta)}{ez} \tag{3-12}$$

式中　D_d——行走轮直径，m；

　　　δ——行走轮打滑系数；

　　　e——穴距，m；

　　　z——排种盘上槽孔数。

（3）播量的调整

播种机必须按规定播量播种，在播种前应按规定进行调整。播种时，要进行田间校核。以外槽轮式排种器谷物条播机的调整校核为例说明如下：

① 播前调整　条播机的播前调整在机库或农具停放场进行。首先按种子粒型选定排种间隙，初选排种传动比及槽轮工作长度，调整后加以固定。再将机器水平架起，在种箱内加入种子，转动几圈地轮，使排种杯内充满种子。然后在导种管下放好盛接种子的容器，以 $20\sim30r/min$ 的转速，均匀地转动地轮 n 圈（通常为 30 圈左右）。这时各排种器排出的种子总量应与根据播量算得的排种量 G 一致，误差不得超过 2%。如不一致，可调整排种槽轮的工作长度或传动比重试，直到符合要求为止。排种量 G 可按下式计算：

$$G=QB\pi D(1+\delta)n \tag{3-13}$$

式中　G——排种器的总体排种量，kg；

　　　Q——播量，kg/m^2；

　　　B——工作幅宽，m；

　　　D——地轮直径，m；

　　　δ——地轮滑移系数；

　　　n——试验时地轮转动圈数。

② 田间校核　播种机工作时，因滑移率的变化、机器的振动、地形变化等影响，播种量可能与室内试验不同，因此要进行田间校核。

a. 选一已知长度的地块。

b. 在种箱内装入一定数量的种子，刮平，在种箱内壁做上记号。

c. 计算播种机播一趟的播种量 G_1，并将这一部分种子加入种箱。

$$G_1=QBL \tag{3-14}$$

式中　Q——播量，kg/m^2；

　　　B——播种机幅宽，m；

　　　L——地块长度，m。

d. 试播一趟，再刮平种箱内种子，看与前面所做的记号是否一致，如不符合，可调整排种量，再做试验。

穴播时，如农业要求为亩播量，也可按上法调整，但一般是用保证穴距和每穴种子粒数来保证播量。因此，室内试验和田间校核时都应检查穴距和平均每穴粒数是否符合要求。

（4）各行播量一致性的检查与调整

在进行播量调整的同时，应进行各行播量一致性试验。试验方法与室内播量调整试验相同，但需要在每个导种管下单独放置接种容器，并分别称重。试验应重复 5 次，依据称重结果计算出变异系数。

$$\overline{x} = \frac{\sum x}{n} \tag{3-15}$$

$$s = \sqrt{\frac{\sum (x - \overline{x})^2}{n-1}} \tag{3-16}$$

$$\gamma = \frac{s}{\overline{x}} \times 100\% \tag{3-17}$$

式中　x——每行排量（5 次平均值）；

　　　n——行数；

　　　$\overline{x}$——平均每行排量；

　　　s——标准差；

　　　γ——变异系数。

若变异系数 γ 大于规定值，则应单独调整外槽轮工作长度，调整后重新试验直到符合要求为止。

（5）划行器长度计算

播种机在播种时的行走路线，主要有梭式、向心（顺时针方向及逆时针方向）、离心（顺时针方向及逆时针方向）及套播法等。行走路线不同时，划行器长度也不同。此外，划行器长度还与驾驶员对印目标和位置有关。现以轮式拖拉机带一台播种机、采用梭式播法、拖拉机右前轮中线对印为例，说明划行器长度的计算公式。

$$L_z = B + \frac{a}{2} \tag{3-18}$$

$$L_y = B - \frac{a}{2} \tag{3-19}$$

式中　L_z——左划行器长（自播种机中心算起），m；

　　　L_y——右划行器长，m；

　　　B——播种机幅宽，m；

　　　a——拖拉机前轮轮距，m。

按计算长度调整的划行器必须进行田间校正，在田间用试验法确定划行器长度也是一种很简便的方法。

（6）播种机牵引阻力及功率估算

播种机牵引阻力主要包括行走轮滚动阻力、开沟器开沟阻力、覆土器工作阻力、镇压轮滚动阻力及划行器工作阻力等。由地轮传动排种器的播种机，应专门计算地轮滚动阻力。播种机牵引阻力可用经验方法按每米播幅的平均阻力来估算。精确的计算方法应在实际作业中测定。双圆盘开沟器的条播机在行距为 15cm，播深为 3～6cm 时，每米播幅的平均阻力在 980～1860N 范围内，而安装滑刀式开沟器的中耕作物播种机每米播幅的平均阻力在 980～1370N 范围内。

根据测定牵引阻力，播种机所需功率可以用下式计算：

$$N = \frac{Pv}{1000} \tag{3-20}$$

式中　N——所需功率，kW；

　　　P——牵引阻力，N；

　　　v——播种速度，m/s。

复习思考题

1. 种子和肥料各有什么物理机械特性?
2. 播种机的排种器为什么多用地轮驱动?
3. 常见的播种机有几种? 各用于什么方式的播种? 所用排种器有哪些类型?
4. 在外槽轮排种器设计中,如何考虑均匀性、稳定性及种子损伤方面的要求?
5. 对播种机有哪些性能指标要求?
6. 论述气力式排种器的类型及工作过程。
7. 开沟器的作用是什么? 各类型开沟器有什么特点?
8. 施肥机械有哪些类型? 各有什么特点?
9. 液态肥料施肥机械有哪些类型? 其工作过程如何?
10. 现代设计方法在精密排种器设计中有哪些应用?

第4章

移栽机械

4.1 概述

移栽是农作物生产的一种常见方式，是首先在苗床培养小苗，待壮苗后移植到大田的一种农艺方式。水稻插秧就是很久以前开始进行的移栽作业，移栽技术是大幅度提高粮食单产的有效途径之一。目前水稻种植技术主要有水稻直播和育秧移栽两种模式，美国、澳大利亚、意大利及其他欧美国家主要采用直播种植，而亚洲地区则以能实现高产的育秧移栽种植为主。移栽通过温室等苗床育秧，延长了生长期，便于苗期管理、培育壮苗，从而提高产量和品质，也是我国中南部地区增加复种指数的重要农艺保证。除水稻以外，旱田移栽包括玉米、棉花、油菜以及新疆用于工厂生产罐头食品的辣椒、西红柿等大田作物和蔬菜、甜菜、烟草、花卉等经济作物，可以不同程度地提高产量和改善品质。

与其他农机作业不同，机械化移栽工作过程包括三个缺一不可的子系统，分别是育秧装备和技术、整地装备和技术、移栽装备和技术。子系统中的任何一个环节出现问题，都会影响移栽作业的工作过程。

4.2 育苗法

育苗就是以比较高密度的集约栽培方式培育秧苗。秧苗种类主要有拔洗苗和带土苗两种。拔洗苗栽插时，用于拔秧和洗秧的工时较多，劳动量较大。而带土苗可进行工厂化育秧，与移栽机械易于配套、省劳力。

水稻插秧机上主要使用带土毯状苗，根据叶龄、苗的大小和育苗期间，如表4-1所示。可将带土秧苗分为乳苗（Infant-seedling）、幼苗（Young-seedling）、中苗（Medium-seedling）、成苗（Mature-seedling）。为了移栽中苗或成苗，在穴孔状苗盘每个穴孔内播种2~3粒种子的钵苗也被越来越多地使用。

表 4-1 带土苗的分类

苗的种类	叶龄	苗长/cm	育苗期间/天
乳苗	1~2	5~8	7~14
幼苗	2.0~2.5	8~15	15~20
中苗	3.5~4.5	15~20	30~40
成苗	5~6	18~30	40~45

4.2.1 水稻育秧的农艺要求

水稻工厂化育秧要求农机与农艺技术相结合，利用育苗盘在人工控制的水、肥、土、湿、温、气等条件下，给种子、秧苗以最适宜的生长条件。培育出与插秧机等移栽设备相配套的优质秧苗，实现水稻高产。水稻工厂化育秧的工艺流程一般包括苗土处理、种子处理、秧盘供送、铺底土、压实、育秧盘内播种（撒播、条播、精播）、覆表土、淋洒水、快速催根立苗和炼苗等过程。机械化育苗所配备的机具是根据工厂化育秧工艺规程和各工序农艺要求而专门研制的设备、设施，包括碎土机、破胸催芽器、播种设备、快速催根立苗设施和炼苗设施等。

（1）种子处理

种子处理过程一般可分晒种、脱芒、选种、浸种消毒、催芽和脱水等工序。

晒种能促进种子内部的生理活动，提高发芽能力。脱芒是通过机械或人工方法将水稻种子芒和小枝梗脱掉，以保证播种机播种均匀。在播种前严格进行种子消毒。浸种的目的是使种子预先吸足出芽时所需的水分、氧气，并提高种子温度，达到出芽快、出芽整齐的目的。破胸露白可选择专用催芽设备进行催芽。催芽后的种子表面水分很大，机械播种时易粘播种轮，影响播种均匀度。因此，播种前可用脱水机脱去种子表面水分，使表面不粘手。

（2）苗土处理

苗土处理一般包括碎土、筛土、调酸、土肥搅拌等工序。苗土要选择经过熟化、有机质含量高、土质疏松、通透性好、无残茬、无砾石、无杂草、无污染、无病菌的肥沃耕作层土壤。理想苗土的土粒直径以 1～2mm、含水量 20% 左右为宜。单独使用耕层土壤做苗土育苗效果不佳，应根据各地土壤质地配合一定比例的草灰土、腐殖土或腐熟的有机肥土，或按所育秧苗大小施用酸性氮、磷、钾等速效化肥保证秧苗的生长发育。此外，为了避免土壤中杂菌引起秧苗的病害，防止立枯病的发生，还要对土壤进行彻底消毒处理。苗土的酸度要求 pH 值为 4.5～5.5，否则会影响稻苗的发育。

（3）播种

播种包含播土、播种、覆土、淋水作业，其设备为联合播种机。毯状秧苗播种时要求秧盘内播种均匀、播种量合适，以保证插秧机插秧时降低漏插率。钵苗播种时根据农艺要求控制每穴播入的粒数，空穴率小于 2%。播种作业是水稻工厂化育秧的一个极为重要的环节，联合播种机应能连续对秧盘实施铺撒床土、刷平床土、喷水、播种、覆土、刮土等流水线作业。

（4）快速催根立苗

快速催根立苗是通过人工环境控制下使播种后的芽种快速生长，从而缩短育秧时间。在利用蒸汽出苗室进行快速催根立苗的情况下，将播种后的苗盘装入出苗室，进行蒸汽加热，保持室温 32℃，经过一定时间待苗整齐一致时，将室温降至 20～25℃，随后即可将秧盘移到大田苗床或育苗棚内进行正常管理。

（5）炼苗

炼苗是使设施培育的幼苗慢慢适应自然环境，或者是移栽前对幼苗适当控水、控肥，让它长得更粗壮，提高幼苗抗性的过程。当盘苗达到一叶一心期时温度控制在 25～30℃ 之间最好，若超过 30℃ 要通风降温；二叶一心期温度控制在 20～25℃ 之间最好；三叶期温度控制在 20℃ 左右为好。在秧苗三叶期末，种子内的养分快要消耗完毕，这时应用 1% 的硫酸铵水溶液喷湿，为防止秧苗叶片粘上化肥而烧伤秧苗，浇完硫酸铵水溶液后，再用清水洒浇秧苗一次。

4.2.2 水稻育秧设备

（1）育苗盘

水稻育苗盘是为插秧机等配套育秧、提高育苗播种质量的专用机具，已成为工厂化种苗生产工艺中的一种重要设备。与插秧机配套使用的育秧盘，盘内无沟槽［图 4-1（a）］，可进行撒播播种，育出的秧苗根系交错连接可以卷成圆筒状取出，称为毯状苗。毯状苗外形尺寸要求与插秧机秧箱尺寸相等，以缩短插秧时供苗时间。与插秧机配套用的秧盘一般有 9in 和 7in 盘两种，盘底能透水、透气。秧盘内附有穴孔［图 4-1（b）］的秧盘可以育出钵苗［图

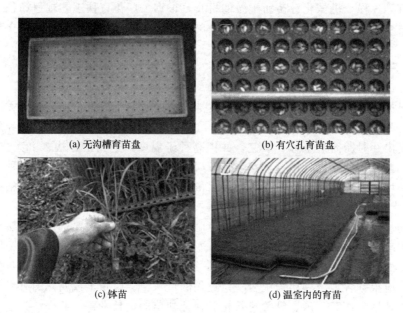

(a) 无沟槽育苗盘　　　　　　　(b) 有穴孔育苗盘

(c) 钵苗　　　　　　　　　　(d) 温室内的育苗

图 4-1　育秧盘及育秧情况

4-1（c）］。图 4-1（d）是在温室内育苗的情景。

（2）秧盘育秧播种机

秧盘育秧播种机是工厂化育秧的专用播种设备，可将稻种定量均匀地播种到秧盘内，育出分布均匀的带土秧苗。按秧盘类型可分为毯状苗播种机和钵苗育秧播种机。按播种装置结构形式和工作原理分类，水稻育秧播种装置主要有机械式、振动式和气力式等。

① 机械式播种机　水稻秧盘育秧机械式播种机主要以槽轮式、窝眼轮式或型孔式排种器为核心工作部件，槽轮式属于撒播或条播（图 4-2），窝眼轮式（图 4-3）或型孔式属于穴播。

图 4-2　外槽轮式播种器

图 4-3　窝眼轮式播种器

2SB-500 型自动秧盘播种机可一次连续完成秧盘输送、铺撒床土、播种、覆土、喷水消毒等整个播种过程（图 4-4）。

工作时打开控制开关，秧盘在输送带的作用下由右向左运动，当运动到床土箱位置时，开始给秧盘加床土，加床土后的秧盘继续前行；当运动到刷土器位置时，由刷土器刷去多余的床土；当经过喷水装置位置时，由喷嘴喷洒消毒水；当秧盘运动到播种装置位置时，由播种装置播种；当运动到覆土装置位置时，实施二次覆土，实现种子的覆盖；当运动到刮土器位置时，由刮土器刮去秧盘上多余的土，实现整个播种过程的铺土、刷土、喷淋水（消毒）、播种、覆土工序。

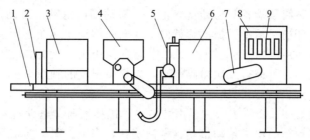

图 4-4　2SB-500 型自动秧盘播种机

1—机架；2—刮土器；3—覆土装置；4—播种装置；5—水泵；

6—喷水装置；7—刷土器；8—铺床土装置；9—电控装置

② 振动式播种机　图 4-5 所示为 2BZ-330 型电磁振动式水稻育秧穴盘播种机的示意图，它可一次连续完成秧盘输送、铺撒床土、播种、覆土、喷水消毒等整个播种作业过程，将秧盘送入出芽室。

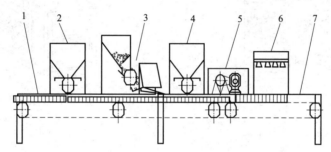

图 4-5　2BZ-330 型电磁振动式水稻育秧播种机

1—秧盘；2—播土装置；3—播种装置；4—覆土装置；

5—动力及电控箱；6—喷淋装置；7—机架

③ 气力式播种装置　目前用于水稻育秧的气力式播种装置主要采用气吸方式，气吸式播种器主要有吸针式、吸盘式和滚筒式。图 4-6 所示为 2ZBQ-300 型水稻育秧播种流水线所使用的双层滚筒气吸式播种器，该播种器能实现连续吸/排种，并且保证播种育秧流水线连续运行，生产率高。

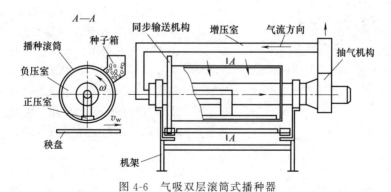

图 4-6　气吸双层滚筒式播种器

（3）碎土筛土机

机型有碎土筛土组合式、独立碎土和筛土机两种。碎土筛土机主要包括发动机架、滑土板、碎土滚筒带轮、料斗、分离筛和大土块出口等（图 4-7）。工作时，由输送机送土至碎土机的进料斗，电动机带动滚筒钉齿旋转，土壤由进料斗进入与旋转的钉齿碰撞，击碎土块，另外钉齿顶端与滚筒顶端相对运动挤碎土块。振动筛由电动机带动皮带轮经二级传动，再带动偏心轴，使连杆前后运动，振动筛就向上、向前摆动使落在上面的土块向上、向前抛送。土粒直径<6mm的就由筛网孔中落下，作为育秧用土，大粒由出口送出，一般不用。如土块过湿，大粒土多，可进行二次粉碎筛土，以提高土壤的利用率。

（4）土壤肥料拌合机

土壤肥料拌合机如图4-8所示，主要由装料斗、搅拌滚筒、电动机、传动箱等组成。工作时，电动机通过传动箱的皮带传动带动拌合筒旋转，当土、肥、药剂等按规定配方投入搅拌筒时，筒内的异向拌泥板随着搅拌筒的旋转不断拌合土壤，使土、肥、药均匀混合。

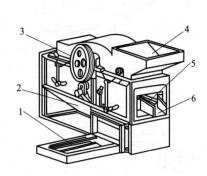

图 4-7　碎土筛土机

1—发动机架；2—滑土板；3—碎土滚筒皮带轮；
4—料斗；5—方孔筛；6—大土块出口

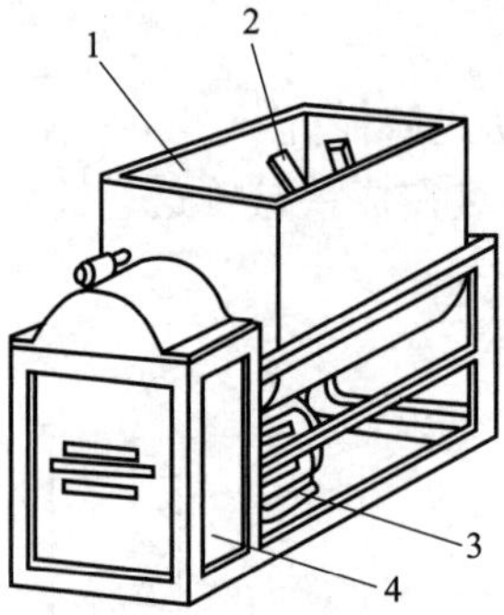

图 4-8　土壤肥料拌合机

1—装料斗；2—搅拌滚筒；
3—电动机；4—传动箱

（5）破胸催芽装置

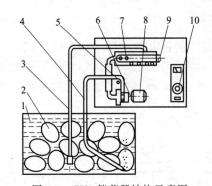

图 4-9　CY2 催芽器结构示意图

1—浸种池；2—种子袋；3—进水管；4—出水管；5—混气阀；
6—泵；7—加热器；8—电动机；9—传感器；10—控测温仪

当种子浸入池中由催芽设备对水进行循环加热、加气及扰动。将水升温至32～35℃，保温达20～36h，种子即可破胸露白（0.5～1.0mm）。

CY2催芽装置如图4-9所示，当种子装入小的尼龙网袋（装12～15kg），放入池中，然后放水，使水面高出浸种袋10cm，这样可使热水有一回旋余地。当接通电源，由于水泵的作用，水由进水管底部进入，首先导入加热器，加热器内有一盘状加热管，使水变成温水后，迅速流向水泵进口，由于水泵叶轮的离心力作用，温水送往水泵的出口，在出水管上装有混气阀。

4.3　移栽机

移栽机械主要分为半自动和全自动移栽机；按其作业对象分为水稻和旱田移栽机械。水稻移栽机械主要是插秧机和钵苗移栽机。插秧机用于毯状苗移栽，钵苗移栽机用于钵苗移栽。

4.3.1　水稻插秧机

随着水稻种植机械化的发展，在我国大部分地区，主要采用水稻机械移栽，尤其是机插秧作为发展水稻种植机械化的主推技术。

（1）水稻插秧的农业技术要求

① 插秧规范　按照农艺要求，确定株距、行距和每穴秧苗的株数，调节好相应的株距和取秧量，保证每亩大田适宜的基本苗数。近年随着水稻杂交优质品种的发展，每穴苗数为1～2株，最多不超过3株。带土苗插秧深度指地面至秧苗带土层上表面的距离，一般要求0～2cm。

② 插秧质量指标

a. 漏插率。漏插是指机插后插穴内无秧苗。漂秧指插秧后秧苗漂浮在水（泥）面。漏插率指漏插和漂秧的穴数占总穴数的百分比，一般要求小于2%。

b. 勾伤秧率。勾秧指秧苗插秧后，叶鞘弯曲至90°以上。伤秧指秧苗插秧后叶鞘部有折伤、刺伤、撕裂和切断现象。勾秧和伤秧的总数占秧苗总数的百分率称为勾伤秧率，一般要求小于4%。

c. 翻倒率。翻倒指秧苗倒于田中，叶梢部与泥面接触。翻倒穴数占总穴数的百分比称为翻倒率，一般要求不大于3%。

d. 均匀度合格率。均匀度指各穴秧苗株数与其平均株数的接近程度。均匀度合格率指每穴苗数符合要求的穴数占总穴数的百分比，一般要求均匀度合格率大于85%。

e. 直立度。直立度反映了秧苗插秧后秧苗轴心线与铅锤线偏离的程度，用角度表示。与机器前进方向一致的倾斜称为前倾，用正值表示；反之称为后倾，用负值表示。为避免刮风时出现"眠水秧"（即秧鞘全部躺在水面），直立度的绝对值应小于25°。

（2）水稻插秧机类型

按操作方式分类，插秧机主要有乘坐式和步行式两大类，乘坐式又分为独轮乘坐式和四轮乘坐式两类（图4-10）。按插秧速度分类，主要有普通插秧机和高速插秧机。步行式均为普通插秧机，乘坐式有普通插秧机，也有高速插秧机。

(a) 2ZT系列独轮乘坐式插秧机

(b) 四轮乘坐式插秧机

图4-10　独轮式与四轮式插秧机

图4-11（a）为洋马农机（中国）有限公司生产的洋马AP4步行式水稻插秧机，采用曲柄摇杆式分插机构移栽秧苗，适用于幼苗和中苗，苗高8～25cm。图4-11（b）是井关农机（常州）有限公司生产的2Z-6B（PZ60-HGR）乘坐式高速插秧机，采用行星轮式分插机构移栽秧苗。

（3）插秧机的一般构造

无论是乘坐式还是步行式水稻插秧机，都是由动力行走部分和插秧工作部分组成。其中插秧工作部分的构造因分插秧原理不同而有较大差异，但基本上包括分插机构、送秧机构、秧船、传动系统和机架等工作部件。动力行走部分主要由发动机、传动系统、行走轮、牵引架、操纵装置和座位等组成。

(a) 步行式

(b) 乘坐式

图 4-11　步行式与乘坐式插秧机

① 分插机构　分插机构是水稻插秧机的主要工作部件，包括分插器和轨迹控制机构，在供秧机构（秧箱和送秧机构）的配合下，完成取秧、分秧和插秧动作，分插机构的工作性能决定插秧质量、工作可靠性和单位时间的插次。分插机构的作用是通过分插秧工作部件的秧爪从秧箱中分取一定数量的秧苗并把秧苗按要求的插深和直立度插入土中。

分插器是直接进行分秧和插秧的工作部件，又称为秧爪（或分离针），分离针式分插器上还带有推秧器，用于将秧苗插入泥土后，把秧苗迅速送出分离针，使秧苗插牢。轨迹控制机构的作用是控制分秧器，使其按一定的轨迹运动，完成所要求的分、插秧工作。

秧爪工作过程可分为取秧、送秧、插秧、回转、避让、回程 6 个过程，如图 4-12 所示。a 点为取秧点，取秧时分离针从秧门取出适量的秧块，为了减少伤秧，秧针最好与秧箱的方向垂直。b 点是插秧点，要求栽植臂能实现秧苗的垂直插入，此过程是由分离针的运动和推秧杆的运动合成得到的。bc 段是插完秧后，秧针向后旋转，以避免把已插好的秧苗再从泥中带出，避免漂秧，插不上秧现象。cd 为避让过程，因为秧针是随着机器向前行走的，当秧针经过 bc 段后，不能马上向前行走，其绝对轨迹应该是垂直向上或向后、向上走一段后才向前走，可避免把已插好的苗碰伤。da' 是回程过程，对秧针运动和轨迹无特殊要求。

目前生产的水稻插秧机分插机构主要有曲柄连杆式（普通插秧机）和行星轮系式（高速插秧机）机构。

a. 曲柄连杆式分插机构由曲柄、栽植臂、分离针、推秧器、摆杆等组成（图 4-13）。

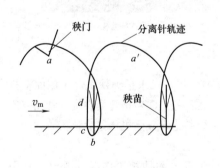

图 4-12　插秧轨迹

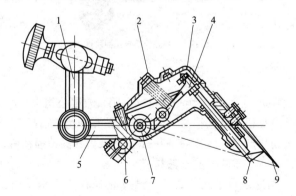

图 4-13　曲柄连杆式分插机构
1—摆杆；2—推秧弹簧；3—栽植臂盖；4—拨叉；5—栽植臂（连杆）；
6—曲柄；7—凸轮；8—推秧器；9—分离针（秧爪）

曲柄、栽植臂、摆杆和机架组成曲柄连杆机构。曲柄安装在与机架铰接的传动轴上，曲柄转动时，安装在栽植臂上的分离针即可进入秧箱切取秧苗、运秧，并将秧苗插入土中，推秧器推出秧块，分离针出土、回程，完成一次插秧过程。推秧器动作靠推秧凸轮和弹簧来实现。摆杆的一端与机架铰接，改变铰接点位置，分离针尖端运动轨迹即随之改变，用以调节分离针的取秧量。

曲柄连杆式分插机构工作原理如图4-14所示。主动件曲柄OA按ω所示方向等速回转，驱动连杆（即栽植臂）AB运动，连杆上D点即分离针尖端，形成一定的运动轨迹。CB杆可以是摇杆，也可以是摆杆，但机构得出的轨迹形状是不同的。轨迹上端为分取秧段，下端为插秧段。轨迹插秧段和回程段是分开的。为减少秧苗的回带、漂秧和漏插，以提高插秧质量，还配有推秧装置。推秧装置是由曲柄带动凸轮转动推动推秧拨叉压缩推秧弹簧。随着凸轮半径的增大弹簧变形量增大，随后曲柄上的凸轮和推秧拨叉分离，凸轮对拨叉的作用力突然消失，在推秧弹簧的作用下，拨叉将推秧杆快速推到底部，完成推秧过程。

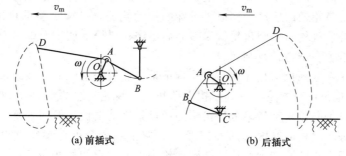

图 4-14　曲柄连杆分插机构运动轨迹

曲柄连杆机构有两种型式。图4-14（a）秧爪尖方向与机器前进方向相同，称为前插式，前插式分插机构配置在秧箱的后方，其摇杆与机架铰接点位于曲柄传动轴的后上方，我国2ZT系列插秧机和日本产的乘坐式插秧机基本上采用前插式。图4-14（b）秧爪尖方向与机器前进方向相反，称为后插式，后插式分插机构配置在秧箱的前方，其摇杆与机架铰接点位于曲柄传动轴的下方，应用于步行式插秧机。前插式和后插式曲柄摇杆机构，其构造和工作原理基本相同，但对秧爪的相对运动轨迹的形状有不同的要求。对于大苗移栽，特别是双季稻的后季稻插秧，由于秧苗较长，前插式容易发生"连桥"现象，即把前面已插秧苗的秧尖又插到下一株秧苗的根部，后插式则可避免这种情况。

曲柄连杆机构由于其固有运动惯性力的作用以及推秧装置的存在，作用在曲柄轴上的力随着单位时间内插次的提高，波动逐渐增大，引起机架振动，加快了部件磨损，严重地影响了插秧质量，从而限制了工作效率的提高。基于此采用曲柄连杆式分插机构的插秧机被称为普通插秧机。

b. 行星轮系分插机构　为提高分插机构单位时间的插次，研究人员发明了行星轮系分插机构。其主要创新是用旋转式分插机构取代了传统的曲柄连杆式分插机构，优点是旋转式分插机构惯性力小，旋转一周插秧两次，在插次提高一倍的情况下，秧爪的插秧线速度基本保持不变，因而伤秧率没有变化，即高速作业下，可保持良好的插秧质量，在方田化的大块水稻作业时，可充分发挥高作业效率的特点（图4-15）。

行星轮系分插机构由太阳轮、中间轮、行星轮、栽植臂、秧针、机架等组成，主要有偏心齿轮分插机构、椭圆齿轮分插机构、偏心链轮行星系分插机构等类型（图4-16）。

偏心齿轮行星系分插机构由日本率先发明，其简图如图4-16（a）所示，共有五个半径

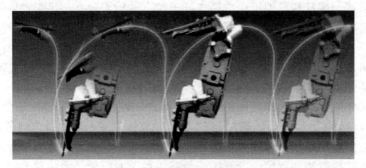

图 4-15　旋转式分插机构插秧示意图

相同的偏心齿轮，太阳轮 1 固定不动，两边对称布置两对齿轮，栽植臂固定在行星轮 3 上，行星架 5 与太阳轮共轴。工作时，行星架转动，两个中间轮 2（也称惰轮）绕太阳轮转动，带动两个行星轮在周期内摆动，栽植臂上各点做复合运动，即行星轮轴随行星架的圆周运动和行星轮相对于行星轮轴的摆动，构成了特殊的运动轨迹，可满足秧爪轨迹和姿态的要求。偏心齿轮行星系分插机构与椭圆齿轮行星系分插机构相比较，加工简单，但齿隙变化引起振动，需增加防振装置，结构较复杂。

椭圆齿轮行星系分插机构是在偏心齿轮行星系分插机构基础上发展起来的，其简图如图 4-16（b）所示，也是由日本发明。其结构原理和偏心齿轮行星系分插机构类似。椭圆齿轮行星系分插机构较偏心齿轮行星系分插机构的优点是传动平稳，但加工复杂，要求精度高。

正齿行星轮分插机构的简图如图 4-17 所示，它由四个全等正圆齿轮和三个全等椭圆齿轮组成，三个椭圆齿轮的回转中心均在椭圆齿轮焦点上，且初始相位相同。中心椭圆齿轮 4（也叫太阳轮）固定不动，工作时行星架 6 在中心轴带动下，两个椭圆齿轮啮合，引起传动比的变化，从而导致对称布置的两个行星圆齿轮做往复摆动。栽植臂 1 和行星圆齿轮 2 固连，它一方面随着行星架做圆周运动，另一方面随着行星圆齿轮做往复摆动，形成秧爪要求的运动轨迹和姿态。

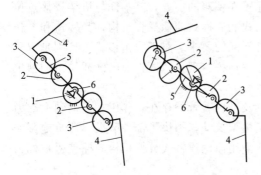

(a) 偏心齿轮行星系分插机构　　(b) 椭圆齿轮行星系分插机构

图 4-16　几种不同形式行星系分插机构
1—太阳轮；2—中间轮；3—行星轮；4—秧针；
5—机架；6—旋转中心；7—链条

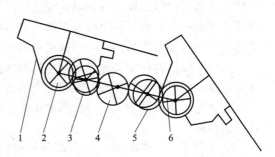

图 4-17　正齿行星轮分插机构示意图
1—栽植臂；2—行星轮；3—椭圆中间轮；
4—太阳轮；5—正圆中间轮；6—行星架

② 送秧机构　把秧苗按时输送到分离针取秧部位（秧门）的机构称为送秧机构。插秧机工作时，分离针按一定取秧面积从秧箱内把位于秧门处的秧苗取走后，秧箱内的秧苗应按时分别从纵向和横向定量均匀地往秧门位置补充，这就要求合理设计秧箱，并配备有良好的纵向送秧机构和横向送秧机构。如果送秧能力不足或不适当，会造成漏插或苗数不均匀。如

送秧能力过强或送秧位置过高，又会增加钩伤秧率。因此，送秧机构也是保证插秧质量的关键机构。

a. 横向送秧普遍采用使秧箱整体横向移动的方法。故横向送秧机构习惯上称为移箱器。移箱器的作用是沿横向按一定规律运动，以便及时定量地向秧门位置补充秧苗，使秧爪得以均匀地抓取秧苗。栽插带土苗时移箱顺序如图 4-18 所示，秧爪自 0 处取秧，然后依次移动 b 距离，要求秧箱移至两端各停歇一次，使第二排秧的侧边一块先被取去，即按①②③④顺序取秧后取⑤，可以保证每排秧块能够依次取完。移箱行程为

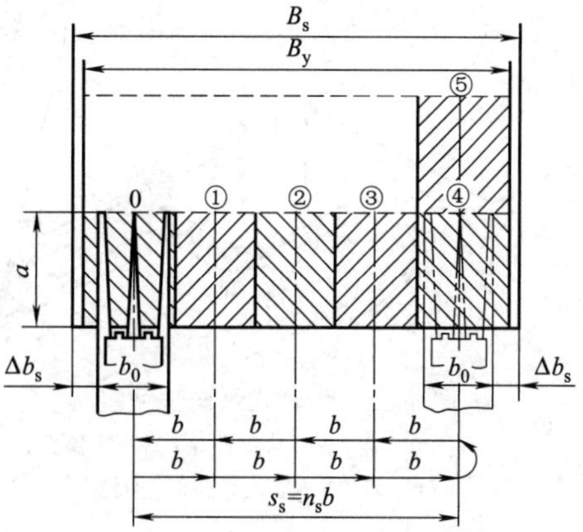

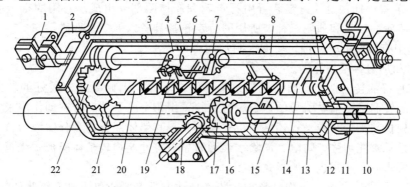

图 4-18　等间隔取秧、两端停歇的移箱顺序

$$S_s = n_s b \qquad (4\text{-}1)$$

式中　b——秧箱每次移距，一般 $b \approx b_0$；

　　　n_s——秧箱向左或向右总行程中的移箱次数。

总行程 S_s 与秧箱内宽 B_s 的关系：

$$B_s = S_s + b_0 + 2\Delta b_s \qquad (4\text{-}2)$$

式中　b_0——秧爪宽度；

　　　Δb_s——秧爪与秧箱的侧向间隙，一般取 $2 \sim 3\text{mm}$。

为使秧块能在秧箱内易于沿纵向下滑，秧块的宽度 B_y 应比秧箱内宽 B_s 小。

连续移箱是秧箱连续不断匀速移动，一般采用螺旋轴式移箱器。螺旋轴式移箱器由带左、右螺旋槽的螺旋轴与秧箱连接的指销及螺旋轴的传动机构组成。图 4-19 是螺旋轴式移箱器的一种，主要由螺旋轴、指销、移箱滑套和移箱轴组成。移箱滑套一端套在螺旋轴上，另一端与移箱轴连接，左右分别配制纵向送秧凸轮，送秧凸轮与移箱轴固定连接。指销安装在移箱滑套上，当螺旋轴旋转时，螺旋槽斜面推动指销连同移箱滑套和移箱轴一起运动。由于秧箱与移箱轴两端固定连接，秧箱随之移动，完成移箱动作。螺旋轴由齿轮传动连续移箱，移至两端时秧箱各停歇一次，然后换向，实现秧箱的左右移动。

b. 纵向送秧机构是插秧机的重要组成部分，它的作用是当分插机构在横向送秧机构的配合下取完一整排秧苗后（即秧箱横向移动至两端极限位置时），定时、定量地把秧箱中的

图 4-19　螺旋轴式横向送秧机构简图

1—驱动臂；2—抬把；3,13—箱体；4—左纵向送秧凸轮；5—从动凸轮弹簧；6—移箱滑套；
7—右纵向送秧凸轮；8—移箱轴；9,12—轴承；10—套筒；11—联轴器；14—主动凸轮；15—传动箱；
16—链轮；17,18—锥齿轮；19—指销；20—螺旋凸轮轴；21,22—直齿轮

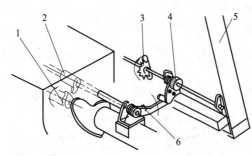

图 4-20　齿轮式纵向送秧机构

1—主动凸轮；2—从动凸轮；3—送秧轮；
4—棘轮；5—秧箱；6—抬把

秧苗沿纵向向下移动送至秧门处，保证秧爪取到一定数量的秧苗，从而确保插秧质量。

纵向送秧机构一般安装在秧箱底部，型式有齿轮式（图 4-20）以及橡胶输送带式等。纵向送秧机构随秧箱一起横向移动，当秧箱横向移动至两端极限位置时，即一排秧苗被取完后，秧苗整体向下被推送至秧门前端。移箱至两端极限位置进行送秧的机构原理见图 4-20，当移箱滑套在指销的带动下移到左端位置时，将左纵向送秧凸轮带到左端位置时，套在螺旋轴上的主动凸轮（桃形轮）可以拨动左纵向送秧凸轮，便使固定在送秧轴上的抬把摆动，拨动送秧棘轮臂，使送秧轮转动一个角度，完成纵向送秧。送秧完毕，棘轮臂与抬把均靠扭簧复位。同理，当移箱滑套移动至右端位置时，也可实现纵向送秧。

齿轮式送秧轮一般用在传统曲柄连杆式水稻插秧机的纵向送秧机构中，其特点是结构简单，但由于送秧轮与秧苗接触面太窄，剪切力大，易把苗床撕裂，造成伤苗和打滑，从而使其送秧性能较差，作业质量下降。因此，此种结构已逐步被橡胶输送带取代。

③ 机架与秧船　插秧工作部分的零部件均安装在机架上，并由秧船支撑，秧船同时起到平整地面的作用。

④ 发动机　步行 4 行插秧机常采用 1.1～1.8kW 汽油机，乘坐 6 行插秧机采用 2.4～4.6kW 汽油机，高速插秧机多采用 4.4～5.9kW 汽油机，随着插秧机插秧行数和作业速度的增加，发动机的功率也随之增大。发动机将动力传递到各工作部件，主要是传向驱动地轮和由万向节传送到插秧工作部分的传动箱。

⑤ 传动系统　发动机的动力通过传动系统传到插秧工作部分和行走部分。动力由发动机一端输出，经带轮传至中间传动箱，再由中间传动箱将动力分两部分输出。一部分动力输出驱动行走轮行走；另一部分动力传给插秧工作部分的传动箱，再由插秧工作部分的传动箱将动力分别传给栽植工作箱和移箱机构。栽植工作箱通过链箱将动力传至分插机构，带动取秧器实现栽植运动；移箱机构将动力传至秧箱完成送秧、移箱动作，并与栽植机构协调动作，实现插秧全过程。

⑥ 行走装置　插秧机的行走装置由行走轮和船体两部分组成。常用的行走装置（除船体外）分为四轮、二轮和独轮三种，所用的行走轮都具备以下三个性质：

a. 泥水中有较好的驱动性，轮圈上附加加力板。

b. 轮圈和加力板不易挂泥。

c. 具有良好的转向性能。插秧机到地头要转向 180°，因此要求有较好的转向功能。四轮行走装置的转向是由前轮引导的，二轮行走装置由每个轮子的离合制动作用来完成转向。

日本插秧机，无论是乘坐式还是步行式插秧机，其船体部分均为分体液力自动控制浮子式，其优点是承重能力强，防陷、消除水浪和防壅泥等性能均较整体船板式优越，但其液压件加工精度要求高，成本也较船板式高。

⑦ 牵引（悬挂）装置　牵引（悬挂）装置是动力行走部分和插秧工作部分的连接装置。高速插秧机采用悬挂装置，液压升降悬挂系统前端与行走驱动底盘挂接，后端与工作部件相连。在水田工作时，工作部件靠船浮板在液压系统的控制下随地面仿形；在公路行走时，将工作部件升起后锁定。

（4）插秧机的使用调整

插秧机的正确调整和使用对于插秧作业质量的好坏有直接关系，且对于提高工效和延长机件的使用寿命也有影响。不同机型的结构虽有差异，但其调整和使用方法基本相同。

① 机动插秧机的调整

a. 分离针与秧门导轨插口侧面间隙的调整。该间隙标准为 1.3～1.7mm，当间隙不准确时，稍微松开导轨调节手柄，左右调整导轨，并使左右间隙相同。

b. 分离针和苗箱侧面间隙的调整。该间隙标准为 1.5～2.5mm，当间隙不准确时，应松开苗秧支架和苗箱移动滑杆的紧固螺栓，通过左右移动苗箱进行调整，并使左右两侧间隙一致。

c. 穴距的调整。穴距要根据土壤肥力、水稻品种和栽插时间不同来进行调整。调整变速箱主动齿轮可改变行走速度。因分插机构转速并未改变，穴距随调换变速箱主动齿轮相应改变。若齿轮齿数增加，行走速度提高，则株距变大，反之株距变小。一般将穴距调节手柄放在中间位置，穴距控制在 12～14cm。

d. 插秧深度的调整。按照水稻农艺生产的要求，插秧深度应满足不漂不倒，越浅越好。插秧机的插秧深度可通过改变升降杆与升降螺母的结合位置来实现。即通过调节手柄位置来调节插秧深度，往上为浅，往下则深，还可通过换装浮板支架上的插孔来调节。

e. 取秧量的调整。要满足取秧量要求，一方面是使秧爪有合适的取秧面积，另一方面是有足够的送秧保证。可通过调节纵向取秧量和横向送秧量来调节分离针取秧量。调节手柄位置每调整一挡，就改变取苗量 1mm。手柄向左调取秧量增多，向右调取秧量减少。一般在固定横向送秧的挡位后，再用手柄改变调整纵向取秧量，以保证每穴合理的秧苗数。

f. 总离合器打滑的调整。如果在使用中出现三角皮带不打滑而总离合器打滑的现象，其原因在于总离合器的摩擦片磨损。此时，应打开离合皮带轮端盖，松开紧固螺母，卸下离合带轮，然后将轮内的调整垫片减少或去掉后再重新装上即可。但若摩擦片磨损到即使取出调整垫片也不能正常工作时，应立即更换新的摩擦片。

② 机动插秧机的使用　插秧机在正式插秧前，经试插符合农艺要求，即可开始插秧。

a. 装秧技术要求。插秧机装秧和加秧最好在地头进行，如果稻池过长，还要在田埂上分段准备些秧苗，标准苗片（28cm×58cm）可插 50m 左右，加上插秧机预备苗架携带秧苗，可按 90m 布置补充加苗点。空秧箱加秧时，应把秧箱移动到一头，送秧轮（带）刚开始送秧时加入秧片。秧片要紧贴秧箱，不要在秧门处拱起。压秧杆应与秧片留有 5～8mm 间隙。秧箱中秧苗插到露出送秧轮之前就应及时加秧。加秧接头处要对齐，不留空隙。

b. 行走路线的确定。为了提高功效，保证插秧质量，应根据田块形状确定行走路线和进出地块位置，以减少人工补苗面积。行走时应沿着池埂长边直线进行，如果池埂两边弯曲时，要先从内侧开始；如果池埂弯曲成三角形，要在弯度最小的一侧开始。

插第一行程时，应留出一个行程工作幅的田边宽度，以后则采取梭式路线行进，每一行插到离田头一个工作幅处不插，开始转弯。最后沿田边走一圈插完。插到最后时要注意，当插秧机离田边不足一个往复行程，应使用挡苗板停止一行或两行秧苗片向秧门供秧，留足一个行程，最后沿田边插秧一周，从田角出去。如若设定离开插秧田块的出口位置，参考上述方法设计行走路线。

4.3.2　水稻钵苗移栽机

（1）水稻钵苗移栽的特点

采取水稻钵苗机械化移栽技术，不仅能保证育苗环节能够育出健壮的水稻旱育秧苗，替代繁重的人工摆秧，提高作业效率，保证最佳移栽时节，而且机械移栽符合农艺要求的浅插、匀插、直插，移栽后秧苗返青快、发根和分蘖早，能充分利用低位节分蘖，有效分蘖多，可促进水稻早生、快发，增加水稻有效分蘖，具有省工、省种、省营养土、增产、增收的优点，对比毯状秧苗机插秧模式，在春季气候较低的地区，增产作用更为明显，是目前水稻生产实现优质、高产最理想的技术之一。

（2）水稻钵苗移栽机的发展现状

在国际上，最早研究和使用钵苗栽植机的国家是日本，采用与欧洲旱田钵苗移栽机械相同的三套装置分别完成取秧、输送和栽植三个动作，其取秧装置分为取出式和顶出式，采用杆机构取出或顶出一排钵苗到输送带上，输送带将钵苗送至一侧，由栽植机构将钵苗植入田中。由于钵苗移栽没有缓青期，适宜寒冷地区水稻种植，日本北海道钵苗移栽机已有50%占有率。但移栽机都存在结构复杂、价格昂贵的特点，在中国使用，稻农难以承担机器和秧盘的价位。其机型分为乘坐式和步行式，主要厂家有井关株式会社（PZP83型水稻全自动钵苗移栽机，图4-21）、实产业株式会社（RXG80D型水稻钵苗8行移栽机，图4-22）、洋马株式会社等。

图 4-21　井关 PZP83 型水稻钵苗 8 行移栽机　　　　图 4-22　RXG80D 型水稻钵苗 8 行移栽机

我国从 20 世纪 80 年代初开始研究钵苗机械栽植技术，"九五"期间曾被列为国家重点推广项目。但由于技术原因，至今尚无成熟的机型。通常按是否能自动输送秧苗分类，现有的钵苗栽植机械主要有两类：一类是人工取苗放入抛秧装置和导苗管实现钵苗移栽；另一类是整盘秧苗由自动输秧机构输送，再由导苗装置分行栽植或专用栽植机构栽插。近期的钵苗移栽机研究，主要有中国农业大学采用对辊式拔秧机构研制的 2ZPY-H530 型水稻钵苗行栽机、黑龙江八一农垦大学研制的机械手式抛秧机、华南农业大学研制的夹子式机械手式钵苗移栽机、浙江理工大学提出的旋转式和顶出式有序抛秧机等。机械手式和对辊式移栽机，采用机械夹持形式，强制拔出秧苗，对秧苗的培育要求很高。因为水稻秧苗个体的大小、粗壮度以及秧苗在钵盘中的位置等都会影响取苗的准确性。提高整机的可靠性和作业效率，是这些机械在进入实用推广前必须解决的问题。最近的钵苗移栽机研究，主要有东北农业大学研制的水稻钵苗移栽机、黑龙江八一农垦大学研制的水稻植质钵苗育秧移栽机、黑龙江省农垦科学院研制的钵苗摆栽秧机以及常州亚美柯机械设备有限公司引进的日本钵苗摆栽机等。

（3）水稻钵苗移栽机的类型及主要工作装置

① 水稻钵苗抛秧移栽机　从钵苗抛入田间后的分布状态看，基本上可以将抛秧移栽机分为无行距散抛机和有行、株距的抛秧机，此类机械中有两种喂入方式，一种是将苗从秧盘中由人工取出后，放入抛秧机进行抛秧；另一种是将整体秧盘放在机器上，由机械自行取苗抛秧。

a. 散抛机。秧苗在田间分布是无规律的，没有行距之分，工作部件有离心式和带式两类。2ZPY-Z 型水稻钵苗抛秧机属于离心式，结构如图 4-23 所示，主要由动力、行走、机架、秧箱和抛秧等部分组成。

2ZPY-Z 型水稻钵苗抛秧机适用于采用塑料穴盘育秧秧苗，育秧盘规格不限。适应抛秧作业的秧苗高度一般不超过 180mm。抛秧机工作时，由动力机通过驱动轮带动机器前进，通过传动部分带动抛秧部件工作。该机的抛秧原理是利用抛秧盘高速转动时的离心作用，将从抛秧盘中心部位喂入的带钵秧苗，逐渐加速后，从抛秧盘后部抛出，靠秧苗土块的惯性力和自身重力，使秧苗落入呈泥浆状的大田，完成抛秧作业。秧苗的喂入与抛出有一定的规律，其抛秧均匀度服从随机均匀分布。

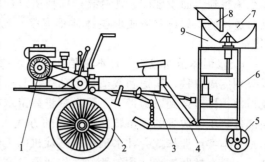

图 4-23   2ZPY-Z 型水稻钵苗抛秧机结构
1—发动机；2—驱动轮；3—传动部分；4—船板；5—行走轮；6—机架；7—抛秧盘；8—喂秧斗；9—护罩

b. 有序抛秧机。无序抛秧作业影响水稻通风、均匀吸收阳光和土壤养分，容易引发病虫害，也不利于田间管理作业，从而影响抛秧机的推广。2ZPY-H530 型水稻钵苗行栽机采用了水稻抛秧、机械输秧和机械拔秧装置，自动实现了秧苗与育秧盘的分离，由分行栽植部件完成秧苗的成行有序抛栽作业。

2ZPY-H530 型水稻钵苗行栽机（图 4-24）由发动机、行走轮变速箱、驱动轮、牵引架、托板、运秧架支座、减速器、空盘回收架、导秧管、输秧拔秧装置等组成。工作原理如图 4-25 所示，工作时，喂秧手将带苗的育秧盘从运秧架内抽出放在托板上，并喂入输秧辊，输秧辊将秧盘卡住向前输送，拔秧辊将秧苗从育秧盘中分穴拔出，顺序放入导秧管中，秧苗在自身重力作用下沿导秧管下滑分行抛入泥浆中，完成有序抛秧作业。空秧盘由输秧辊输送到空盘回收架内。试验结果表明，钵盘湿度对拔秧力影响较大，而且经拔秧棍释放的钵苗，顺着导苗管滑落入水田，秧苗直立度难以控制，秧苗易倒伏，移栽方式通过夹板作用于秧苗茎部，容易伤苗，作业效果不理想。

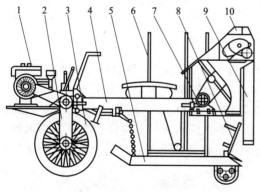

图 4-24   2ZPY-H530Z 型水稻钵苗行栽机
1—发动机；2—行走轮变速箱；3—驱动轮；
4—牵引架；5—托板；6—运秧架支座；7—减速器；
8—空盘回收架；9—导秧管；10—输秧拔秧装置

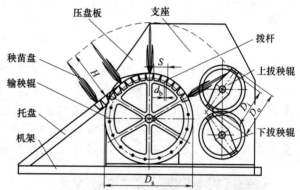

图 4-25   水稻钵苗输秧拔秧机构运动简图

② 水稻钵苗插秧、摆秧移栽机

a. 钵体毯状苗插秧机。钵体毯状苗是一种介于水稻钵苗与毯状苗之间的上部成毯下部成钵的特殊秧苗，即通过特殊的育苗秧盘，使秧苗根的下半部是钵体，上半部连接为毯状，可以用插秧机完成移栽过程，比普通毯状苗机插在取秧过程中减少了伤根，缩短了缓苗期，在全国得到大面积推广。现有高速插秧机进行钵体毯状苗的纵向送秧时，主要存在的问题是纵向送秧的积累误差造成取秧钵体不完整，通过改进送秧机构送秧的准确性有望解决这一问题。

b. 水稻钵苗摆栽机。日本水稻钵苗移栽机采用与欧洲旱田钵苗移栽机械相同的三套装置分别完成取秧、输送和栽植三个动作，其取秧装置分为取出式和顶出式，采用杆机构取出或顶出一排钵苗到输送带上，输送带将钵苗水平分送至两侧的旋转分插部件，然后由旋转分插部件将水平放置的钵苗转换成垂直的方式入土，完成钵苗的田间摆栽作业，如图 4-26 所示是日本实产业株式会社水稻钵苗移栽机的工作原理示意图。该类摆栽机能够成行摆栽带钵秧苗，具有株距准确、均匀性好、作业质量高等优点。但摆栽机的结构复杂、成本高、对整地和育秧的质量要求较高，同时半硬塑胶穴盘成本也高。

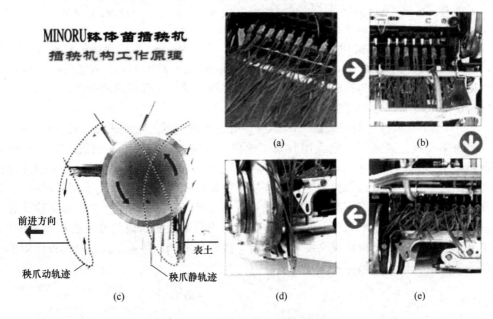

图 4-26　水稻钵苗移栽机的工作原理

c. 回转式钵苗移栽机。采用回转式取秧移栽机构，可以提高移栽效率。由东北农业大学和浙江理工大学联合研制的回转式钵苗移栽机，在旋转部件上对称布置两个移栽臂，提高了工作平稳性，旋转一周移栽两次，试验阶段工作速度不低于 200 次/min，如图 4-27 所示。回转式取秧移栽机构采用如图 4-28 所示的移栽轨迹，该机构的取秧方式为弹簧片夹取式取秧，为了避免取秧时弹簧片与秧苗的干涉，移栽轨迹在取秧部分为"环扣状"。

图 4-27　回转式水稻钵苗移栽机构

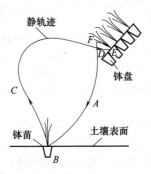

图 4-28　水稻钵苗移栽轨迹

即当两个弹簧片运行到土钵表面时，弹簧片从钵苗的下方 D 运行到钵苗茎部开始取秧，夹紧秧苗的茎秆根部，在图中的 E 位置从穴盘中取出带土钵苗，再沿 FAB 夹持钵苗至图中的 B 位置，在推秧秆的作用下，弹簧片松开，释放并推出钵苗，植入水田中，然后弹簧片经 C 位置，为重新下次取秧做准备，完成一次移栽周期。目前相关研究单位正致力于回转式钵苗移栽机成果转化，如果我国自主研发的水田回转式钵苗移栽机研发成功并进入市场，将突破移栽装备不能用于大田作物的现状，也将大大推动国内移栽装备的产业化。

4.3.3 旱地移栽机

蔬菜、棉花、玉米、高粱、甜菜等旱地作物，移栽（起苗、运苗、栽植等）的劳动量和劳动强度都较大。旱地移栽分为带土移栽和不带土（裸苗）移栽。带土移栽是将苗育在营养土钵或带纸筒的营养土钵中，移栽时，苗和土钵一起植入大田，纸筒在田间随着时间推移而腐烂。

（1）旱地移栽机的类型和栽植过程

① 按自动化程度，旱地移栽机可分为简易移栽机、半自动移栽机和自动移栽机三种。移栽秧苗有 4 道工序，即开沟（或挖穴）、分秧、喂秧，栽植，覆土压实等，所用移栽机相应的工作部件为开沟器（或挖穴器）、分秧机构、栽植机构、栽植器、覆土镇压器。

简易移栽机具有开沟和覆土压实器，栽植时，人工将秧苗直接放入开沟器开出的沟内。半自动移栽机增加一个栽植器，人工将秧苗放到栽植器内由栽植器栽入沟内。自动移栽机则从分秧到覆土镇压全部由机器完成。

② 按秧苗是否带土移栽，分为钵苗移栽机和裸苗移栽机。

③ 按栽植器结构特点分为挠性盘式、钳夹式（指夹式）、链夹式、吊筒式、导苗管式、带式移栽机等。

④ 按操作方式分为步行式和乘坐式两类。

（2）半自动移栽机

由于半自动栽植机结构简单，工作较可靠，因此目前国内外采用最多。国外用于栽植蔬菜、烟草等，国内用于栽植玉米、高粱等。

① 挠性盘式移栽机　挠性圆盘式半自动移栽机由机架、供秧输送带、开沟器、栽植器、镇压轮、秧箱以及传动系统等组成（图 4-29）。工作时，供秧手将秧苗呈水平状态一钵一钵地放到供秧输送带的槽内，供秧输送带将秧苗送入栽植器中，栽植器再把秧苗栽入开沟器开出的沟内。供秧输送带为一带有放秧槽的环形带由橡胶或帆布带制成，输送带上面按一定间隔粘有泡沫塑料块，形成放秧槽。供秧输送带是为了降低人的劳动强度以及保证栽植株距。有些栽植机上没有供秧输送带，则供秧手需将秧苗直接放到栽植机盘上。栽植器的型式很多，现在最常用的栽植器是双圆盘式，其中大多数

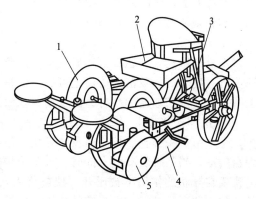

图 4-29　挠性盘式半自动移植机
1—挠性圆盘；2—秧箱；3—供秧输送带；4—开沟器；5—镇压轮

是用双挠性圆盘。双挠性圆盘的两个圆盘是用橡胶或薄钢板制成。在转动时可以变形，使两圆盘按要求张开或闭合。有些机器上为节约橡胶或薄钢板而采用单挠性圆盘，而另一个是用不可变形的厚钢板。栽植器上还设有弹性滚轮使两盘张开（放苗时及栽苗时）或闭合。

② 鸭嘴式移栽机　如图4-30所示井关PVH1TC烟草移植机，采用鸭嘴式移栽方式，工作时由人工将钵苗放入下端封闭、缓慢运动的圆周分布的圆筒中［图4-30（c）］，当圆筒运动至鸭嘴式栽植器［图4-30（b）］上方，封闭口打开，钵苗落入鸭嘴栽植器，栽植器入土后，鸭嘴张开，钵苗留在穴坑中，后边紧跟覆土器和镇压轮。

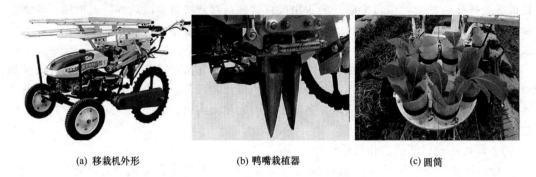

(a) 移栽机外形　　　　　(b) 鸭嘴栽植器　　　　　(c) 圆筒

图4-30　井关PVH1TC烟草移植机

③ 钳夹式移栽机　图4-31是2ZT型钳夹式移栽机结构简图，主要由钳夹式栽植部件、开沟器、覆土镇压轮、传动机构及机架等部分组成。工作时人工将钵苗或裸苗放入张开的夹子中，夹子闭合，当夹子运动到土壤中张开，秧苗留在土壤中，后边紧跟覆土器与镇压轮。钳夹式移栽机的主要优点是结构简单，株距和栽植深度稳定，适合栽植裸根苗和钵苗；缺点是栽植速度慢，株距调整困难，钳夹容易伤苗，栽植频率低，一般为30株/min。钳夹式移栽机现有机型有UT-2型移栽机、2ZT型移栽机、2YZ型移栽机和2Z-2型移栽机等。

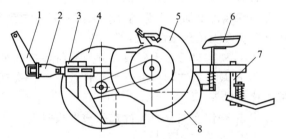

图4-31　2ZT型移栽机
1—机架；2—单体支座；3—移栽开沟器；4—地轮；
5—移栽器；6—座椅；7—覆土器；8—镇压轮

④ 链夹式移栽机　链夹式移栽机（图4-32）与钳夹式移栽机工作过程基本相同。链夹式移栽机的钳夹安装在栽植环形链上，链条一般由地轮驱动。链夹式栽植株距准确，栽植后秧苗直立度较好，喂苗送苗稳定可靠。但是生产率低，易伤苗，而且喂苗区苗夹数少，并呈上下排列，栽植速度偏高时易出现漏栽现象。这种栽植机现在应用较少，并有淘汰趋势。

⑤ 吊杯式移栽机　图4-33所示为意大利切克基·马格利公司生产的沃夫（Wolf）栽植机，主要由栽植圆盘、偏心圆盘、导轨、吊杯等组成。作业时，吊杯始终垂直地面，并随着圆盘转动，当吊杯转动到上部时，人工将秧苗放入吊杯中，当转动到预定位置时，吊杯底部的鸭嘴在导轨的作用下被压开，秧苗落入穴内，随后覆土镇压装置进行覆土镇压，完成栽植。吊杯脱离导轨后，在弹簧的作用下重新闭合，如此循环。吊杯式移栽机在栽植过程中使秧苗不受冲击，但喂苗速度低，适合于株距较大的钵苗移栽。

⑥ 导苗管式移栽机　导苗管式移栽机（图4-34）主要工作部件由喂入器、导苗管、栅条式扶苗器、开沟器、覆土镇压轮和苗架等组成，采用单组传动。导苗管式移栽机可以克服回转式栽植器的共同缺点，秧苗在导苗管中的运动是自由的，不伤苗；在适当的导苗管倾角和增加扶苗机构装置的情况下，可以保证较好的秧苗直立度、株距均匀性和深度稳定性；对干裸根苗不产生窝根现象；栽植频率由喂入频率决定，栽植频率在60株/min。

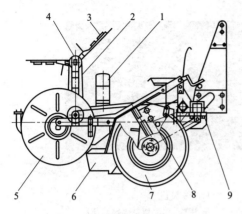

图 4-32 链夹式移栽机结构示意图

1—滑道；2—链条；3—秧夹；4—链夹式栽植器；
5—镇压覆土轮；6—开沟器；7—传动仿形轮；
8—传动装置；9—机架

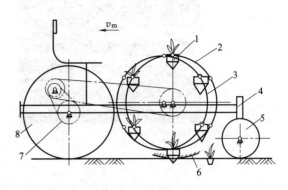

图 4-33 Wolf 吊杯式钵苗移栽

1—吊杯栽植器；2—栽植圆盘；3—偏心圆盘；
4—机架；5—镇压轮；6—导轨；
7—传动装置；8—仿形轮

（3）旱田全自动钵苗移栽机

欧洲的旱田全自动钵苗移栽机最先采用 4 套机构完成 4 个动作的工艺流程，由电磁阀触发气缸工作，气缸推动机械手成排顶出或取出钵苗，钵苗由机械手排列在输送带上，依靠输送带送至一侧，由栽植机构植入土壤。或者机械手取出钵苗后，90°转向，向下送至输送器的钵杯中，钵杯底部定时开启，钵苗落入栽植器，植入土壤中。两种取秧机构均由单片机控制电磁阀，电磁阀启动气缸，气缸驱动机械手完成间歇动作。但存在结构复杂、成本高、效率低的问题，只能用于经济作物，如花卉、烟草、蔬菜、甜菜等，未见用于大田作物（图 4-35）。

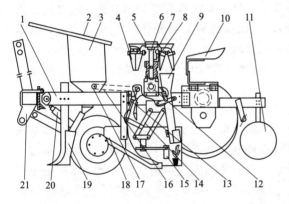

图 4-34 2ZY-2 型移栽机

1—纵梁；2—苗架；3—肥箱；4—投苗杯；5—转盘；
6—立轴；7—滚轮；8—凸轮；9—导苗管；10—座椅；
11—覆土圆盘；12—箱体；13—连杆；14—平行四杆
机构；15—推苗杆；16—链条；17—从动齿轮；18—开沟
器；19—施肥开沟器；20—地轮升降杆；21—连接架

图 4-35 意大利 Ferrari 旱田全自动移栽机

图 4-36 所示为法国 Pearson 公司的旱田全自动移栽机，成排夹秧机构将一排秧苗从秧盘中取出，整齐排放在输送带上，输送带将秧苗运送至一侧，或者通过旋转运动的夹子，将秧苗栽植在土壤中，或通过四杆机构进行膜上移栽。覆土镇压轮紧随栽植器对植于土壤中的

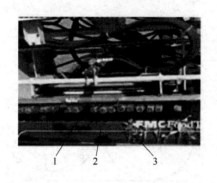

图 4-36　法国 Pearson 旱田全自动移栽机

1—夹秧机构；2—输送带；3—输送带上的钵苗；4—镇压轮；5—植于土壤的钵苗

钵苗进行覆土、镇压，确保钵苗的直立度。

我国旱田移栽机研究始于 20 世纪 70 年代后期，进入 21 世纪以来，旱田钵苗移栽装备的研发真正形成规模，富来威农机公司是最早着手开发旱田钵苗移栽装备的企业之一，所开发的半自动钵苗移栽机已进入市场，形成了一定的批量，用于蔬菜、烟草和油菜的移栽。浙江理工大学、东北农业大学最早开始回转式全自动轻简化钵苗移栽机研究。处在研发和实验阶段的半自动和全自动旱地移栽机械尚不能满足农艺要求和投入使用，从长远看，我国旱地移栽机械具有广阔的发展前景和市场空间。

4.3.4　嫁接机

（1）嫁接的意义

嫁接就是使接穗和砧木结合生长，使两者切口处输导组织的相邻细胞分化形成同型组织，从而使输导组织相连而形成新个体的一种技术。接上去的枝或芽叫作接穗，被接的植物体叫作砧木。接穗一般选用具有 2～4 个芽的幼苗，嫁接后成为植物体的上部或顶部，砧木在嫁接后成为植物体的根系部分。嫁接分枝接和芽接两大类，前者以春秋两季进行为宜，尤其以春季成活率最高，后者以夏季进行为宜。影响嫁接成活的主要因素是接穗和砧木的亲合力，其次是嫁接技术和嫁接后的管理。

嫁接可以回避植物生产的连作障碍，并利用砧木的抗寒性、抗旱性、抗病虫害等能力，保持接穗品种的优良性状，达到提早收获、提高产量、增强观赏性等目的，在作物繁殖及改良中具有重要作用。目前已经广泛应用于国内外设施蔬菜生产中。嫁接技术 2000 多年前发源于我国，现代的蔬菜嫁接研究最早出现在日本，主要是利用葫芦砧木解决西瓜保护地生产的连作障碍。20 世纪 30 年代，蔬菜嫁接逐渐扩展到网纹甜瓜、茄子、黄瓜、番茄等果菜类，日本果菜类的嫁接栽培面积在 20 世纪 90 年代已达到蔬菜总面积的 60%，占设施蔬菜栽培面积的 90% 以上。我国随着农村产业结构调整及设施农业栽培技术的发展已经具备大力发展嫁接机技术的基础和条件，特别是蔬菜嫁接技术作为无公害、增产、节能的有效蔬菜栽培手段已进行推广应用。蔬菜嫁接技术性非常强，手工嫁接育苗存在作业率低、嫁接苗成活率不高、出苗不均匀等问题，这种状况制约了蔬菜嫁接育苗技术的推广与应用。采用嫁接机进行机械化嫁接可提高生产率、降低嫁接作业难度，提高嫁接苗成活率，保证嫁接苗生长一致，有利于生产管理和规模化生产。因此，发展自动化嫁接技术，有利于高新技术迅速转化为生产力，推动我国农业现代化的跨越式发展。

（2）嫁接方法

按照接穗在砧木苗茎上的嫁接位置不同，可分为顶端嫁接法和上部嫁接法两种，以顶端嫁接法应用得较为广泛。按照嫁接时带根与否，可分为断根嫁接法、不断根嫁接法以及接穗和砧木共同断根嫁接法（也叫砧木去根扦插法）三种。按照接穗与砧木的接合方式不同，还可以分为劈接法、贴接法、平接法、靠接法和插接法等几种，其中常用的是靠接法、插接法和劈接法三种。

茄类蔬菜（茄子、番茄和辣椒等）嫁接用砧木一般采用抗病害能力强的同种作物（如野生品种），砧木与接穗的茎径基本相同，茎秆断面都近似呈圆形，且为实心，一般采用劈接法、贴接法和平接法［图 4-37（a）、（b）、（c）］，三种方法均需固定物对嫁接部位进行固定。瓜类蔬菜（黄瓜、西瓜和甜瓜等）嫁接用砧木主要使用南瓜和瓠瓜，其茎秆断面呈椭圆形，且有空腔，瓜类蔬菜（接穗）茎径较小，嫁接时接穗不能进入砧木空腔，一般采用靠接法、贴接法和插接法［图 4-37（d）、（e）、（f）］，前两者需固定物固定，后者不需要。

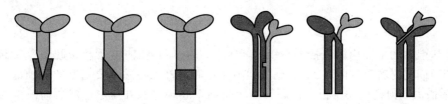

(a)茄类劈接法 (b) 茄类贴接法 (c) 茄类平接法　　(d) 瓜类靠接法 (e) 瓜类贴接法　(f) 瓜类插接法

图 4-37　常见嫁接方法

① 劈接法　劈接法是在砧木上开楔形槽，将接穗切削成相应的楔形插入砧木的槽中，用嫁接夹固定，由于需要在砧木上开通槽，瓜科砧木都有空腔而不适用，此法一般用于茄科蔬菜［图 4-37（a）］。

② 贴接法　贴接法是将砧木和接穗都削成斜面，然后将两个斜面贴靠在一起，再用嫁接夹固定，此方法作业较简单，是机械嫁接机采用最多的方式［图 4-37（b）］。

③ 平接法　平接法主要用在自动化嫁接机上，该法将砧木和接穗平切，固定物不是可重复利用的嫁接夹或套管，而是喷涂一种生物胶使砧木和接穗黏合，嫁接苗成活后无须去除，这种方法作业速度快，但生物固定胶成本较高［图 4-37（c）］。

④ 靠接法　靠接法是在砧木和接穗的胚轴上对应切成舌形，将两切口相互插靠到一起，再用嫁接夹固定，待伤口愈合后去掉嫁接夹，并断掉接穗的根，此法由于愈合期保留接穗的根，成活率高，但是作业烦琐［图 4-37（d）］。

⑤ 插接法　插接法是在砧木上用打孔签打孔，将接穗去根并切成楔形，再将接穗插入砧木中，对于成熟的嫁接人员无须夹持物固定嫁接苗，该方法作业简单、应用面广泛［图 4-37（f）］。

（3）嫁接机种类及工作过程

嫁接机根据嫁接方法、自动化程度、尺寸大小有多种分类方式，根据嫁接方法的不同分为贴接式嫁接机、靠接式嫁接机和插接式嫁接机；根据嫁接机的自动化程度不同分为全自动嫁接机、半自动嫁接机和手动嫁接机；根据嫁接机的尺寸大小不同分为大型嫁接机、中型嫁接机和小型嫁接机。

① 手动嫁接机　图 4-38（a）所示是华南农业大学与东北农业大学合作推出的 2JX-M 系列嫁接切削器，图 4-38（b）所示是日本推出的 TK-WH 型简易嫁接器具。TK-WH 型简易嫁接器具采用劈接法，适用于茄子、番茄等蔬菜的嫁接作业，该器具由砧木切削器和接穗切削器两个独立部分构成，完成切削的砧木和接穗用嫁接夹固定在一起。这种简易器具实际上只是砧木和接穗切削器，切削后还需人工对插和上嫁接夹。

(a) 嫁接切削器　　　　　　　　(b) 简易嫁接器具

图 4-38　手动嫁接机

砧木切削器的主要构成包括十字切刀（横刃和纵刃）、胚轴 V 形槽、胚轴 V 形板、胚轴压板、切刀固定材料等（图 4-39）。砧木切削作业时，首先将砧木要切断的胚轴部位放置在胚轴 V 形槽内用拇指按动压板，使胚轴压板与砧木胚轴接触并压紧，然后向前推动十字切刀，直至切刀横刃切断砧木胚轴，这时切刀横刃进入胚轴 V 形板与胚轴 V 形槽的缝隙中，继续推动十字切刀，纵刃沿胚轴的纵向切出一道缝隙，然后退刀完成一次切削过程。

接穗切断器主要功能为将接穗在需要的位置切削出一定角度的楔形，接穗切断装置由切断刃、切刀固定材料、导向板、导向材料构成。接穗切断器工作原理如图 4-40 所示，首先将接穗苗放入 V 形刀，V 形刀由两片刀组成，当接穗苗下移时切刀对接穗有一定的夹紧力，然后横向拉动接穗苗进行切削，直至将接穗苗切断，完成一次切削过程，两切刀的夹角要满足接穗苗劈接法要求的楔角。

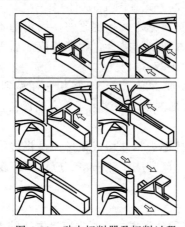
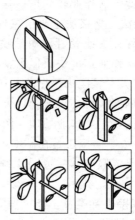

图 4-39　砧木切削器及切削过程　　　　图 4-40　接穗切断器工作原理

② 半自动嫁接机　图 4-41 所示是几种有代表性的半自动嫁接机，图 4-41（a）所示是井关公司开发出的 GR800-B 型半自动（人工单株上苗、取苗）瓜类嫁接机；图 4-41（b）所示是韩国 Helper Robotech Co. 2004 年开发出的 GR-600CS 型半自动嫁接机；图 4-41（c）所示是华南农业大学与东北农业大学合作推出的 2JC-600 型半自动嫁接机；图 4-41（d）所示是中国农业大学在我国率先研发的 2JSZ-600 型半自动嫁接机；图 4-41（e）所示是国家农业智能装备工程技术装备研究中心研发的 TJ-800 型贴接式嫁接机。半自动嫁接机的工作原理大体相同，下面以 GR800-B 型半自动瓜类嫁接机为例说明其工作过程。

(a) GR800-B型嫁接机　　　　　(b) GR-600CS型嫁接机　　　　(c) 2JC-350型插接式嫁接机

(d) 2JSZ-600型嫁接机　　　　　　　　　(e) TJ-800型嫁接机

图 4-41　半自动嫁接机

　　GR800-B 型半自动嫁接机采用人工单株形式上苗，砧木和接穗均采用缝隙托架上苗，以气动为运动部件动力，如图 4-42 所示，该装置的工作过程首先是上苗作业，即将砧木和接穗以固定的方向送入各自供苗机构的缝隙托架中，砧木输送臂和接穗输送臂上的直动气缸驱动各自的夹持装置分别向下和向上抓取、夹持住砧木苗和接穗苗的胚轴。其次是砧木和接穗苗的输送与切削，夹持着砧木苗的砧木输送臂逆时针旋转 90°，直动气缸驱动夹持装置回撤到达砧木切削位置停止，接着砧木切刀臂带动切削刀片旋转，以一定角度切除砧木的一片子叶和生长点。夹持着接穗苗的接穗输送臂顺时针旋转 90°，同样接穗夹持装置回撤，到达接穗切削位置停止，接穗切刀以一定角度旋转切除接穗的根部。然后是砧木和接穗结合，完成砧木和接穗苗的切削后，砧木、接穗输送臂分别逆顺时针旋转 90°依次夹持着砧木苗和接穗苗到达对位结合位置，随后砧木、接穗输送臂上的直动气缸驱动夹持装置外伸，使砧木和接穗的切口贴合到一起。接下来是固定嫁接苗，如图 4-43 所示，在完成砧木与接穗靠近结合的同时，嫁接夹经过调向后，嫁接夹推板将其推入嫁接夹定导块上的导向槽内，嫁接夹在导向槽的作用下处于张开状态，到达动导块后推板停止，这时嫁接夹刚好将结合在一起的砧木与接穗的切口部位置于夹中，随后，嫁接夹动导块向外张开使嫁接夹闭合将砧木和接穗固定在一起。最后卸嫁接苗。嫁接夹夹紧嫁接苗后，砧木和接穗苗夹持装置打开，接着夹持装置在直动气缸驱动下回撤，嫁接夹推板进一步向右推嫁接夹，最终将完成嫁接作业的嫁接苗推出嫁接机外，由人工取苗。完成一次嫁接作业动作后，砧木输送臂和接穗输送臂在旋转气缸驱动下分别反向旋转 180°，回到起始位置。

　　2009 年，井关公司又推出改进型 GR803-U，生产率达 900 株/h，用于瓜类蔬菜。该机采用贴接法，两人完成上砧木和接穗作业。

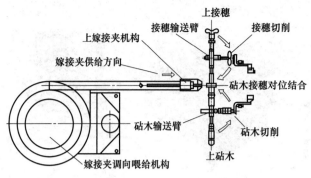

图 4-42 GR800-B 型嫁接机工作原理示意图

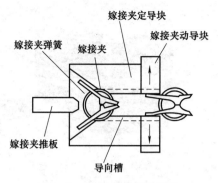

图 4-43 嫁接夹的推送原理

③ 全自动嫁接机 图 4-44 所示是日本井关 GRF800-U 型全自动瓜类嫁接机,该机在 GR800-B 型半自动嫁接机的基础上增设自动上苗装置。上苗以穴盘整盘放入上苗输送带,上苗机构可根据秧苗的长势调整秧苗子叶朝向,可判断穴盘缺苗、奇异苗情况,完成的嫁接苗以单株形式由输送带送出。

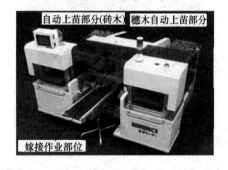

图 4-44 GRF800-U 型全自动瓜类嫁接机

目前,自动化嫁接设备存在"两高"问题,即自动化程度高带来设备成本高;对嫁接苗的生长均一性和育苗模式要求高。"两高"问题严重阻碍了现有自动化嫁接设备的销售和推广,即使日本 1994 年就推出了自动嫁接机产品,截至 2004 年其国内也不到 100 台套,绝大多数果蔬生产农户仍然采用手工作业,其主要原因是嫁接设备价格过高。我国应在研制全自动嫁接机快速提高嫁接育苗生产率的同时,大力开发价格低廉、操作简单可靠的小型半自动嫁接机,降低嫁接作业的难度,扩大嫁接育苗技术的推广使用,以适应我国当前蔬菜生产机械化进程的需要。

复习思考题

1. 举例说明育苗技术与移栽机械是如何体现农机与农艺相互结合,并相互促进发展的。
2. 水稻插秧机有哪些类型?其关键工作部件主要包括哪些?
3. 分插机构有哪些类型?普通分插机构为何不能实现高速插秧?
4. 何谓送秧机构?其作用有哪些?简单分析其工作原理。
5. 钵苗移栽有何特点?分析目前钵苗移栽机械存在的主要问题,有何办法解决?
6. 嫁接方法有哪些?并分析所采用嫁接机械的工作过程。

第 **5** 章

田间管理作业机

作物在田间生长过程中，需要进行间苗、除草、松土、培土、灌溉、施肥和防治病虫害等作业，统称为田间管理作业。田间管理的作用是按照农业技术要求，通过间苗控制作物单位面积有效苗数，并保证禾苗在田间合理分布；通过松土防止土壤板结和返碱，减少水分蒸发，提高地温，促使微生物活动，加速肥料分解；通过向作物根部培土，为促进作物根系生长、防止倒伏创造良好的土壤条件；通过化学和生物等植物保护措施，防止病、虫、草害发生；通过灌溉，为作物生长提供适量的水分。必要的田间管理是保证作物"高产、高效和优质"的有效措施，田间管理机械主要包括栽培管理机械和植物保护机械等。

5.1 栽培管理机械

5.1.1 除草技术及其发展趋势

农田杂草与农作物间进行着激烈的竞争，很多杂草根深叶茂，特别是旱区杂草根部深扎土中，对水分的吸收常大于作物。杂草对农作物生长危害极大，必须及时加以控制。在诸多杂草防除方法中，化学药剂除草是目前应用最广泛的一种除草方式，它具有快速、高效、经济等优点。但是，粗放型的化学除草剂应用带来了诸多负面问题，如杂草的抗药性、作物药害、生态环境污染等。随着现代农业的发展，以及人们环境保护意识的加强和对食品质量安全问题的重视，除草剂减量防除技术逐渐发展起来，非化学除草技术得到更多的研究和应用，如机械除草、火焰除草、电力除草、微波除草、超声波除草和喷热蒸汽等物理除草方法，以及稻田养鸭、棉田养鹅等生物防治等方法。

（1）化学除草

除草剂在播种前或出苗前施入土壤中有较好的效果，不必依赖降雨就可发挥作用，实现早期控制杂草，防止杂草对土壤养分、水分和阳光的争夺。播种前使用除草剂通常是将除草剂混入土中，施除草剂与松土混合可以联合作业，也可在施药后用松土部件进行松土混合。除草剂施入土壤中的深度一般为 50～70mm，中耕作物也可以将除草剂条施于作物行宽为18～25cm 的苗带土壤中，采用弹齿耙、圆盘耙和松土铲等作为松土装置。

根据除草剂的性状不同，喷施除草剂可用植保机械中的喷雾器、喷粉器及颗粒肥料施撒机等。必要时，可以在这些喷洒机上安装护罩等附加机件以防止灭生性除草剂对作物苗株的危害。美国、德国、澳大利亚等国家研制了一种药绳式除草剂施布机，其工作原理是使连接在机架上的软绳或尼龙绳由除草剂渗透，作业时带药的绳带轻扶杂草的叶面，药液顺势流到杂草的各个部位将杂草杀死。根据杂草和作物的高度差，药绳高度是可以调节的。采用这种方式施布除草剂的优点是：适应性强，一般的杂草都能消灭；用刷药的方式，地面没有农药残留，不受风的影响，环境污染小；用药量小，经济效益高。目前，这类机器有多种机型，澳大利亚使用的是手持药绳式除草剂施布机；德国采用拖拉机悬挂药绳式除草剂施布机，工作幅宽 0.2～8.0m，宽幅机具运输时可以折叠；美国生产的悬挂药绳式除草剂施布机靠重力作用使药液浸透药绳，药液箱底部装有一个电磁阀，当需要全面灭草时可将药绳倾斜连接在机架上，若只需要消灭作物行内高于作物的杂草时可将多余部分药绳卸除，进行条施。

（2）火焰除草

火焰除草是利用火焰消灭有害杂草，它可用于进行全面或行间灭草。选择式火焰除草还可用于消灭条播作物的行内杂草。火焰除草与化学除草相比，具有以下特点：火焰除草不存在毒性残留物；能消灭多种杂草，如作物行内化学药剂不能消灭的某些阔叶杂草和藤本植物等；火焰除草不会出现机械除草所引起的新的杂草种子的萌发。但是，火焰除草装置的价格较贵，燃料的成本也较高。

选择式火焰除草是利用杂草和作物耐热能力差别，适当调整热量强度和火焰持续作用时间，使杂草因内部液体膨胀、细胞壁破裂而枯萎死亡（不燃烧），又不致损伤作物的叶或其他嫩弱部分。因此，火焰除草的效果要等到作业完成后几个小时才能逐步显现出来。

火焰除草有可能会对植株造成一定程度的伤害，可结合喷水设备防止烧伤植株。火焰除草可以在各种阶段控制杂草，在种床、松土和杂草出土后锄草效果最好。相对于宽叶杂草，窄叶杂草更容易被火清除，当杂草长到 2.5cm 高时，火焰除草效果开始下降。杂草展叶 1～2 片叶时最容易被火清除，一旦杂草到 5 片叶阶段就不容易被火清除。

（3）机械除草

随着田间化学除草剂的广泛应用，杂草的抗性增强，加之少耕、免耕等耕作方式的应用，草相也发生了变化，因此需要配合机械除草，来达到最佳的除草效果，同时把对环境的影响降到最低程度。机械除草是农业可持续发展的一项关键性生产技术，是在作物生长的适宜阶段，根据杂草发生和危害的情况，运用机械驱动的除草机械进行除草的方法，是利用各种耕、翻、耙、中耕松土等措施在播种前、出苗前及各生育期等不同时期进行除草，能杀除已出土的杂草或将草籽深埋，或将地下茎翻出地面使之干死或冻死，干扰和抑制杂草生长，达到控制和清除杂草的目的。机械除草可以使土壤更加松散，增加植物根部供氧，促进农作物根系对肥料养分的吸收，便于作物生长。机械除草工作效率高、劳动强度低、成本低、防效高，是一种绿色除草方法。但机械除草的缺点是传统除草机械难以清除株间杂草，不适于间套作或密植条件，除草机械碾压土地，频繁使用时易造成土壤板结，影响作物根系生长发育。

（4）电磁力除草

电力除草是利用高压形成的电场来消灭杂草。早在 1893 年就有了一台由蒸汽机驱动发电机的电力除草机，获得了美国专利，但因技术等方面原因，未能实际应用。到 20 世纪 70 年代后期，美国、英国、苏联等国家相继研制和生产了电力除草机。虽然各种机型的结构不同，但其基本工作原理是相似的。作为一种有效的除草方法，电力除草能除掉各种杂草，并且除草后杂草不会再生，又不伤害作物；电力除草没有化学残留，不污染环境。缺点是电力除草机器作业时，必须与被处理的杂草相接触，因此只能用来除去比作物高的杂草；电力除草机功耗较大；如果使用不当会威胁附近人员的人身安全。

微波是电磁波谱中的短波，利用微波使杂草种子内部产生很大热量，能杀死草籽，同时也能杀死病虫害。有的微波除草机是将微波导至土壤中，用来抑制田间草籽萌芽和杂草生长。有的微波除草机是将高功率的微波直接射向地面，通过提高地温杀死土壤中的有机物。该技术对土壤无污染，不受气候影响，但工效比较低、费用高、安全性差，目前正在试验过程中。

（5）其他除草技术

在播种过程中或播种前后将塑料薄膜铺在种行上，并在种穴处的塑料薄膜上打孔，使作物可以从孔中长出。这种方法不仅可以起到提高地温和保持土壤中水分的作用，同时由于薄膜的覆盖使作物幼苗周围的杂草无法生长，起到了灭草的作用。该技术在生产中得到广泛应用。利用某些草食性动物来消灭杂草，通常称为生物除草。此法对环境没有污染，各国正在深入研究。例如，鸭子在水稻田里有中耕除草作用；鹅在棉田里有除草作用等。

近年来，我国科技工作者把飞速发展的 DNA 重组技术引入生物除草剂的开发与应用中，通过操纵产生毒素的基因和改良潜在的除草作用的特殊酶基因，来提高真菌除草剂的致病力及防治效果。同时，研究人员还加强了分子生物学在除草科学领域的应用研究——杂草抗药性的分子生物学机理和转基因作物的培育。另外，我国研究人员正在运用计算机技术开展农田杂草综合治理专家决策系统研究，以及运用计算机视觉技术进行杂草识别等方面的研究，为以后农业机器人的研制做好前期铺垫工作。

5.1.2 铺膜机

地膜覆盖是一项新的保护地面的栽培技术，它是把厚度只有 0.012～0.015mm 的塑料薄膜，用人工或机械的方法紧密地覆盖在作物苗床（或畦或垄）表面，以达到增温、保墒、护根、保苗、抑制杂草滋生、促使作物早熟增产的目的。

（1）地膜覆盖的农业技术要求

地膜覆盖栽培不仅可以提高地温、阻止土壤水分蒸发，还能防止雨水冲刷和土壤板结，使土壤保持疏松状态，有利于作物根系发育和深扎，为好气性微生物创造适宜的环境，从而促进土壤中有机物和腐殖质分解，为农作物丰产提供良好的基础。地膜覆盖农业技术要求是：

① 良好的整地质量，苗床表层土壤尽量细碎，苗床规整。

② 薄膜必须紧贴苗床面且不得被风吹跑。

③ 薄膜质量要好，厚度适中（以 0.012～0.015mm 为佳）。

④ 薄膜尽量绷紧覆盖泥土，要连续、均匀。

⑤ 耕整地后，越早覆盖其效果越好。

（2）铺膜机的类型及一般构造

铺膜机（Mulch layer）按动力方式不同分为人力式、畜力式和机动式三种类型，按完成作业项目可分为简易铺膜机、作畦铺膜机、播种铺膜机、旋耕铺膜机和铺膜播种机等五大类。

典型的铺膜机主要由旋耕部件、整形部件、膜辊装卡部件、压膜部件和覆土部件等组成。旋耕部件用以保证整地质量，使土壤细碎。整形部件用以保证畦形尺寸符合农艺要求，它一般由三块钢板组装而成，其畦宽、畦高均可调整。膜辊装卡部件具有弹性顶销，使膜辊装卡简便，转动灵活。压膜部件作用是将膜展平，拉紧并与畦面贴严，该装置一般为泡沫塑料压膜轮或橡胶压膜轮。覆土部件作用是将膜边用土压紧，一般为圆盘覆土器或铧式覆土器。由于功能及作业方式的不同，铺膜机的结构又有些不同。

① 简易铺膜机主要由机架、悬挂装置、开沟器、挂膜架、压膜轮和覆土器等部件组成（图 5-1）。工作时，由人（畜）力牵引，能在已耕整成畦的田地上一次完成开沟、铺膜、覆土等作业，使用操作简便。

② 作畦铺膜机是在简易地膜铺膜机上增添作畦和整形装置（图 5-2）。作业时可在已耕整过的田地上一次完成作畦、整形、铺膜及覆土等多项作业。

③ 播种铺膜机是将定型的播种机和地膜铺膜机有机组合为一体，在已耕整田地能一次完成播种、镇压和覆膜作业。

④ 旋耕铺膜机且集旋耕、作畦、整形、覆膜及覆土于一体的复式作业机具，适用于覆膜后打孔播种和孔上盖土作业。

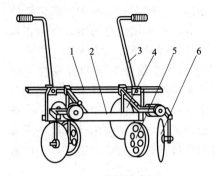

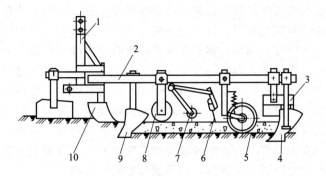

图 5-1　简易铺膜机

1—机架；2—地膜卷芯轴；3—手柄；
4—开沟器；5—压膜轮；6—覆土器

图 5-2　作畦地膜铺膜机

1—悬挂装置；2—机架；3—挡土板；4—覆土器；5—压膜轮；
6—展膜机构；7—挂膜架；8—镇压器；9—开沟器；10—整形板

⑤ 铺膜播种机是先覆膜然后在膜上打孔播种并在孔上盖土。出苗后无须人工放苗，省工安全，能保证苗齐、苗壮、苗全，适用于大面积铺膜播种作业（参见第 3 章图 3-36）。

（3）铺膜机的工作原理

铺膜机的类型及构造不尽相同，但其工作原理基本相同。如图 5-2 所示，覆盖地膜前，先将铺膜机下降到工作高度，拉出一部分地膜埋好，起步后，在拖拉机的牵引下，推土器将地表耕整过的松软土由畦两侧向中间推移，形成地垄。人字形整形板将地垄土分向两侧，形成畦面并将畦面抹平。开沟器按畦宽要求在畦两侧将土外翻，开出地膜沟。镇压器将畦面压实，把土块压碎，压不碎的土块及石头等硬物压入畦面土中，为覆膜提供良好的条件。摆动式挂膜架的摆动臂将膜挟住，随膜卷变细而向下移动，使膜卷始终沿畦面向前滚动，防止作业时风吹进膜下。展膜机构靠重力紧压在膜上向前滚动，将膜纵向拉紧疏平，消除皱褶并起防风作用。压膜轮将地膜两边压入地膜沟，防止风从两侧吹入膜下，其侧向力将膜横向拉紧。覆土犁铧将向内翻土压在展开的地膜两边，将地膜埋好。挡土板将有效地控制覆土不抛向畦面深处，从而保证采光面宽度。

5.1.3　中耕除草机

中耕除草是在作物生长期间进行田间管理的重要作业项目，常用在苗株行间进行除草、松土或对苗株根部进行培土等作业。除草可减少土壤中养分和水分消耗，改善通风透光条件，减少病虫害。松土可促进土壤内空气流通，加速肥料分解，提高地温，减少水分蒸发，还有利于蓄水保水。培土可使根部土层加厚，促进作物根系生长，防止倒伏。根据不同作物和各个生长时期的要求，作业内容有所侧重，有时要求中耕除草和间苗、中耕除草和施肥同时进行。中耕次数视作物情况而定，一般需 2～3 次。中耕除草作业要求：除尽杂草，但不伤害作物植株和根系；将土壤培到作物根部但不得压倒作物；尽量使表土松碎，但不让土壤产生过大位移。

（1）中耕机的类型

中耕机按工作条件可分为旱地中耕机和水田中耕机两类，按工作性质可分为全面中耕机、行间中耕机、通用中耕机、特种中耕机等几类，按工作部件的工作原理可分为锄铲式和回转式两大类。中耕机上常用的工作部件有除草铲、松土铲、培土器等。

① 除草铲　中耕机的除草铲主要用于行间第一、二次中耕除草作业，起除草和松土作用，分为单翼铲、双翼铲、双翼通用铲和垄作非对称双翼铲（图 5-3）。

a. 单翼除草铲由水平斜翼和竖直护板两部分组成，前者用于锄草和松土，后者可防止伤根或断苗。因此单翼除草铲总是安装在中耕单组的左右两侧，将竖直部分靠近苗株，翼部伸向行间中部。没有竖直护板部分的单冀铲称为半冀铲。单翼除草铲因分别置于幼苗的两侧，故又分为左翼铲和右翼铲。工作深度一般为40～60mm。

b. 双翼铲由双翼铲刀和铲柄组成。双翼铲利用向左、向右后掠的两翼切断草根，并有一定的松土作用，左右两翼完全对称，通常置于行间中部，与单翼铲配合使用。双翼铲根据其尺寸大小和几何参数不同可分为很多种，但其基本形式和功能则大致相同。双翼除草铲的结构特点是入土角和碎土角都很小，除草作用强，松土作用较弱，主要用于除草作业。

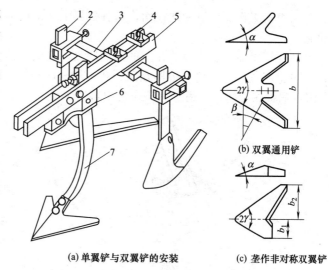

(a) 单翼铲与双翼铲的安装　　(b) 双翼通用铲

(c) 垄作非对称双翼铲

图 5-3　锄铲式除草铲
1—单翼铲；2—固定卡；3—横臂；4—U形固定卡；
5—纵梁；6—纵梁固定卡；7—双翼铲

c. 双翼通用铲则有较大的入土角和碎土角，因而可兼顾除草和松土两项作业，工作深度达80～120mm。

② 松土铲　松土铲主要用来松土，使土壤松碎而不翻转，防止水分蒸发，并促进植物根系发育。松土铲由铲尖和铲柄组成，一般工作深度为12～16cm。常用的松土铲有凿形松土铲、箭形松土铲、铧式松土铲（图5-4）。

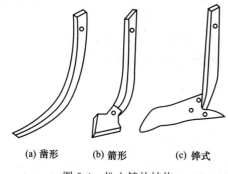

(a) 凿形　(b) 箭形　(c) 铧式

图 5-4　松土铲的结构

凿形松土铲实际上为一矩形断面铲柄的延长，其下部按一定的半径弯曲，铲尖呈凿形，入土性能好，松土深度大，对土壤的搅动较小，常用于行间中耕。

箭形松土铲的铲尖呈三角形，工作面为凸曲面，入土角和碎土角较小，耕后土壤松碎，沟底较平整，适用于作物生长中后期中耕松土作业，主要用于休耕地的全面中耕，以去除多年生杂草，工作深度可达18～20cm。

铧式松土铲工作表面通常为凸曲面，外廓近似三角形，工作时土壤沿凸面上升面被破碎，然后从犁铲后部落入垄沟，且土层上下基本不乱，常用于垄间松土。

③ 培土器　培土器也称培土铲，常用于玉米、棉花等中耕作物培土和灌溉区行间开沟起垄。培土器的种类比较多，如曲面可调式培土器、旋转式培土器、锄铲式培土器和铧式培土器等。培土器一般由铲尖、分土板和培土板等部分组成。铲尖切开土壤，使之破碎并沿铲面上升，土壤升至分土板后继续被破碎，并被推向两侧，由培土板将土壤培至两侧的苗行。目前广泛使用的是铧式培土器，其结构如图5-5所示，主要由三角铧、分土板、培土板、调节杆和铲柱等组成。此种培土器的分土板与培土板铰接，其开度可以调节，以适应不同大小的垄形。分土板有曲面和平面两种结构。曲面分土板成垄性能好，不容易粘土，工作阻力小；平面分土板碎土性能好，三角铧与分土板交接处容易粘土，工作阻力比较大，但制造容

易。三角铧的工作面一般为圆柱面，每种机器上一般配有 3～4 种规格的三角铧，可根据需要更换。

旋转式培土器利用类似圆盘犁的球面圆盘，安装成适当的偏角和倾角配置在苗行之间，向苗行培土（图5-6）。将两个圆盘凹面相向或反向安装，可以进行闭垄或开垄培土，将 2～4 组圆盘配置在行间，可用于大垄作物中耕培土。

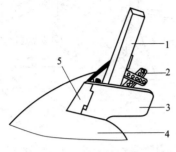

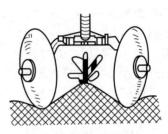

图 5-5　铧式培土器　　　　　　　　图 5-6　旋转式培土器

1—铲柄；2—调节杆；3—培土板；4—三角犁铲；5—分土板

（2）中耕机仿形机构

中耕机工作幅较宽，机身较长，各工作部件所能遇到的地表起伏不平，为了使工作部件能适应地面的起伏，以保证作业深度的稳定性，提高中耕作业质量，要求工作部件具有仿形性能。因此，在中耕机上要求设有仿形机构。每组工作部件与机架间铰接的部分，称为仿形机构。机具仿形性能的好坏主要取决于仿形机构的合理选用或设计。良好的仿形机构应有足够的上下仿形量，以确保作业质量。

常用的仿形机构有单点铰链仿形机构、平行四杆仿形机构和多杆双自由度仿形机构等类型。

① 单点铰链仿形机构有单杆单点铰链仿形机构、分组单点铰链仿形机构等类型（图5-7）。单杆单点铰链仿形机构是通过一根拉杆把工作部件与机架铰接起来 [图5-7（a）]，工作部件在辅助弹簧的压力和自重的作用下入土，这种机构可以适应地面起伏。因工作部件在起伏过程中绕铰接点转动，故其入土角将发生变化，最后引起工作深度的变化。此种仿形机构的优点是结构简单，具有一个运动自由度。当土壤阻力变化时，或随地表起伏仿形时，都很难保证稳定的耕深，且在仿形过程中，由于工作部件入土角等参数的变化，对入土性能，沟底形状及耕作质量都有一定的影响，在现代中耕机上已很少采用。

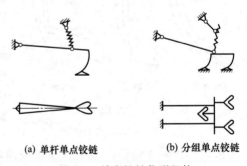

（a）单杆单点铰链　　　　（b）分组单点铰链

图 5-7　单点铰链仿形机构

② 平行四杆仿形机构如图5-8所示，它是用一个平行四杆机构将中耕单体与机架铰接，工作部件的耕深靠改变仿形轮相对于工作部件支持面的高度来调节。当仿形轮随地面起伏而升降时，平行四杆机构带动工作部件随之起伏，同时保证工作部件入土角始终不变，在地表起伏不大的田地上作业时，工作深度的稳定性较好。其缺点是：当土壤坚硬时，耕深容易变浅；当仿形轮遇到局部地表起伏时，容易引起耕深不稳。设计时应尽量使仿形轮与工作部件接近，以减少它们间的纵向距离。平行四杆仿形机构由于结构较简单，且在地表起伏不大的田地上工作能得到满意的仿形性能，故国内外应用较广。

③ 多杆双自由度仿形机构具有仿形量大、工作稳定和运动平缓等优点，因此已用于垄作中耕机。五杆双自由度仿形机构如图 5-9 所示，即工作部件与仿形轮固结为一体，又与四杆机构后支架 DB 于 E 点铰连。该机构在纵垂面内具有两个独立运动的自由度，分别由仿形轮和锄铲后踵约束。当仿形轮相对机架上下移动时，BDEO 杆绕四杆机构瞬心旋转，杆上的 E 点为铲架的挂结点，整个锄铲具有绕 E 点转动的自由度。当仿形轮因地形变化而升降时，锄铲的挂结点 E 亦随之升降，但其升降的位移量小于仿形轮轴心的位移量。由于挂结点 E 的升降，使锄铲铲尖做一定量的抬起或下钻，随着机组前进，锄铲耕深才会逐渐变化。因此，仿形轮越过局部的凹凸地面时，不致过多影响到锄铲的耕深，在越过较长的起伏地面时，锄铲才会

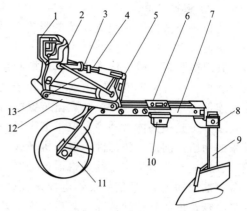

图 5-8　平行四杆仿形机构

1—主梁卡丝；2—调节支臂；3—锁紧螺母；4—调节丝杠；5—调节支架；6—卡套；7—纵梁；8—固定卡铁；9—工作部件；10—下卡套；11—仿形轮；12—连动板；13—调节控制杆

随着地形保持一定耕深进行工作。可见这种机构靠仿形轮和工作部件的后踵控制耕深和入土角，具有良好的耕深稳定性和仿形性，但其结构较复杂。

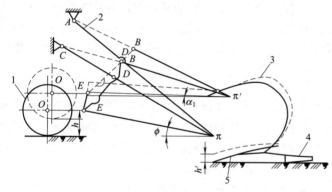

图 5-9　多杆双自由度仿形机构

1—仿形轮；2—四杆机构；3—工作部件；4—后踵；5—铧

5.1.4　间苗机

对于发芽率低以及发芽率难以预测的植物，为了确保必要的出苗株数，需要播种足够的种子，出苗定植后分几次去除多余苗，这一作业称为间苗（Thinning）。如甜菜、萝卜、胡萝卜、白菜和棉花等出苗率很低，需要播下较多的种子，待其出苗后再间苗。人工间苗基本上是选择式间苗作业，间苗质量较好，但这是一项辛苦的工作，在劳动力缺乏及劳动报酬高的国家，人工间苗成本很高，作业效率低，且大面积作业时容易耽误农时。因此，为了提高作业效率，有必要开发间苗机（Thinner）。间苗时应保持株距一致，不伤苗，不松动邻近苗株。间苗机主要有随机式间苗机和选择式间苗机。

（1）随机式间苗机

国内外农业生产中应用较多的是随机式间苗机。如图 5-10 所示是日本四国农业试验场推出的一种胡萝卜间苗机。随机式间苗机间苗时不以苗的质量作为去留标准，间苗机每走一个穴距，就铲除一段幼苗，在两个铲除段之间留出一个穴长不铲。这种机器只能保证穴距和穴长，不能考虑留苗段内苗的数量和质量。这种机器在播种不均匀、出苗不整齐的情况下会出现留苗质量不均匀，或者产生过长的缺苗段。

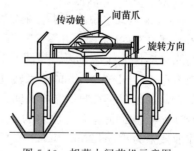

图 5-10　胡萝卜间苗机示意图

（2）选择式间苗机

选择式间苗机以株距或幼苗的形态作为间苗标准，以株距作为判别标准时，可防止断条，保证苗数；以幼苗形态作为判别标准时，可以保证幼苗质量。选择式间苗机的机型很多，其间苗装置一般由传感器、电子控制系统、除苗工作部件等部分组成。传感器基本上有两种类型：一种是带电探针，它利用叶子表面的导电性，当探针接触所选出的幼苗时，幼苗接通连地电路，从而触发控制除苗装置电路，使除苗装置起作用；另一种传感器是"电眼"，即安装一个光敏晶体管和一个位于苗行另一侧的穿过苗行瞄准电眼的光源，用以探测应保留下来的幼苗。间苗工作部件一般为机械式，但也有研制选择性地向幼苗喷洒除草剂的间苗装置。选择式间苗机工作过程是机器行进时，传感器探测出应保留的幼苗（第一株幼苗或高度符合标准的幼苗），将信号发给电控系统，使除苗装置工作，即保留所选出的幼苗，将设定的最小株距内的其他幼苗除去之后，除苗装置停止工作。传感器向前经过设定的最小株距后再进行上述工作循环，以达到每隔一定株距保留一棵应保留的幼苗。

另外，应用图像处理技术，通过判别应该保留的幼苗和应该间掉的苗，也可以开发出选择式间苗机。

5.1.5 水田除草机

水田机械除草技术可以实现减量或无化学药剂的除草方式，有利于环境保护和获得有机水稻。水田机械除草也是水稻增产的重要措施，其作用是通过关键部件与稻田泥土、杂草的相互作用，完成杂草拔出、拉断或埋压等除草过程，以利于水稻生长。水田机械除草时间及次数应根据水稻品种特性、土壤质地、气候条件及杂草生长情况而定，一般需进行三次。机械除草深度为 $2\sim6cm$。第一次机械除草，秧苗很嫩，耕深要浅（$2\sim3cm$），以碎土、平田、除草为主。第二次以疏松土壤，切断部分老根，消灭杂草为主。第三次中耕需在水稻孕穗前完成，要求不伤根，耕深宜浅（$2\sim3cm$），主要作用是消灭杂草。

（1）水田除草机种类

水田除草机按照行走方式主要分为步行式和乘坐式两种，其中乘坐式又可细分为三轮乘坐式和四轮乘坐式。除草部件主要包括行间除草部件和株间除草部件。根据除草部件的移动方式可以分为驱动型和从动型。行间除草部件有除草辊、旋转耙齿、摆动梳齿、耙齿等；株间除草部件有转动弹齿盘、转动伞状盘、摆动梳齿、固定除草钢丝等。

① 步行式水田除草机　图 5-11（a）所示是日本和同产业的 MSJ-4 型步行式水稻田间除草机，行间除草部件为从动的除草辊，株间除草部件为一对驱动转动的弹齿盘。该机工作时水深为 $8\sim10cm$，作业速度为 $0.2\sim0.3m/s$ 时，作业效率为 $0.4\sim0.6hm^2/h$。此外，美善株式会社研发的步行式 SMW 型水田除草机的株间除草部件也具有一定特色，株间除草工作由一对从动转动的伞状除草盘完成，行间除草部件为从动的除草辊，如图 5-11（b）所示。步行式除草机的优点是地头转向灵活，伤苗较少，但工作效率较乘坐式除草机低。

② 乘坐式水田除草机　乘坐式水田除草机比较有特色的主要有洋马 SJVP 系列、久保田 SJ-6（8）N 系列和井关 SJ-6（8）IVZ 系列。该类产品的行间除草部件均为旋转耙齿，株间除草部件为摆动梳齿。如图 5-12 所示的久保田 SJ-8N 乘坐式水田除草机，工作时，驱动耙齿以 $100\sim200r/min$ 的速度转动进行行间杂草去除作业，摆动梳齿以 $3.7\sim7.3Hz$ 频率沿机具前进方向左右摆动完成株间杂草去除作业。其行间除草作业幅宽为 18cm，作业深度为 $4\sim6cm$；株间除草作业幅宽为 13cm，作业深度为 $2\sim4cm$。该机作业速度为 $0.4\sim0.6m/s$，作业效率为 $1.3\sim2hm^2/h$。

实产业公司生产的三轮乘坐式 RW-50 型水稻田间除草机，其株间除草部件为羽轮结构，

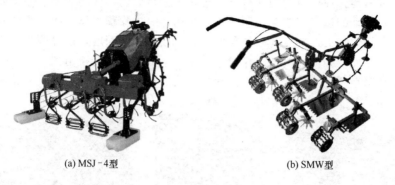

(a) MSJ-4型　　　　　　　　　　　　　(b) SMW型

图 5-11　步行式水田除草机

如图 5-13 所示。三轮乘坐式除草机除草部件在前后两轮之间，在作业过程中，更有利于操作者观察，可减少除草过程中对稻苗的损伤。

图 5-12　久保田 SJ-8N 型旋转摆动式水田除草机　　　　图 5-13　RW-50 型水田除草机

目前机械除草效果仍较化学除草有很大差距，尤其是株间除草率不高。因此，急需加强对株间除草部件的研究和改进，以便改善株间除草效果。

（2）水田除草机关键部件

按工作原理水田除草机关键部件可分为机械式、机械气力式和机械液力式等。

① 机械式　目前，机械式水稻行间除草技术已经相对成熟。由于水稻行间无稻苗干扰，可使用旋转、抛切、拉拔或埋压等机械动作，完成行间除草作业，而不必担心稻苗损伤。常用的行间除草器通常为转动的除草辊或除草齿爪，行间除草部件如图 5-14 所示。

(a) 笼辊式　　　　　(b) 麻花齿辊式　　　　(c) 双排耙齿式　　　　(d) 单耙齿式

图 5-14　几种行间除草部件

株间除草主要是根据水田杂草与稻株根系深浅差异，控制除草部件工作深度，除去杂草而不损伤稻苗。水田株间除草部件的动作方式一般有对转式、摆动式和固定式三种，如图 5-15 所示。对转式株间除草通常是由两个做相对转动的弹齿盘或其变形形式，拔出株间杂草，由于弹齿或其他弹性材料的弹性特征，可减少稻苗损伤。摆动式株间除草即通过与稻列垂直方向做往复摆动的梳齿完成与杂草的相互作用，完成除草工作。固定式株间除草使用固定机架上的除草钢丝，通过调节其倾斜角度和高度改变作业深度，通过调节内侧除草钢丝的上下位置调节除草作业强度，机具工作时，株间除草部件横跨在秧苗列两侧，随着机具前进拖、拔或埋没株间杂草。目前，三种不同动作方式的株间除草部件除草效果无明显差异，除草率均在50%左右。

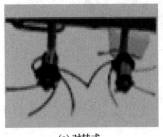
(a) 对转式

(b) 摆动式

(c) 固定式

图 5-15　常用株间除草部件

　② 机械气力式　机械气力式除草技术应用机械式和气力式两种除草方式联合除草。一般来说，水稻行间杂草采用机械式方法去除，株间杂草利用高压气体吹除。图 5-16 所示的是日精电机等发明的机械气力式水田除草机，行间除草部件为从动转动耙齿，株间采用高压气体配合机械拍打运动除草。株间除草的工作原理是电源带动空气压缩机工作，形成高压气体，通过管路至喷射口吹出，喷射口顶部的压铁不断拍打泥土，完成杂草吹出和打压动作，除去株间杂草，由于移栽稻稻株根系比杂草根系发达，气流仅将稻株吹至变形，却不损坏稻苗。

　③ 机械液力式　机械液力式除草技术行间应用机械部件除草，株间由高压液体除草。图 5-17 所示石井农机公司发明的水田除草装置，行间杂草采用除草辊去除，株间杂草使用高压液体冲洗杂草根部，使其漂浮、枯萎。

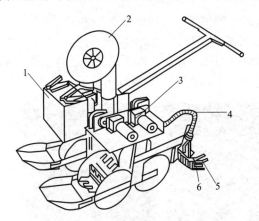

图 5-16　机械气力式水田除草机

1—电源；2—空气压缩机；3—电动机；4—气管；
5—压铁；6—喷射口

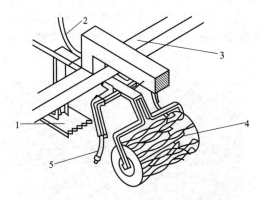

图 5-17　机械液力式水田除草机

1—浮板；2—液体管路；3—机架；4—行间除草部件；
5—株间除草部件

　　目前水稻株间机械除草效果仍有待提高，为了提高除草精度，减少伤苗率，水田机械除草技术还有待进一步研究。通过识别或感知杂草的分布信息、位置、密度等生长情况，进而控制除草执行部件进行精确去除杂草的技术将是未来的发展方向之一。将机械除草技术、生物除草技术、化学除草技术以及其他方式的多种除草技术有机结合在一起，可以提高除草效果。因此，合理、有效地将机械除草技术与其他各种除草技术有机结合，形成系列化的联合除草技术，也是水田机械除草技术发展趋势之一。

5.1.6　农田水管理用机械

（1）农田水管理机械概述

为了农作物的顺利生长，土壤水分需要达到合理范围，因此有时需要进行灌溉或排水。进行灌溉或排水所用的水泵和洒水灌溉机械等称为农田水管理机械，也称农田灌溉排水机械。农田水管理机械是农业机械化的重要组成部分，对抗御干旱、水涝灾害，保证农作物的高产、稳产发挥了巨大作用。农田水管理机械包括农田灌溉机械和农田排灌机械。农田排灌机械中主要的工作部件是水泵，它把动力机的机械能转变为所抽送水的水力能，将水扬至高处或远处。

农田排灌用的水泵机组包括水泵、动力机（内燃机、电动机或拖拉机等）、输水管路及管路附件。管路包括进水管路（又称吸水管路）和出水管路（又称压水管路）。管路上的附件包括滤网、底阀、弯头、变径接管、真空表、压力表、逆止阀和闸阀等（图 5-18）。

农田灌溉机械主要有喷灌机和微灌机两种类型，喷灌是将灌溉水通过由喷灌设备组成的喷灌系统（或喷灌机具），形成具有一定压力的水，由喷头喷射到空中，形成水滴状态，洒落在土壤表面，为作物生长提供必要的水分。而微灌是利用微灌设备组装成微灌系统，将有压水输送分配到田间，通过灌水器以微小的流量湿润作物根部附近土壤的一种局部灌水技术。

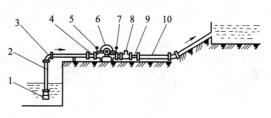

图 5-18　水泵机组

1—底阀；2—吸水管；3—弯头；4—变径接管；5—真空表；
6—水泵；7—压力表；8—逆止阀；9—闸阀；10—压水管

（2）农用水泵

农用水泵是现代排灌技术的重要设备，它把动力机械的机械能转变为所抽送水的水力能，应用的水泵类型主要有离心泵、混流泵、轴流泵、潜水泵和自吸式离心泵等几种。各类型水泵的构造虽然不同，但都是由一些作用相同的部件所组成的。

① 叶轮　叶轮是水泵最重要的工作部件。水泵通过叶轮的旋转使被抽送的水获得能量，使其具有一定的流量和扬程。不同类型的水泵或不同用途的水泵，叶轮形式有所不同。常见的水泵叶轮如图 5-19 所示。

(a) 离心泵封　　(b) 离心泵半封　　(c) 离心泵敞开　　(d) 轴流泵叶轮　　(e) 混流泵叶轮
　　闭式叶轮　　　　闭式叶轮　　　　式叶轮

图 5-19　水泵叶轮

离心泵叶轮有封闭式、半封闭式和敞开式三种。封闭式叶轮适用于抽送清水，叶轮两侧有轮盖，里面有 6～8 个叶片，构成弯曲的流道，称为叶槽，轮盖中部有吸入口。半封闭式适宜抽送含有杂质的水，叶轮仅一边具有轮盖，叶片数较少，叶槽较宽。敞开式叶轮只适用于抽送泥浆，它没有轮盖，叶片数少，叶槽开敞宽大。只有一个叶轮的离心泵，叫作单级泵。具有若干个串联的叶轮称为多级泵。

轴流泵叶轮具有粗大的轮毂，上面有 2～6 片扭曲型叶片。小型泵叶片与轮毂铸成一体，大型泵叶轮的叶片安装角可以调整，从而可改变水泵的工作性能。

混流泵叶轮的构造介于离心泵和轴流泵之间，形状粗短，叶槽开敞，叶片多呈螺旋形。

水泵类型不同，叶轮形状也不同，工作时叶轮的水流方向也不一样（图 5-20）。单吸离心泵的水流沿轴向单面吸入叶轮，双吸离心泵的水流沿轴向双面吸入叶轮。这两种泵型的水流都是沿垂直于水泵轴线方向压出叶轮，它的进、出水方向互成 90°角。混流泵叶轮的水流沿轴向进入，斜向流出。轴流泵的水流进、出叶轮都是轴向。

② 泵壳　泵壳的作用是把水引向叶轮，并汇集由叶轮流出的水流向出水管，同时将水流的部分动能转化为压能。离心泵的泵壳（图 5-21）为蜗壳形，叶轮装在泵壳里，形成了过水断面由小到大的蜗形流道。水流在蜗形流道里实现能量的转换。在壳体上部有充水放气螺孔，下部有放水螺塞。轴流泵的壳体呈圆筒形，上部为弯管。混流泵的泵壳有蜗壳形，也有圆筒形。

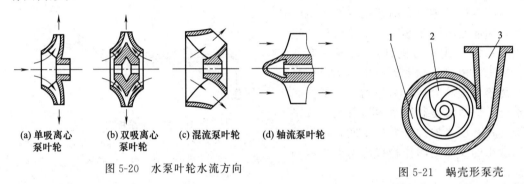

(a) 单吸离心
泵叶轮
(b) 双吸离心
泵叶轮
(c) 混流泵叶轮
(d) 轴流泵叶轮

图 5-20　水泵叶轮水流方向

图 5-21　蜗壳形泵壳
1—蜗形流道；2—叶轮；3—出水口

③ 泵轴　泵轴的作用是将原动机的扭矩传递给叶轮，并支承安装在泵轴上面的传动部件，为了防止泵轴锈蚀，泵轴与水接触部分装有轴套，以便轴套锈蚀和磨损后更换，延长泵轴的使用寿命。

④ 填料函密封装置　填料函的作用是封闭泵轴穿出泵壳的缝隙，以防止水从泵内流出和空气窜入泵内。填料函由填料座、填料、水封环、压盖和填料盒等组成（图 5-22）。用螺栓改变压盖位置可调整填料松紧度。通常在试运转时进行调整。填料常用石墨油浸石棉绳或石墨油浸含有铜丝的石棉绳，但它们在泵高速、高温情况下密封效果较差。国外使用合成纤维、陶瓷及四氟乙烯等材料制成的压缩填料密封，具有低摩擦性，较好的耐磨、耐高温性能，使用寿命较长。

（3）农用水泵的构造和特点

① 离心泵　离心式水泵如图 5-23 所示，在工作前，应先使泵壳及进水管中充满水，启动后叶轮开始旋转，叶片夹道中的水因受到离心力作用，就向叶轮外缘流动，最后被甩出叶轮，并且沿着蜗壳形泵体和缓地引导到出水管中。叶轮中心因失水而形成真空，在大气压力的作用下，将水池中的水经滤水器和进水管压入叶轮中。如此，水泵连续不断地将水池中的水提上来，完成吸水和压水工作。

离心式水泵的构造按其叶轮进水方式不同分为两种：一种是叶轮单面进水，叶轮的安装是悬臂式的，称为 BA 型泵，也称单级单吸式离心泵；另一种是叶轮双面进水，叶轮的安装是两端支承的，称为 SH 型泵，也称单级双吸式离心泵。BA 型水泵的构造如图 5-24 所示，

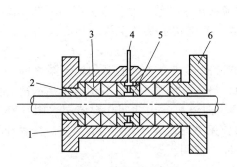

图 5-22　填料函示意图

1—填料盒；2—填料座；3—填料；4—水封管；
5—水封环；6—压盖

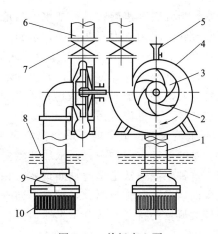

图 5-23　单级离心泵

1—进水管；2—叶片；3—叶轮；4—泵壳；5—放气阀；
6—出水管；7—法兰盘；8—水面；9—单向阀；10—滤网

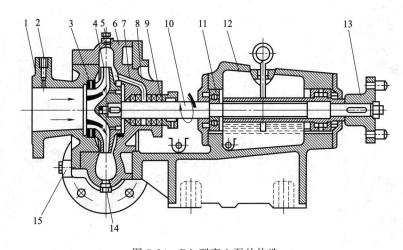

图 5-24　BA 型离心泵的构造

1—泵盖；2—真空表螺孔；3—减漏环；4—叶轮；5—冲水放气螺孔；6—泵壳；7—水封管；8—水封环；
9—填料；10—泵轴；11—轴承；12—托架；13—联轴器；14—防水螺塞；15—压力表螺孔

主要由泵壳、泵盖、叶轮、泵轴、轴承、轴承填料函、托架、橡胶密封圈、滤网、底阀等组成。其特点是扬程较高，流量较小，结构简单，使用方便，水泵出水口方向可以根据需要作左右、上下的调整。这种水泵的体积小、重量轻，固定安装及流动使用均十分方便，也可作为喷灌的工作泵。

　　SH 型泵体与泵盖内部构成双向进水流道，叶轮室构成蜗壳形出水流道。叶轮好像两个BA 型泵的叶轮靠背连接在一起，紧固在泵轴的中部，旋转时容易与泵壳摩擦的地方装有减漏环，泵盖上部两侧装有水封管。其特点是泵壳由上下两半构成，水平合缝中开，便于进行检修。水泵的扬程和效率较高，流量较 BA 型泵大，以在丘陵地区的较大灌区使用为宜。因其体积比较笨大，宜采用固定安装。

　　② 轴流泵　它包括进水喇叭、叶轮、导水叶、泵轴、橡胶轴承、出水弯管、填料函等（图 5-25）。泵壳、导水叶和下轴承座铸成一体。叶轮是螺旋桨式，正装在导水叶的下方，在水面以下运转。泵轴在上下两个用水润滑的橡胶轴承内旋转。轴流泵是靠叶轮的推力来进

行抽水，当叶轮高速旋转时，把水不断地从下面往上推，使叶轮上面的水有较大的压力。叶轮不断旋转，泵内压力不断升高，水通过出水管流出。因水流方向是轴向的，因此称为轴流式。导水叶有6～8片，它被制造成流线形弯曲面，其作用是消除离开叶轮后的水流的旋转运动，把动能转换成部分压能，并引导水流沿轴向流往出水弯管。轴流泵具有扬程低、流量大的特点，适用于平原河网地区的农田灌溉和排涝。轴流式水泵的结构较离心式简单、紧凑、重量轻，并可输送污水。

③ 混流泵　混流泵的外形与离心泵相似，但其叶轮形式介于离心泵和轴流泵之间。工作时，水的流动方向，一方面依靠叶轮向上的推力，另一方面是由于叶轮对水产生的离心力作用。这种水泵通常是单向轴向进水，由径向或半径向流出，因此叫作混流泵（图5-26）。混流泵的构造除叶轮与离心式稍有不同外，其余部分无多大差异，具有离心泵较高扬程和轴流泵较大流量的特点，适合于平原河网地区和丘陵灌区使用。

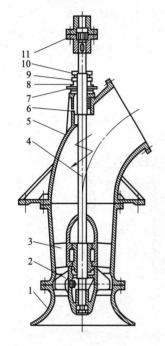

图 5-25　轴流泵

1—进水喇叭；2—叶轮；3—导水叶；4—泵轴；
5—出水弯管；6—橡胶轴承；7—注润滑水管；
8—填料盒；9—填料；10—填料压盖；
11—联轴器

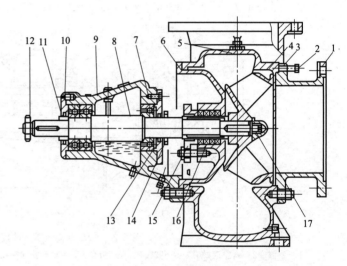

图 5-26　混流泵

1—泵盖；2—螺钉；3—叶轮；4—泵体；5—丝堵；6—尾盖；7—轴承；
8—轴；9—轴承体；10—后盖；11—挡套；12—螺母；13—前盖；
14—挡水圈；15—填料压盖；16—填料；17—叶轮螺母

④ 潜水泵　它由水泵、电动机、进水部分和密封装置等四部分连成整体（图5-27）。其中水泵居上方，电动机在下方，进水部分居中。密封装置包括整体式密封盒和大小橡胶封环，分别装在电动机轴伸出端及电动机与各部件的结合处。整体式密封盒内有两对动、静磨块和四个封环。水泵叶轮有轴流式、混流式和单吸离心式，前者扬程较低，后者扬程较高。潜水泵抽水时，电动机和水泵都潜入水下，它具有结构简单、体积小、重量轻、安装使用方便、不怕雨淋水淹等特点。其使用技术要求为：潜水泵供电线路应有可靠的接地措施，以保证安全；不得脱水运转；潜水深度为 0.5～3.0m，最深不超过10m；潜水泵潜入水下时，应竖直吊起；被抽的水含砂量不超过 0.6%。

⑤ 自吸离心泵 自吸离心泵是在单级单吸式离心泵的基础上改进设计而成的。其结构特点是，将单级单吸泵的进水门位置抬高，构成一个储水室，同时在泵的出水口设置气水分离室和回流孔道。自吸离心泵按气、水混合的位置分为内混式与外混式，外混式自吸泵按水回流的方向，又可分为径向回流和轴向回流两种。

a. 内混式自吸泵从气水分离室回流的水经回流孔进入叶轮进水口或内部与空气混合。

b. 径向回流外混式自吸泵将蜗壳室出水流速扩大并用类似蜗壳的隔板分成内、外流道。脱气后的水沿外流道回到蜗室下部，在叶轮外缘与空气混合。

c. 轴向回流外混式自吸泵的回流孔设于气水分离室的底部，与蜗壳室的下部相通，脱气后的水经轴向回流孔进入蜗壳室内，在叶轮的外缘与空气混合。

自吸离心泵工作原理如图 5-28 所示，首次启动时，先从排气口给气水分离室注满水，水泵启动后，叶轮旋转将叶槽中的水甩向叶轮的外围，此时叶轮中心形成真空度，将进水管内的空气吸入储水室，并与叶轮外缘流动的水混合，形成泡沫状的混合物。此气水混合物进入容积扩大的气水分离室后，流速降低，水中的空气便分离出来，经单向阀逸出（此时单向阀处于打开状态）。脱气后的水则沿外流道回到涡流室下部，在叶轮外缘再与吸进的空气混合。如此反复循环，将进水管内的空气抽走而完成自吸过程，当空气排尽后，气水分离室充满压力水，单向阀在压力水的作用下关闭，压力水经出水管输出，进入正常工作状态。自吸泵不用底阀，只需向储水室内灌满水即可自吸。机组停车后，因储水室内已有存水，再次启动就不必再灌水。

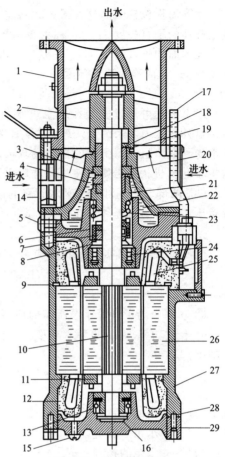

图 5-27 潜水泵的构造

1—导水器；2—叶轮；3—密封静模块；4—密封动模块；5—防水螺钉；6—胶圈；7—动模块；8—静模块；9—定子压圈；10—转子；11—转子端环；12—环氧树脂；13—轴承；14—滤网；15—放水螺钉；16—止推轴承；17—电缆；18—轴承室；19—毛毡；20—垫圈；21—甩水器；22—油室；23—弹簧；24—轴承；25—线圈；26—定子；27—机座；28—橡胶垫圈；29—端盖

这种泵多用于植保机械和喷灌机上。

（4）水泵性能的主要参数

水泵性能主要是由流量、扬程、功率、转速等基本工作参数而定。

① 流量 流量是指水泵出口断面在单位时间内流出多少体积的水，单位是 m^3/h。

② 扬程 扬程是指所输送的水由水泵进口至出口，单位质量的能量增加值，即水泵能够扬水的高度。用 H 表示，其单位以 m 计。

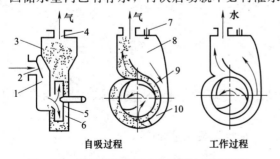

图 5-28 径向回流外混式自吸离心泵原理图

1—储水室；2—吸水阀；3—气水混合物；4—出水口；5—叶轮；6—蜗轮；7—单向阀；8—气水分离室；9—内流道；10—外流道

水泵扬程包括两部分（图 5-29），一是由水源水面至水泵轴线基准面的垂直高度 $H_{d.x}$，称为吸水扬程；一是由水泵轴线至出水池水面的垂直高度 $H_{d.y}$，称为压水扬程。两者的和称为实际扬程 H_d（或称为地形高度）。

$$H_d = H_{d.x} + H_{d.y} \quad (5\text{-}1)$$

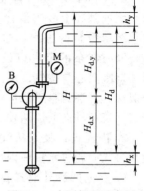

图 5-29　水泵扬程示意图

以上扬程可通过安装在水泵进水口接盘处的真空表和出水口接盘处的压力表来测定。H_d 并没有考虑水流经过管路时，由于水受到摩擦阻力而引起的损失扬程 h。水泵选型确定扬程时，需将 h 包括进去，否则只按 H_d 选用水泵，其扬程显然会偏低。h 又包括两部分：一部分是吸水管路的沿程和局部损失，另一部分是压水管路的沿程和局部损失。即

$$h = h_x + h_y \quad (5\text{-}2)$$

因此对水泵所需要的总扬程应为

$$H = H_{d.x} + h_x + H_{d.y} + h_y$$

即
$$H = H_d + h \quad (5\text{-}3)$$

③ 功率　为了计算水泵所需的功率、功率损失和水泵效率，采用三个功率概念。

a. 有效功率 N_x（也称水功率）　有效功率是水泵内水流得到的净功率，亦即水泵的输出功率：

$$N_x = \frac{\gamma Q H}{102} \quad (5\text{-}4)$$

式中　γ——水的容重，kg/m^3；

Q——水泵的流量，m^3/s；

H——水泵的扬程，m。

b. 轴功率 N_z（也称水泵的输入功率）　轴功率指动力机通过水泵轴输给水泵的功率。轴功率与有效功率之差是在泵内损失的功率，其大小可以用效率来衡量。通常所说的水泵功率，即指水泵轴功率：

$$N_z = \frac{\gamma Q H}{102\eta} \quad (5\text{-}5)$$

式中　η——水泵的效率。

c. 配套功率 N_p　配套功率是指为一台水泵合理选配动力机的功率数值。它应大于轴功率，其超过量为传动损失的功率和意外的过载需加大的功率之和：

$$N_p = K N_z \frac{1}{\eta_c} \quad (5\text{-}6)$$

式中　K——安全备用系数；

N_z——水泵轴功率，kW；

η_c——传动效率，%。

④ 水泵效率 η　水泵效率是指其有效功率与轴功率之比。它反映水泵抽水效能和水泵对动力的利用情况。

农用水泵的效率一般在 $60\%\sim80\%$ 之间，有些大泵超过 80%。

$$\eta = \frac{N_x}{N_z} \times 100\% \quad (5\text{-}7)$$

⑤ 水泵转速　水泵的转速 n（r/min）指水泵的设计转速（即额定转速），配套的动力

机一定要满足水泵所需要的额定转速。

⑥ 允许吸上真空高度（或汽蚀余量） 它反映水泵不产生汽蚀时的吸水性能，是用以确定水泵安装高度的重要数据。离心泵和混流泵用允许吸上真空高度 H_s 来反映其吸水性能；轴流泵则利用汽蚀余量 Δh 来反映其吸水性能。其单位均以 m 计。水泵性能所标示的 H_s 是水泵本身所能够吸上水的最大真空高度，它并不包括吸水管路的损失扬程。

（5）喷灌机械

① 喷灌系统的组成 喷灌系统通常由水源工程、水泵及配套动力机、输配水管道系统和喷头等部分组成（图 5-30）。

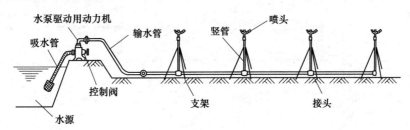

图 5-30　喷灌系统组成示意图

a. 水源工程。包括水源、泵站及附属设施、水量调蓄池和沉淀池等。

b. 水泵及配套动力机。水泵将灌溉水从水源点吸提、增压、输送到管道系统。喷灌系统常用的水泵有离心泵、自吸式离心泵、轴流泵、潜水泵等。在有电力供应的地方常用电动机作为水泵的动力机；在用电困难的地方可用柴油机、拖拉机等作为动力机与水泵配套。动力机功率的大小根据水泵的配套要求而定。

c. 管道系统。管道系统的作用是将压力输送并分配到田间。通常管道系统有干管和支管两级，在支管上装有用于安装喷头的竖管。在管道系统上装有各种连接和控制的附属配件，包括弯头、三通、接头和闸阀等。为了在灌水的同时施肥，在干管或支管上端还装有肥料注入装置。

d. 喷头。喷头是喷灌系统的专用部件，喷头安装在竖管上，或直接安装于支管上。喷头的作用是将压力水通过喷嘴喷射到空中，在空气的阻力作用下，形成水滴状，洒落在土壤表面和植物上。

② 喷灌系统的分类 根据喷灌系统各组成部分可移动的程度，分成固定式、移动式和半固定式三种。

a. 固定式喷灌系统。固定式喷灌系统除喷头外，所有各组成部分都是固定不动的。水泵和动力机安装在固定的泵房内，干管和支管埋在地下，竖管伸出地面，喷头固定或轮流安装在竖管上。竖管对机耕及其他农艺操作有一定妨碍。但使用时操作方便，生产率高，占地少，结合施肥和喷洒农药也比较方便。

b. 移动式喷灌系统。移动式喷灌系统在田间仅布置供水点，而整套喷灌设备可移动，在不同地块轮流使用。为了减少渠沟、道路占地，移动式喷灌机配有一定长度的柔性管道，配置移动式单喷头，或一台水泵机组带动几个喷头工作。

c. 半固定式喷灌系统。半固定式喷灌系统的动力机、水泵和干管是固定的，而喷头和支管是可以移动的。

（a）中心支轴圆形喷灌机又称时针式喷灌系统，在喷灌的田块中心有给水栓或水井与泵站。其支管支承在可以自走的塔架上，支管上每隔一定距离装有喷头。中心支轴式喷灌机属单元组装式多支点结构，由腹架与塔车组成一个单元跨架，然后根据地块所需要的长度将单元跨架连接，并与中心支轴座组成整机。外形结构见图 5-31，主要由中支轴座、跨架（包括腹架与塔架）、末端悬臂以及驱动、调速、同步、安全保护、喷洒等系统组成。主要优点是自动化程度高，可昼夜工作，工作效率很高；节约水量、劳力和土地；可适时适量地满足作物需水要求，增产效果显著；适应性很强，可适应地形坡度达 30% 左右，几乎适宜灌溉所有的作物和土壤；能一机多用，可用来喷施化肥、农药、除草剂等。其不足之处是四个地角不易灌溉，耗能较多，运行费较高等。

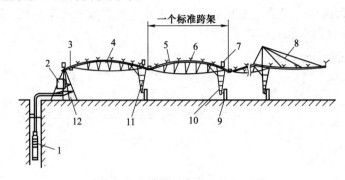

图 5-31 中心支轴喷灌机结构组成

1—井泵（或压力管道供水）；2—中心主控制箱；3—柔性接头；4—腹架；5—喷灌支架；6—喷头；
7—塔车控制箱；8—末端悬臂；9—行走轮；10—塔车驱动电机；11—塔车；12—中心支轴座

（b）平移自走式喷灌机的支管也是支承在自走塔架上，自动做平行移动，由垂直于支管的干管上的给水栓供水，当行走一定距离（等于给水栓间距）后就改由下一个给水栓供水。这样喷灌面积是矩形的，便于耕作并可充分利用耕地面积，机械化、自动化程度也很高。

平移式与中心支轴式喷灌机比较，其结构的最大特点是：增加了中心跨架和导向系统；跨架结构与中心支轴式喷灌机一样，但跨度一般较大；在中央跨架的两边各有一刚性连接的跨架，这样可以增加中央跨架的稳定性（图 5-32）。

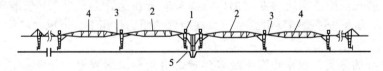

图 5-32 平移式喷灌机结构示意图

1—中心跨架；2—刚性跨架；3—柔性接头；4—柔性跨架；5—渠道

中央跨架取代了中心支轴座，也起"首脑"控制作用。两个刚性跨架分立在两边，动力机组及主控制系统等放在吊架上悬挂在供水渠道上方，吊架吊在中央腹架上并用两个柔性接头和两边的刚性跨架连接，保证了吊架有一定的自由度和运行的稳定性。

③ 喷头类型及结构　喷头按其结构形式和喷洒特征，可以分为旋转式（射流式）喷头、固定式（散水式、漫射式）喷头、喷洒孔管三类。

a. 旋转式喷头是绕其自身铅垂轴线旋转的一类喷头。旋转式喷头还可以分成摇臂式、叶轮式和反作用式三种。其中摇臂式喷头根据导水板的形式还可分为固定导流板式摇臂喷头和楔导水摆块式摇臂喷头，反作用式喷头还可分为钟表式、垂直摆臂式、全对流式（射流元件式）等。

b. 固定式喷头是指喷洒作业时，其零部件无相对运动的喷头，即其所有结构部件都固定不动。喷头在喷洒时，水流在全圆周或部分圆周（扇形）呈膜状向四周散裂。它的特点是结构简单，工作可靠，要求工作压力低（100～200kPa），故射程较近，距喷头近处喷灌强度比平均喷灌强度大。

c. 喷洒孔管又称孔管式喷头，其特点是水流在管道中沿许多等距小孔呈细小水舌状喷射。管道常可利用自身水压使摆动机构绕管轴做 90°旋转。喷洒孔管一般由一根或几根直径较小的管子组成，在管子的上部布置一列或多列喷水孔，其孔径仅 1～2mm。根据喷水孔分布形式，又可分为单列和多列喷洒孔管两种。

④ 摇臂式喷头的结构与工作原理 摇臂式喷头虽然有许多结构形式，但基本上由旋转密封机构、流道、驱动机构、扇形换向机构、连接件等几部分组成。

摇臂式喷头的结构如图 5-33 所示，与其他旋转式喷头在结构上的不同之处在于驱动机构。驱动摇臂式喷头旋转的是摇臂机构，摇臂在射流作用下绕自轴摆动，以较大的碰撞冲量撞击喷管或喷体，使喷头旋转。这种间歇施加的撞击驱动力矩，时间短、作用力大，能使喷头转速均匀而稳定，射流集中定向，因此，摇臂式喷头的射程较远而均匀度较高。

摇臂式喷头的工作原理实质上是摇臂工作时不同能量的相互传递和转化的运动过程，它可以分为以下 5 个阶段。

a. 启动阶段。射流经偏流板射向导流板后，转向 60°～120°，导流板得到射流的反作用力，使摇臂获得动能而向外摆动，绕摇臂轴转动，使摇臂弹簧扭转，得到扭力矩，此力矩小于射流反作用力矩，因此，摇臂得到角速度而脱离射流。

b. 外摆阶段。惯性力使摇臂继续转动，直至摇臂张角达到最大，从而得到最大的扭力矩，此时角速度转变为零，弹簧势能达到最大，即摇臂外摆的动能全部转化为弹簧的弹性势能。

c. 弹回阶段。在弹簧扭力矩的作用下，弹簧的弹性势能逐步转化为摇臂的转动动能，摇臂开始往回摆，角速度不断增加，直到摇臂将要切入射流。

d. 入水阶段。具有最大转动动能的摇臂

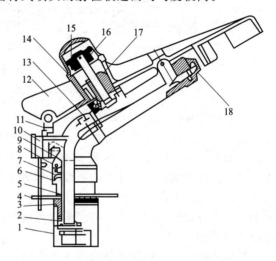

图 5-33 单嘴带换向机构的摇臂式喷头构造
1—空心轴；2—减磨垫；3,9,19—O 形密封圈；
4—限位环；5—空心轴套；6—防砂弹簧；7—弹簧罩；
8—喷体；10—换向器；11—反转钩；12—摇臂；
13—喷管；14—防水帽；15—弹簧座；
16—摇臂弹簧；17—衬套；18—喷嘴

又重新进入射流，偏流板开始最先接受水流（导水板不受水），产生的反作用力使摇臂动能急剧增加，角速度变得越来越大。

e. 撞击阶段。摇臂在回转惯性力和偏流导板切向附加力的作用下，以很大的角速度开始碰撞喷管，使喷头转动 3°～5°，碰撞结束后，摇臂即完成了一个完整的旋转运动过程。在摩擦力矩的作用下，喷头很快静止停了下来。此后再继续重复上述的旋转运动过程。

如果喷头做扇形喷洒工作，当突变挡块（销）在一个凹下的稳定位置时，摇臂不受突变挡块限制，此时喷头按上述 5 个阶段周期性地进行正向间歇转动。当突变挡块在一个凸起的稳定位置上时，摇臂正常摆动角度受到限制，在射流作用下，摇臂直接碰撞挡块，喷头反转一个较小角度，在弹簧扭力矩作用下，摇臂返入射流，摇臂对喷管正向冲量力矩很小。此后，在射流作用下，摇臂又摆开。反转运动过程是快速进行的，射程就比较近，水滴多洒落在比较近的地方。

⑤ 固定式喷头　喷洒时其零部件无相对运动的喷头，称为固定式喷头。固定式喷头又称漫射式喷头或散水式喷头，特点是在喷灌过程中所有部件相对于竖管是固定不动，而水流是在全圆周或部分圆周（扇形）同时散开。按固定式喷头的结构和喷洒特点可将其分为折射式、缝隙式和离心式三类。

a. 折射式喷头的结构及工作原理。喷射水流经过折挡，裂散成水滴的固定式喷头，称为折射式喷头。喷头有内支架式、外支架式和整体式三种，喷头由喷嘴、折射锥和支架等部分组成（图 5-34）。

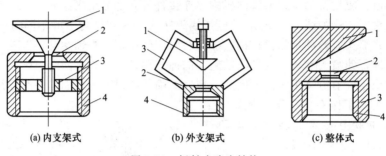

(a) 内支架式　　　　　(b) 外支架式　　　　　(c) 整体式

图 5-34　折射式喷头结构
1—折射锥；2—喷嘴；3—支架；4—管接头

折射锥为锥角 120°～150° 的圆锥体，锥体表面应很光滑，其轴线要求和喷嘴轴线相吻合，有利于水量向四周均匀分散。为调节水滴大小和沿轴向水量分布及散落距离，折射锥与支架之间常采用螺杆连接，可以调节喷嘴与折射锥之间的距离。折射锥内外支架的区别在于：采用内支架则占去部分过水断面，相应的喷嘴过水截面积就要大；采用外支架，则喷洒范围内部分地面就成为盲区。整体式折射喷头均为单面折射，折射锥不是整个圆锥体，而是一个带有部分圆锥面的柱体，喷洒形状为扇形，为了简化制作加工，有些做成与水平面成一定角度的斜面。

折射式喷头的工作原理是当喷头工作时，有压水流由喷嘴直接射出后，遇到折射锥的阻拦，形成薄水层而向四周射出，在空气阻力作用下，伞形的薄水层就散裂为小水滴而喷洒到地面。

b. 缝隙式喷头的结构及工作原理。缝隙式喷头工作时，有压水流经过特制的缝隙，喷出后裂散成水滴，是一种固定式喷头。喷头均为整体式加工制作而成，只能做扇形喷洒。一般情况下，是在封闭的管端附近开出一定形状的缝隙，另一端为管接头，如图 5-35 所示。为了取得较大的射程，有的喷头将其射缝隙做成与水平面成 30° 的夹角。缝隙式喷头的优点是结构简单，比较容易制作，但是它的缝隙很容易被堵塞，且散开的水不很均匀，在缝隙两端水流相对较集中。

缝隙式喷头的工作原理同折射式喷头的工作原理基本相同，只是其有压水流经过固定不动的缝隙喷嘴喷出，形成一个扇形的薄水层，然后在空气阻力的作用下逐渐散裂成水滴，降落到地面。

c. 离心式喷头的结构及工作原理。离心式喷头（又称漫射式喷头）是指有压水流一经喷出即裂散成水滴的固定式喷头，这种喷头主要由喷嘴、锥形轴（螺旋轴）、喷体、接头等部分组成（图 5-36）。离心式喷头的工作原理是喷头开始工作时，经过竖管的有压水流沿切线方向或沿螺旋孔道进入喷体，使水流绕垂直的锥形轴或壁面产生涡流运动，这样水从喷孔中呈中空的环状锥形薄水层，并同时具有沿径向向外的离心速度和沿切向旋转的圆周速度向外喷出，甩出的薄水层水流在空气阻力作用下，被裂散成细小的水滴而降落在喷头四周的地面上。离心式喷头的优点是工作压力低，雾化程度比较高，水滴细小，对作物打击强度小。它的缺点是喷洒控制面积较小。因此多用于苗圃、温室、花卉喷灌机具上。这种喷头均为全圆式喷洒，特别适用于草坪等地方。

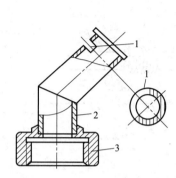

图 5-35　缝隙式喷头结构示意图
1—缝隙；2—喷头；3—管接头

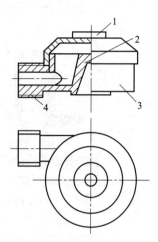

图 5-36　离心式喷头结构
1—喷嘴；2—锥形（螺旋）轴；3—喷头；4—接头

（6）微灌机械

微灌是利用微灌设备组装成微灌系统，将有压水输送分配到田间，通过灌水器以微小的流量湿润作物根部附近土壤的一种精确控制水量的局部灌溉方法。根据作物的需水要求，用管道把水送到每一棵植物的根部，使每一棵植物都得到需要的水量，减少了深层渗漏、地面径流和输水损失，并且可以通过微灌系统施肥施药，便于自动控制，省时省力，适宜在水源缺乏或地形复杂的地方应用。灌水器是微灌设备中最关键的部件，是直接向作物施水的设备，其作用是消减压力，将水流变为水滴或细流或喷洒状施入土壤，包括微喷头、滴头、滴灌带等。灌水器大多数是用塑料注塑成型的。

① 微灌的种类　微灌包括滴灌、微喷、涌泉灌和渗灌四种形式。前三种方式除灌水器差别较大外，其余部分基本相同，属地面微灌系统。渗灌则是将输水支管连同灌水器一同埋于耕层下的一种灌水技术。

a. 滴灌。滴灌是利用安装在末级管道（称为毛管）上的滴头（图 5-37），或与毛管制成一体的滴灌带将压力水以水滴状一滴一滴地湿润土壤，在灌水器流量较大时，形成连续细小水流湿润土壤。通常将毛管和灌水器放在地面，也可以把毛管和灌水器埋入地面以下 30～40cm。前者称为地表滴灌，后者称为地下滴灌。滴灌比传统的地面灌或喷灌省水。

b. 微喷灌。微喷灌是利用直接安装在毛管上，或与毛管连接的微喷头将压力水以喷洒状湿润土壤。微喷头是微喷灌的关键部件，微喷头有固定式和旋转式两种，前者喷射范围小，水滴小；后者喷射范围较大，水滴也大些，故安装的间距也大。按照结构和工作原理，微喷头可分为射流式、离心式、折射式和缝隙式四种。

射流式微喷头的水流从喷嘴喷出后，集中成一束向上喷射到一个可以旋转的单向折射臂上，折射臂上的流道形状不仅可以使水流按一定喷射仰角喷出，还可以使喷射出的水舌反作用力对旋转轴形成一个力矩，从而使喷射出来的水舌随着折射臂做快速旋转，故它也称为旋转式微喷头。旋转式微喷头一般由折射臂、支架和喷嘴等部件构成（图 5-38）。旋转式微喷头的射程较大，灌水强度较低，水滴细小。由于其运动部件加工精度要求较高，并且旋转部件容易磨损，因此使用寿命较短。

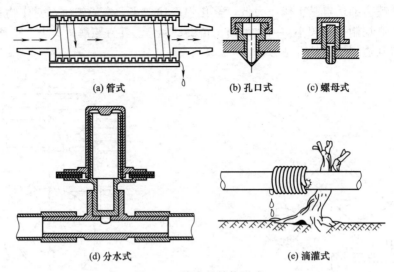

(a) 管式　　　(b) 孔口式　　(c) 螺母式

(d) 分水式　　　　　　(e) 滴灌式

图 5-37　滴头的结构形式

　　折射式微喷头主要由喷嘴、折射锥和支架三个部件组成，如图 5-39 所示。水流由喷嘴垂直向上喷出，遇到折射锥即被击散成薄水膜沿四周射出，在空气阻力作用下形成细微水滴散落在四周地面上。折射式微喷头又称为雾化微喷头，其优点是结构简单，没有运动部件，工作可靠，价格便宜；缺点是由于水滴太细小，在空气干燥、温度高和风大的地区，蒸发漂移损失大。

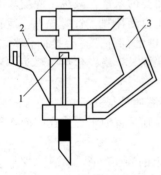

图 5-38　射流式微喷头
1—喷嘴；2—折射臂；3—支架

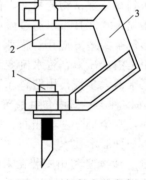

图 5-39　折射式微喷头
1—喷嘴；2—折射锥；3—支架

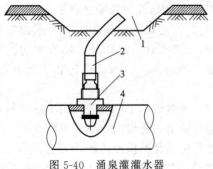

图 5-40　涌泉灌灌水器
1—渗水沟；2—直径 4mm 水管；3—接头；
4—毛管

　　c. 小管出流灌。小管出流灌也称为涌泉灌，是利用直径 4mm 的小塑料管与毛管连接作为灌水器，以细流（射流）状局部湿润作物附近土壤，涌泉灌灌水器的流量为 80～250L/h。对于高大果树通常围绕树干修一渗水小沟，以分散水流，均匀湿润果树周围土壤。在国内称这种微灌技术为小管出流灌溉，其工作原理如图 5-40 所示，利用接在毛管上的直径 4mm 的小塑料管消减压力，使水流变成细流状施入土中，工作压力低，孔口大，不易堵塞。

　　d. 渗灌。渗灌是利用一种特别的渗水毛管埋入地表以下 30~40cm，压力水通过渗水毛管管壁的毛细孔以渗流的形式湿润其周围土壤。它减少土壤表面蒸发，是用水量最省的一种微灌技术（图 5-41）。渗灌的渗水管抗堵塞性能和使用寿命尚待提高。

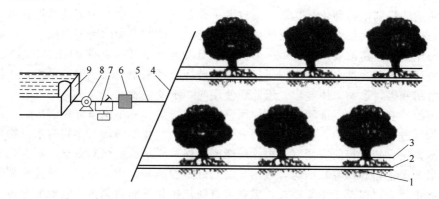

图 5-41　渗灌系统
1—出水口；2—渗管；3—地表；4—支管道；5—主管道；
6—过滤器；7—加肥器；8—水泵；9—水源

②　微灌系统的组成　微灌系统由水源、首部枢纽、输配水管网、灌水器、流量压力控制部件和测量仪表等组成。江河、渠道、湖泊、水库、井、泉等均可作为微灌水源，但其水质需符合微灌要求。首部枢纽包括水泵、动力机、肥料和化学药品注入设备、过滤设备、控制阀、进排气阀、压力及流量测量仪表等。其作用是从水源取水增压并将其处理成符合微灌要求的水流送到系统中去。输配水管网包括干、支管和毛管三级管道，作用是将首部枢纽处理过的水按照要求输送分配到每个灌水单元和灌水器。灌水器是微灌设备中最关键的部件，是直接向作物施水的设备，其作用是消减压力，将水流变为水滴或细流或喷洒状施入土壤，包括微喷头、滴头、滴灌带等。灌水器大多数是用塑料注塑成型的。

③　微灌系统的种类　依据微灌系统的灌水器不同，微灌系统分为滴灌系统、微喷灌系统、小管出流灌系统以及渗灌系统四类。根据配水管道在灌水季节中是否移动，每一类微灌系统可分为固定式、半固定式和移动式。

5.2　植物保护机械

植物保护是农林生产的重要组成部分，是确保农林业丰产丰收的重要措施之一。为了经济而有效地进行植物保护，应发挥各种防治方法的积极作用，尽可能将病、虫、草害以及其他有害生物消灭于危害之前，不使其成灾。植物保护的方法很多，按其作用原理和应用技术可分为农业技术防治法、生物防治法、物理和机械防治法、化学防治法。

农业技术防治法包括选育抗病虫的作物品种，改进栽培方法，实行合理轮作，深耕和改良土壤，加强田间管理及植物检疫等方面。

生物防治法是利用害虫的天敌，利用生物间的寄生关系或抗生作用来防治病虫害。近年来这种方法在国内外都获得很大发展，如我国在培育赤眼蜂防治玉米螟、夜蛾等虫害方面取得了很大成绩。为了大量繁殖这种昆虫，还研制成功培育赤眼蜂的机械，使生产率显著提高。又如国外研制成功用 X 射线或 γ 射线照射需要防治的雄虫，破坏雄虫生殖腺内的生殖细胞，造成雌虫的卵不能生育，以达到消灭这种害虫的目的。采用生物防治法，可减少农药残留对农产品、空气和水的污染，保障人类健康，因此，这种防治方法日益受到重视，并得到迅速发展。

物理和机械防治法是利用物理方法和工具来防治病虫害，如利用诱杀灯消灭害虫，利用温汤浸种杀死病菌，利用选种机剔除病粒等。目前，国内外还在研究用微波技术来防治病虫害。

化学防治法是利用各种化学药剂，通过专用设备来消灭病虫、杂草及其他有害动物的方法。特别是有机农药大量生产和广泛使用以来，已成为植物保护的重要手段。这种防治方法的特点是操作简单，防治效果好，生产率高，而且受地区和季节的影响较少，故应用较广。但是如果农药使用不合理，就会出现污染环境，破坏或影响整个农业生态系统，在作物植株和果实中易留残毒，影响人体健康。因此，使用时一定要注意安全。

经过国内外多年来实践证明，单纯使用某一防治方法，并不能很好地解决病、虫、草害的防治。如能进行综合防治，即充分发挥农业技术防治、化学防治、生物防治及物理机械防治及其他新方法、新途径的应用（昆虫性外激素、保幼激素、抗保幼激素、不育技术、拒食剂、抗菌素及微生物农药等）的综合效用，能更好地控制病、虫、草害。单独依靠化学防治的做法将逐步减少，以至于不复存在。但在综合防治中化学防治仍占着重要的地位。

植保机械一般按所用的动力可分为人力（手动）植保机械、畜力植保机械、小动力植保机械、拖拉机配套植保机械、自走式植保机械、航空植保机械。按照施用化学药剂的方法可分为喷雾机、撒粉撒粒机、风力式喷雾机、烟雾机等。

5.2.1 喷雾机

喷雾机（Sprayer）是将药液通过泵加压，经喷头（Nozzle）分散成雾状的一种微粒化散布机器，常用药剂有杀虫剂、杀菌剂、杀螨剂、除草剂等。雾化颗粒直径在 $100\sim300\mu m$。

（1）动力喷雾机

动力喷雾机（Power sprayer），通常采用柱（活）塞泵（Plunger pump），通过柱塞的往复式运动完成药液的吸入和吐出，将加压的药液从喷头雾化进行喷雾作业。除了简易型柱塞泵外，为了减少出口压力变动，常采用三个柱塞构成的三缸柱塞泵。

图 5-42 所示为工农-36 型机动喷雾机工作原理示意图，喷雾机工作时，动力机驱动泵的曲柄旋转，通过曲柄连杆带动柱塞杆和柱塞做往复运动。通过柱塞的往复运动，稀释药液用的水流通过滤网，被吸液管吸入泵缸内，然后压入空气室建立压力并通过压力调节阀控制稳定压力，压力读数可从压力表显示。获得压力的水流经流量控制阀进入射流式混药器，通过混药器的射流作用，将药液（原药液加少量水稀释而成）吸入混药器。压力水流与药液在混药器内自动均匀混合后，经输液软管到喷枪喷出。喷出的高速液流与空气撞击和摩擦，形成细小雾滴而散布在植保对象物上。该喷雾机采用射流式混药器，药液和水分装在不同的箱体内，药液不进入柱塞缸筒内，可减少泵的腐蚀和磨损，提高其使用寿命。

（2）手动喷雾机

① 液泵式喷雾机 液泵式喷雾机主要由活塞泵、空气室、药液箱、胶管、喷杆、滤网、开关及喷头等组成（图 5-43），工作时，操作人员将喷雾机背在身后，通过手压杆带动活塞在缸筒内上下移动，药液即经过进水阀进入空气室，再经出水阀、输液胶管、开关及喷杆由喷头喷出。这种泵的最高工作压力可达 $800kPa$（$8kgf/cm^2$）。为了稳定药液的工作压力，在泵的出水管道上装有空气室。由于这类喷雾机都由人背负在身后工作，故又称为手动背负式喷雾器。液泵式喷雾器工作时，操作人员一只手不断地揿动手压杆，另一只手操作喷洒部件喷雾，容易疲劳。

② 气泵式喷雾器 气泵式喷雾器由气泵、药液桶和喷射部件等组成（图 5-44），它与液泵式喷雾器的不同点是事先用气泵将空气压入气密药桶的上部（药液只加到水位线，留出一

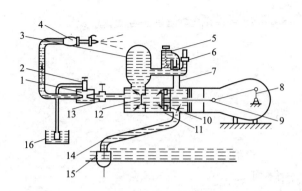

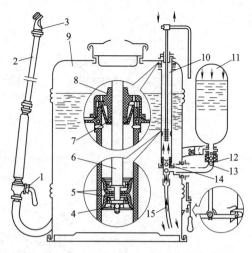

图 5-42　工农-36 型机动喷雾机工作原理示意图

1—混合室；2—混药器；3—空气室；4—喷枪；5—调压阀；
6—压力表；7—回水管；8—曲柄；9—柱塞杆；10—柱塞；
11—泵筒；12—出水阀；13—截止阀；14—吸水管；
15—滤网；16—药液箱

图 5-43　液泵式喷雾机

1—开关；2—喷杆；3—喷头；4—固定螺母；5—皮碗；
6—活塞杆；7—毡圈；8—泵盖；9—药液箱；
10—缸筒；11—空气室；12—出水阀；
13—出水阀座；14—进水阀；15—吸水管

部分空间），利用空气对液面加压，再经喷射部件把药液喷出。气泵式喷雾器的压力一般为 400～600kPa，喷药后，药箱内的压力会迅速降低，降到一定程度时，操作者需停下来再充一次气（每次打气 30～40 下），即可喷完一桶（约 5L）药液，操作者可以专心对准目标喷药。

（3）喷杆式喷雾器

喷杆式喷雾器（Boom sprayer）的喷杆上设有多个喷嘴，搭载在拖拉机或者管理用机械两侧，可进行大面积的喷雾作业。所用的喷洒装置由喷头、喷杆及喷杆架等组成，按喷杆的型式分为横喷杆式、吊杆式和气袋式三类。

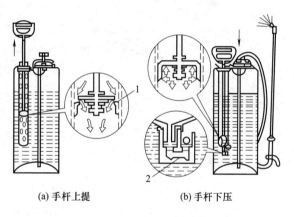

(a) 手杆上提　　　　(b) 手杆下压

图 5-44　气泵式喷雾器
1—皮碗；2—出气阀

① 横喷杆式喷洒装置大多做成折叠式的（图 5-45），以减小运输状态的幅宽。喷杆上可采用多种液力喷头，喷头的选择主要取决于喷洒的药液、需要的施药量、目标、喷雾形状、喷雾角以及雾滴大小。圆锥形喷头推荐用于杀虫剂和杀菌剂的叶丛喷雾，而扇形喷头适于土壤的表面处理。为了减少飘移，喷洒除草剂时压力较低，并且需要有一个防护器来保护作物。每一个喷头上都应装有防滴装置。

② 吊杆式喷雾器在横喷杆下面平行地垂吊着若干根竖喷杆（图 5-46），作业时，横喷杆和竖喷杆上的喷头对作物形成"门"字形喷洒，使作物的叶面、叶背等处能较均匀地被雾滴覆盖，主要用在棉花等作物的生长中后期喷洒杀虫剂、杀菌剂等。

③ 气袋式（也称风幕式）喷雾器在喷杆上方装有一条气袋，由一台风机向气袋供气，气袋上正对每个喷头的位置都开有一个出气孔（图 5-47）。作业时，喷头喷出的雾滴与从气

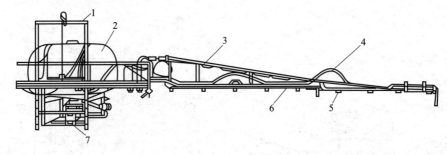

图 5-45　横喷杆式喷雾器配置

1—吊架；2—药液箱；3—喷杆架；4—输液管；5—喷头；6—喷杆；7—药液泵

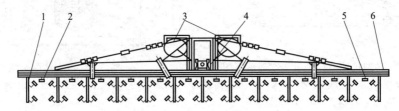

图 5-46　吊杆式喷雾器配置

1—竖喷杆；2—喷头；3—药液箱；4—隔膜泵；5—喷管架；6—横喷杆

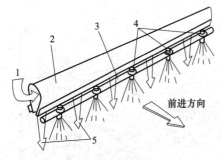

图 5-47　风幕式喷杆

1—气流；2—储气袋；3—喷杆；4—喷头；
5—气流幕帐

袋出气孔排出的气流相撞击，形成二次雾化，并在气流的作用下吹向作物。同时，气流对作物枝叶有翻动作用，有利于雾滴在叶丛中穿越及在叶背、叶面上均匀附着，主要用于对棉花等作物喷施杀虫剂。

图 5-48 为一种典型的由拖拉机悬挂的喷雾装置，其喷杆在工作过程中处于水平状态，在喷杆上等距离地安装着喷洒方向朝下的喷头。

为了使作物的叶片背面也能喷洒到农药或使高植株作物的下部也能喷洒到农药，采用吊挂式喷杆，药液则可从侧面或下面向上喷洒（图 5-49）。在喷洒除草剂时，为了尽量节省药剂，减小药剂对作物的污染，常采用如图 5-50 所示的喷头配置。

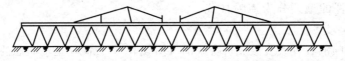

图 5-48　全面喷洒的水平喷杆式喷洒装置

（4）压力式喷头

喷头将加压的液体经喷头嘴喷出，使液体雾化。压力式喷头常用于具有一定压力药液的喷雾机上，又分为撞击式喷头、涡流式喷头、扇形喷头等。

① 撞击式喷头　撞击式喷头由喷嘴、喷头帽、喷杆、锁紧帽和扩散片等组成（图 5-51）。喷嘴制成锥形腔孔，出口孔径一般为 3～5mm，其雾化原理是利用液体压力使药液通过喷嘴到达出口处，由于过水断面逐渐减少，流速逐渐增高，形成高速射流液柱，射向远方。喷出液流与相对静止空气撞击和摩擦，从而克服药液本身的表面张力和黏结力，被细碎为雾滴。如果装有扩散片，将进一步阻击液流，可使近处农作物也得到均匀雾滴喷洒，增大

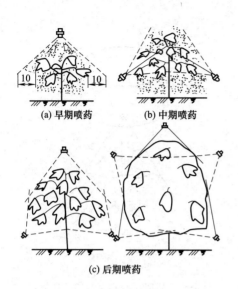

(a) 早期喷药　　(b) 中期喷药

(c) 后期喷药

图 5-49　喷头相对于作物的位置

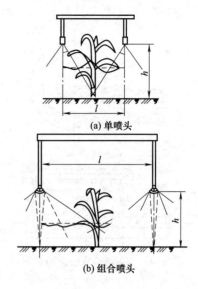

(a) 单喷头

(b) 组合喷头

图 5-50　行间喷洒除草剂喷头位置

了喷洒面积。撞击式喷头药液压力可达到 $1.5\sim2.5\text{MPa}$，喷雾量约 30L/min，最大射程为 15m 左右。

② 涡流式喷头　涡流式喷头是喷雾机械中应用最多的一种，涡流式喷头的特点是喷头内制有

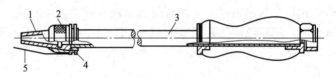

图 5-51　撞击式喷头

1—喷嘴；2—喷头帽；3—喷杆；4—锁紧帽；5—扩散片

导向部分，高压药液通过导向部分产生螺旋运动。涡流式喷头按其结构可分为涡流片式喷头、涡流芯式喷头及切向离心式喷头等。

切向离心式喷头如图 5-52 所示，主要由喷头帽、喷孔片、垫圈和喷头体等组成。喷头体加工成带锥体芯的内腔和与内腔相切的液体通道，喷孔片的中心有一个小孔，孔径有 0.7mm、1.0mm、1.3mm 和 1.6mm 四种规格。内腔与喷孔片之间构成锥体芯涡流室，为了防止腐蚀，喷头中与药液接触的零件多用铜材或塑料制成。切向离心式喷头的工作原理如图 5-53 所示。高压液流从喷杆进入液体通道，由于斜道的截面积逐渐变小，流动速度逐渐增大，高速液流沿着斜道按切线方向进入涡流室，绕着锥体做高速螺旋运动，在接近喷孔时，由于回转半径减小，圆周运动的速度加大，最后从喷孔喷出。由于药液的喷射过程是连续的，因此药液从喷孔射出后，成为锥形的散射状薄膜，距离喷孔越远，液膜越薄，以致断裂成碎片，凝聚成细小的雾滴。受到空气阻力的作用，雾滴继续破碎为更小的雾滴，到达作物表面。

涡流片式喷头如图 5-54 所示，由喷头帽、喷头片、垫圈、涡流片和喷头体组成。在涡流片上沿圆周方向对称地冲有两个贝壳形斜孔。在喷孔片与涡流片之间夹有一垫圈，由此构成一个涡流室。涡流片式喷头的雾化原理与切向离心式喷头的雾化原理相似，其特点是压力药液通过涡流片的斜孔进入涡流室，产生高速螺旋运动。这种喷头工作压力为 $300\sim400\text{kPa}$，雾化性能好，雾化药液直径大小为 $150\sim300\mu\text{m}$，结构简单，多用于手动喷雾机。

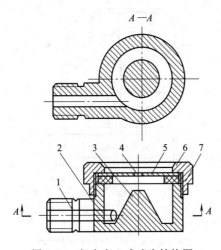

图 5-52　切向离心式喷头结构图

1—进液管；2—喷头体；3—喷头芯；
4—喷孔；5—喷孔片；6—垫圈；7—喷头帽

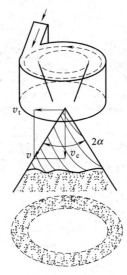

图 5-53　切向离心式喷头的工作原理

涡流芯式喷头如图 5-55 所示，由喷头帽、涡流芯和喷头体等组成。其工作原理与切向离心式喷头基本相同，工作时药液从液管或喷管中输进，沿着具有螺旋角的斜槽流动，产生离心力，使药液从喷孔以雾锥状喷出，在离心旋转中与周围空气撞击成雾滴直径为 150～300μm 的细小雾滴，工作压力一般为 150～300kPa，结构比较复杂，可用于大田喷雾和果园喷雾。

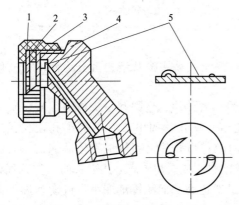

图 5-54　涡流片式喷头

1—喷头片；2—垫圈；3—喷头帽；4—喷头体；5—涡流片

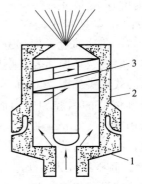

图 5-55　涡流芯式喷头

1—喷头体；2—喷头帽；3—涡流芯

③ 扇形喷头　扇形喷头（Fan-shape nozzle）有狭缝式（又称缝隙式）喷头和冲击式（反射式）喷头，药液经喷孔喷出后均形成扁平扇形雾，其喷射分布面积为一矩形。

狭缝式扇形喷头如图 5-56 所示，由垫圈、喷嘴和压紧螺母组成。这种喷头在喷嘴上开有内外两条互相垂直的半月形槽，两槽相切处形成一正方形的喷孔。其雾化原理如图 5-57 所示，当压力药液进入喷嘴后，受内半月形槽底部的导向作用，药液分为两股相对称的液流 A 和 B。两者流至喷孔处汇合，经相互撞击细碎成雾滴喷出。喷出后又与外半月形槽两侧壁撞击、细碎和受其约束，以及外半月形槽底部的导向作用，便形成一扇形雾状喷出，而后又与相对静止的空气撞击进一步细碎成细小雾滴，喷洒到农作物上。狭缝式扇形喷头，工作压力为 150～300kPa，雾滴直径比较大。常用于喷施除草剂和杀虫剂。

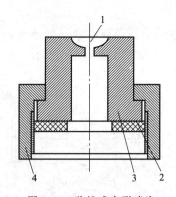

图 5-56　狭缝式扇形喷头
1—喷孔；2—垫圈；3—喷嘴；4—压紧螺母

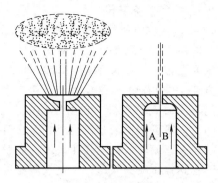

图 5-57　狭缝式扇形喷头雾化原理

冲击式扇形喷头如图 5-58 所示，由喷头帽、垫圈、喷嘴和喷头体组成。其雾化原理是压力药液经喷头体内腔进入喷嘴，从喷嘴流出的药液冲击在导流器（又称反射器）后而形成扇形雾状。该种喷头工作压力较低，一般在 40～100kPa，雾滴较粗，可避免飘移，优点是喷雾角大（约 130°），而一般液力喷头只有 60°～90°，喷雾量大，多用于喷施除草剂。

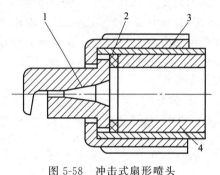

图 5-58　冲击式扇形喷头
1—喷嘴；2—垫圈；3—喷头帽；4—喷头体

5.2.2　撒粉撒粒机

（1）撒粉机

动力撒粉机（Power duster）施用的粉状固体制剂，颗粒在 3～5μm 之间。撒粉的优点是作业效率高，不需要载体物质，不用加水，因而节省劳力和作业费用。撒粉的主要缺点是粉粒在植株上的附着性差，容易滑落。动力撒粉机主要有背负式和拖拉机悬挂式。图 5-59 所示为一种动力撒粉机，动力源是 0.75～2.25kW 的单气筒风冷二冲程汽油发动机，发动机驱动风机产生的高速气流，大部分吹向输气管，小部分吹至粉箱底部的吹粉管 4，从吹粉管的小孔吹出，并将药箱底部的药粉吹松散，送至排粉门，同时由于部分气流通过输气管的弯曲部分时，在输粉管出口处造成一定的真空度，药粉就通过排粉门、输粉管被吸入输气管，与大量的高速气流混合，经喷管撒出，并吹向远方。

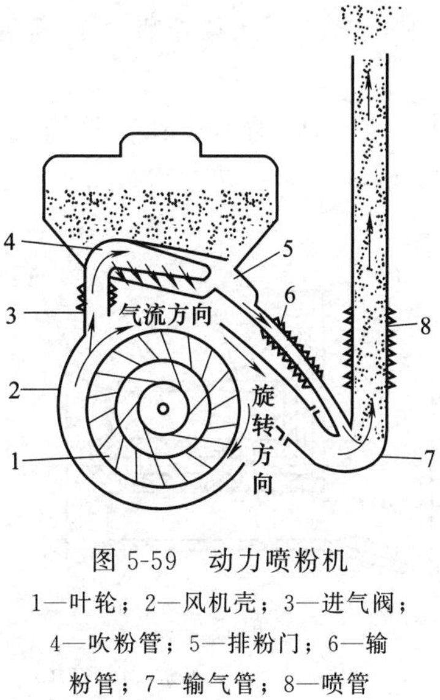

（2）撒粒机

撒粒机（Granular applicator）是施撒粒状药剂的机械。与施撒颗粒状肥料、种子的撒播作业的撒播机工作原理相同，作为植保机械来说，将撒粉机药箱内的搅拌装置和喷头换成粒剂用即成为撒粒机。

图 5-59　动力喷粉机
1—叶轮；2—风机壳；3—进气阀；
4—吹粉管；5—排粉门；6—输
粉管；7—输气管；8—喷管

5.2.3　风力式喷雾机

风力式喷雾机（Mist blower）是利用高速气流使药液雾滴细化成细小微粒，并将其喷洒到目标作物上的有气流喷雾的喷雾机，主要有背负式弥雾机、风送式喷雾机、超低量喷雾机等。

（1）背负式弥雾机

① 背负式弥雾机构造与工作原理　背负式弥雾机与动力撒粉机兼用，将动力撒粉机的药剂箱内换成液体药剂，在喷管头安装上弥雾喷头，与喷雾机相比雾滴更细雾化，可以使药液的浓度更浓，减少喷洒药液量。图5-60为我国研制的东方红-18型背负式弥雾机进行喷雾作业时的情况。该机属于风力式喷雾机，它由发动机、风机、药液箱、弥雾喷头、喷管和输液管等组成。工作时，动力机驱动风机叶轮高速旋转，产生高速气流，大量气流由风机出口经喷管到弥雾喷头吹出；少量气流经进气阀到达药箱内药液面上部的空间，对药液面增压。药液在风压的作用下，经输液管到弥雾喷头，喷头上带有叶片，在风机产生的高压气流作用下能高速旋转，转速一般为8000～12000r/min。药液先在圆盘中形成水膜，利用高速旋转产生的离心力把水膜分散成细小的雾滴向四周飞溅出去。因喷出去的药液雾滴很细（75～100μm），故可实现弥雾喷雾。

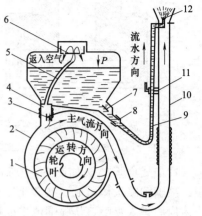

图5-60　东方红-18型背负式弥雾机
1—叶轮；2—风机壳；3—进气阀；
4—进气塞；5—进气管；6—滤网
组合件；7—出液阀门；8—出液管；
9—输液管；10—喷管；11—开关；
12—喷嘴

② 弥雾喷头　弥雾式喷头又称气力式喷头，是利用较小的压力将药液流导入高速气流场，在高速气流（有时在气流通道内装有板、轮、扭转叶片等）的冲击下，药液流束被雾化成为直径为75～100μm的细小雾滴。高速气流一般由风机产生。弥雾式喷头可以获得比液力式喷头雾化更为细小的雾滴，以便借助风力把这些雾滴吹送到较远的目标，国内外生产的弥雾机多是利用这种喷头工作的。气力式喷头种类较多，如扭转叶片式、栅网式、远喷射式、转轮式等，但其工作原理及其效果基本相同。

a. 扭转叶片式喷头由输液管、喷管、扭转叶片等组成（图5-61）。叶片扭转一定角度，每一扭转叶片的背面有一小孔，其孔径为2mm。

b. 远喷射式喷头由输液管、喷管及远射喷嘴等组成（图5-62）。喷嘴上小孔在喷嘴上径向均布，孔径为2mm。液流呈90°导入气流场，其射程相对较远。

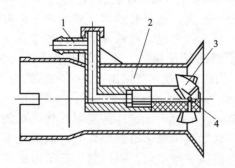

图 5-61　扭转叶片式喷头
1—输液管；2—喷管；3—扭转叶片；4—喷孔

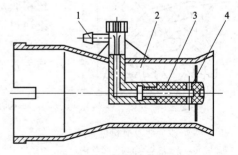

图 5-62　远喷射式喷头
1—输液管；2—喷管；3—远喷射嘴；4—喷孔

c. 冲击板式喷头由输液管、冲击板、喷嘴等组成（图5-63）。冲击板为圆形，固定在喷管的前方，喷管上开有小孔式喷嘴，喷出的药液撞击到冲击板上进行雾化。改变冲击板的大小可以改变药液扩散状态。

d. 冲击栅网涡流喷嘴式喷头由栅网、涡流喷嘴和输液管等组成（图 5-64）。涡流喷嘴喷出的药液与栅网撞击，达到进一步雾化的作用。

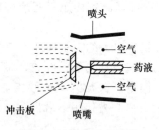

图 5-63　冲击板式喷头

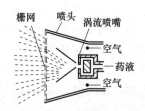

图 5-64　冲击栅网涡流喷嘴式喷头

e. 气力式喷头由输液管等组成（图 5-65），其雾化原理为从风机鼓来的高速气流，在喷管的喉管处速度增高。由于高速气流带走喷孔附近的空气，产生负压。药箱内增压的药液在此负压的作用下，从小孔内径向喷出呈细线液流或较粗雾滴，此时，又与其垂直方向上的高速气流相遇，液流或粗雾滴被进一步破碎成细小雾滴，并在高速气流的作用下吹送到远方。

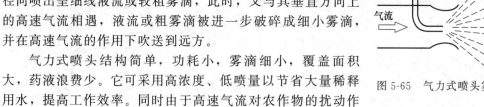

图 5-65　气力式喷头雾化原理

气力式喷头结构简单，功耗小，雾滴细小，覆盖面积大，药液浪费少。它可采用高浓度、低喷量以节省大量稀释用水，提高工作效率。同时由于高速气流对农作物的扰动作用，增加了雾滴的穿透能力，提高了防治效果。但气力式喷头的雾滴直径不够均匀，近处比远处雾滴直径大且分布较密。这种喷头目前广泛用于背负式机动弥雾机上。

（2）风送式喷雾机

风送式喷雾机（Air blast sprayer）是牵引式或自走式大型风力式喷雾机，利用大口径风扇将药液以扇形状进行喷洒。借助高速、大流量的风使到达喷洒目标的液滴，通过冲撞进一步细化，可以喷洒到冲击面的背面，因此主要应用于枝叶繁茂的果树园的植保作业。图 5-66 所示是一种自走式风送式喷雾机，所使用的泵是动力喷雾机用加压泵，作为送风机大多使用轴流风机。10～20 个喷头以扇形分布形式配置在风机的周围，也可以分区域关闭阀门使其停止喷雾。自走式是最一般的形式，在行走底盘上配置各组成部分，而牵引式是将各部件配置在牵引台车上由拖拉机牵引进行作业。风送式喷雾机工作时，由于工作人员具有被药液包围的危险性，因此沿着固定路径进行无人驾驶状态下的喷药作业，在国外也已经实用化。

(a) 整体外形

(b) 风机配置

(c) 喷头配置

图 5-66　自走风送式喷雾机

（3）超低量喷雾机

超低量喷雾机也称为超低容量喷雾机，是利用高速旋转的齿盘将药液甩出，形成 $15\sim75\mu m$ 的雾滴而进行喷洒作业的机械。可以不加或加少量稀释剂而直接用原药液进行喷洒作业，比弥雾机还可以减少喷洒药液量。

图 5-67 为东方红-18 型超低量喷雾机的喷雾过程。风机吹出来的大量高速气流经喷管流入超低量喷头，分流锥使气流分散，在喷口处呈环状喷出，气流冲击驱动叶轮，带动齿盘组件作高速旋转（10000r/min）；同时，由药箱经输液管、调量开关流入空心喷嘴轴的药液，从齿盘轴上的小孔流出，流到前后齿盘之间的缝隙，在齿盘离心力作用下沿齿尖飞出，并被高速气流吹散送到远方。

超低量喷雾机采用的喷头是超低量喷头，它是将药液输送到高速旋转的雾化元件上（如圆盘等），在离心力的作用下，药液沿着雾化元件外缘抛射出去，雾化成直径为 $15\sim75\mu m$ 的雾滴。离心式喷头的雾化元件根据驱动方式不同可分为电机驱动式和风力驱动式两种基本类型。其中电机驱动式多用于手持式超低量喷雾机（又称微量喷雾机）上，也可用于大型机力式喷雾机上。风力式多用于背负式机动超低量喷雾机上。

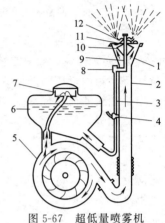

图 5-67　超低量喷雾机
喷雾过程

1—喷头；2—喷管；3—输液管；4—开关；
5—风机；6—药箱；7—滤网；8—流量
开关；9—喷嘴轴；10—分流锥；
11—驱动叶轮；12—齿盘组件

① 电动式离心喷头　电动式离心喷头主要工作部件是一个旋转的圆盘，旋转圆盘有平面单圆盘、带孔凹面单圆盘和凹面双层齿盘等三种类型，其中以凹面双层齿盘（图 5-68）应用最广。它是由两个前后重叠的凹面齿盘组成。前齿盘直接与动力轴连接。前后齿盘用铆钉连接成整体，其间用隔片隔开为 2mm 的间距。齿盘外缘设置有 360 个小锯齿。如图 5-69 所示，当电机驱动齿盘高速旋转时，处于齿盘中心附近的药液在齿盘离心力的作用下，克服了齿盘对药液的摩擦力，沿着盘面向外扩展，药液膜越来越薄。当药液膜扩展到盘面上的拐角时，被甩到另一个齿盘上。经过两个齿盘的相互交换扩展，最后到达齿盘边缘的锯齿处，在齿的尖端形成雾滴并迅速飞离。由于雾滴很小，随风飘移而到达作物表面。

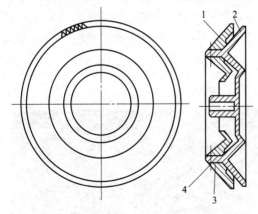

图 5-68　凹面双层齿盘

1—后齿盘；2—前齿盘；3—隔片；4—铆钉

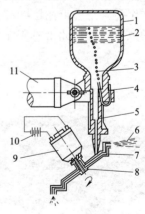

图 5-69　电动式离心喷头

1—药液箱；2—药液；3—空气泡；4—进气管；
5—流量器；6—雾滴；7—药液入门；8—雾化盘；
9—电动机；10—电池；11—开关；12—把手

② 风力驱动式离心喷头　为了克服单一喷头的缺点，我国将旋转齿盘与高速气流配合，利用高速风流带动齿盘旋转，成功地研制出了风力式离心喷头，保证在无风的条件下，具有较好的工作性能。它由驱动叶片、分流锥、齿盘、输液管等组成（图5-70）。齿盘直径为75mm，盘外缘有180个齿，齿高1mm，驱动叶轮有6个扭转角为15°的叶片。其雾化原理与电机驱动式离心喷头相同。

③ 转笼式离心喷头　转笼式离心喷头由喷管、转笼、输液管和驱动叶轮等组成（图5-71）。雾化原理：径向均匀分布许多微小喷孔的转笼，被借助高速气流做高速（可达10000r/min）旋转的叶轮带动下，以同样速度转动。药箱内压力药液进入转笼，在离心力作用下经小孔甩出而形成细小的雾滴，然后被流经喷管的高速气流吹送到远方。转笼式离心喷头可用于机动式喷雾机及航空喷雾装置。

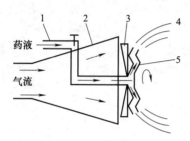

图 5-70　风力式离心喷头工作原理

1—输液管；2—喷管；3—叶轮；4—雾滴；5—齿盘

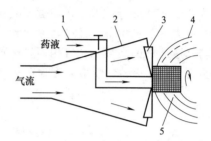

图 5-71　转笼式离心喷头工作原理

1—输液管；2—喷管；3—叶轮；4—雾滴；5—转笼

5.2.4　烟雾机

烟雾机（Fog machine）又称为喷烟机，是指将药液变成直径小于 $50\mu m$ 的固体或胶态悬浮体的烟雾质（Aerosol），使之在空中浮游散布的微量散布机器。由于烟雾质粒径小，能较长久地悬浮在空气中，并随着空气的流动能够完全覆盖作物全体，可以深入到一般喷雾的雾滴或喷粉的粉粒所不能达到的空隙地方，通过触杀和熏蒸作用消灭病虫害，防治药效好，但是也容易向散布区域外扩散。依据烟雾的形成过程可以分为常温烟雾机和热力烟雾机两大类。常温烟雾机是依靠来自压缩机的高压空气通过特制的两个流体喷头（图5-72），在常温下将药液雾化成 $5\sim10\mu m$ 的超微粒子设备。两个流体喷头的工作原理是药剂从药液箱中在压力作用下被压送到喷头的中心药液喷嘴喷出，在喷头的外侧气流喷嘴喷送的高压空气作用下被烟雾化成超微粒子。由于在常温下使农药雾化，农药的有效成分不会被分解，并且水剂、乳剂、油剂和湿剂等均可以使用。它具有喷洒均匀、药液黏附密度高的特点，与热力烟雾机相比，不受农药品种的限制，无须加扩散剂等添加剂，故可扩大机具的使用

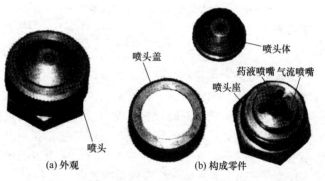

图 5-72　烟雾机用两个流体喷头的外观和构成零件

范围。通常适用于饲养场、园艺设施用温室等封闭空间的杀虫和杀菌作业。热力烟雾机是利用发动机燃烧做功所产生高温气体的热能和高速气体的动能，作用于油性烟雾药剂，使药液迅速裂解烟化，在上升空气的作用下附着在防治目标上。

图 5-73 为一种在苏联广泛使用的 AG-UD-2 型烟雾机，它可以用于蔬菜、森林和一般农作物的植物保护作业，还可用于温室、谷仓和畜禽舍等封闭空间的消毒防虫作业。该机主要由汽油箱、油量控制阀、油量补偿器、汽油喷嘴、温度控制器、燃烧扩散器、燃烧室、导火管、控制杆、药液导管、药液箱、药液控制阀、喷嘴、火花塞、空气滤清器、空气压缩机等组成。工作过程中，空气经过滤清器 20 进入空气压缩机 21，压缩后进入进气通道 19；汽油箱 8 内的汽油经过管路并在油量控制阀 2 和油量补偿器 3 的作用下，从燃烧扩散器 6 喷出；从燃烧扩散器 6 喷出的汽油与通过进气通道 19 来的空气混合，通过火花塞 18 的作用，在燃烧室 9 内燃烧形成 1000℃ 的高温混合气；温度控制阀 5 直接控制进入燃烧扩散器 6 内空气的多少，当温度控制阀 5 的开度加大时，进油量增加，燃烧室内温度升高，反之温度降低；高温混合气经过导火管 10 吹向喷嘴 15，到达喷嘴出口 14 的混合气温度一般为 380~580℃，速度为 250~300m/s；由于在喷嘴处的气流速度很高，故此处的压力很低，药液箱 16 内的药液在压力差的作用下，经过药液导管 17 和 12 及流量控制阀 13，从喷嘴 15 喷出，喷出的药液与高速运动的高温混合气相遇，被蒸发成细小的微粒，最后从喷口 14 喷出。该机的工作幅宽为 50~100 m，喷射高度为 7~10 m，作业效率为 30~40 hm²/h。

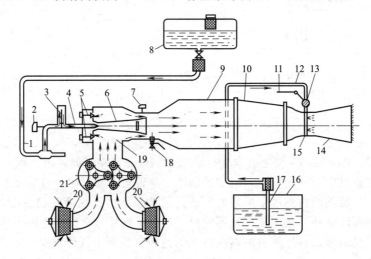

图 5-73 AG-UD-2 型喷烟机

1—汽油管路；2—油量控制阀；3—油量补偿器；4—汽油喷嘴；5—温度控制阀；6—燃烧扩散器；7—螺钉；
8—汽油箱；9—燃烧室；10—导火管；11—控制杆；12,17—药液导管；13—流量控制阀；14—喷口；15—喷嘴；
16—药液箱；18—火花塞；19—进气通道；20—空气滤清器；21—空气压缩机

　　烟雾机可由人工控制，也可实现自动控制。人工控制时为了保证安全，仅将喷头架和药液瓶放置于室内，发动机或电机及空气压缩机等放在室外。自动控制时，整机均放在室内，预先用定时器选择喷烟时间，整个喷烟过程即可自动进行，操作者无须进入室内，可以避免农药对人体的危害。喷雾时产生强制对流，加之利用温室内的小气候，故扩散性好，可弥漫到温室的每个角落；尤其是在作物封行时，雾滴也能渗入，因而药液附着性好。常温烟雾机喷烟停止 2~3h，雾滴即可沉降到作物表面。这种机具节省能源，造价低，对作物和环境污染小，耐久性好。

5.2.5 静电喷雾

　　为了提高药液和药粉在植株上的沉附作用，近年来对静电喷雾、喷粉机进行了广泛的研究。根据试验，使喷出的雾滴带上电荷，在雾滴和带零电荷的大地和作物之间形成一个阴阳相互吸引的两极。特别是对于小颗粒雾滴，利用带有电荷的雾滴穿透植株枝叶则可有效、均匀地附着在植株表面，会减少飘移的数量，从而可减少用药量，提高防治效果，并且减少了对环境的污染。

静电喷雾喷头的结构如图 5-74 所示，喷头座的中央为药液管，周围有倾斜的气管。喷头是由导电的金属材料制成，它是接地的或和大地电位接通，从而使液流 保持或接近于大地电位。在雾滴形成区所形成的雾流，其雾滴由静电感应而带负电，并被气流带动吹出喷头。喷头壳体是由绝缘材料制成的。高压直流电源的作用是将低压输入变换为高压输出，电压可从几伏到几千伏的范围内调节。高压电源是一个微型电子电路，其中包括振荡器，将低压直流电源变换为交流输出；变压器将振荡器的低压交流变换为高压交流输出；整流器将变压器的高压交流输出变换为直流电；调节器用来调节高压交流输出电压，高压电源通过高压引线接到电极上。

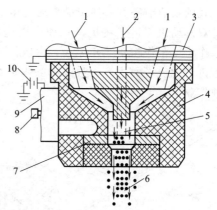

图 5-74　静电喷雾喷头
1—高压空气入口；2—高压液体入口；3—喷头座；
4—壳体；5—雾滴形成区；6—雾流；7—环行
电极；8—调节器；9—高电压直流电源；
10—12V 直流电源

静电喷雾机主要应用电晕充电、接触充电和感应充电原理（图 5-75），使喷出的雾滴带有电荷，同时与喷雾农作物之间产生静电场，使作物产生相反电荷，从而有利于雾滴被引向作物。电晕充电是在喷头出口雾化区配备一个或数个电极尖端，在它们附近产生一个高强度电场，利用针状电极电晕放电所形成的离子轰击雾滴，使通过该电场的雾滴带电，其结构简单，先雾化后充电；接触充电是将雾化元件作为电极，高压电直接连接在即将雾化的药液上。因此，对雾化中的液体直接充电，当药液雾化后便带有电荷，其充电效率高，但结构比较复杂，必须保持设备具有良好的绝缘性；感应充电是在喷头雾化区设置环状电极，形成感应电场，经喷口雾化的雾滴通过高强度电场时而充电，其充电效率不高，充电电压较低，比较适用于小型手持式喷雾机或背负式机动喷雾机上。

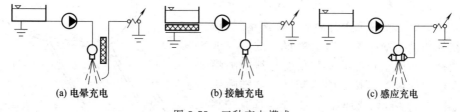

(a) 电晕充电　　　　　　(b) 接触充电　　　　　　(c) 感应充电

图 5-75　三种充电模式

5.2.6　航空喷药

航空植保机械使用的飞机主要采用单发动机的双翼、单翼及直升飞机，适用于大面积平原、林区及山区，可进行喷雾、喷粉和超低量喷雾作业。航空植保作业的优点：一是高效及时，它能以人工防治几十倍的速度迅速、有效地杀灭大面积爆发的有害生物，一次性完成大面积的农田和森（果）林的病虫害防治任务，可及时有效地控制大面积的病、虫、草害；二是适应性强，航空施药装备能在地面装备不能进入的各种地形区域之内及作物不同生长期作业，一般不受太多因素的影响，不损伤作物，避免了地面作业中因碾压作物等问题造成的产量损失；三是经济环保，与常规施药方法相比，由于航空施药多采用低量喷洒技术，单位面积施药量少，每亩为 $200\sim400mL$ 药液，甚至更少，节省农药 40% 左右，降低环境污染，减少农药残留量，自动化程度高，单架飞机防控面积大，单位防治面积的功耗低，同时节省人力与工时。

我国农业航空方面使用最多的是运-5 型双翼机和运-11 型单翼机，前者是单发动机，后者是双发动机。运-5 飞机是一种多用途的小型机，设备比较齐全，低空飞行性能良好，在平原作业可距作物顶端 $5\sim7m$，山区作业可距树冠 $15\sim20m$，作业速度为 $160km/h$。起飞、降落占用的机场面积小，对机场条件要求较低。在机身中部可安装喷雾或喷粉装置，能进行多种作业。

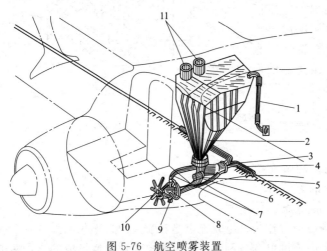

图 5-76 航空喷雾装置

1—加液管；2—药箱；3—出液管；4—喷液管；5—吸液管；6—活门气力动作筒；7—排液管；8—药液泵；9—风车制动气力动作筒；10—风车；11—加液口

图 5-76 所示为一种安装在机翼上的喷雾装置。其药箱是喷雾和喷粉通用的，药箱上的加液管在需要加液时，可与加液泵的出液管相连，进行自动加液；在不需要加液时，作透气管用。药箱顶部的加液口用于人工加液。药液泵的吸液管与药箱相连，两个排液管由一个活门操纵，从排液管上分出的一根支管通入药箱内，用来搅拌药液。药液泵为离心式，由风力驱动，从药液泵排出的压力较高的药液经过排液管进入横向分列两侧的喷液管，喷液管安装在机翼下面，其横截面呈流线形，以减少空气阻力。喷液管上等距离地焊有许多分管，分管轴线与喷管垂直并向机身水平线前下方倾斜 $60°$，分管前端安装喷头。

航空用液力喷嘴的设计类似于地面施药装备的喷嘴，但有较大的区别：一是由于飞机飞行的速度比较快，因此航空施药液力喷嘴的流量非常大；二是由于航空喷嘴工作时会遇到高速空气流，因此航空施药液力喷嘴工作时会受很大的空气剪切力作用；三是航空喷嘴的安装角度与地面喷嘴不同，高速空气流会直接影响雾滴谱。喷雾喷头的结构如图 5-77 所示。喷雾时，支管内具有较高压力的药液顶开单向阀，从挡环中进入半球形喷嘴空间内，经过喷孔喷射形成雾状。喷出的药雾受到高速气流的冲击作用，进一步雾化形成更细小的药雾颗粒，最后飘落到植物和地面上。

目前，相比常用航空喷雾机，我国的农业无人机也进入快速发展阶段。无人机因其作业高度低，飘移少，对环境污染小，可空中悬停，防治病虫害效果好，运行成本低，灵活性高，无须专门起降场地等优点，尤其是随着无人机航空喷洒

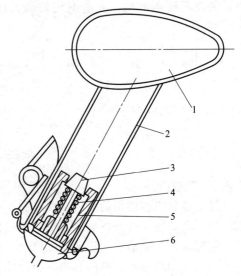

图 5-77 航空喷雾机的喷头

1—喷液管；2—分管；3—阀门；4—弹簧；5—阀座；6—喷嘴

系统、低空低量喷洒、远程控制施药等技术取得突破性进展，在农业生产中将有较大的应用前景。

5.2.7 土壤消毒机

土壤消毒就是用物理或化学方法对土壤进行处理，以杀灭其中的病菌、线虫及其他有害生物，一般在作物播种前进行。土壤消毒机可以把液体药剂注入土壤达一定深度，并使其汽化扩散，使用的机械有人力式和机动式两种。人力土壤消毒器由活塞、药液箱、吸排液阀、注入针、喷头等组成，适用于小面积作业。工作时，由人手提操作，将注入针压入土壤，再推动活塞将药液注入一定深度，药剂在汽化、扩散过程中对土壤进行消毒；机动土壤消毒机多装在拖拉机上，由药液箱、液泵、注入棒等组成，由动力将注入棒打入一定深度，注入药液。

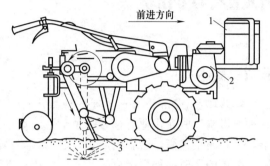

图 5-78 注入棒式土壤消毒机
1—药液箱；2—手扶拖拉机；3—注入棒

图 5-78 所示为一种注入棒式土壤消毒机，它安装在手扶拖拉机上，由药液箱、液泵、注入棒、滚轮等组成。由动力将注入棒压入土壤一定深度（15cm 左右）再点注药液。左右相距 30cm 的两根注入棒交替工作，以减少机体振动。注入棒达到最大深度时，喷头喷出药液，其后以滚轮压封土壤表面，减少汽化药液的泄漏，这种机具效率比较高。

日本于 1983 年研制了一种与旋耕机配套的热风消毒装置，被旋耕的土壤同时受到热风的加热处理。这种方法省工、省费用，并且无污染、无药害，能保证消毒的深度和均匀度。蒸汽消毒技术是通过高压密集的蒸汽杀死土壤中的病原生物。此外，蒸汽消毒还可使病土变为团粒，提高土壤的排水性和通透性。

一种蒸汽消毒机械在意大利发展并得到商业化应用（图 5-79）。该机械具有一系列蒸汽注射管，用一块 3m×4m 的不锈钢包裹，能保证将蒸汽均匀注射到土壤中。为了让机械消毒能覆盖所有地点，该机采用激光制导行进。

图 5-79 蒸汽注射消毒机

复习思考题

1. 常见的除草方法有哪些？火焰除草是怎么一回事？
2. 中耕机一般由哪些主要部件组成？各部件的作用是什么？
3. 中耕机的工作铲有哪几种类型？在结构和作用上有何区别？
4. 中耕机上仿形机构的功能是什么？仿形机构有哪些种类？各有何特点？
5. 喷雾机一般由哪些主要部件组成？空气室等部件的功能是什么？
6. 作物需水量的影响因素包括哪些？对节水灌溉有何指导意义？
7. 喷灌系统包括哪几类？各有什么优缺点？适应条件有何不同？

第6章

收获机械

6.1 概述

收获作业（Harvesting）是农业生产过程中的重要环节之一，对于农作物产量和质量具有重要影响。收获作业有很强的季节性，如小麦最适宜的收获期一般只有5～8天，收获过早，籽粒还不饱满，会影响产量，过迟又容易造成自然落粒损失。双季早稻更需抢收，以免影响晚稻的及时插秧而造成减产。收获作业的劳动强度很大，人工作业常常需要弯腰进行，是极易造成腰痛的辛苦工作。收获机械是替代繁重体力劳动，改善生产条件，提高收获生产效率，降低生产成本和损耗，增强综合生产能力的关键装备，也是国际农业装备产业技术竞争的焦点。经过多年发展，我国在小麦、水稻和玉米三大主粮作物收获机械方面取得了显著成效，目前小麦生产基本实现了机械化，水稻、玉米收获机械化分别达到90％和70％以上，但与世界发达国家相比，我国在研发能力、制造水平、产品质量、生产效率等方面仍较落后，亟需高端产品替代升级。特别是为了满足新型经营主体发展需求、适合农村土地流转集约规模化经营、缓解农村劳动力短缺矛盾，补齐棉油糖、饲草料、林果蔬等全面机械化收获短腿，成为现代农业发展的必然。

6.2 谷物收获机械

6.2.1 谷物生物学特性及谷物收获的农业技术要求

（1）谷物生物学特性

① 谷物成熟　谷物成熟期分为乳熟、蜡熟和完熟等几个阶段。在不同成熟期，籽粒饱满程度、湿度、与穗轴之间的连接强度等也都不同。完熟籽粒相对密度最大，发芽率最高。过熟以后，容易造成自然落粒损失，且色泽变差，蛋白质、脂肪含量降低。同块地的作物，因生长发育条件的差异，成熟度并不完全一致。同一谷穗上的籽粒，由于形成花蕾和开花次序有先后，成熟也参差不齐。小麦（属于穗状花序）最先开花和结实的是穗头中部，然后是穗头顶部和底部。穗头中部开花时，植株的营养最丰富，因此中部的籽粒最重，当顶部和底部开花时，营养已相对不足，因此籽粒较轻。水稻（属于圆锥花序）是依次由上而下地开花和成熟。针对谷物成熟的不一致性，应该选择合适的收割日期并采用合适的收获方法。

植物生理研究表明，割断后的麦株，茎叶中养分仍会继续向籽粒输送（称为"后熟"作用），故小麦在条件适合的地区可适当提前收割。试验表明，在蜡熟中期收割要比完熟期收割增产2％～6％，籽粒品质（表面光泽、蛋白质及脂肪含量）也较好。

② 谷物湿度　谷物湿度是影响收获机械作业性能的重要因素。对湿度大的作物，不论切割、脱粒或清选都较困难，使机器作业质量变差、功耗增加。有些地区收割期雨水较多，有些地区习惯于在田间脱粒，因此，收获机械需要提高对"湿脱"和"湿分离"的适应性。谷物湿度随着成熟度的提高而减少。茎秆不同高度的含水率差别很大，如小麦根基部可达

75％，茎秆下部约 35％，而接近穗头处则可少至 15％。

③ 作物倒伏　作物倒伏会给机械收割造成困难（增加损失，降低效率），必须培育抗倒伏品种，在栽培管理方面采取防倒伏措施，研究适应倒伏作物的机具，从多方面配合来解决该问题。

（2）谷物收获的农业技术要求

谷物收获的农业技术要求是使用和设计谷物联合收获机（Combine）的依据。由于谷物种植种类繁多，且各地区自然条件有差异，栽培制度也各不相同，因此对于谷物收获的农业技术要求也不一样，概括起来主要有以下几点：

① 适时收获，尽量减少收获损失。为了防止自然落粒和收割时的振落损失，谷物一到完熟中期便需及时收获，到完熟末期收完，一般为 5～15 天。因此，为满足适时收获减少损失的要求，收获机械要有较高的生产率和工作可靠性。

② 保证收获质量。在收获过程中除了减少谷粒损失外，还要尽量减少谷粒破碎及减轻机械损伤，以免降低发芽率及影响储存，所收获的谷粒应具有较高的清洁率。割茬高度应尽量低些，一般要求为 5～10cm，只有两段收获法才可保持茬高 15～25cm。

③ 禾条铺放整齐、秸秆集堆或粉碎。割下的谷物为了便于集束打捆，必须横向放铺，按茎基部排列整齐，穗头朝向一边。两段收获用割晒机割晒，其谷穗和茎基部需互相搭接成为连续的禾条，铺放在禾茬上，以便于通风晾晒及后熟，并防止积水及霉变。捡拾和直收时，秸秆应进行粉碎直接还田，不利于还田的，需对秸秆进行压缩打捆，有利于秸秆的利用。

④ 要有较强的适应性。我国各地的自然条件和栽培制度有很大差异，有平原、山地、梯田，有旱田、水田，有平作、垄作、间套作，此外，还有倒伏收获、雨季收获等。因此，收获机械应力求结构简单、重量轻，工作部件、行走装置等适应性强。

（3）谷物收获方法

谷物收获是农业生产过程中最为复杂的工艺过程。根据不同地区不同自然条件，不同种植方式、经济结构、技术水平等来决定合适的收获方法。谷物收获主要有以下三种方法。

① 分段收获法　先用收割机将谷物割断成条地铺放在田里，用人工分把打捆（也可以采用割捆机一次完成收割、打捆作业），用脱粒机进行脱粒（在田间或在脱粒场上），再用人工或机器进行清扬和晒场，所使用的机器结构简单，造价较低，保养、维修方便，易于推广。但整个收获过程还需不少劳力配合，工效较低，谷粒总损失较大。

② 联合收获法　采用谷物联合收获机一次完成收割、脱粒、分离和清粮作业。与分段收获法相比，工效高，降低了劳动强度，能及时清理田地，以利下茬作物耕种，谷粒总损失也较低。虽然联合收获机构造复杂，造价较高，每年使用时间短，收获成本较高，还要求有较大的田块和较高的管理与使用水平，但随着农业经济不断发展，农民购买力不断提高，以及使用和管理水平的大幅提高，联合收获法正在迅速普及。

③ 两段联合收获法　将收获分为两个阶段，例如，在小麦的蜡熟期，用割晒机割下作物，并成条铺放在割茬上，经过 3～5 天晾晒，利用后熟作用，使籽粒逐渐成熟一致。然后，用带拾禾器的联合收获机沿条铺进行捡拾、脱粒、分离和清粮的联合作业，与联合收获法相比，其优点是：谷物经后熟作用，提高了产量与质量；谷物经晾晒，湿度减小，作业效率提高，故障减少；提前收割，在一定程度上缓解了收获工作量过于集中的矛盾。其缺点是：增加了机械作业的次数和燃油消耗量（7％左右），雨量较多时，可能造成籽粒的发芽和霉烂。

（4）谷物收获机械的种类

谷物收获时，各种不同收获方法所采用的机器，在用途和构造上都不相同，它们构成了谷物收获的机器系统（图 6-1）。

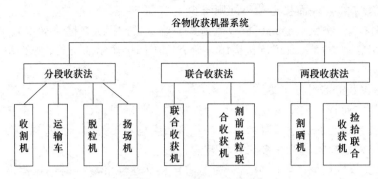

图 6-1 谷物收获机器系统

① 收割机械 收割机用于分段收获，能将作物割断，经过割台输送，将割断的作物在地上放成"转向条铺"（转成约与机器前进方向垂直），以供人工分把和打捆。割晒机用于两段联合收获，能将作物割断，并在地上顺势放成首尾相互搭接的"顺向条铺"，经晾晒后进行捡拾联合收获。割捆机能将作物割断，用绳索自动打捆并放于地面。

② 脱粒机械 半喂入脱粒机将作物带穗头的上半部分喂入机器进行脱粒，使茎秆能大部保持完整。全喂入脱粒机是将作物全部喂入机器进行脱粒，茎秆也全被揉乱、打碎。

③ 联合收获机 半喂入联合收获机先将作物割断，经输送装置将作物带穗的上半段喂入脱粒装置，进行脱粒、清选作业，茎秆可基本保持完整。全喂入联合收获机是先割断作物，然后将其全部喂入脱粒装置，并完成分离、清选作业。割前脱粒联合收获机也属于半喂入联合收获机，其区别在于是先由脱粒装置脱粒，而后切割茎秆。

6.2.2 收割机

（1）收割机械种类

用以完成作物的收割和放铺（或捆束）两项作业的机械，称为收割机械，按不同分类标准，有不同的分类形式，按功能的不同，可分为收割机（Reaping machine）、割晒机（Windrower）和割捆机（Grain binder）三类。收割机用于分段收获作业，其功能是将作物割断，并在地上放成"转向条铺"，以便于下道工序由人工分把和打捆；割晒机用于两段联合收获作业，它将作物割断后，在田间放成首尾相搭接的"顺向条铺"，作物在条铺中经过晾晒及后熟后，再进行捡拾－脱粒－清选联合作业；割捆机也是分段收获时使用的一种机器，它能同时完成收割与打捆两项作业，可降低收获的劳动强度，但打捆机构比较复杂。

收割机主要工作部分称为割台，它由分禾器、切割器、拨禾（或扶禾）装置以及输送装置组成。根据割台台面的位置可分为立式和卧式两种；根据割台的结构形式，有固定式和回转式两种。因此在有些场合下又以其割台形式来给收割机分类和命名。

（2）立式割台收割机

立式割台收割机（图 6-2）的割台台面位姿基本呈直立状态（常略有倾斜）。当立式割台收割机工作时，将割断后的作物直立地进行输送并使之转向铺放。割台结构比较紧凑，重量轻，整机尺寸较小，机动灵活性好，可以配置在小动力底盘的前方，由人工操作。根据作物输送路线和放铺方向的不同，立式割台收割机可分为以下几种：

① 侧向放铺型 侧向放铺型是一种常用的放铺型式，收割机将割断后的作物铺放于机器的侧面。按作物在割台上输送方向，有两种结构。一种是侧向输送侧面放铺型（图 6-3），割下的作物被输送带向一侧输送，在八角星轮配合下，作物在机侧放铺。当以梭形法进行收获时，机器到地头转向后，使输送带反转，作物就被送向机器的另一侧并放铺。

另一种是中间输送侧面放铺型（图 6-4），作物被割下后，向割台中部输送，经换向阀门 4 的引导，将作物送至输送带后方，再经导禾槽 5 而向机侧放铺。其结构优点是只需改变非传动件的换向阀门，即可改变放铺方向，结构简单，换向时冲击力小；其缺点是中间输入口处易堵塞。

② 后放铺型　在小麦、玉米套作地区（图 6-5），为了不致压伤玉米苗，割后小麦需向机器后方放置。如图 6-6 所示，

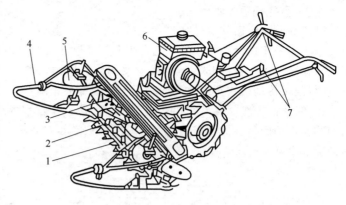

图 6-2　立式割台收割机
1—切割器；2—下输送带；3—上输送带；4—分禾器；
5—拨禾星轮；6—发动机；7—操纵机构

割台前面装有分禾器 1，其拨齿在与星轮配合下能将轻度倒伏的作物自下而上地扶起，割断后的作物在星轮和输送器的配合作用下，先向右输送，再通过转向星轮和转向输送带向后输送，并在机后放铺。

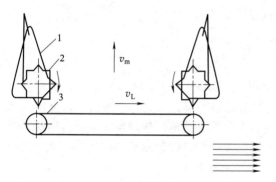

图 6-3　侧向输送侧面放铺型收割机
1—分禾器；2—扶禾星轮；3—输送带

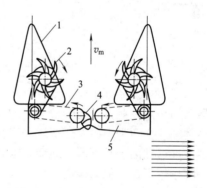

图 6-4　中间输送侧面放铺型收割机
1—分禾器；2—扶禾器；3—输送带；4—换向阀门；
5—导禾槽

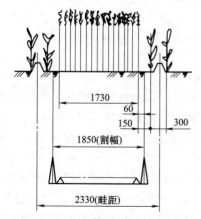

图 6-5　小麦玉米间作套种示意图

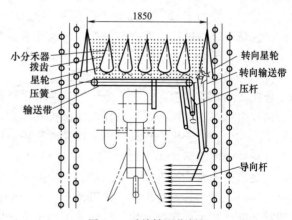

图 6-6　后放铺型收割机

（3）卧式割台收割机

卧式割台的台面基本呈卧状（常略向前倾），其纵向尺寸较大，但工作可靠性较好。宽幅收割机多采用这种结构。卧式割台收割机按输送带数目的多少，可分为单输送带、双输送带和多输送带等三种。其基本结构大致相同，即由切割器、拨禾轮、输送器（及排禾放铺器）、机架及传动机构等组成，但其工作过程各不相同。

① 单带卧式割台收割机 ［图6-7（a）］ 其工作过程为拨禾轮首先将机器前方的谷物拨向切割器，切断后被拨倒在输送带上。谷物被送至排禾口，落地时形成了顺向交叉状条铺。条铺宽为1.0~1.2m。

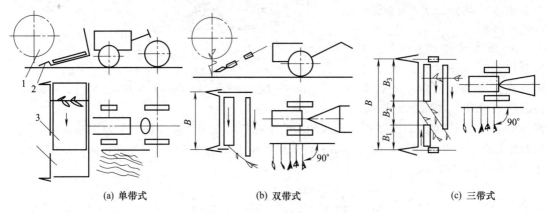

(a) 单带式　　　　　　　　　(b) 双带式　　　　　　　　　(c) 三带式

图6-7　卧式收割机示意图

1—拨禾轮；2—切割器；3—输送带；4—放铺

② 双带卧式割台收割机 ［图6-7（b）］ 在割台上有两条长度不同的输送带，前带长度与机器割幅相同；后带较前带长400~500mm，其后端略升起，并向外侧悬出。作业时，谷物被割倒并落在两带上向左侧输送。当行至左端，禾秆端部落地，穗部则在上带的断续推送和机器前进运动的带动下落于地面，禾秆形成了转向条铺。这种收割机对作物生长状态适应性好，工作较可靠。但只能向一侧放铺，割前需人工开割道。

③ 三带卧式收割机 割台上有三条输送带（前带、后带及反向带）和一个排禾口（位于割台中部）。各输送带均向排禾口输送。收割时，割台前方［图6-7（c）］B_1、B_2及B_3区段内的谷物放铺过程各不相同。在B_1段内的谷物，被割倒并倒落在上、下输送带上，平移到排禾口。其茎端先着地而穗部被运至左端抛出，放铺角为90°左右。在B_2段内的谷物，被割倒后茎端立即着地，穗部被上带运至左端抛出，放铺角为70°~90°。在B_3段内的谷物，被割断后茎端被反向带推向排禾口，禾秆沿茎端运动方向倾倒，放铺角为70°左右，并有少许茎差（为10~15cm）。

（4）悬挂式割晒机

悬挂式割晒机以前悬挂式为最广，是两段收获的必备机具。前悬挂割晒机主要为卧式割台，铺放窗口在割幅以内，可悬挂在拖拉机的前方，工作和转移地块灵活，可自行开道，油耗较牵引式少。由于拖拉机动力输出轴的位置各不相同，故悬挂架一般不能通用。

前悬挂式割晒机的基本结构和工作过程相似，如4SX-3.8型（图6-8）前悬挂式割晒机，主要由拨禾轮、切割器、输送带、悬挂架、平衡弹簧、传动机构、液压升降装置等部分组成。通过悬挂装置与拖拉机挂接组合成一台作业机组。收割时拨禾轮把作物拨向切割器，被切割下的作物禾秆在拨禾轮压板的推压作用下，倒放在输送带上，被输送到机器左侧，从铺放窗口铺放在割茬上。经过晾晒，作物后熟和干燥后，即可进行拾禾脱粒。

（5）切割器

切割器（Cutting device，Cutter）又称为切割装置，是收获机械上重要的通用部件之一。对切割器的性能要求是割茬整齐、不漏割、不堵刀、功耗少，在收割水稻、大豆和牧草时，还特别要求能进行低割，以减少损失。

① 茎秆切割过程的影响因素　茎秆切断过程与割刀特性、茎秆物理机械性质、割刀与茎秆相对位置及切割速度和方向等有密切关系。

刀片断面一般呈楔形，楔角顶部就是刃口。刃口越薄，刃口也越锐利，切割阻力就越小。但过于单薄而尖锐的刃口，没有足够的强度，会很快磨损或折断，而缩短寿命。因此，必须正确处理好锐利度与耐磨性的关系。

与切割过程有关的茎秆物理机械性质包括切割阻力、折断阻力、弯曲阻力、弹性模数和摩擦系数等，这些性质随茎秆品种、成熟度和湿度不同而在很大范围内变化。

茎秆横断面大都呈圆形或略带椭圆形，而叶片则呈扁平形或槽形。茎秆由按照一定规律排列而形成纤维组织的细胞所构成，其外表有一层由

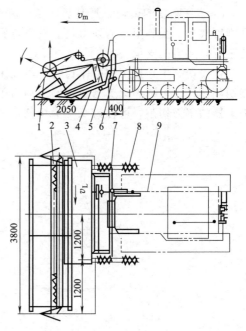

图 6-8　前悬挂式割晒机
1—拨禾轮；2—切割器；3—输送带；4—收割台；
5—悬挂架；6—油缸；7—伸缩杆；
8—平衡弹簧；9—传动轴

硬质纤维形成的韧皮圈，使茎秆具有一定的刚度，里面的纤维管束用来输送水分和养料，而髓部是空心的。因为茎秆不是均匀体，在不同方向上的力学性能并不相同（称为各向异性），因此在切割茎秆的过程中，刀刃与茎秆的相对位置和相对运动方向，对切割效果也有影响。

a. 刀刃运动方向与切割阻力的关系。切割茎秆时，刀刃运动方向对切割阻力有较大的影响。如切割力与切割速度均垂直于刀刃方向切入茎秆时（为正切），割刀切割阻力较大。当刀刃的运动方向与刀刃法线之间偏 α 角度方向切入茎秆时（为滑切），则切割阻力较小（图 6-9）。

b. 茎秆纤维方向性的影响。作物茎秆由纤维素构成，并且非各向同性，切割时割刀与茎秆的相对位置以及切割方向，对切割阻力和功耗有较大影响。图 6-10 所示三种切割方向的试验结果表明：横断切的切割阻力和功耗最大；割刀偏斜 45°时斜切的切割阻力和功耗可较横断切降低 30%～40%；而削切时的切割阻力可较横断切降低 60%，功耗可降低 30%。其中横断切的切割面和切割方向都垂直于茎秆的轴线；斜切的切割面和茎秆轴线偏斜，但切割方向和茎秆轴线垂直；削切的切割面和切割方向都与茎秆轴线偏斜。

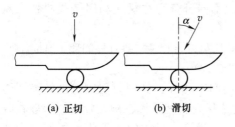

图 6-9　正切与滑切

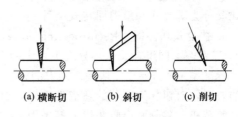

图 6-10　三种切割方向

c. 茎秆刚度的影响。割刀要切断茎秆必须克服一定的切割阻力，但是稻、麦等作物茎秆刚度较小，受到很小的外力就会发生弯斜，因此割刀必须具有一定的切割速度，或是给被切茎秆以适当的支承。

割刀切割生长在田间的作物时，可能采用几种不同的支承方式（图 6-11）：单用动刀直接切割茎秆，可称为无支承切割，用动刀配合定刀切割，可称为单支承切割；用动刀配合带护刃器的定刀切割，可称为双支承切割。

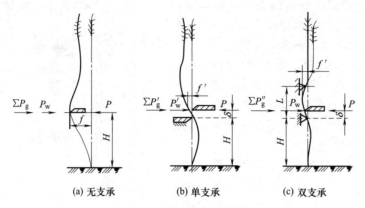

图 6-11　切割茎秆时的支承

进行无支承切割时，动刀必须具有相当高的速度。原来静止的茎秆在瞬间获得动刀传递的速度，即产生很大的加速度以及方向相反的惯性力。在作物全长上各点的加速度和惯性力是不同的，这里可看作有惯性力的合力 $\sum P_g$ 作用在刀刃和茎秆的接触点上。这时 $P = \sum P_g + P_w$，只要满足下列条件，茎秆就能被割断：

$$R_q < P_w + \sum P_g$$

式中　R_q——茎秆切割阻力；

　　　P_w——茎秆抗弯反力；

　　　$\sum P_g$——作物惯性力合力；

　　　P——动刀切割力。

无支承切割所需的切割速度比较高，例如稻麦收割机回转式割刀的线速度在 $10\sim20\text{m/s}$ 以上，牧草收割机的割刀速度需达 $40\sim50\text{m/s}$。

进行单支承切割时，由于有定刀配合，茎秆的抗弯反力 P''_w 有所增加，割刀速度可稍低，如往复式割刀的平均速度为 $1.0\sim1.5\text{m/s}$。但是，单支承切割必须使刀片间隙 δ 在一定的范围内，否则就不能正常切割。

动刀配合带护刃器的定刀工作时，茎秆在双支承条件下被切割，其抗弯阻力 P''_w 又有所增大，这时对刀片间隙的要求可适当放宽，动、定刀片的相互磨损和空转功率也可以减小。

② 切割器类型　根据切割器结构及工作原理的不同可分为往复式和回转式两种，而回转式又分为圆盘式和甩刀回转式两种。

a. 往复式切割器（Reciprocating cutter）。根据其割刀行程 s、动刀片间距 t 和定刀片间距 t_0 三者的不同组合关系，分成下列多种型式（图 6-12）：

标准型（$s=t=t_0$）切割器割刀的行程和刀片的间距相等，其割刀切割速度较高，切割性能较强，对粗、细茎秆的适应性较好，但切割时茎秆倾斜度较大、割茬较高。一般在收割机、割草机、谷物联合收获机上多采用 $s=76.2\text{mm}$ 的规格。日本的水稻收割机械，大部分采用 $s=50\text{mm}$ 的规格，其特点是动刀片较窄长（切割角较小），护刃器为钢板制成，无护

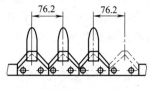
(a) 标准型

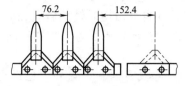
(b) 双刀距行程型

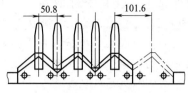
(c) 低割型

图 6-12　往复式切割器的类型

舌，对立式割台的横向输送较为有利。其切割能力较强，割茬较低。在粗茎秆作物收割机上采用 $s=90mm$ 或 $s=100mm$ 的规格，其护刃齿的间距较大，多用于青饲玉米收割机、高粱收割机和对行收割的玉米收获机。国家标准 GB/T 1209—2009 规定了 $s=t=t_0=76.2mm$ 的三种标准型切割器，其中 Ⅰ 型切割器的动刀片为光刃，护刃器为单齿，设有摩擦片，用于割草机；Ⅱ 型切割器的动刀片为齿刃，护刃器为双齿，设有摩擦片，用于谷物收割机和联合收获机；Ⅲ 型切割器的动刀片为齿刃，护刃器为双齿，无摩擦片，用在谷物收割机和谷物联合收获机上。

双刀距行程型（$s=2t=2t_0$）切割器割刀的行程等于刀片间距的 2 倍，其割刀往复运动的频率较低，因而往复惯性力较小，对抗振性较差的小型机器具有特殊意义，适于在小型收割机和联合收获机上采用。

低割型（$s=t=2t_0$）割刀行程 s 和动刀片的间距 t 相等，又等于定刀片间距 t_0 的 2 倍。切割时，茎秆倾斜量和摇动较小，因而割茬较低，对收割大豆和牧草较为有利，但对粗茎秆作物的适应性较差。低割型切割器由于切割时割刀速度较低，在茎秆青湿和杂草较多时切割质量较差，割茬不整齐并有堵刀现象。

往复式切割器的优点是：切割性能较好，割幅在 0.5～6.7m 以上都可采用；平均割刀速度较小，一般为 1～2m/s；在护刃器配合下进行有支承切割，刀片损伤较少；割茬比较整齐，切割器的维护比较简单。其缺点是：割刀往复的惯性力使机器振动较大，限制了机器前进速度的提高；在切割粗茎秆作物时，因切割时间长，刀片受力和变形较大，往往容易发生撞刀、崩刀等情况。

b. 圆盘式切割器（Disc cutter）的割刀在水平面（或有少许倾斜）内做回转运动（图 6-13），因而运转较平稳，振动较小。圆盘式切割器分为无支承切割式和有支承切割式两种。

无支承圆盘式切割器的割刀圆周速度较大，为 25～50m/s，其切割能力较强。切割时靠茎秆本身的刚度和惯性支承。目前在牧草收割机、甘蔗收割机和小型水稻收割机上采用较多。在牧草收割机上多采用双圆盘式切割器，每个刀盘由刀盘架、刀片、锥形送草盘和拨草鼓等组成。工作中每对圆盘刀相对向内

(a) 三圆盘型

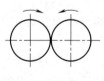
(b) 双圆盘型

(c) 单圆盘型

图 6-13　圆盘式切割器

侧回转。当刀片将牧草割断并沿送草盘滑向拨草鼓时，拨草鼓以较高的速度将茎秆抛向后方，使其形成条铺。圆盘式切割器可适应 10～25km/h 的高速作业。最低割茬可达 3～5cm，工作可靠性较强，但其功耗较大。在甘蔗收割机上多采用具有梯形或矩形固定刀片的单盘和双盘式切割器。一般刀盘前端向下倾斜 7°～9°，以利于减少茎秆重切和破头率。在小型水稻收割机上，有采用单盘或多盘集束式回转式切割器。多盘集束式切割器能将割后的茎秆成小

束地输出，以利于打捆和成束脱粒。它由顺时针回转的三个圆盘刀及挡禾装置组成〔图 6-13（a）〕。圆盘刀除随刀架回转外自身做逆时针回转，在其外侧的刀架上有拦禾装置。圆盘刀（刃部为锯齿状）将禾秆切断后推向拦禾装置。该装置间断地把集成小束的禾秆传递给侧面的输送机构，结构较复杂。

有支承圆盘式切割器（图 6-14）除具有回转刀盘外，还设有支承刀片。收割时该刀片支承茎秆由回转刀进行切割。其回转速度较低，一般为 6～10m/s。支承刀多置于圆盘刀的上方，两者保有约 0.5mm 的垂直间隙（可调）。

(a) 直线型　　(b) 曲线型　　(c) 锯齿圆盘型

图 6-14　有支承圆盘式切割器

c. 甩刀回转式切割器的刀片铰链在水平横轴的刀盘上，在垂直平面（与前进方向平行）内回转。其圆周速度为 50～75m/s，为无支承切割式，切割能力较强，适于高速作业，割茬也较低。目前多用于牧草收割机和高秆作物茎秆切碎机上。甩刀回转式切割器由水平横轴、刀盘体、刀片和护罩等组成（图 6-15）。刀片铰链在刀盘体上分 3～4 行交错排列，刀片宽为 50～150mm，配置上有少许重叠。刀片有正置式和侧置式两种。正置式多用在牧草收割机上，切割时对茎秆有向上提起的作用，刀片前端有一倾角。侧置式多用在粗茎秆切碎机上。收割时，割刀逆向旋转，将茎秆切断并拾起抛向后方。在牧草收割机上为了有利于茎秆铺放，其护罩较长较低；在粗茎秆切碎机上为有利于向地面抛撒茎秆，其护罩较短。甩刀回转式切割器由于转速较高，一般割幅较小为 0.8～2.0m。在割幅较大的机器上可采用多组并联的结构。用甩刀回转式切割器收割直立的牧草，因草屑损失较多，总收获量较往复式切割器减少 5%～10%。但在收获倒伏严重的牧草时，总收获量较往复式为多。

③ 标准型往复式切割器构造　往复式切割器由往复运动的割刀和固定不动的支承部分组成（图 6-16）。割刀由刀杆、动刀片和刀杆头等铆合而成。刀杆头与传动机构相连接，用以传递割刀的动力。固定部分包括护刃器梁、护刃器、铆合在护刃器上的定刀片、压刃器和摩擦片等。工作时割刀做往复直线运动，其护刃器前尖将谷物分成小束并引向割刀，割刀在运动中将禾秆推向定刀片进行剪切。

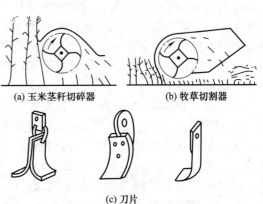

(a) 玉米茎秆切碎器　　　(b) 牧草切割器

(c) 刀片

图 6-15　甩刀回转式切割器

a. 动刀片（Knife section）是主要切割件，为对称六边形（图 6-17），两侧为刀刃，刀刃的形状有光刃和齿刃两种。光刃切割较省力，割茬较整齐，但使用寿命较短，工作中需经常磨刀。齿刃刀片则无须磨刀，虽切割阻力较大，但使用较方便。在谷物收割机和联合收获机上多采用它。而牧草收割机由于牧草密、湿，切割阻力较大，多采用光刃刀片。刀刃的刃角 i 对切割阻力和使用寿命影响较大，当光刃刃角 i 由 14°增至 20°时，切割阻力增加 15%。刃角太小时，刀刃磨损快，而且容易崩裂，工作不可靠，一般取刃角为 19°。齿刃刀片的刃角 $i=23°～25°$。光刃刀片为使其磨刀后刃部高度不变，刀片顶部宽度值一般为 14～16mm，齿刃刀片其顶部宽度值较小些。刀片厚度为 2～3mm。每厘米刀刃长度上有 6～7 个齿，刀刃厚度不超过 0.15mm。

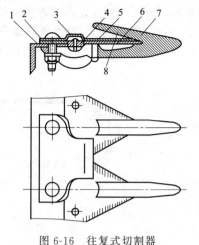

图 6-16 往复式切割器

1—护刃器梁；2—摩擦片；3—压刃器；4—刀杆；

5—动刀片；6—定刀片；7—护刃器；8—护刃器上舌

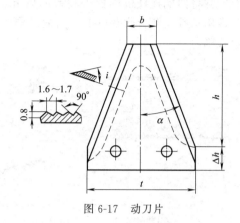

图 6-17 动刀片

b. 定刀片（Cutter stator）为支承件，一般为光刃，但当动刀片采用光刃时，为防止茎杆向前滑出也可采用齿刃。国外有的机器护刃器上没有定刀片，由锻钢护刃器支持面起支承切割的作用。

c. 护刃器（Guard）的作用是保持定刀片的正确位置、保护割刀、对禾秆进行分束和利用护刃器上舌与定刀片构成两点支承的切割条件等。其前端呈流线形并少许向上或向下弯曲，后部有刀杆滑动的导槽。护刃器一般为可锻铸铁或锻钢、铸钢等制成，可铸成单齿一体，或双齿一体或三齿一体。单齿一体损坏后易于更换，但安装和调节较麻烦，现多采用双齿护刃器。

d. 压刃器（Knife clip）是为了防止割刀在运动中向上抬起和保持动刀片与定刀片正确的剪切间隙，以利于动刀片的运动和切割，一般每米割幅有 2～3 个压刃器。压刃器为一冲压钢板或韧铁件，能弯曲变形以调节它与割刀的间隙。

e. 摩擦片（Friction plate）。有的切割器在压刃器下方装有摩擦片，用以支承割刀的后部使之具有垂直和水平方向的两个支承面，以代替护刃器导槽对刀杆的支承作用。当摩擦片磨损时，可增加垫片使摩擦片抬高或将其向前移动。装有摩擦片的切割器，其割刀间隙调节较方便。

f. 刀杆（Cutter bar）上安装动刀片，铆在刀杆上的动刀片应在同一平面上。在适当位置还固定有刀杆头以便驱动机构与刀杆头连接，驱动刀杆做往复运动。

g. 切割器的装配技术要求。护刃器应牢固紧密地安装在护刃器梁上，其接触面之间的局部间隙不大于 0.5mm，相邻两护刃器尖位置度误差不大于 3mm。当割刀的动刀片中心线与护刃器中心线重合时，动刀片与定刀片的间隙规定为：前端间隙不大于 0.5mm，对于收割牧草的Ⅰ型切割器，后端间隙不应大于 1mm，对于收割谷物的切割器，后端间隙允许不大于 1.5mm，但这种切割副的数量不得超过全部的三分之一。压刃器与动刀片的间隙不大于 0.5mm。切割器装好后，割刀在护刃器中运动的最大推拉力，每米割幅不大于 40N。

④ 往复式切割器的传动机构　能够将旋转运动变成往复直线运动的机构都可用作往复式切割器的传动机构，常用的传动机构如下：

a. 曲柄连杆机构（Crank link mechanism）。平面型偏置曲柄连杆机构 [图 6-18（a）]，其曲柄、连杆和割刀在同一平面内运动，曲柄回转中心与割刀运动线之间有一偏距 e，用于侧置式收割机和割草机。空间型偏置曲柄连杆机构 [图 6-18（b）]，允许割刀在一定范围内改变位置，常用于割草机。转向式曲柄连杆机构［图 6-18（c）、（d）］，在割台前置式的收割机上，常将曲柄连杆机构置于割台的后方，并在侧方增加摇杆及导杆，通过导杆来传动割刀，常用于谷物联合收获机上。曲柄滑槽机构［图 6-18（e）］的结构较为紧凑，常用于传动前置式割刀。

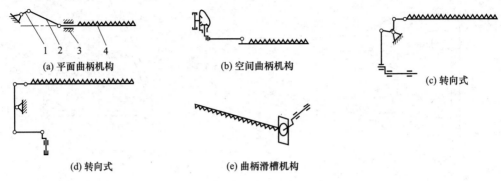

图 6-18　割刀的曲柄连杆传动机构
1—曲柄；2—连杆；3—导向槽；4—割刀

　　b. 摆环机构（Swinging-ring mechanism，Wobbler）。摆环机构由主轴、摆轴、摆叉、摆环、摆杆、导杆组成（图 6-19），在主轴的一端折转一个偏角，通过轴承套上摆环 4，摆环外面装着滑环，滑环通过轴销与摆叉 3 相连。主轴的回转运动通过摆环与摆叉而变成摆轴 2 的往复摆动，从而经摆杆驱动割刀。摆环机构的结构紧凑，但造价较高，在谷物联合收获机上已广泛应用。

　　c. 行星齿轮机构（Planetary gearingmechanism）。图 6-20 所示是一种行星齿轮式传动机构。其固定内齿圈 d 的齿数为行星齿轮 c 的齿数的 2 倍（$Z_d = 2Z_c$），转臂 f 的长度＝曲柄 e 的长度＝行星齿轮半径＝1/4 固定内齿圈直径，故在同一时间内转臂的转角恒为曲柄转角的一半。图 6-20 中 1、2、…、8 为转臂端部运动轨迹，1′、2′、…、8′为刀头 b 的运动轨迹。这种机构能保证割刀做往复直线运动而无有害的侧向运动，因而磨损、振动较小，允许提高割刀速度。

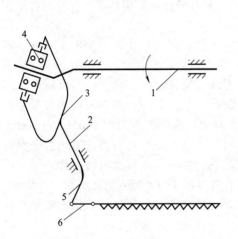

图 6-19　摆环机构
1—主轴；2—摆轴；3—摆叉；4—摆环；
5—摆杆；6—导杆

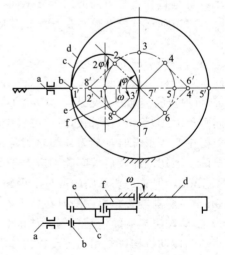

图 6-20　行星齿轮传动机构
a—割刀杆；b—刀头；c—行星齿轮；d—固定内齿圈；
e—曲柄；f—转臂

⑤ 往复式切割器刀片切割茎秆条件　动刀片的刃口与其对称轴线之间的夹角 α 称为刃口倾角或切割角。试验表明，随着角 α 的增加，切割阻力会减少，但是如果角 α 超过某个限度，作物茎秆会从动、定刀片的剪口当中滑出去。因此，要能正常切割，必须使动、定刀片在剪切前的瞬间先将茎秆夹持住。

图 6-21 表示茎秆被动、定刀片稳定夹持住时的受力状态。当动、定刀片对茎秆的摩擦角分别为 ϕ_1 和 ϕ_2 时，在图示的茎秆断面上，A、B 两点处茎秆分别受到法向作用力 N_1、N_2 和摩擦力 F_1、F_2，其合力分别是 P_1、P_2，当茎秆被夹持住而保持平衡时作用力 P_1、P_2 必定大小相等、方向相反，并在同一直线上。即满足如下条件：

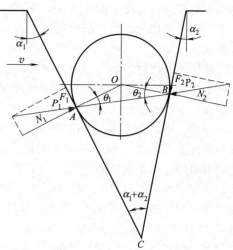

$$\begin{cases} F_1 = N_1 \tan \dfrac{\alpha_1 + \alpha_2}{2} \leqslant N_1 \tan \phi_1 \\ F_2 = N_2 \tan \dfrac{\alpha_1 + \alpha_2}{2} \leqslant N_2 \tan \phi_2 \end{cases} \quad (6\text{-}1)$$

式中　α_1——动刀片切割角；

　　　α_2——定刀片切割角。

图 6-21　刀片夹持茎秆的受力分析

由式（6-1）可知

$$\begin{cases} \alpha_1 + \alpha_2 \leqslant 2\phi_1 \\ \alpha_1 + \alpha_2 \leqslant 2\phi_2 \end{cases} \quad (6\text{-}2)$$

若定刀刃为齿形刃，则 ϕ_1 小于 ϕ_2，由式（6-2）可以化解为

$$\alpha_1 + \alpha_2 \leqslant 2\phi_1 \quad (6\text{-}3)$$

即能够保证动定刀钳住茎秆的极限条件为 α_1 与 α_2 之和要小于 ϕ_1 与 ϕ_2 之中最小角度的 2 倍。

⑥ 割刀速度和机器速度的关系　割刀割茎秆时，若机器前进速度过快，会造成割茬不整齐，甚至连根拔掉；若前进速度过慢，会增加割刀磨损，降低生产率。二者之间的关系可用下列三种方法表示。

割刀速度和机器前进速度之间的关系，可以用进距表示。所谓进距，是割刀完成一次行程的时间内机器前进的距离：

$$H = v_{\mathrm{m}} \frac{\pi}{\omega} = \frac{30 v_{\mathrm{m}}}{n} \quad (6\text{-}4)$$

式中　v_{m}——机器前进速度，m/s；

　　　n——曲柄转速，r/min；

　　　ω——曲柄角速度，rad/s。

切割器工作时，割刀一面做往复运动，一面做前进运动，其绝对运动是这两者的合成。用作图法画出刀片的绝对运动轨迹，以分析切割器的工作过程，这种图形通常称为切割图。切割图可以用手工方法绘制，也可以应用计算机编程绘制。

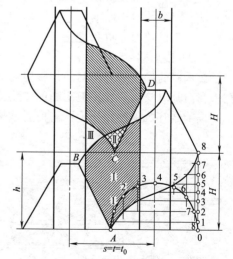

图 6-22　标准型往复式切割器的切割图

图 6-22 是标准型往复式切割器（$s=t=t_0$）切割图。茎秆的切割将发生在动刀刃口轨迹和定刀刃口轨迹依次相交的各点。在相邻两定刀片之间的作物，由于所处位置的不同，可能有三种不同的情况：

Ⅰ区中的作物，被动刀片推至相邻的定刀片刃口处而被切割。位于该区中的茎秆在切割前发生的弯斜，习惯上称为"横向弯斜"区。Ⅰ区也称为扫过区或一次切割区。

Ⅱ区中的作物，在割断后其割茬被另一刃口重复触及，有可能发生重割。该区域也称为重复区。

Ⅲ区中的作物，在刀刃 AB 向右运动时未曾触及，将被推动到下一次的切割区内，在下一切割区中被成束地切断。位于Ⅲ区中的茎秆在切割前发生的弯斜，习惯上称为"纵向弯斜"区，也称为空白区。

显然，当进距 H 增大时，Ⅲ区将扩大，Ⅱ区将减小；当其他条件相同时，刀片切割部分的高度 h 若减小，则Ⅲ区的面积增大，Ⅰ、Ⅱ区面积缩小。因此，进距和刀高都对切割性能有影响。作物被割时相对于切割器所处的位置不同，其割茬高度也会不同。由切割图可见，作物"横向弯斜量"的大小，主要取决于定刀间距 t_0 和机器进距 H。当 t_0 和 H 增大时"横向弯斜量"也就加大；"纵向弯斜量"的大小则随Ⅲ区面积的增大而增大，即与机器进程 H 成正比，与动刀切割部分高度 h 成反比。因此，适当地减小 t_0 和 H，有助于减小作物在割前发生的弯斜量，从而可以降低割茬。

切割器工作过程中，作物由于所处部位（扫过区、重复区、空白区）的不同，在割断前产生的弯斜量不同，因此割茬高度会不一致。割刀进距 H、动刀片切割部分的高度 h 以及定刀间距 t_0 会影响上述三种区域面积的比例关系，会影响作物割前的弯斜量。因此，在某些作业需特别强调进行低割的情况下，在设计时除了降低割刀离地高度外，还可以对这些因素加以考虑。

⑦ 往复式切割器惯性力的平衡　以偏置曲柄连杆机构传动的切割器为例来分析其惯性力的影响。工作时连杆做平面运动，割刀做往复运动，由它所引起的曲柄径向力的变化，传到机架上将导致机架振动。曲柄切向力的变化，将使曲柄轴上的扭矩也交替变化而引起转速的波动。因此，对于曲柄转速较高的割草机和收割机应考虑惯性力的平衡。比较严密的方法是利用计算机辅助分析和优化，寻求最佳平衡块质量与位置。

（6）拨禾器

拨禾器的作用是把待割的作物向切割器方向引导，对倒伏作物，要在引导过程中将其扶直；在切割时扶持茎秆；把割断的作物推向割台输送装置，以免作物堆积在割刀上。

拨禾器有拨禾轮和扶禾器。前者结构简单，适用于收获直立和倒伏不严重的作物，普遍应用于卧式割台收割机和联合收获机上。后者用于立式割台联合收获机上，能够比较好地将严重倒伏的作物扶起，并能较好地适应立式割台的工作。

① 拨禾轮的构造与运动分析　普通拨禾轮的结构如图 6-23 所示。拨禾板 4 刚性地沿径向安装在辐条 1 上。拨禾板一般有 3～6 块，均匀分布在圆周上。为了适应不同状态的作物，拨禾轮的转速和安装位置可以调整。拨禾轮工作时，拨禾板的运动由机器的前进运动和拨禾板绕轴的回转运动所合成，其运动轨迹可用作图

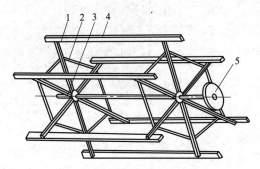

图 6-23　拨禾轮的结构示意图
1—辐条；2—拉筋；3—轮轴；4—拨禾板；
5—带轮

法求得 [图 6-24 （a）]。例如，求拨禾板上 A_0 点的运动轨迹时，先将 A_0 点回转的圆周作 m 等分（图中为 12 等分），然后用下式求出在拨禾板每转一等分时间间隔内机器前进的距离 S：

$$S = v_m \frac{60}{mn}$$

式中　v_m——机器前进速度，m/s；

　　　　n——拨禾轮转速，r/min。

　　由点 1 沿机器前进方向量取长度为 S 的线段，线段的端点 1′即拨禾板上的 A_0 在转过一等份的绝对位置；同理，由点 2，3，…，m 也沿前进方向依次量取长度分别为 $2S$，$3S$，…，mS 线段，端点 2′，3′，…，m' 即分别为点 A_0 转过 2，3，…，m 等份圆周时的绝对位置。连接点 2′，3′，…，m' 就得到拨禾板上 A_0 点的运动轨迹。

　　设拨禾轮轴在地面上的投影为坐标原点 [图 6-24 （b）]，x 轴沿地面指向前进方向。y 轴垂直向上，拨禾板外沿上一点由水平位置 A_0 开始逆时针方向旋转，则其轨迹方程为

$$\begin{cases} x = v_m t + R\cos(\omega t) \\ y = H - R\sin(\omega t) \end{cases} \tag{6-5}$$

式中　R——拨禾轮半径，m；

　　　　ω——拨禾轮角速度，rad/s；

　　　　H——拨禾轮轴离拨禾轮距离，m；

　　　　h——割刀离地高度，m。

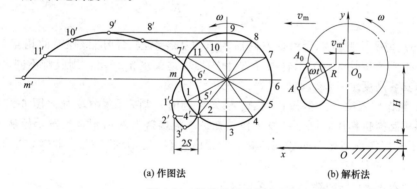

(a) 作图法　　　(b) 解析法

图 6-24　拨禾板运动轨迹

　　拨禾板运动轨迹形状，取决于拨禾轮圆周速度 v_y 与机器前进速度 v_m 的比值 λ（称为拨禾速度比）。即

$$\lambda = \frac{v_y}{v_m} = \frac{R\omega}{v_m}$$

轨迹形状随 λ 值不同的变化规律如图 6-25 所示。λ 值从 0 变化到 ∞ 时，拨禾板的轨迹形状由直线（$\lambda = 0$）变化到短幅摆线（$\lambda < 1$）、普通摆线（$\lambda = 1$）、长幅摆线（$\lambda > 1$）直至圆（$\lambda = \infty$）。

　　要使拨禾轮完成对作物茎秆的引导、扶持和推送作用，就必须使拨禾板具有向后的水平分速度。轨迹曲线上各点切线的方向，就是拨禾板在各种位置时的绝对速度方向。从图 6-25 分析可知，当 $\lambda \leqslant 1$ 时，在轨迹曲线上的任何一点均不具有向后水平分速度。只有当 $\lambda > 1$ 时，即轨迹形状为

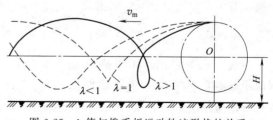

图 6-25　λ 值与拨禾板运动轨迹形状的关系

长幅摆线（常称余摆线）时，运动轨迹形成扣环，在扣环下部，即扣环最长横弦 EE'（图 6-26）的下方，拨禾板具有向后水平分速度。由此可知，拨禾轮正常工作的必要条件是拨禾速度比 $\lambda > 1$。

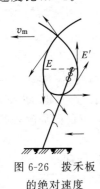
图 6-26 拨禾板的绝对速度

② 拨禾轮工作过程　每块拨禾板从开始接触未割作物，直到将已割作物向后推送并与之脱离接触，就是它的完整工作过程。要使拨禾轮具有良好的工作质量，除了必须满足 $\lambda > 1$ 条件外，还应满足工作过程中不同阶段要求：拨禾板在插入作物丛时，其速度应垂直向下，这样对穗部冲击最小，可以减少落粒损失；切割时，拨禾板应扶持作物茎秆，以配合进行切割，避免切割器将茎秆向前推倒；茎秆割断后，拨禾板应继续稳定地向后推进，以清理割刀，并防止作物向前翻倒或被向上挑起，造成损失。

a. 沿铅垂方向插入作物丛　假设拨禾轮轴安装在切割器正上方，作物直立，作物高度为 L（图 6-27）。当拨禾板从铅垂方向插入作物丛时，作物与余摆线扣环最长横弦的端点相切，且切点 A_1 正好与作物顶部重合。点 A_1 处拨禾板速度垂直向下，即水平分速度，即 v_{1x} 为零。由

$$v_{1x} = \frac{\mathrm{d}x_1}{\mathrm{d}t} = v_m - R\omega\sin(\omega t_1) = 0$$

根据式（6-5）和图 6-27 可得

$$H = L - h + \frac{R}{\lambda} \tag{6-6}$$

式（6-6）说明要使拨禾板铅垂方向插入作物丛各参数之间应该保持的相互关系。在工作中，如果拨禾速度比 λ、拨禾轮半径 R 和割刀离地高度 h 一定，则收割不同高度 L 作物时，拨禾轮安装高度 H 应该调整。

b. 拨禾轮作用程度　拨禾板在点 A_1 插入作物时，割刀在点 C_1 处（图 6-27），如不考虑作物之间相互推挤作用，则不会发生作物在拨禾板扶持下的切割。当拨禾板从点 A_1 运动到点 A_2，不断把作物茎秆引向切割器时，割刀由点 C_1 运动到点 C_2。此时，生长在 k 点的作物开始在拨禾轮扶持下被切割。随着机器前进，生长在范围 kf 内的作物将集成一束在扶持状态下被切割，由此可知，每块拨禾板在配合切割时每次所扶持的谷物范围 Δx 可用线段 kf 来表示，称为每块拨禾板的作用范围。Δx 越大，表示在每块拨禾板扶持下切割的作物量也越多。当拨禾轮轴安装在割刀正上方时，拨禾板的作用范围 Δx 等于余摆线扣环宽度（即最长横弦）一半，可由图 6-27 求得。

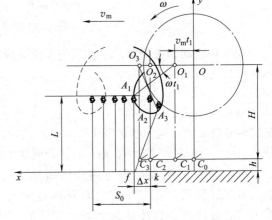
图 6-27 拨禾轮的工作过程简图

$$\Delta x = \frac{R}{\lambda}\left(\arcsin\frac{1}{\lambda} + \sqrt{\lambda^2 - 1} - \frac{\pi}{2}\right) \tag{6-7}$$

由式（6-7）看出，作用范围 Δx 的大小取决于拨禾轮半径 R 和拨禾速度比 λ，且拨禾板的作用范围 Δx 与拨禾轮半径 R 成正比，与拨禾速度比 λ 近似成正比。

设拨禾轮装有 z 块拨禾板，则相邻两拨禾板的余摆线扣环之间的节距 S_0 为

$$S_0 = v_m \frac{2\pi}{\omega z} = \frac{\omega R}{\lambda} \times \frac{2\pi}{\omega z} = \frac{2\pi R}{\lambda z}$$

根据上述不考虑作物茎秆相互推挤作用的假设，在理论上一个节距内 Δx 范围以外的作物，都是在没有拨禾板扶持自由状态下被切割。通常把比值 $\Delta x / s_0$ 称为拨禾轮作用程度 η，即

$$\eta = \frac{\Delta x}{s_0} = \frac{z}{2\pi}\left(\omega t_1 + \sqrt{\lambda^2 - 1} - \frac{\pi}{2}\right) \tag{6-8}$$

η 表示在拨禾板扶持下切割作物的百分数，一般其计算值为 $0.25\sim0.50$。式（6-8）表明，要加大作用程度 η，就必须增大 Z 和 λ。实际上，Z 和 λ 的增加是受限制的，且过分增加 η 也没有必要。因为增加拨禾板数 Z，不仅使结构复杂，而且增加了击穗次数，而使落粒损失增加，现有机器上，$Z = 4 \sim 6$。拨禾速度比 λ 如过分增大，会造成拨禾板对作物穗部冲击力增加。此外，由于生长在田间的作物有一定密度，在拨禾板的作用下会产生相对推挤作用，因此实际作用程度比计算值要大些。一般 η 的计算值达到 0.3 时即可满足工作需要。

c. 清扫割刀和稳定推送条件　当作物茎秆被割断后，拨禾板相对于割断作物的运动轨迹不再是余摆线，而是圆（图 6-28）。此时，要求拨禾板继续推送茎秆，使其离开割刀，并整齐地向后倒在割台上。如拨禾板的作用点过高，清理割刀的作用将减弱，如拨禾板的作用点在重心之下，则割断的作物可能会绕拨禾板向前翻倒或被挑起，造成损失。因此，拨禾板的作用点应位于已割作物重心点或重心稍上方。

已割作物重心位置，一般在顶部向下 1/3 处，设已割部分长（$L-h$），为满足上述要求，则应保证

$$H \geqslant R + \frac{2}{3}(L-h) \tag{6-9}$$

③ 拨禾轮主要参数

a. 拨禾轮转速。在选择拨禾轮转速时，首先应确定拨禾速度比 λ。由前分析可知，拨禾轮正常工作必要条件为 $\lambda > 1$。加大拨禾速度比 λ，拨禾轮作用范围和作用程度都会增加。但是，当机器前进速度 v_m 一定时，增大 λ 值，就要提高拨禾轮圆周速度，从而使拨禾板对作物穗部冲击力加大，致使落粒损失剧烈增

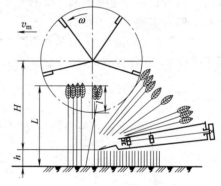

图 6-28　拨禾轮的推送作用

加。实践证明，对于收割小麦，拨禾板圆周速度 v_y 一般不宜超过 3m/s；对于收割水稻，v_y 一般不超过 1.5m/s。因此，拨禾轮拨禾速度比 λ 的提高受最大圆周速度的限制。

λ 值应经过试验选定最合适的数值，在小麦联合收获机上，$\lambda = 1.2 \sim 2.0$，水稻联合收获机上，$\lambda = 1.3 \sim 2.3$。在机器前进速度高时，为防止拨禾板速度超出限定值而击落谷穗，故 λ 取小值；相反情况时，λ 应取大值。

λ 值确定后，若机器前进速度已定，即可求出拨禾轮转速 n：

$$n = \frac{30\lambda v_m}{\pi R} \tag{6-10}$$

式中　R——拨禾轮半径。

在联合收获机上，前进速度 v_m 与机器生产率、割幅、配套动力等因素有关。使用中常需根据地块条件、亩产量和作物状况等情况而改换不同前进速度。为了使拨禾轮具有最佳工作性能，要求拨禾轮转速也能进行调整。

b. 拨禾轮直径　在分析拨禾轮工作过程时，为了保证"铅垂插入""稳定推送"两个要求，它们都与拨禾轮半径 R 有关。若要同时满足上述两个要求，拨禾轮半径可由式（6-6）

与式（6-9）联立求解得出：

$$R \leqslant \frac{\lambda(L-h)}{3(\lambda-1)} \tag{6-11}$$

由于各种作物高度 L 不同，选用拨禾速度比 λ 也要随作物状况、机器前进速度而变化，故拨禾轮直径只能按主要收获作物的高度 L 及机器最常使用的 λ 值来计算。在装有螺旋推运器的割台上，为了在收割低矮与倒伏作物时，避免拨禾轮调至最低位置时与搅龙和割刀相碰，需留有 $10\sim15$mm 安全间隙，故拨禾轮直径一般比输送带式割台上的拨禾轮直径小。在水稻联合收获机上，为了减轻重量，适应水田工作，拨禾轮直径也需要适当减小。因此，确定拨禾轮直径时应考虑多方面因素。目前，在小麦联合收获机上 $R=450\sim600$mm；水稻联合收获机上，一般 $R=450$mm 左右。

c. 拨禾轮位置调整。为了适应不同作物条件，拨禾轮轴位置需要进行高低、前后调整。

（a）垂直调整。拨禾轮安装高度 H 与拨禾轮工作性能关系密切。由式（6-6）与式（6-9）可知，对于不同作物高度和不同 λ 值，就需要调整拨禾轮安装高度，使其满足上述"铅垂方向插入茎秆"和"稳定推送茎秆"两项要求。但是，在实际工作中，由于作物情况多变，拨禾轮直径不能始终满足式（6-11），即拨禾轮高度 H 的调节有时不能同时满足两项要求，需要根据作物状况确定主次要求来进行调整。实践表明，当作物成熟度高、籽粒易落粒时，则应以"铅垂方向插入茎秆"的要求为主来调整。而其他情况，一般都以"稳定推送茎秆"的要求确定拨禾轮高度。

拨禾轮轴安装高度 H 的调节范围大致可按照设计要求规定的作物高度范围来确定。将作物高度的最大、最小值（$L_{\max}$、$L_{\min}$）代入式（6-6）和式（6-9），可分别求出 H 调节范围 S：

$$S=H_{\max}-H_{\min}=\left(L_{\max}-h+\frac{R}{\lambda}\right)-\left(L_{\min}-h+\frac{R}{\lambda}\right)=L_{\max}-L_{\min} \tag{6-12}$$

$$S=\left[R+\frac{2}{3}(L_{\max}-h)\right]-\left[R+\frac{2}{3}(L_{\min}-h)\right]=\frac{2}{3}(L_{\max}-L_{\min}) \tag{6-13}$$

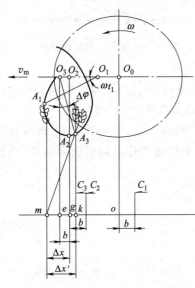

图 6-29 拨禾轮轴前移时工作情况

按式（6-12）和式（6-13）计算得到拨禾轮高度调节范围不同，前者计算值大于后者。考虑到式（6-6）和式（6-9）都是针对直立作物而言的，实际上机器经常会遇到倒伏作物，需要将拨禾轮轴前移并降低安装高度。因此，调整范围 S 应稍大一些，以便留有余地，通常按式（6-12）来计算。一般机器垂直调节范围 $S=500\sim600$mm。

（b）水平调整。拨禾轮安装的前后位置，对拨禾板作用范围、扶起性能和推送性能有很大影响。当拨禾轮轴在割刀正上方时，拨禾板作用范围 Δx 等于余摆线扣环宽度的 $1/2$。如果将拨禾轮轴相对割刀前移，则拨禾轮作用范围可以增大。图 6-29 所示为拨禾轮轴相对割刀前移量为 b（设前移为正，后移为负）时工作情况。当拨禾板从点 A_1 插入作物丛引导茎秆至点 A_2 时，割刀尚在点 C_2，未与茎秆相遇。当拨禾板继续转过角度 $\Delta\varphi$ 到达点 A_3 时，割刀相应到达点 C_3，此时，拨禾板和割刀同在一条铅垂线上，生长在点 k 处的作物开始被扶持切割。由图 6-29 可知，拨禾轮轴前移（b 为正值）后，拨禾板作用范围由 Δx 增大至 $\Delta x'$。$\Delta x'=\Delta x+gk$，$gk=$

$$b-eg=b-o_2o_3$$

$$gk=b-eg=b-o_2o_3=b-v_{\mathrm{m}}\frac{\Delta\varphi}{\omega}=b-\frac{\omega R}{\lambda}\times\frac{\Delta\varphi}{\omega}=b-\frac{R\Delta\varphi}{\lambda}$$

因此 $$\Delta x'=\Delta x+\frac{b(\lambda-R\Delta\varphi)}{\lambda} \tag{6-14}$$

拨禾轮轴也不可前移过多。如果拨禾板在点 A_1 接触的那根茎秆被引导到与拨禾板接触极限位置（拨禾板与茎秆接触的最后位置）点 A_4 时（图 6-30），割刀尚未到达点 C_4，则随着拨禾板的提升，此茎秆将发生"回弹"。为避免拨禾板发生这种徒劳无益的击禾动作，拨禾轮轴前移量受到限制，图 6-30 所示前移位置即茎秆不发生"回弹"时拨禾轮轴最大前移位置。

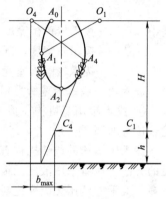

图 6-30　拨禾轮轴的最大前移量

为了便于比较拨禾轮轴在不同水平位置时扶倒和推送性能，可分别采用扶起角和推送角来进行相对比较。扶起角是指拨禾板能将作物扶成直立进行切割的最大倒伏角，即对于倒伏角小于扶起角的作物，拨禾板可将其扶成直立后才割断，而倒伏角大于扶起角的作物，则在扶成直立状态之前就被割断，容易造成损失。作物的倒伏角通常定义为作物茎秆根部同谷穗基部的连线与铅垂线的夹角［图 6-31（d）中 β 角］。图 6-31 中的（a）、（b）、（c）分别表示拨禾轮轴安装在割刀正上方、前移、后移时的工作情况。O_1、A_1、C_1，O_2、A_2、C_2，O_3、A_3、C_3 分别为上述三种水平位置下作物在直立状态被扶持切割的拨禾轮轴位置、拨禾板位置和割刀位置。分别以 k_1、k_2、k_3 点为圆心，以作物高度 l 为半径画圆弧，与余摆线扣环的前部相交于 B_1、B_2、B_3 点，连接 B_1k_1、B_2k_2 和 B_3k_3 即可求得三种水平位置时的扶起角 α_1、α_2、α_3。比较其大小可以看出，拨禾轮轴前移时能扶起作物的最大倒伏角 α_2（即扶起角）最大，拨禾轮轴在切割器正上方时的 α_1 次之，拨禾轮轴后移时的 α_3 最小，即 $\alpha_2>\alpha_1>\alpha_3$，$\alpha$ 越大，扶倒性能越好。

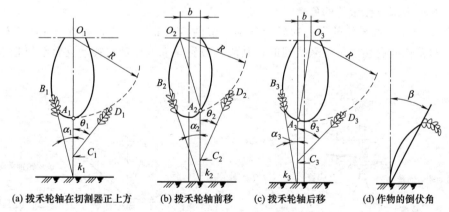

(a) 拨禾轮轴在切割器正上方　　(b) 拨禾轮轴前移　　(c) 拨禾轮轴后移　　(d) 作物的倒伏角

图 6-31　拨禾轮轴在不同水平位置时的工作情况

推送角是指拨禾板能将直立状态下进行扶持切割的作物推送的极限角，即作物被推送的最低位置与垂线间的夹角（图 6-31 中的 θ_1，θ_2，θ_3 角）。由于作物被切断后，拨禾板相对于作物的运动轨迹不再是余摆线而是圆，因此，分别以 C_1，C_2，C_3 为圆心，割断部分作物长 $(L-h)$ 为半径画圆弧，与拨禾板的圆弧轨迹相交于 D_1，D_2，D_3，并连接 D_1C_1，D_2C_2，D_3C_3。一般来说，这就是作物被拨禾板推送的最低位置，它与垂线间的夹角 θ_1，

θ_2，θ_3 即推送角。比较拨禾轮轴不同水平位置时的推送角可知，拨禾轮轴后移时的推送角 θ_3 最大，拨禾轮轴在切割器正上方时的 θ_1 次之，拨禾轮轴前移时的 θ_2 最小，即 $\theta_3 > \theta_1 > \theta_2$，$\theta$ 越大，推送铺放茎秆的性能越好。

可见，在水平调整拨禾轮轴位置时，其扶起作用和推送作用是互相矛盾的，这就需要根据作物倒伏状态进行调整。一般在收获顺向倒伏或侧倒作物时，应将拨禾轮适当前移，在收获逆向倒伏作物时，应将拨禾轮少许后移。

d. 拨禾轮功耗 拨禾轮在引导、推送茎秆过程中需克服茎秆弹性变形阻力、穗部重量、作物茎秆缠绕阻力以及空转阻力等。其功耗可按下式作近似计算：

$$N = PBv_y \tag{6-15}$$

式中　P——拨禾轮单位宽度上的切向阻力，一般 $P = 40\mathrm{N/m}$；

　　　B——拨禾轮宽度，m；

　　　v_y——拨禾轮圆周速度，m/s。

拨禾轮一般每米宽所需功率小于 $100\mathrm{W}$。

④ 拨禾轮调节机构 拨禾轮工作时需要根据作物状态和机器前进速度进行转速和拨禾轮轴位置的调节。

拨禾轮转速的调节机构有机械式和液压式两种。前者常用更换链轮、带轮或调节带轮直径的方法。后者采用液压无级变速的方法，其使用较方便，在大中型谷物联合收获机上采用较多。拨禾轮液压无级变速器的结构原理如图 6-32 所示，它由主动带轮、被动带轮和皮带等组成。两带轮各由两个皮带盘构成，其中一个为固定式，另一个为可动式。在主动带轮的轴心设有油缸，当油缸进油时，柱塞移动并通过螺栓带动可动盘做轴向移动，使其工作直径增大。此时皮带拉紧，迫使被动轮的可动盘克服弹簧的压力做轴向移动，因此直径相应变小，从而改变传动比。随着柱塞移动距离的不同，可获得各种传动比，因而实现无级变速。

拨禾轮的位置调节机构有两种，一种是将前后和高低分别进行调节；另一种是将前后和高低用一个机构联动调节。前者结构简单，但调节麻烦，多用于割幅较小、拨禾轮较轻的机器上；后者结构较复杂，但调节方便。当机器割幅较大，拨禾轮长而重时，为了省力，一般采用液压油缸来调节拨禾轮的位置。

图 6-33 所示为拨禾轮的高低和前后分别调节的机构简图。前后调节是靠拨禾轮轴承座沿拨禾轮的支臂前后移动位置来实现的；其高低位置是靠液压油缸控制支臂绕铰接点转动来进行调节。

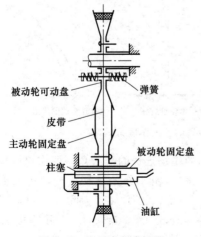

图 6-32　液压无级变速器

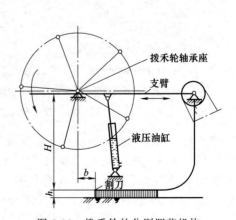

图 6-33　拨禾轮的分别调节机构

联动机构（图 6-34）是由一系列连杆组成的。拨禾轮轴承座通过滑块空套在支臂上，支臂与油缸的柱塞铰连，可绕轴转动。双臂杠杆可绕支臂上的销轴 A 转动，其一端 B 与拉杆 10 铰连，另一端 C 与拉杆 16 铰连，而拉杆 16 的下端 D 铰连在收割台侧板上。拉杆 10 的前端用卡簧和螺钉与滑块固定在一起。若将压力油注入油缸中，柱塞将支臂绕轴顶起时，拨禾轮向上运动，支臂上的销轴 A 也随之升起。由于 D 点是固定不动的，因而 A 和 D 之间距离增加，迫使杠杆反时针旋转，通过拉杆 10 使滑块沿支臂向后移动，拨禾轮后移。于是拨禾轮升高的同时也向后移动。当油缸中的压力油与回油管接通时，在拨禾轮重量的作用下，拨禾轮下降并前移。

在联动机构上，还设有前后单独调节机构。有了它，可以提高对各种作物状态的适应性。调节时，把螺钉松开，将拨禾轮轴承座沿支臂移动，然后再把螺钉拧紧。当拨禾轮轴沿支臂前后移动时，张紧轮支杆可绕销轴 A 回转，使链条始终保持张紧状态。

⑤ 偏心拨禾轮　普通拨禾轮的拨禾板是沿径向安装，难以插入倒伏程度较大的作物丛中并将其扶起，甚至有将作物压倒的趋势，且拨禾板对穗头的打击也比较大。为了适应收获倒伏作物，在收割机和割晒机上，特别在联合收获机上，已广泛采用偏心拨禾轮（Cam-action reel）。偏心拨禾轮（图 6-35）的特点是：用弹齿代替拨禾板，用偏心机构使弹齿作平面平行运动，从而有利于向倒伏的作物丛插入并将其扶起，减少对穗头的打击和拨禾板上提时的挑草现象。

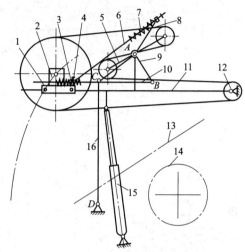

图 6-34　东风联合收割机拨禾轮的液压联动调节机构

1—滑块；2—轴承座；3—卡簧；4—螺钉；5—张紧轮支杆；6—调节杆；7—弹簧；8—支杆；9—双臂杠杆；10,16—拉杆；11—支臂；12—铰链轴；13—割台侧板；14—螺旋推运器；15—油缸

偏心拨禾轮的工作原理如图 6-36 所示。管轴一端弯成曲柄的形式，拨禾轮传动轴的轮毂与轴刚性连接，其回转圆心为 O，管轴穿在轮毂的辐条外端的销孔中，偏心圆环回转圆心为 O_1，偏心距为 O_1O，管轴的曲柄端穿在偏心圆环的辐条外端的销孔中，且 $\overline{O_1O}=\overline{13}$，$\overline{O1}=$

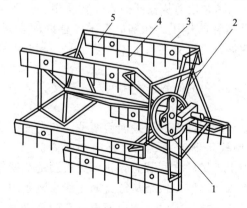

图 6-35　偏心拨禾轮的构造

1—偏心圆环；2—辐条；3—钢管；4—弹齿；5—压板

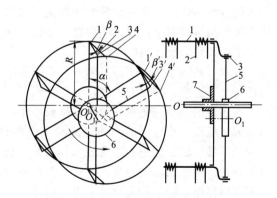

图 6-36　偏心拨禾轮工作原理简图

1—管轴；2—弹齿；3—管轴的曲柄端；4—弹齿端点；5—辐条；6—偏心圆环；7—轮毂

$\overline{O_13}$，由此 O_1O13 就组成为平行四杆机构。工作时 $\overline{O_1O}$ 是固定不动的，因此，当拨禾轮轴带动辐条 $\overline{O1}$ 转动时，$\overline{13}$ 永远平行于 $\overline{O_1O}$，其方向不变。由于管轴与曲柄是同一刚体，而弹齿与管轴又固连在一起，因此 $\overline{14}$ 与 $\overline{13}$ 一起做平面平行运动，弹齿 $\overline{14}$ 的方向也一直不变。

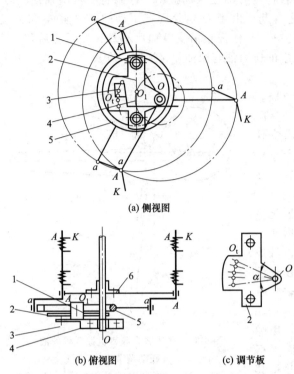

(a) 侧视图

(b) 俯视图　　　(c) 调节板

图 6-37　偏心拨禾轮弹齿的调节机构示意图
1—滚轮；2—偏心调节板；3—固定螺钉；
4—拨禾轮轴承座；5—偏心圆环；6—拨禾轮轮毂

图 6-37 为偏心拨禾轮弹齿角度的调节机构简图。圆心为 O_1 的偏心圆环，靠固定在偏心调节板上的两个滚轮来支承。当调节板绕 O 回转时，固定在其上的滚轮就带动偏心环一同绕 O 转动，从而使弹齿 AK 绕轴 $A—A$ 转动，AK 的转角与 O_1 绕 O 点的转角相等。当 AK 达到所需要调节的角度后，用固定螺钉将调节板与拨禾轮轴的轴承座锁紧，使 O_1O 相对机架固定不动，调节板上的调节孔 O_t 的上下两个最大的调节角度，能保证弹齿向前或向后调节 $15°\sim30°$ 角。

实践证明，当收割倒伏作物时，用偏心拨禾轮可比普通拨禾轮减少谷粒损失 $3/4\sim4/5$。但偏心拨禾轮只能适应收割倒伏角小于 $45°$ 的谷物，若收割倒伏角大于 $45°$ 的谷物时，谷粒损失将显著增加。

⑥ 扶禾器类型及一般构造　偏心拨禾轮对倒伏作物虽有一定的适应能力，但是对倒伏严重的作物还不能满足要求，特别是在立式割台上，拨禾轮会和输送器发生干涉，很难配合工作。近几十年来出现的链条拨指式扶禾器，较好地解决了上述问题，能将倒伏 $75°$ 以内的作物扶起竖直，因此在立式割台联合收获机上得到普遍采用。

扶禾器（Grain lifter）利用装在链条上的拨指，贴着地面从根部插入作物丛中，由下至上将倒伏作物扶起，具有较强的扶倒伏能力和梳理茎秆的作用。在辅助拨禾装置的配合下，使茎秆在扶持状态下切割，然后进行交接输送，能保持茎秆直立、禾层均匀不乱，较好地满足了半喂入联合收获机的要求。

扶禾器的链条在位于割刀前方与水平面成 $60°\sim80°$ 角的倾斜链盒中回转，铰接在链条上的拨指，受链盒内导轨的控制，可以伸出和缩进。

扶禾器的类型按链条回转所在平面的不同，可分倾斜面型和铅垂面型两种。倾斜面型扶禾器的链条在一个倾斜的平面内回转。带倾斜面型扶禾器的立式割台外形如图 6-38 所示。这种扶禾器以链盒的正面宽度进入作物丛。链盒内上下链轮之间装有导轨，拨指用链节销与链条铰连。当拨指运动至下方、拨指头部的导块进入导轨时，拨指从链盒的一侧在链条的回转平面内伸出；当拨指运动至上方，拨指头部的导块脱离导轨时，拨指缩进链盒，缩进位置可根据作物的高度来调节。相邻两链盒的拨指是成对排列工作的。

为了能在扶持状态下切割作物，并将已割作物从割刀上方迅速清除，在带倾斜面型扶禾

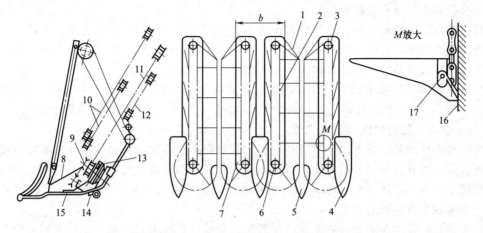

图 6-38　带倾斜面型扶禾器的立式割台

1—拨指；2—拨指扶禾链；3—上链轮；4,5—分禾器；6—下链轮；7—链盒；8—导禾框；9—橡胶指传送带；
10—中间输送穗部夹持链；1l—中间输送根部夹持链；12—喂入深度调节夹持链；
13—伸缩杆拨禾器；14—割刀；15—纵向导禾秆；16—导轨；17—销轴

器的割台上，在扶禾链盒和割刀之间装有由橡胶指传送带和伸缩杆拨禾器组成的辅助扶禾装置。倒伏的茎秆在被拨指搂起引向割刀的过程中，先与橡胶指传送带接触，在橡胶指的作用下，长茎秆作物增加了一个扶持点，矮茎秆作物则在传送带的橡胶指扶持下切割。已割断的茎秆在伸缩杆拨禾器的作用下，迅速从割刀上方拨开进入中间输送根部夹持链。然后在根部和穗部夹持链的作用下，茎秆呈略前倾状态被强制输送至脱粒夹持输送链。由于作物一直处于强制输送状态，故整齐度较高，有利于满足半喂入脱粒的需要。但是，这种型式扶禾器的割台传动比较复杂。

　　铅垂面型扶禾器的链条在一个铅垂面内回转。带铅垂面型扶禾器的立式割台如图 6-39 所示。这种扶禾器以链盒的侧面宽度 a 进入作物丛，每根链条的左右两边都铰接着拨指。在靠近下链轮处，当拨指头部的导块进入链盒与导轨接触时，迫使拨指绕与链节销垂直的销轴旋转至与链条运动平面相垂直的平面内，依次由键盒的左右侧伸出扶禾。在靠近上链轮处，当拨指头的导块脱离导轨时，拨指缩进链盒，在链盒内向下空行。可以看出，铅垂面型扶禾器的最大优点是进入作物丛的链盒宽度 a 较窄，对作物的横向推斜较小。但是，拨指伸出时要从链条回转平面横向翻转 90°，而且是在极短的时间内（0.05s 左右）完成的，拨指对链盒导轨和作物的撞击速度较大，其运转不如倾斜面型平稳，导轨进口处的安装要求精度较高，左右拨指也不能互换。

6.2.3　脱粒机

　　脱粒机（Thresher）的作用是将谷粒从谷穗上脱下，并从脱出物（由谷粒、碎秸秆、颖壳和混杂物等组成）中分离、清选出来。脱粒作业的

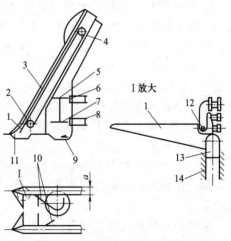

图 6-39　带铅垂面型扶禾器的立式割台

1—拨指；2—下链轮；3—链盒；4—上链轮；
5—上拨禾星轮；6—上横向输送链；7—下拨禾星轮；8—下横向输送链；9—割刀；
10—导禾板；11—分禾器；12—销轴；
13—导块；14—导轨

质量直接影响收获量和谷粒品质。

对脱粒机要求脱粒干净，谷粒破碎少或不脱壳（如水稻），并尽量减轻谷粒暗伤，这对种用谷粒尤为重要，否则影响发芽率。还要求生产率高，功耗低，并且有脱多种作物的通用性，应因地制宜地满足不同地区对茎秆的不同要求。

谷粒的脱净率要求在 98% 以上，谷粒破碎率在全喂入式上要求低于 1.5%，在半喂入式上低于 0.3%，至于总损失率要求分别低于 1.5% 与 2.5%，清洁率要求不低于 98%。

（1）谷物的脱粒特性与脱粒原理

谷粒与谷穗的联结强度决定了谷物脱粒的难易程度。谷粒联结强度与作物品种、成熟度和湿度有关。随着这些因素的变化，破坏谷粒与谷穗联结所需要的能量也不相同。脱粒难易程度用脱下一颗籽粒所需的功来表示。可将谷物放在容器中，从不同高度落下进行冲击脱粒，来测定脱粒所需要的功。

脱粒装置的技术要求和谷物本身的脱粒特性是设计各种型式脱粒装置的基础。脱粒难易程度与作物品种、成熟度和湿度等有密切关系。成熟度差、湿度大的难脱，湿度大、秆草（包括杂草）含量多时会显著地降低脱粒装置的分离性能。实践表明，即使在同一穗上不同部位的谷粒脱粒难易程度差别也很大。如以小麦为例，中部成熟最早、最易脱粒，基部次之，顶部最难，有时相差竟达 20 倍。因此，以相同的机械作用强度来脱粒时就会出现要求脱净与谷粒破碎率低之间的矛盾。

脱粒装置对作物脱粒过程的物理现象是比较复杂的，往往同时施有几种作用力，归纳起来，脱粒可以靠冲击、揉搓、梳刷、碾压等原理进行。

a. 冲击脱粒。靠脱粒元件与谷物穗头的相互冲击作用而使谷物脱粒，冲击强度增加，可以提高生产率和保证脱粒干净，但易使谷粒破碎和损伤。降低冲击强度能够减少谷粒的破裂和损伤，但为了将作物脱粒干净，需要增加脱粒时间，这样降低了生产率。因此，脱粒装置应考虑设有脱粒速度的调节机构。冲击强度一般可用冲击速度来衡量，它随冲击速度增加而增加。

b. 搓擦脱粒。靠脱粒元件与谷物之间的摩擦而使谷物脱粒，脱净程度与摩擦力大小有关，增强对谷物的搓擦，可以提高生产率和脱净率，但会使谷粒脱壳和脱皮。在脱粒装置上改变滚筒与凹板之间的间隙大小，能调整搓擦作用强度。

c. 碾压脱粒。靠脱粒元件对谷穗的挤压而将谷物脱粒称为碾压脱粒。施加在谷粒上的挤压力主要沿谷粒表面的法向，切向力很小，并且施加的压力对谷粒不产生很大的冲击，因此，碾压脱粒不易使谷粒破碎和脱皮。

d. 梳刷脱粒。靠脱粒元件对谷物施加拉力和冲击而将其脱粒。"梳刷"能力也与脱粒元件运动速度有关。

e. 振动脱粒。对被脱谷物施加高频振动而脱粒，脱粒能力与振动频率和振幅有关。

研究作物的性质和籽粒的联结特性与强度，选择施加脱粒功的合理方式，是设计脱粒装置的基础。

水稻的籽粒外面包有谷壳，籽粒通过小枝梗与穗轴联结，籽粒与谷壳联结较强，而谷壳与小枝梗的联结则随籽粒的成熟而减弱，脱粒时，要求在谷壳与小枝梗的联结处断开。因此脱粒水稻可以应用梳刷的方法，使谷壳在小枝梗的联结处拉断。小麦的籽粒，在未成熟时被紧包在颖壳里，不易脱落，而成熟时颖壳张开，籽粒与颖壳的联结就减弱，脱粒时要求籽粒从颖壳中脱出。由于小麦籽粒强度比较大，不易破碎和脱皮，因此多采用冲击和搓擦原理进行脱粒。应该指出，现有的脱粒装置工作时并不都是单纯按一种原理脱粒，而是按某一原理为主其他原理为辅进行配合完成脱粒作业。

（2）脱粒机的种类和构造

脱粒机分全喂入式和半喂入式两大类。全喂入式脱粒机将作物全部喂入脱粒装置，脱后茎稿乱碎，功耗较大。半喂入式脱粒机工作时，作物茎秆的尾部被夹住，仅穗头部分进入脱粒装置，功耗稍小，且可保持茎秆完整，较适用于水稻，也可兼用于麦类作物。但生产率受到限制，茎秆夹持要求严格，否则会造成较大损失。

① 全喂入式脱粒机　按脱粒装置的特点，全喂入式脱粒机可分为普通滚筒式和轴流滚筒式两种。

a. 普通滚筒式脱粒机配备纹杆滚筒或钉齿滚筒或二者兼备的脱粒装置。按机器性能的完善程度分为简式、半复式和复式三种。简式一般只有脱粒装置，脱粒后大部分谷粒与碎茎稿混杂，小部分与长茎稿混在一起，需人工清理。半复式具有脱粒、分离、清粮等部件，脱下的谷粒与茎稿、颖壳等分开。复式除脱粒、分离、清粮装置外，还设有复脱、复清装置，并配备喂入、颖壳收集、茎稿运集等装置，一般还可分级，直接得到商品粮，单独收集的饱满谷粒可作种子用。

在结构完善的脱粒机（图 6-40）上，脱粒的工艺过程为：作物由喂入装置送入脱粒装置，脱粒后茎稿通过分离装置分离出夹带的谷粒并排出机外。脱下的谷粒、颖壳、断穗、碎草等由阶状输送器输送到由风扇和筛子组成的清粮机构上进行清选。谷粒经升运器运到第二清粮室进行再次风选分级，获得干净谷粒。筛尾排出的断穗经杂余螺旋推运器、复脱器与抛掷输送器送到清粮装置。

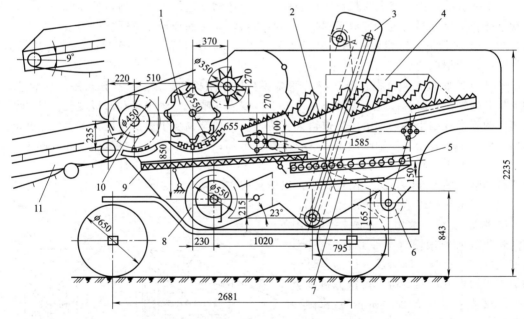

图 6-40　丰收-1100 复式脱粒机

1—第二（纹杆）脱粒装置；2—逐稿器；3—谷粒升运器；4—第二清洁室；5—筛子；
6—复脱器；7—抛掷输送器；8—风扇；9—阶状输送器；10—第一脱粒装置；11—喂入装置

b. 轴流滚筒式脱粒机装有轴流式脱粒装置，其特点是无须设置专门的分离装置便可将谷粒与茎稿几乎完全分开。作业时作物由脱粒装置的一端喂入，在脱粒间隙内做螺旋运动，脱下的谷粒同时从凹板栅格中分离出来，而茎稿由轴的另一端排出。结构较完善的轴流滚筒式脱粒机上，还设有清粮装置。

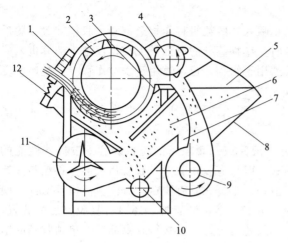

图 6-41　半喂入脱粒机的工作过程

1—夹持链；2—弓齿滚筒；3—编织筛凹板；4—副滚筒；
5—枝条筛；6—风道；7—出口；8—滑板；9—扬谷轮；
10—螺旋推运器；11—风扇；12—夹持弹簧

② 半喂入式脱粒机　图 6-41 为半喂入脱粒机的结构示意图。工作时，作物的根部被运动的夹持链夹持着，使穗头喂入弓齿滚筒与编织筛凹板的间隙中，并沿滚筒的轴向移动而被脱粒。脱粒后的谷粒及细小脱出物通过凹板漏下。经风扇产生的气流清选后的谷粒集中到螺旋推运器中，被推送至机器另一侧的扬谷器中，经抛扔后装袋（图中未画出）。轻混杂物经风道吹至机外，较重的混杂物由出口排出。从滚筒脱出的短茎秆和杂余等被抛至副滚筒，经过复脱和排杂后又落到枝条筛上，在风扇气流的作用下，短茎秆和轻混杂物被吹出机外，而未脱净的穗头沿滑板进入扬谷轮中，并将其抛回副滚筒再次脱粒。经脱粒后的茎秆，仍由夹持链送出机外。半喂入脱粒机的最大优点是，茎秆不全部进入脱粒装置，从而减少了滚筒的功耗，省去了复杂的分离机构，使机器体积减小、重量减轻、成本降低。这种半喂入脱粒机可以兼脱稻、麦作物，应用十分普遍，但在脱粒时，要求作物整齐，参差度不能过大，对于捆把较大的作物，需将捆把预先解开。

③ 玉米脱粒机　玉米脱粒机专用于脱粒玉米，其结构简单、生产率高、脱粒质量好，在生产中应用很广泛。

a. 玉米脱粒机工作过程。图 6-42 为玉米脱粒机的结构和工作过程。该机采用切向喂入，轴端排芯的轴流式脱粒装置。光穗玉米用人工从喂入斗喂入，经滚筒和凹板脱粒。从凹板筛分离出的玉米及细小混杂物由风扇进行气流清选。轻混杂物从出糠口吹出，玉米粒沿出粮口排出机外。玉米芯由滚筒轴端的出口（位于轴承上部，图中未画出）排至振动冲孔筛上，混在玉米芯中的玉米粒通过筛孔从出粮口排出，玉米芯则从筛上排出机外。出口的大小可通过调节板调节，脱不净时，可将出口调小，以增长脱粒时间，但在能脱净的条件下应尽量调大些，以免玉米芯破碎造成清选困难。

b. 脱粒滚筒。常用的有圆柱形和圆锥形钉齿式脱粒滚筒（图 6-43）。圆柱形滚筒上的钉齿有与滚筒铸成一体的方钉齿和加工成球顶方根的钉齿。铸造方钉齿边长 22mm 左右，应有 2～3mm 的白口层，球顶方根钉齿表面渗碳，热处理硬度为 50～55HRC。圆锥形滚筒一般应用倾斜圆柱形钉齿，直径为 12～24mm。脱已剥皮果穗的钉齿长 15～30mm，脱未剥皮果穗的钉齿长 30mm 以上。

滚筒的直径与生产率有关，大直径滚筒的生产率高，齿顶圆直径一般为 200～300mm，锥形滚筒齿顶圆的平均直径为

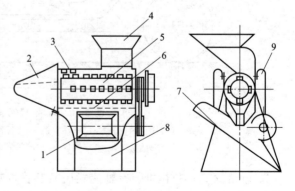

图 6-42　玉米脱粒机结构示意图

1—风扇；2—振动筛；3—螺旋导板；4—喂入斗；
5—脱粒滚筒；6—筛状凹板；7—籽粒滑扳；
8—出粮口；9—弹性振动杆

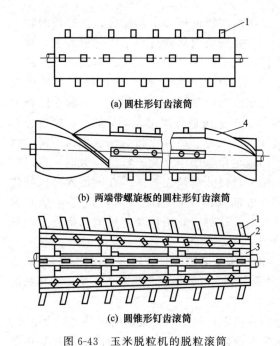

(a) 圆柱形钉齿滚筒

(b) 两端带螺旋板的圆柱形钉齿滚筒

(c) 圆锥形钉齿滚筒

图 6-43　玉米脱粒机的脱粒滚筒
1—钉齿；2—齿板；3—齿板座；4—螺旋板

300～600mm，锥角一般为 14°～16°，滚筒长度为 700～900mm。圆柱形滚筒齿顶线速度为 6～10m/s，圆锥形滚筒的平均线速度为 14～19m/s。

滚筒圆周上的钉齿排数与滚筒直径有关，直径 300mm 的滚筒，多采用 4～6 排；直径 200mm 左右时，采用 3～4 排。

钉齿沿滚筒全长按螺旋线排列，螺旋线头数为 1，即各排钉齿都相互错开。

c. 凹板筛。凹板有整体式的，也有上下凹板分开的。下凹板有冲孔式的，也有栅格式的。冲孔式凹板的冲孔直径为 15～17mm，孔总面积约占带孔部分总面积的 32%；栅格式凹板采用直径为 12～16mm 的圆钢或 10mm×30mm 的扁钢制成，栅条间隙为 12～30mm。上凹板装有螺旋导向板用来轴向推送玉米，有的机器还装有短钉齿。下凹板包角一般为 120°～180°。

（3）脱粒装置

脱粒装置是脱粒机与联合收获机的核心工作部件，对脱粒质量、生产率和分离清选等有很大影响。脱粒机与联合收获机的设计及选型均是依据脱粒装置的参数来确定。

脱粒装置的作用与脱粒机相同。常用的脱粒装置由一高速旋转的圆柱形或圆锥形滚筒和固定的弧形凹板组成。滚筒与凹板间形成脱粒间隙（又称凹板间隙），当谷物在脱粒间隙内通过时，受到滚筒与凹板的机械作用而脱粒，并通过凹板筛进行分离。

对脱粒装置的技术要求是脱粒干净，尽可能多地将脱下的谷粒分离，谷粒破碎、暗伤尽可能少，通用性好，能适应多种作物及多种条件，功耗低，在某些情况下要求保持茎秆完整或尽可能减少破碎。

① 脱粒装置类型与构造

a. 脱粒装置的类型。根据作物喂入脱粒装置的情况可分为全喂入型脱粒装置和半喂入型脱粒装置两大类。全喂入型脱粒装置根据作物沿滚筒的流向又可分为切流式和轴流式两种。在切流式脱粒装置中作物喂入以后，沿滚筒的切线方向流动，通过凹板间隙而脱粒。切流式脱粒装置主要有纹杆滚筒式、钉齿滚筒式和双滚筒式。在轴流式脱粒装置中，作物喂入以后，一面随滚筒做旋转运动，一面又沿着滚筒的轴向移动而完成脱粒，其脱粒的时间比切流式脱粒装置长许多倍，因而滚筒的速度较低，凹板间隙可以增大。轴流式脱粒装置有圆柱滚筒式和圆锥滚筒式两种。

半喂入型脱粒装置工作时只将作物带有穗头的上部喂入，脱粒后茎秆比较整齐，脱粒功耗较少，广泛应用于脱水稻的弓齿滚筒式脱粒装置就是这种型式。

b. 脱粒装置的构造。

（a）纹杆滚筒式脱粒装置。纹杆滚筒式脱粒装置是由纹杆滚筒和栅格状凹板组成（图 6-44）。脱粒时靠纹杆对谷物的冲击以及纹杆与凹板对谷物的搓擦使谷粒脱落。当作物进入脱粒间隙，受到纹杆的多次打击，脱下了大部分谷粒。随后因靠近凹板表面的谷物运动较慢，靠近纹杆的谷物运动较快而产生揉搓作用，纹杆速度比谷物运动速度大，它在谷物上面刮

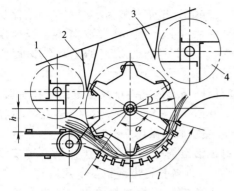

图 6-44 纹杆滚筒脱粒装置及脱粒过程
1—喂入轮；2，3—除草、挡草板；4—逐稿轮

过，继续对谷物进行冲击和揉搓，使籽粒脱粒下来。通常在凹板前部就可脱下大部分籽粒，在凹板中段时几乎已全部脱净，仅有不成熟的籽粒尚未脱净，茎秆已开始破碎。出口段中以搓擦为主，完全脱净，茎秆的破碎加重。谷粒在凹板上有 $60\% \sim 90\%$ 可被分离出来，分离率的密度分布亦是在入口段为最高并以指数函数规律下降。因此当凹板包角（图中 α 角）已经较大时，再以扩大包角来增强分离是无效的。在凹板入口处谷物的喂入方向线与滚筒轴心的垂直距离 h 最好为 $D/4$ 左右，这对作业质量及能量消耗指标来说都较恰当。

纹杆滚筒式的特点是有较好的脱粒、分离性能，稿草断穗较少；对多种作物有较好的适应性，尤其适合麦类作物。其结构较简单，运用最广泛。但是如果作物喂入不均匀和作物湿度较大，则对脱粒质量有较大影响。

滚筒通常呈开式 [图 6-45（a）]，即滚筒圆周方向不封闭。开式滚筒的纹杆之间为空腔，有较大的抓取高度 H，抓取能力强。作物可纵向或横向喂入脱粒。闭式滚筒的纹杆装在薄板圆筒上 [图 6-45（b）]，转动时周围空气形成的涡流小，功耗小，稿草也不易缠绕或进入滚筒腔内，一般适于横向喂入脱粒和适用于玉米脱粒。

开式滚筒轴上装有若干个由钢板冲压成的多角辐盘，其凸起部分安装纹杆，传统的为圆形辐盘，其上铆接纹杆座（图 6-46）和纹杆，而闭式滚筒常用特制螺栓固定纹杆。

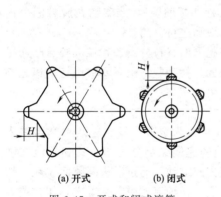

(a) 开式　(b) 闭式

图 6-45　开式和闭式滚筒

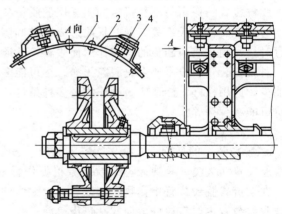

图 6-46　纹杆滚筒结构图
1—辐盘；2—纹杆座；3—成型螺钉；4—纹杆

纹杆滚筒的脱粒元件是纹杆。为了提高纹杆的抗磨性，常用锰钢轧制，其工作表面是一曲面，上有凸纹，以增强对谷物的脱粒作用，而且纹路方向和滚筒的切线方向成一角度。在大多数机器上，纹杆的安装方向都是小头（斜面）向着喂入方向，以加强对谷物的搓擦作用，相邻两根纹杆上纹路方向相反，这样可以防止谷物移向滚筒的一端，造成负荷不均匀。为了使滚筒运转平稳，纹杆数取偶数，一般为 6、8 或 10 根，随滚筒直径而异。过密其抓取能力减弱，且不便于拆装。图 6-47 所示为两种纹杆，其中 A 型适用于装在圆形辐盘上，D 型适用于直接固定在多角形辐盘上。在新设计的机器上建议采用 D 型纹杆。因为这种纹杆在工作时，纹杆螺栓头部不易磨损，而且螺栓承受的剪力也较小。

纹杆滚筒式脱粒装置的凹板一般是整体栅格状（图 6-48）。凹板由固定在两侧凹板架上的扁钢横格板条和穿在其孔内的钢丝组成。凹板圆弧所对的圆心角称为凹板包角。凹板的构造与包角大小对脱粒能力和分离有很大影响。横格板的上顶面一般为直棱角，并高出钢丝，其高度 $h=5\sim15mm$，以阻滞谷物通过，并且使谷物受到冲击和搓擦而脱粒。横格板的上顶面一般还要比两侧板高出 $4\sim5mm$，以备横格板的磨损。凹板的结构一般多是完全对称的，当横格板前棱角磨损后，可将凹板调转 180°使用。

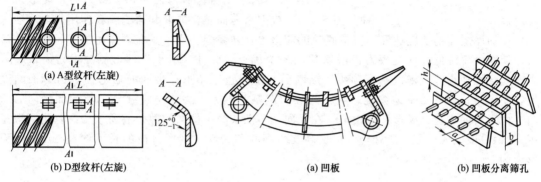

(a) A 型纹杆(左旋)

(b) D 型纹杆(左旋)

图 6-47　纹杆的类型（A 型与 D 型）

(a) 凹板

(b) 凹板分离筛孔

图 6-48　栅格状凹板

凹板筛孔尺寸长（横格板间隔）$b=30\sim50mm$，宽（钢丝条间距）$a=8\sim15mm$，钢丝直径为 $3\sim12mm$（8mm 居多）。凹板面积是决定脱粒装置生产率的重要因素。凹板弧长增大，横格数也增多，脱粒和分离能力增强，生产率提高。但脱出物中碎稿增多，功耗增大。包角过大易使潮湿作物缠绕滚筒，对分离率要求不太高或在直流型联合收获机上喂入谷层较薄的脱粒装置可采用较小的包角，弧长为 $300\sim400mm$，现有脱粒机上则为 $350\sim700mm$，包角为 $100°\sim120°$，甚至可以达 150°或更大。

（b）钉齿滚筒式脱粒装置。钉齿滚筒式脱粒装置（图 6-49）由钉齿滚筒和钉齿凹板（图 6-50）组成，钉齿滚筒一般为开式，由钉齿、齿杆、辐盘和滚筒轴所组成。凹板主要由侧板、钉齿和钉齿固定板等组成。作物在被钉齿抓取进入脱粒间隙时，在钉齿的打击、齿侧面间和钉齿顶部与凹板弧面上的搓擦作用下进行脱粒（图 6-51）。钉齿凹板若为栅格状时，就可能有 30%～75%的谷粒被分离出来；无筛孔时，则全部夹在茎稿中排到逐稿器上。钉齿滚筒式脱粒装置的特点是：抓取谷物能力强，对不均匀喂入适应能力强，脱粒

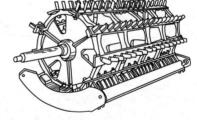

图 6-49　钉齿滚筒式脱粒装置

能力强，对潮湿作物以及水稻、大豆等作物的适应性较好一些。但装配要求高，成本高，稿

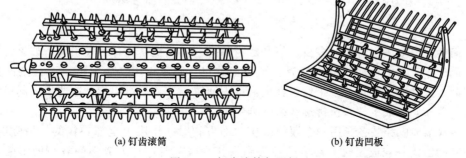

(a) 钉齿滚筒

(b) 钉齿凹板

图 6-50　钉齿滚筒与凹板

图 6-51 钉齿的脱粒作用

草断穗多，凹板分离能力低，功耗较纹杆为大。

钉齿滚筒脱粒装置的脱粒性能与谷物的喂入量、脱粒速度等有关，且凹板分离率比纹杆滚筒式的明显减少，这是因为凹板上有钉齿，减少了有效分离面积，同时也阻挡了谷物在凹板表面上的运动速度。钉齿滚筒的脱粒速度对谷粒破碎作用也是很显著的。

滚筒与凹板上的常用钉齿有斜面刀齿、板刀齿、楔形齿三种（图 6-52）。板刀齿薄而长，抓取和梳刷脱粒作用强，对喂入不均匀的厚层作物适应性好，打击脱粒的能力也比楔齿强。由于其梳刷作用强，齿侧间隙又大，使脱壳率降低，这是板刀齿脱水稻的一个优点。此外，由于齿薄，侧隙大，齿重叠量小，功耗比楔齿低。楔齿基宽顶尖，纵断面几乎呈正三角形，齿面向后弯曲，齿侧面斜度大，脱潮湿长杆作物不易缠绕，脱粒间隙的调整范围大。为了防止缠草，其端部略向后弯曲。由于斜面刀齿、楔形齿呈楔形，在径向调节凹板时，侧向间隙也有所改变。钉齿一般是用 45 钢模锻而成，需经热处理，以提高其耐磨性和韧性。楔形钉齿的长度约为 40mm，刀形齿为 60～70mm。

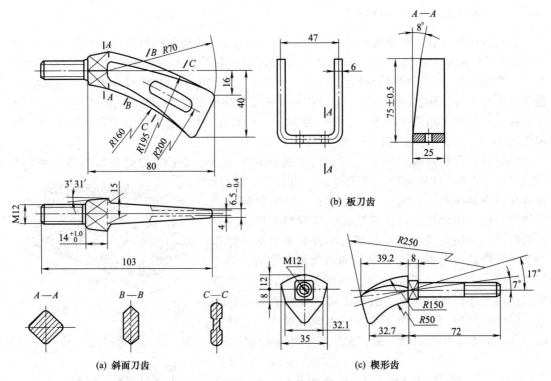

图 6-52 钉齿的类型

滚筒生产率取决于钉齿的多少。但是钉齿的排列对脱粒性能有很大影响，如果钉齿数量一定，而一个钉齿的运动轨迹内只有一个钉齿通过，则不仅生产率很低，而且滚筒必须很长。因此，设计时总是让若干个钉齿在同齿迹内回转。为了工作均匀，这些齿在同一齿迹内应是均匀分布，形成了按多头螺旋线来排列钉齿。

（c）双滚筒脱粒装置。用一个滚筒一次脱净谷物时，作用于全部谷粒的机械强度相同，易于脱粒的饱满谷粒最先脱下甚至已经受到损伤和破碎时，不太成熟的谷粒尚不能完全脱下。使用双滚筒脱粒装置（图6-53）可以缓解上述矛盾。双滚筒脱粒装置采用两个滚筒串联工作。第一个滚筒的转速较低，可以把成熟度高、饱满的籽粒先脱下来，并尽量在第一滚筒的凹板上分离出来，同时可使喂入的谷物层均匀和拉薄。第二个滚筒的转速较高，间隙较小，可使前一滚筒未脱净的谷粒完全脱粒。

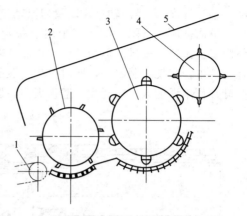

图6-53　双滚筒式脱粒装置
1—喂入输送装置；2—钉齿滚筒和凹板；
3—纹杆滚筒和凹板；4—逐稿轮；5—顶盖

双滚筒脱粒装置的第一滚筒大多采用钉齿式滚筒，第二滚筒为纹杆式滚筒。个别的机型上两个滚筒均采用纹杆式滚筒。第一滚筒用钉齿式有利于抓取作物，脱粒能力也强。第二滚筒用纹杆式有利于提高分离率，减少碎茎秆，这种形式适用于收获稻麦。双纹杆式滚筒仅用于收获小麦。

配置双滚筒要注意保持作物脱粒工艺流程通畅，要使第一滚筒脱出的作物秸秆能顺利喂入第二滚筒。有些双滚筒脱粒装置中在两个滚筒间设置中间轮。中间轮的作用相当于第一滚筒的逐稿轮，可防止作物秸秆"回草"，又是第二滚筒喂入轮，使作物顺利均匀地喂入。在中间轮下设置栅格筛还可提高分离率。根据室内试验结果，带中间轮的双滚筒脱粒装置性能较好，可用于高效的脱粒机上，在联合收获机上亦有采用。

双滚筒生产率一般比单滚筒提高30%～65%。双滚筒的配置设计合理时，1kg/s喂入量的功耗比单纹杆滚筒式脱粒装置仅增加15%～20%。

（d）轴流式脱粒装置。轴流式脱粒装置由脱粒滚筒、筛状凹板和顶盖等组成（图6-54）。凹板和顶盖形成一个圆筒，把滚筒包围起来，脱粒时，作物从滚筒的喂入口垂直于滚筒轴向喂入，随着滚筒的旋转，在螺旋导向板的作用下，谷物在滚筒内作螺旋运动，但总的趋势是沿着滚筒轴向排出口移动。在滚筒和凹板的打击和搓擦下，谷物被脱粒。脱下的谷粒从凹板分离出来，茎秆从滚筒的排草口沿圆周的切线方向排出。这种脱粒装置的特点是，由于谷物在滚筒中作螺线运动，脱粒时间长

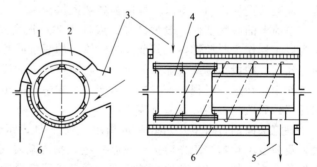

图6-54　轴流式脱粒装置的工作简图
1—顶盖；2—螺旋导向板；3—喂入口；4—纹杆和杆齿
组合滚筒；5—排出口；6—栅格筛式凹板

（有一秒钟左右，比切流式滚筒的脱粒时间长几十倍），因此，在滚筒速度较低和脱粒间隙较大的条件下，也能够脱粒干净，对谷粒易碎的作物有较好的适应性。轴流式脱粒装置的通用性较好，多用于脱粒小麦、水稻、玉米、大豆、高粱等作物。但由于作物沿滚筒轴向的运动速度比较低，脱粒时间长，生产率较切流滚筒要低一些，并且把茎秆打得比较碎，从凹板分离出来的谷粒中含杂物较多，不仅使清选比较困难，而且消耗的功率也增加。

轴流式脱粒装置凹板的分离面积大，脱出物的分离时间长，几乎全部谷粒都可以从凹板分离出来（夹带量只占1%左右）。因此，可以取消尺寸庞大的逐稿器，显著简化机器结构。

按谷物喂入滚筒的方向不同，轴流式滚筒脱粒装置的类型可分为纵向轴流式（谷物轴向

喂入轴向排出)、横向轴流式以及切流轴流组合式。

纵向轴流式（图 6-55）多半用于联合收获机上，因为滚筒与机器前进方向平行，在总体配置上比较好安排。但为了使谷物能从轴的一端喂入，需设置螺旋叶片，对谷物产生强烈拖带冲击，实现强制喂入，同时产生一股吸气流，它有助于减少收割台上的灰尘飞扬。缺点是叶片作用强度大，功耗大，磨损大。在脱潮湿、长茎秆作物时易拧成草绳或辫子，严重影响分离和功耗。

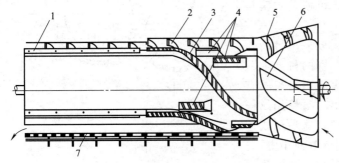

图 6-55　纵向轴流式脱粒装置

1—分离段叶片；2—脱粒段导板；3—螺旋线脱粒纹杆；4—附加脱粒纹杆；
5—喂入导板；6—喂入螺旋叶片；7—分离段凹板（栅格）

横向轴流式脱粒装置在滚筒的一侧喂入，沿轴向移动脱粒，在滚筒的另一侧排出稿草（图 6-54）。喂入比纵向的容易且通畅，茎秆横向排出顺畅，抛扔较远，便于总体配置，故在一般的脱粒机上使用较普遍。由于脱粒部分机身较宽，收割台与脱粒机部分也不易对称配置，故一般只用在大型联合收获机上。由于横向轴流式上凹板分离出的脱出物在喂入的一侧要比排出端多，因此在凹板下设置两个使脱出物横向均匀分布的螺旋推运器。横向轴流式脱粒装置在滚筒上不必设置喂入部件，重量轻，亦无螺旋叶片造成的气流，其空转功耗比纵向轴流式的低 1/2 左右。

为了克服纵向轴流式脱粒装置的缺点，可采用切流轴流混合式。即在双轴流滚筒的前端配置一个切流式滚筒，使容易脱粒的籽粒先行脱粒分离，同时可以提高轴流滚筒的喂入速度，使喂入更加均匀，可以大幅度提高喂入量。

滚筒上的脱粒部件一般为纹杆式或杆齿式、板齿式，或纹杆与杆齿组合式。图 6-55 所示为以纹杆作为脱粒部件，其前段为锥体上加螺旋叶片，在外锥体喂入导板的配合下起强制喂入作用。中段为螺旋线配置的纹杆，它与顶盖上的反向螺旋线配置的导板相结合加强轴向推进作用。在这一过程中，谷层逐渐变薄，在中段的尾部为了延长脱粒作用，纹杆又改为轴向配置。后段配置的叶片起分离作用。

轴流滚筒的钉齿型式如图 6-56 所示。纹杆-杆齿组合式与纹杆相比，不如后一种工作平稳，负荷也不均匀，工作质量也较差一些，平均功耗可高 10% 左右。而在全杆齿式滚筒上工作负荷不均匀，平均耗比全纹杆式为高；稿草打得较碎，如排出的茎秆仅占全部的 1/2 左右，分离损失增多；脱出物夹杂率也高，如脱小麦达 45% 左右，脱水稻为 36%～38%。

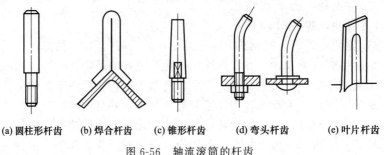

(a) 圆柱形杆齿　　(b) 焊合杆齿　　(c) 锥形杆齿　　(d) 弯头杆齿　　(e) 叶片杆齿

图 6-56　轴流滚筒的杆齿

滚筒分圆柱形和锥形两种。锥形滚筒的锥角一般为 $10°～15°$。谷物由小端喂入，大端排出。谷物沿轴向逐渐加速流动，圆周速度逐渐增加，不断加强脱粒和分离能力。圆柱滚筒制造简单，在脱粒室内必须配置导向板引导作物才能保证轴向流动，但锥形滚筒有时也配置少量导板。

圆柱形滚筒直径与锥形滚筒的大端直径（齿端）大多为 550～650mm。锥形滚筒小端直径为 400～500mm。滚筒上的杆齿多按螺线排列，齿排数 $M=6～8$，螺线头数 $K=2$，3，4，$M/K=2$ 或 3，齿迹距 $a=25～50mm$，齿距 $B=70～150mm$，齿高 50～100mm，杆齿直径为 10～14mm。在喂入量大的脱粒装置上，滚筒齿一般较高较粗。其杆齿后倾角为 $10°～15°$，防止挂草。有的板齿斜着安装，以增加轴向推送谷物的能力。

在纹杆与杆齿组合的滚筒上则用普通纹杆滚筒并配置一段杆齿滚筒，前段的纹杆滚筒主要起脱粒作用，后段的杆齿起进一步的脱粒和分离作用。为了减少功耗，在保证脱粒和分离的前提下应尽量缩短滚筒长度，在脱粒机上一般为 1.0～1.5m。

凹板的型式有编织筛式、冲孔式和栅格式三种，其中栅格式凹板的脱粒和分离能力最强，虽然茎秆的破碎较重，但分离效果最好。增大凹板包角可以提高分离能力。但实验表明凹板包角从 $180°$ 增至 $360°$ 时，分离能力只增加 $7\%～12\%$，这说明上凹板的分离能力较小。现有机器上，凹板的包角多为 $180°～240°$。

滚筒的上盖内表面上通常装螺旋导向板，使作物沿滚筒做轴向移动（图 6-57）。导向板的数目随滚筒的长度而异，如在长度 1.2～1.8m 时装 3～5 块，长度增加时导板块数也大致按比例增加。在圆锥滚筒上，由于它本身有轴向引导的作用，也有只装两块的。导向板的高度多为 30～60mm，导向板的螺旋升角一般为 $20°～45°$。导板与滚筒齿端间隙为 10～15mm。作物以垂直于滚筒轴方向喂入及排出时，在喂入口处应有一块导板横跨整个喂入口，且有一定伸入量，以免喂入口处返草。最后一块导板应伸到排出口宽 1/3 的地方，伸出量 $a=100～150mm$，以保证排草顺利。锥形滚筒的顶盖上不设导板，或只在喂入口处设导板。

（e）弓齿滚筒式脱粒装置。弓齿滚筒式脱粒装置由弓齿滚筒、凹板及夹持输送链组成（图 6-58）。弓齿滚筒（图 6-59）是由 1.5～2.0mm 的薄钢板卷成的滚筒圈和安装在其上的弓齿组成。为了增加刚度，滚筒圈上压有凸筋。为便于作物喂入，滚筒前端（进口端）呈锥形，锥体部分长 50mm，锥角为 $50°$。在滚筒的排出端装有钢板制的 3～4 块击禾板，与滚筒体铰接，其作用是，将夹带在排出茎秆中的谷粒抖落出来，以减少谷粒夹带损失，并起到排除碎草、断穗的作用。滚筒直径为 360～460mm，脱粒机的滚筒长度为 400～500mm；半喂入联合收获机的滚筒长度为 600～1000mm。

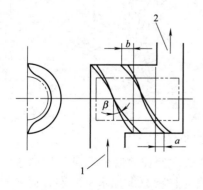

图 6-57　轴流滚筒式脱粒装置的螺旋导板
1—喂入口；2—排草口
a—伸出量；b—重叠量

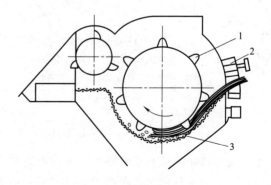

图 6-58　弓齿滚筒式脱粒装置
1—弓齿滚筒；2—夹持输送链；
3—编织筛式凹板

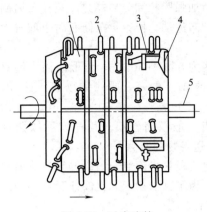

图 6-59　弓齿滚筒
1—滚筒体；2—弓齿；3—击禾板；4—辐板；
5—滚筒轴

由于谷物仅穗头部分进入滚筒，茎秆的后半部分在机外，因此也称为半喂入式脱粒装置，其优点是：由于没有要把已脱谷粒从长茎秆中分离出来的问题，就可以从根本上省去逐稿器，而逐稿器正是最容易造成损失的部件，尤其对叶面和谷粒表面长了细毛的水稻来说，分离更为困难；由于采用梳刷原理的弓齿脱粒，谷粒破碎和损伤甚微，故特别适用于水稻也可兼用小麦；茎秆保持完整可作副业原料；脱粒所耗功率与纹杆式相比略有降低。但半喂入脱粒也有缺点：只适用植株梢部结穗的作物，故对作物种类适应范围窄，不适于低矮作物；由于要求穗部集中、整齐以及一定的脱粒时间才能脱净，生产率受到一定限制。

根据功用，弓齿可分成梳导脱粒齿、梳导内齿、内齿、脱粒齿四类。如图 6-60 所示，是半喂入式脱粒机几种弓齿的形状。弓齿要求耐磨，一般用 65Mn 钢制成，也可用低碳钢经表面渗碳处理制造，弓齿上部（30～35mm 处）的硬度要求是 45～55HRC。

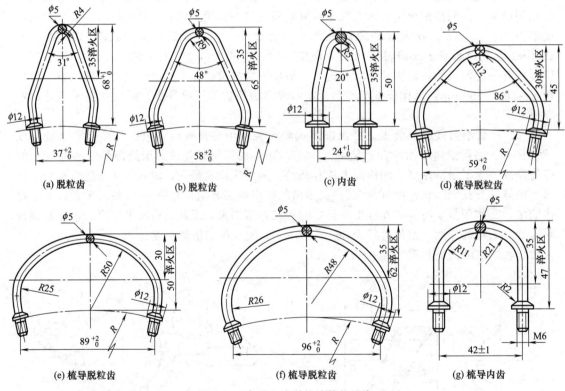

图 6-60　半喂入式脱粒滚筒的弓齿

按谷物在滚筒上的部位不同可分为上脱式、下脱式和倒挂侧脱式几种不同的脱粒方式（图 6-61）。倒挂侧脱主要用于卧式割台，因为割台上的谷物原来是水平状态，而夹持输送正是夹住茎秆的根部，当吊起作物时，就自然地转过 90°形成倒挂状态，沿滚筒的轴向从端部贴着侧面送入脱粒间隙，因重力使穗头能自行下垂，为梳刷脱粒创造良好的条件，故断穗及抽草的现象少。又茎秆挡住凹板的下部面积小，有效分离面积大，有助于谷粒的分离。上平脱和下平脱适于立式割台，因为茎秆切割后根部被夹持输送时处于直立状态，在做纵向输送过程中引导茎秆逐步倾倒到承托挡板上，即可使之成为水平状态进入滚筒。下平脱由于茎秆挡住凹板筛孔，影响籽粒的分离，易造成夹带损失。上平脱方式就无此缺点。总之，从试验研究可见，无论脱水稻或小麦，均以倒挂侧脱为宜，其总损失及功耗均较其他两种为低。但在有立式割台的联合收获机上要倒挂侧脱是比较困难，因为输送机构将会很复杂。因此多数半喂入式联合收获机采用上平脱，而脱粒机则多半

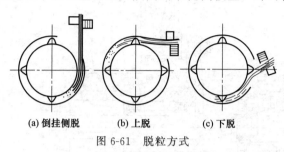

图 6-61　脱粒方式
(a) 倒挂侧脱　　(b) 上脱　　(c) 下脱

还是用下平脱，因为谷物在喂入台上平常平放，便于下平脱。弓齿滚筒式脱粒装置一般采用结构简单和分离面积较大的编织筛式凹板，方形筛孔的尺寸多为 7.5～9.0mm。凹板筛上装有两根压筛板，它除了能增强凹板的强度外，还能起到辅助脱粒作用。

夹持喂入链由夹持链、夹持板、夹持台、弹簧等主要部分组成（图 6-62）。谷物由夹持链和夹持板夹紧，沿滚筒轴向输送，并进行脱粒。夹持板系分段铰接而成，下面要有弹簧，以便当谷层厚度出现不匀时也能自动进行调节，弹簧的预紧度可根据具体情况进行调节。

弓齿滚筒式脱粒装置工作时，只是谷物穗头部分进入脱粒间隙，茎秆较为完整，并有利于谷物的清选和减少脱粒的功耗；其缺点是，生产率较低，在茎秆内容易夹带谷粒而造成损失。

c. 脱粒装置的调节机构。为了适应各种不同种类、品种、成熟度和湿度的谷物，脱粒装置通常通过调节滚筒转速和凹板间隙来改变脱粒作用强度。

（a）滚筒转速的调节。改变滚筒转速的方法有两种，在脱粒机上多用更换皮带轮的方

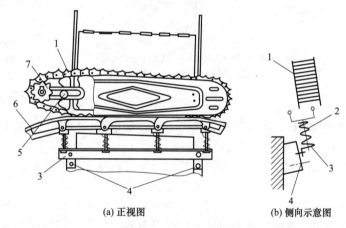

(a) 正视图　　　　(b) 侧向示意图

图 6-62　夹持喂入输送链
1—夹持链；2—弹簧；3—夹持台；4—夹持台挂接孔（下孔）；
5—固定螺钉；6—夹持板；7—张紧轮

法，而在谷物联合收获机上普遍采用 V 形带无级变速的方法。图 6-63 为 E-512 联合收获机上的 V 形带无级变速器的构造。滚筒皮带轮由逐稿轮轴传动。装在逐稿轮轴上的无级变速器主动轮［图 6-63 (a)］由动盘和定盘构成。定盘用 6 个螺栓固定在轴套上，轴套用平键与主动轴相连。定盘上还固定有三个导向销，起导向作用。动盘套在轴套上，可以滑动。轴承座一端有外螺纹，和调节套内螺纹配合，调节套上固定一链轮，转动链轮，调节套便能在轴承座上左右移动。调节套与动盘间装有一推力球轴承。限位板可以调节，用以控制滚筒带轮的最高转速。

无级变速器的被动轮装在滚筒轴上，由定盘和动盘构成［图 6-63 (b)］。定盘由 8 个螺栓固定在大轴套上。大轴套通过轴承、小轴套安装在滚筒轴上，经其外端的缺口和滚筒传动轮毂的驱动爪啮合，将带轮动力传给滚筒轴。动盘套在大轴套上，由弹簧压紧，弹簧有压罩

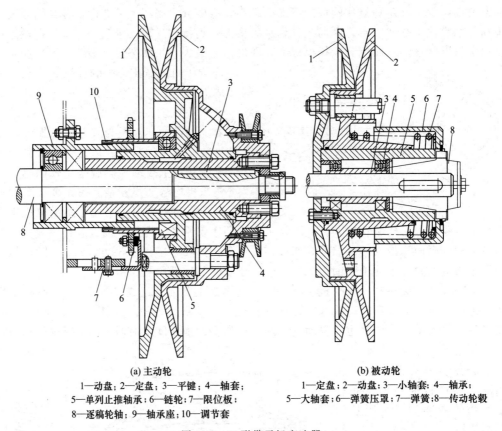

(a) 主动轮

1—动盘；2—定盘；3—平键；4—轴套；
5—单列止推轴承；6—链轮；7—限位板；
8—逐稿轮轴；9—轴承座；10—调节套

(b) 被动轮

1—定盘；2—动盘；3—小轴套；4—轴承；
5—大轴套；6—弹簧压罩；7—弹簧；8—传动轮毂

图 6-63　V 形带无级变速器

和卡簧定位。滚筒传动轮毂用平键与轴相连，用紧定螺栓压紧，卸下传动轮毂，滚筒皮带轮就能在滚筒轴上空转。

　　在以上构造中，大轴套与滚筒轴之间没有相对转动，因此轴承与小轴套是无用的。它们是为了使滚筒能以更低的速度运转（如脱大豆）的减速装置而设置的。此时卸去传动轮毂，在大轴套上装一主动齿轮，经中间轮的二级减速传动，再把动力传到滚筒轴上，那个被动齿轮即由平键固定于滚筒轴上。此时显然大轴套比滚筒轴的转速要加快。

　　当需要调节滚筒转速时，驾驶员在座位上通过传动机构使链轮转动即可实现滚筒转速的无级调节，但这种装置必须在机器运转过程中进行调速。

　　（b）凹板间隙的调节。调节脱粒间隙有两种方法：一种是凹板不动，移动滚筒；另一种是滚筒不动，移动凹板。显然前者比较麻烦，因此多用后者来调节脱粒间隙。移动凹板有分别调节和联动调节两种。前者是在机器的两侧分别对入口和出口的凹板间隙进行单独调节。它的调节机构简单，但调节费时，主要用于脱粒机。联动调节只需在凹板的一侧就可同时对入口和出口间隙进行调节，虽然结构复杂些，但使用方便，在联合收获机上得到广泛的应用。

　　图 6-64 为一种脱粒间隙联动调节装置简图，凹板由两对吊杆通过支承轴，与支承臂相连，并由吊杆与凹板连接处侧壁上的纵向导向孔定位，在驾驶室搬动操纵杆，拉杆绕下支承轴回转，通过调节螺母与螺母方套拉动拉杆，使支承臂绕固定在机壁上的支承轴上下转动，使两对吊杆带动凹板沿导向孔移动，改变了脱粒间隙。这种机构能对凹板进行三种调节：一是凹板小轴与吊杆之间靠拧动调节螺母可调节吊杆长度，使入口和出口间隙进行分别的调

节；二是拧动调节螺母可改变拉杆的长度，使入口和出口间隙同时进行调节；三是提起操纵杆，在滚筒发生超负荷时使凹板快速放下，突然放大间隙防止滚筒堵塞。

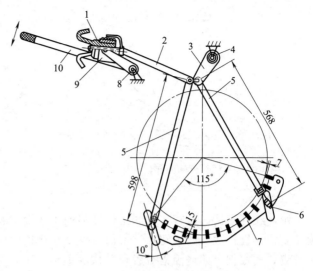

图 6-64　脱粒间隙联动调节装置简图
1—调节螺母；2—拉杆；3—支承臂；4—支承轴；5—吊杆；
6—调节螺母；7—凹板；8—支承轴；9—螺母方套；10—操纵杆

脱粒装置的辅助部件有喂入轮、逐稿轮（图 6-65）和导向过渡栅条（图 6-66）。喂入轮在滚筒的前方，直径多为 150～300mm，圆周速度为 4～9m/s。工作时，喂入轮上的叶片或指齿把谷物分成薄层喂入滚筒，以提高喂入均匀性。喂入轮通常用 3mm 厚钢板焊接制成 4 片或 6 片。叶片的弧形部分形成圆筒，可以代替喂入轮轴的作用，使结构简化。为了提高抓取谷物的能力，叶片的边缘制成锯齿形。叶片的方向沿旋转方向向后偏斜，易于向滚筒中抛扔茎秆，且不会将谷物再从上端带出。

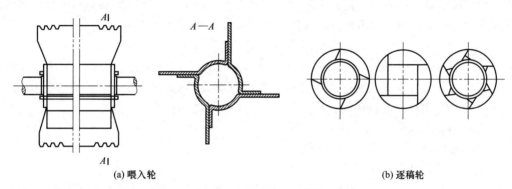

(a) 喂入轮　　　　　　　　　　　　　　　(b) 逐稿轮

图 6-65　喂入轮与逐稿轮

逐稿轮装在滚筒的后上方，旋转方向和滚筒相同，用来逐除缠在滚筒上的茎秆，并将滚筒的脱出物抛至逐稿器上。一般逐稿轮直径为 250～400mm。

凹板出口外的导向过渡栅条的安装位置和状态与脱出物在出口处的运动状态有关（图 6-67）。高速摄影表明，脱出物按凹板出口切线方向抛出，碰撞到逐稿轮后，即按后者的切线方向运动。但也有些脱出物冲到叶片之间，故脱出物经逐稿轮打击后就散射开了。当过渡栅条倾斜安装时，散射开的脱出物即按过渡栅条的方向向后运动，碰到挡帘时，才落到逐稿器键面上，这时已落在逐稿器第一阶的后部，与栅条水平安装时落到第一键的前部相比就丧失了一段逐稿器有较长度工作的机会。试验表明，后者可比前者使逐稿器的籽粒分离率提高 27%。

② 纹杆滚筒式脱粒装置的工作特性及参数选择　脱粒装置工作性能的主要指标是作物的脱净率、谷粒的损伤率，谷粒通过凹板的分离率和茎秆的破碎情况，以及功耗。脱净率是最重要的性能指标，设计和使用调整脱粒装置时应该首先加以考虑。谷粒损伤分为可见损伤及内部损伤，内部损伤只能用发芽率实验或者专门的仪器来鉴定。茎秆的严重破碎将使谷粒分离比较困难，且会有大量的短小茎秆通过凹板或逐稿器进入清粮室，使清粮室损失增加。

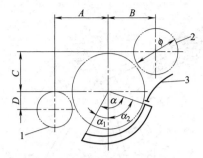

图 6-66　脱粒装置辅助部件配置关系

1—喂入轮；2—逐稿轮；3—导向过渡条

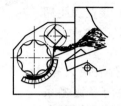(a) 倾斜状态　　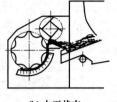(b) 水平状态

图 6-67　导向过渡栅条的状态

影响纹杆滚筒式脱粒装置的工作性能的主要因素有谷物的喂入方式、凹板长度（包角）、滚筒直径、纹杆数、凹板间隙、滚筒速度、喂入速度以及作物的湿度、杂草含量等。设计脱粒装置，需根据上述诸因素对脱粒工作的影响，正确选择和确定其结构与工作参数。

a. 喂入方式对脱粒性能的影响。对小麦和大麦的试验表明，茎秆相互平行且垂直于滚筒轴线方向喂入，根部朝前比穗部朝前喂入时的脱粒损失（未脱净率）要高一倍，凹板未分离出来的谷粒的百分数也高一倍。

b. 滚筒长度 L。滚筒长度由作物喂入量和滚筒结构需要来决定。收割机脱粒滚筒的工作能力用每米滚筒长度的喂入量 q 来表示，在联合收获机上，q 值为 $3\sim4$kg/s。假设滚筒以角速度均匀地转动，作物均匀地进入滚筒，此时 q 与 L 的关系可表示为

$$q = \mu_0 LMn/60 \tag{6-16}$$

式中　μ_0——作物性质系数，与作物茎秆长短、穗头尺寸、作物重量、滚筒长度、纹杆间距以及茎秆在脱粒间隙出口处速度等有关，试验表明，μ_0 值一般在 $0.018\sim$ 0.024kg/m 范围内；

L——滚筒长度，m；

M——纹杆数，一般为 $6\sim10$ 根；

n——滚筒转速，r/min。

c. 凹板的长度 l。凹板的分离性能对于联合收获机的生产率和工作质量有很大影响，如果脱粒时凹板能分离出大部分谷粒，则分离装置的分离负荷将会减少，因而谷粒的损失也就随之减少。凹板分离率主要取决于凹板长度 l 及凹板有效分离面积 A。

$$A = Bl \geqslant \frac{5(1-\beta)Q}{3q_a} \tag{6-17}$$

式中　B，l——凹板的宽度和弧长，m，且 B 与滚筒长度 L 相等；

Q——脱粒装置的喂入量，kg/s；

β——草谷比；

q_a——当 $\beta=0.4$ 时，凹板的单位面积允许负担的喂入量，kg/(s·m^2)，对于联合收获机而言，$q_a=5\sim6$，当要求脱粒装置有较高的分离性能时，q_a 取小值。

当滚筒的长度 L 确定以后，即可求出凹板弧长 l，且表明 l 值随 Q 值增大而增大，但 l 值过大则会使秸草断碎增多，功耗增加。

d. 滚筒的直径 D。当凹板长度一定时，随着滚筒直径的增加，未脱净率增加，但功耗减少。在大喂入量的情况下随着直径的增大，凹板的分离性能会得到改善。滚筒的直径可根据所要求的凹板长度用下式近似计算：

$$D = \frac{360l}{\pi \alpha} \tag{6-18}$$

式中　l——凹板的长度，m；

　　　α——包角，(°)。

　　e. 脱粒间隙。凹板入口间隙应在作物顺利喂入和得到加速的条件下尽量调小，使尽量多的谷粒在最初接触到纹杆时就能被脱下来，并立即分离出去，以减少破碎和损失。减小脱粒间隙可以达到较低的未脱净率，但脱粒间隙过小会使谷粒破碎和碎茎秆明显增加，因此，应该常用调整脱粒间隙的方法来获得良好的工作质量，只有在特殊困难的情况下，才改变滚筒的速度。为适应不同作物品种和湿度的需要，纹杆滚筒的脱粒间隙为：入口间隙一般为出口间隙的 3～4 倍。

　　f. 滚筒脱粒速度。当滚筒转速增加时，对谷物的冲击和搓擦也加强，脱粒比较干净。随着滚筒速度的增加，谷物层变薄，离心力加大，谷粒容易通过茎秆层和凹板筛孔，因此凹板分离率也提高。但增加滚筒速度，谷粒与茎秆的破碎将增加，给分离和清选带来困难。

　　此外，谷物的性状、喂入量、喂入速度均影响到脱粒性能。上述因素对脱粒滚筒工作性能的影响，通过纹杆滚筒的工作特性曲线（图 6-68），可以看出它们的变化趋势。

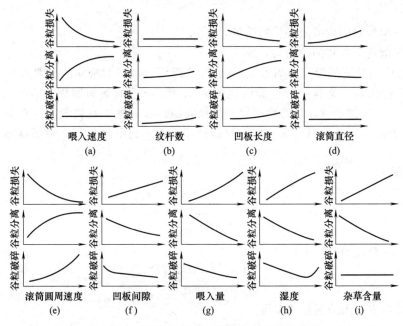

图 6-68　纹杆滚筒式脱粒装置的工作特性曲线

　　③ 脱粒滚筒的功耗及旋转均匀性　滚筒脱粒装置的脱粒是一个很复杂的过程，脱粒中的功耗在整机功耗中占较大的比例。如在脱粒机上约占 70%，在联合收获机上占全部工作部件功耗的 40% 或以上，且运转的稳定与否直接决定了脱粒和分离作业质量。

　　a. 脱粒滚筒的功耗。滚筒消耗的功率主要用来克服各种工作阻力，可分成两类。一类是与脱粒过程无直接关系的阻力，如轴承及传动的摩擦阻力以及滚筒旋转时的空气阻力。滚筒克服这部分阻力消耗的功率称为空转功率 N_o。空转功率 N_o 可以用下式表示：

$$N_o = A\omega + B\omega^3 \tag{6-19}$$

式中　ω——滚筒角速度；

　　　A——机械系数，与轴承种类、传动方式有关和滚筒重量有关，一般取 1.96～2.94N·m；

B——空气阻力系数，与滚筒转动时的迎风面积有关，一般为 $(4.8\sim6.66)\times10^{-3}$ N·m·s^2。

根据测定，空转功率 N_o 大约占滚筒消耗功率的 $5\%\sim7\%$。

另一类是直接消耗在脱粒工作上，即滚筒在喂入口处对谷物冲击，在凹板间隙中对谷物冲击和搓擦的阻力。滚筒克服这部分阻力消耗的功率称为脱粒功率 N_{to}。

为了对脱粒过程中所消耗的功率进行分析，做如下假设，以便简化问题。假设谷物是均匀连续地向脱粒滚筒喂入；忽略茎秆的弹性，把滚筒对谷物的冲击看作是非弹性碰撞，即谷物被滚筒撞击后立即以滚筒的速度 v 运动；而谷物向滚筒中喂入的初速度，因为比滚筒的圆周速度小很多，计算时可忽略不计。

滚筒工作时，作用在滚筒圆周上的阻力由两部分组成：用来冲击喂入的作物使其获得动量的冲击力 P_1；用来克服搓擦阻力，将谷物拉过脱粒间隙的搓擦力 P_2。

如果每根纹杆在喂入口处冲击谷物的时间为 Δt，在此时间间隔内纹杆抓取的谷物量为 Δm，根据动量原理

$$P_1\Delta t=\Delta mv$$

$$P_1=\frac{\Delta m}{\Delta t}v=m'v \tag{6-20}$$

式中　m'——单位时间内喂入谷物的质量，N/s；

　　　P_1——滚筒对谷物的冲击力，N。

克服搓擦阻力所需的滚筒圆周力 P 与滚筒的圆周速度、凹板间隙、喂入量等许多因素有关。为了简化问题，戈利亚奇金假设搓擦阻力 P_2 与总的滚筒圆周力成正比，即 $P_2=fP$，式中 f 称为搓擦系数，与圆周速度、凹板间隙、喂入量、谷物湿度等有关。根据试验研究，$f=0.7\sim0.8$。当降低负荷，增加滚筒转速时，f 值下降；当谷物湿度增加时，f 值增加。

滚筒圆周力

$$P=P_1+P_2=m'v+fP$$

$$P=\frac{m'v}{1-f}$$

滚筒用于脱粒过程的功率为

$$N_t=\frac{Pv}{1000}=\frac{m'v^2}{1000\times(1-f)} \tag{6-21}$$

包括空转功率在内的滚筒功率为

$$N=N_o+N_t=A\omega+B\omega^3+\frac{m'v^2}{1000\times(1-f)} \tag{6-22}$$

根据试验研究，纹杆滚筒脱小麦时，每公斤喂入量消耗的功率为 $3.0\sim3.7$ kW。

上述关于滚筒消耗功率的分析是建立在一定假设的基础上进行的。如计算冲击功率时，用的是滚筒的圆周速度，忽略了谷物弹性和茎秆层移，而实际试验研究得到的冲击功率应为

$$102N_1=\xi m'v^2$$

式中　ξ——速度系数，为 $0.40\sim0.45$。

b. 对脱粒滚筒功耗影响因素。功耗与谷物喂入量成正比，减少茎秆的喂入量，能改善谷粒的分离能力，且还可减少茎秆变形，消耗的功率就减少。

图 6-69 为滚筒的扭矩与茎秆长度的关系。由图可见，当滚筒圆周速度较低时扭矩较大，而当茎秆长度为 20cm 时，在不同的滚筒圆周速度下扭矩几乎是常数。

脱粒功率除与喂入量和茎秆长度有关外，还与脱粒间隙、滚筒速度有关，图 6-70 为脱粒功耗与上述 4 个因素的关系。

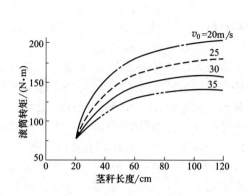

图 6-69　不同的滚筒圆周速度 v_0 时，
茎秆长度与滚筒扭矩的关系
（黑麦，谷草比 1：1.9，喂入量 3kg/s，凹板间隙
16/8mm，喂入速度 1.8m/s）

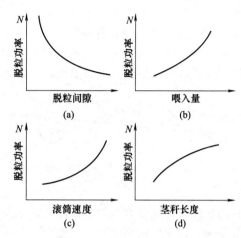

图 6-70　影响功率消耗的因素

c. 脱粒滚筒运转稳定性。脱粒装置是在负荷不断变化情况下进行作业。由于滚筒阻力矩的变化，将使其转速发生波动。

如驱动力矩与阻力矩之差为 ΔM，在其作用下，在 Δt 时间间隔内，滚筒的角速度将由原来的 ω_0 变为 ω，则角加速度及速度差为

$$\varepsilon = \frac{\omega - \omega_0}{\Delta t} = \pm \frac{\Delta M}{J}$$

$$\omega - \omega_0 = \pm \frac{\Delta M \Delta t}{J}$$

设滚筒的平均角速度为 ω_p，则滚筒的旋转不均匀度为

$$\delta = \frac{\omega - \omega_0}{\omega_p} = \pm \frac{\Delta M \Delta t}{J \omega_p}$$

为使脱粒滚筒稳定运转，应使滚筒有适当和足够的转动惯量；要有足够的备用功率及较灵敏的调速器。

为了保证脱粒质量，滚筒转速不均匀度 δ 不应大于 7％，而且应在 0.4s 内恢复转速。

⑤ 滚筒的平衡　对新制造或修理后的滚筒必须进行平衡。在进行滚筒静平衡时，应把滚筒轴的两端架在摩擦力很小的支点上。滚筒上添加的配重（如螺母、垫片、平衡块等）应尽可能加在距离滚筒两端相等的中间部位，以避免产生较大的动不平衡。一般剩余的不平衡度多为 1.5～10.0g·m。大型联合收获机厂都对滚筒进行动平衡，滚筒动平衡可以提高其轴承的使用寿命和改善工作稳定性。

（3）分离装置

分离装置用以将脱出物中夹带的谷粒及断穗分离出来，并将茎秆排出机外。

分离装置的设计要求是：谷粒的夹带损失小（损失率应小于收获总量的 0.5％～1.0％）；夹带在分离谷粒中的细小脱出物少，以利于减轻清选装置的负荷；生产能力高，结

构简单，尺寸紧凑。

① 分离装置的类型及其构造　分离装置又称逐稿器，其结构型式有多种，使用较多的有键式、平台式和转轮式等几种。

a. 键式逐稿器。键式逐稿器由几个相互平行的键箱组成（图 6-71）。根据键箱数量的不同，键式逐稿器有三键式、四键式、五键式、六键式等 4 种。每个键箱通过两个轴承安装在两根相互平行的曲轴上。主动曲轴转动时，另一根曲轴就随之旋转，键箱作平面运动，将其上的脱出物不断地抖动和抛扔。

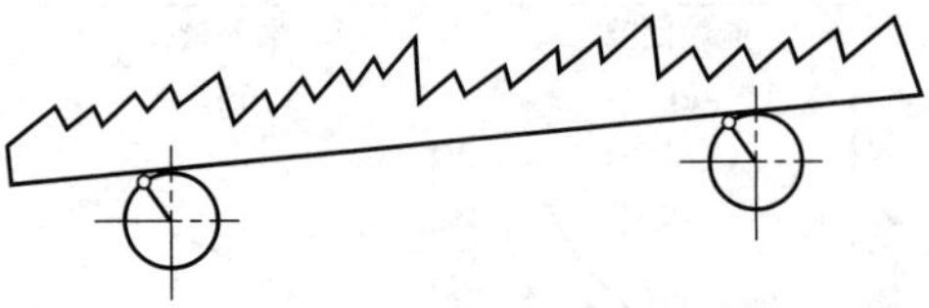

逐稿器两根曲轴的曲柄长度相等，而且同一键箱上相应的两个曲柄互相平行。每个键箱都和曲柄、机架组成一个平行四连杆机构，在工作中键面上各点都作圆周运动，运动规律相同，因而键面全长上具有相同的分离性能。

图 6-71　键式逐稿器

为使键交替地对脱出物起作用，以提高分离性能，也为使键在运动中产生的惯性力得到部分平衡，以减轻机器振动，三键与六键式的曲柄互成 120°，六键式的曲柄也有互成 60°；五键式的曲柄互成 180°，JL1000 系列联合收获机的五键式逐稿器曲柄互成 72°；而四键式的曲柄互成 90°（图 6-72）。

键面前低后高，呈筛状以降低茎秆层沿键面向后移动的速度，增长分离时间。逐稿器键面多数做成阶梯状，使茎秆层能被抖松而增强分离效果，还能降低机器后部的高度。一般键面上有 2～5 个阶梯，阶面长度为 400～800mm（末段取长值）。阶梯落差约为 150mm。各阶面的倾角不等，多在 8°～30°范围内，通常第一阶梯倾角较大，以后逐渐减小。为了使脱出物落到键面后仍保持松散状态和防止茎秆向前滑移，键箱侧壁上部是锯齿形，且在键面阶梯的末端还装有延长板。

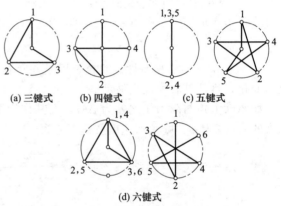

(a) 三键式　　(b) 四键式　　(c) 五键式

(d) 六键式

图 6-72　键式逐稿器曲柄的配置

键的宽度一般为 200～300mm，因为键是交替配置的，为了避免在相邻键间漏落茎秆，在极限位置时，相邻键的键面与键底间应有 20～30mm 的重叠量。键的底面应通畅，保证输送由键面筛漏下的谷粒混杂物。底面与水平面的夹角一般不大于 15°。双轴键式逐稿器曲轴的配置位置，由总体设计和键的结构强度决定。两曲轴中心连线与水平面夹角为 3°～10°。

为了增长脱出物在键面上的分离时间，在逐稿器上方的前部和中部装有挡帘，以阻挡茎秆；当脱出物撞到挡帘时，还能起到辅助分离的作用。

逐稿器的分离性能，除了与脱出物在键面上的运动情况有关外，与键箱筛面的结构（图 6-73）也有密切关系。键面上筛孔宽度为 15～25mm，长度为 40～60mm，逐稿器筛面的有效分离面积占筛面总面积的 30%～70%。键面上具有各种鳞片、折纹和横肋等凸起，防止脱出物沿筛面下滑。鱼鳞状斜筛孔，对细小脱出物有较强的通过能力，但装配较麻烦，在脱大豆和高粱时，短小茎秆易于插到筛孔里，造成堵塞。图 6-74 为薄钢板冲压而成的阶梯状筛面，筛孔在阶梯的端部，可防止较长的茎秆漏下。

b. 平台式分离装置。平台式逐稿器由一块具有筛状表面的平台、两对前后吊杆和驱动的曲柄连杆机构组成（图 6-75）。因曲柄相对吊杆较短，台面上各点按摆动方向做近似直线

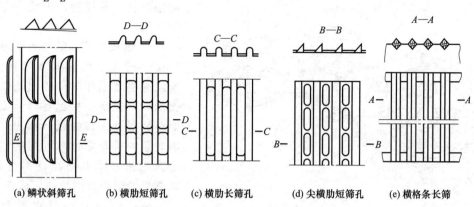

(a) 鳞状斜筛孔　(b) 横肋短筛孔　(c) 横肋长筛孔　(d) 尖横肋短筛孔　(e) 横格条长筛

图 6-73　逐稿器键面结构孔

的往复运动，脱出物受到台面的抖动与抛扔，谷粒穿过茎秆层经台面筛孔而分离。

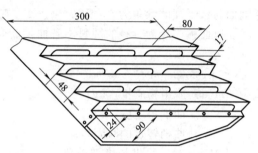

图 6-74　筛孔在阶梯端部的键箱筛面

　　台面有平面状和阶梯面状两种。阶梯状的阶梯尺寸和落差高度较键式的要小。台面具有阶梯、齿条、齿板，用以增强分离和推逐能力。台面的宽度根据脱粒装置的宽度而定，长度一般为 2m 左右。

　　平台的摆幅为 80～100mm，曲柄转速为 200～280r/min，加速度比 $\omega^2 r/g = 2\sim3$ 时分离效果较好（r 为曲柄半径；ω 为曲柄的角速度；g 为重力加速度）。台面倾角 $\alpha = 3°\sim 12°$，有阶梯时阶面倾角为 $10°\sim25°$，吊杆长度多为 $200\sim400$mm，前、后吊杆可等长或不等长，摆动方向角 β 为 $25°\sim35°$。

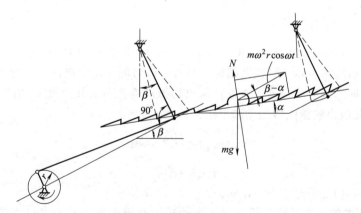

图 6-75　平台式逐稿器

　　平台式逐稿器结构比较简单，但分离能力较键式逐稿器低（约为其 70%），适合在茎秆层较薄的条件下工作，在联合收获机上应用得不多，主要应用在脱粒机上。

　　c. 转轮式分离装置。图 6-76 是转轮式分离装置，它由分离轮和分离凹板组成。脱出物在分离轮的作用下进入分离凹板，谷粒在离心力的作用下穿过凹板筛孔而被分离出去。转轮式分离装置具有较强的分离能力，对潮湿作物的适应性较好。国外曾出现具有 8 个转轮的分

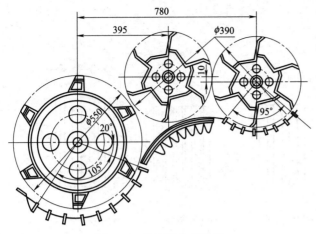

图 6-76 转轮式分离装置

离装置，分离能力很强，但易发生堵塞，且不易排除，因此未得到广泛应用。

② 键式逐稿器的分离原理

a. 键式逐稿器基本工作条件。键式逐稿器工作时，脱出物被抛离键面后，在空中做抛物体运动，这时茎秆层处于较松散的状态，谷粒有较多的机会穿过茎秆层的空隙而分离出来。脱出物在抛扔过程中，长茎秆沿键面方向被向后输送。

两曲轴连心线与水平面夹角（即键倾角）为 α（图 6-77），若阶梯键面与水平面的倾角为 β，则 $\beta=\alpha+\Delta$。在阶面上有脱出物的 C' 点的运动轨迹是以 O 为圆心、以曲柄半径为半径的圆弧。若曲柄转角为 ωt，它从 AO 线起算，令键面对脱出物的支反力为 N，则

$$N=mg\cos\beta-m\omega^2 r\sin(\omega t)$$

式中　m——脱出物质量，kg；

　　　ω——曲柄角速度，1/s；

　　　t——曲柄转过的时间，s。

当 $N=0$ 时，脱出物将被抛离键面，其条件为

$$\omega^2 r\sin(\omega t_1)=g\cos\beta$$

或　　　　$$\sin(\omega t_1)=\frac{\cos\beta}{k}$$

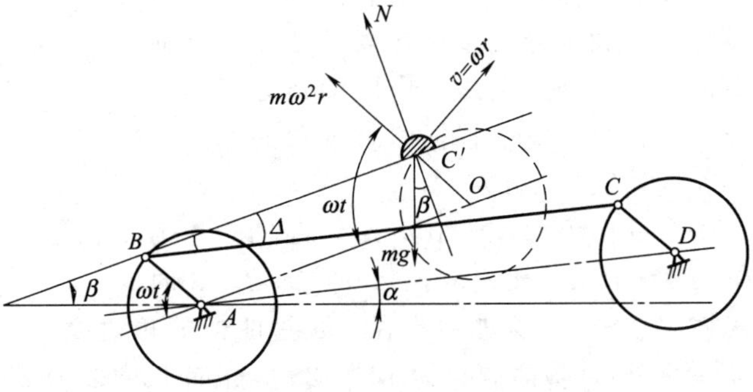

式中 $k=\dfrac{\omega^2 r}{g}$ 为逐稿器的运动

特征值（称为逐稿器的加速度比）。由于 $\sin(\omega t_1)\leqslant 1$，因此必须 $K>\cos\beta$。

脱出物在曲柄转角为 ωt_1 时被抛起后，经过一段时间又落到键面上。为了使脱出物能沿键面向后运动，即抛起后不再落回原处，脱出物抛离键面时，其速度 v_0 方向与水平面夹角应小于 90°。因此脱出物能向后运动的极限条件为 $\omega t_1=\beta$，

$$\sin(\omega t_1)=\frac{\cos\beta}{k}=\sin\beta$$

即　　　　　　　　　　　　$$\tan\beta=K^{-1}$$

为了使脱出物向后运动，$k<\mathrm{ctan}\beta$。

b. 键式逐稿器的分离过程分析。根据高速摄影对键式逐稿器分离过程的观察，键式逐稿器的分离作用主要发生在茎秆层被抛离键面之后，在整个茎秆层降落的过程中，谷粒最容易通过疏松的茎秆层分离出来。

图 6-78 是在相同的喂入量情况下，曲柄转速分别为 $n=195\mathrm{r/min}$ 和 $215\mathrm{r/min}$ 时高速摄影（每秒 800 幅）得到的茎秆层在键面上的运动轨迹。图 6-78（a）是在茎秆层厚为 20cm（分为三个等厚的薄层）的条件下观察到的茎秆层的运动轨迹。可以看到，由于茎秆具有弹性，气流对运动的茎秆有阻力，邻键上茎秆层的相互牵制作用，因此茎秆层的实际运动轨迹

图 6-77　键面脱出物抛离的条件

与理论的质点运动轨迹是不同的。但是，在不同的运动参数下，茎秆层的变形特点基本是相似的［图 6-79（a）、（b）］，只不过前者茎秆层较松散。当逐稿器曲柄转角到达某一值时，茎秆层的下部与正在向上运动的键相接触，而茎秆层的上部继续自由下落，整个茎秆层从上下两个方向逐渐被压缩。随着曲柄转角的增加，由键造成的压缩变形逐渐向上扩展，直至上层茎秆停止下落，整个茎秆层随键一起运动，此时茎秆层仍受到键从下面来的单向压缩作用，直到茎秆层厚度压缩到最小（图 6-79 中的 h_{min}）。曲柄转角继续增加时，若茎秆层从键的运动所获得的加速度超过了重力加速度，茎秆层开始被抛起，由于茎秆的弹性，上层的茎秆先被抛起，随后下层抛起，茎秆层逐渐膨松（单向膨松）；过了一段时间，茎秆层的上部继续上升，而下部开始下降（即双向膨松）；当上层茎秆升到最高点后，整个茎秆层开始自由降落，此时茎秆层厚度膨松到最大（图 6-79 中的 h_{max}）；接着下层茎秆先落到键面上，而上部则继续下落，又重复上述过程。图 6-79 表示了上述茎秆层变形的特征与曲柄转角的关系，图中的曲线 1、2、3 分别表示键的高度、最下层茎秆的高度和最上层茎秆的高度，h_{min}、h_{max} 分别表示茎秆层压缩到最小和膨松到最大时的厚度。

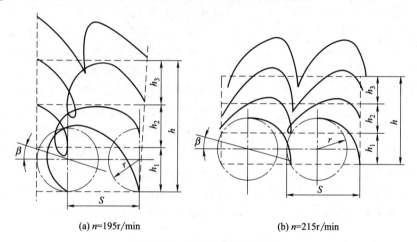

(a) n=195r/min   (b) n=215r/min

图 6-78　茎秆层的运动轨迹

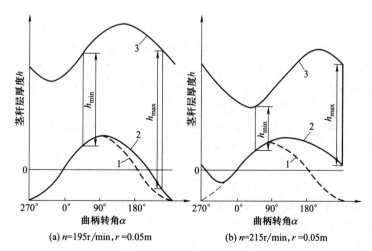

(a) n=195r/min, r=0.05m   (b) n=215r/min, r=0.05m

图 6-79　茎秆层的变形特征和曲柄转角的关系
1—键的高度随曲柄转角 α 的变化曲线；2—最下层的茎秆的高度随曲柄转角 α 的变化曲线；
3—最上层的茎秆的高度随曲柄转角 α 的变化曲线

根据茎秆层变形特点，在茎秆层压缩阶段，谷粒很难分离出来，只有当茎秆层膨松时，谷粒才可能通过茎秆层分离出来。在茎秆层自由降落阶段，谷粒最容易通过茎秆层，这段时间越长，通过茎秆层分离到键面的谷粒越多。因此确定逐稿器的运动参数时，应该使茎秆层得到最长的自由降落时间，即在其他条件相同时，使逐稿器处于最低位置时和茎秆相遇。

　　③ 键式逐稿器主要参数的选择　根据对键式逐稿器分离过程及工作性能的分析，在设计逐稿器时，应该考虑到脱出物的喂入量及其物理机械性质（湿度、谷粒含量、长短茎秆的百分数）和逐稿器的工作特点来确定并选择逐稿器的运动参数与结构参数。

　　由于逐稿器的分离过程比较复杂，脱出物的性质和状态又多变，要完全用计算的方法来确定这些参数目前还比较困难，一般用类比和试验的方法进行设计。

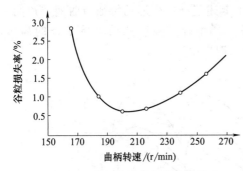

图 6-80　谷粒损失与曲柄转速的关系

　　a. 逐稿器的动力参数。逐稿器的动力参数包括曲柄转速（频率）和曲柄的半径（振幅），它们直接影响到茎秆层的变形情况、分离性能和茎秆的输送速度。

　　试验研究表明，对于一定的振幅来说，都有一个与其相适应的最佳频率，这时的谷粒损失最小。同一个振幅，转速过高或过低，谷粒的损失都会增加（图 6-80）。这是因为，若转速过高，键面和茎秆层相碰时茎秆层的相对压实增加，且上层茎秆开始向上膨松的时间要比转速低时晚一些，抛起的茎秆层最大厚度 h_{max} 减小，使得茎秆层自由降落时间缩短，膨松程度降低，减少了谷粒通过茎秆层的时间，因此损失增加，当转速偏低时，对脱出物的抛扬不足，且脱出物沿键面的平均速度过低，茎秆层变厚，分离损失也会增加。

　　根据试验研究得到曲柄半径 r 与角速度 ω 的关系为 $r\omega^2 = (2.0 \sim 2.2)g$，即加速度比

$$K = \frac{r\omega^2}{g} = (2.0 \sim 2.2)g。$$

　　b. 逐稿器的结构参数。

　　（a）逐稿器的宽度。逐稿器的分离效率取决于茎秆层的厚度和逐稿器的动力参数。茎秆层越薄、越松散，谷粒分离不净的损失越少。茎秆层的厚度主要取决于逐稿器的喂入量和逐稿器的宽度，当喂入量一定时，加宽逐稿器，能使茎秆层减薄，从而改善工作质量。但是，逐稿器的宽度还要与滚筒长度相配合，不然会造成茎秆层分布不均匀。对于纹杆滚筒，逐稿器宽度 B_z = 滚筒长度 L_g；对于钉齿滚筒，$B_z = (1.4 \sim 1.6)L_g$。当逐稿器宽度为 1200mm 时，通常采用四键；若宽度为 1500mm 时，则采用五键或六键逐稿器。

　　喂入逐稿器的宽度可用下面公式进行近似计算：

$$B_z \approx \frac{(1-\delta)q}{h_z \gamma v_j} \tag{6-23}$$

式中　h_z——茎秆层在自然状态时厚度（一般为 200mm），mm；

　　　　q——机器的喂入量，kg/s；

　　　　δ——脱出物中谷粒含量，以百分数计（一般取 30%）；

　　　　γ——茎秆在自然状态的容重（对于小麦为 $10 \sim 20$kg/m³）；

　　　　v_j——茎秆层沿逐稿器的平均运动速度（据测定 v_j = 0.4m/s）。

　　上述计算公式，若用于计算脱粒机的逐稿器宽度，由于脱粒机喂入的茎秆层分布不如联

合收获机均匀，故计算出的结果应加宽一倍左右才能适应实际需要。

（b）逐稿器的长度。逐稿器的长度 L 与作物的脱净度要求有关，一般可以根据逐稿器喂入量 q 等粗略计算。即

$$L = \frac{q}{Bq'\eta}$$

式中　q——逐稿器的喂入量（一般为脱粒装置喂入量的 60% 左右）；

　　　q'——单位面积的允许喂入量，$kg/s \cdot m^2$，当凹板分离率为 $75\% \sim 80\%$ 时，取为 $0.7 \sim 0.8$；当为 95% 左右（如双滚筒）时，取为 1.2 左右。平台式逐稿器的 q' 值约为上述的 70%；

　　　η——有效利用系数，直流型联合收获机上为 1，T 型联合收获机上为 $0.8 \sim 0.9$，L 型为 $0.6 \sim 0.7$，脱粒机为 $0.4 \sim 0.5$。

从实验室和田间试验得知，逐稿器有效分离作用发生在逐稿器的前端。由图 6-81 中可看到，在逐稿器最前端分离的谷粒很少，是因为茎秆层以很高的速度从凹板间隙中抛出时，不能立即分离，只有当茎秆层膨松，并且与挡帘碰撞后才发生更多的分离。逐稿器后半段的分离效率较低。试验证明，存在着一个最适宜的键长，超过此长度后，逐稿器的分离性能不再变化。因此逐稿器长度的选取要使损失最小而又不使机器过分地增长。

逐稿器的主要结构参数长度与宽度对逐稿器工作性能有重要影响。增加逐稿器长度和宽度都将提高其工作能力。但是，就其效果而言，增加逐稿器宽度比增加长度更为有利。根据试验数据计算得到，将逐稿器宽度增加 33% 的效果和将长度增加 58% 的效果是一样的。

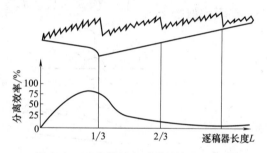

图 6-81　逐稿器长度对分离效果的影响

（c）逐稿器倾角（α）及阶面倾角（β）。由图 6-82 可见，当键倾角为 $6°$ 时，阶梯型（曲线 2）比无阶型（曲线 3）具有较高的分离效果。但是试验表明如果工作面倾角均为 $18°$，阶梯型（曲线 2）分离效果与平面型（曲线 1）并无显著差。在键式逐稿器上一般 $\alpha = 3° \sim 12°$，$\beta = 8° \sim 30°$，通常分为 $3 \sim 5$ 个阶，末阶倾角最小，便于稿草排出，中阶倾角最大，是分离强度最高的区域。前阶倾角适中，阶梯长度一般为 $500 \sim 800mm$，末阶较长，落差高为 $150mm$。研究表明，从脱粒滚筒经逐稿轮排出的脱出物若能立即朝向并以高速撞击逐稿器前阶的表面时，就能比以抛物线抛扬去更充分地利用前阶的长度而提高分离效果。

图 6-83 所示为 E512 联合收获机键式逐稿器（键倾角为 $13°$，第二、三、四阶阶面倾角为 $25°$，第一、五阶阶面倾角为 $13°$）当机器有纵向倾斜时（倾角 ψ 正角为下坡，负角为上坡行驶），分离损失的变化。可见无论正负向变化，损失相近，且 q 增大时，损失更严重。说明设计的状态是最佳的。

此外，试验表明，ψ 由正值变为负值时，稿层在键面运移速度不断增加，且 q 大的比小的运移速度为快。

（d）键面筛孔率。键面筛孔率由小增大时，有助于降低谷粒的分离损失率。但试验表明，超过某一限度后，对降低损失率的效果甚微，而筛出的夹杂物增加，故要处理适当。

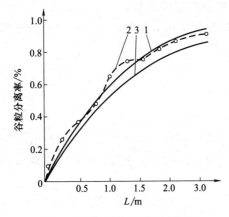

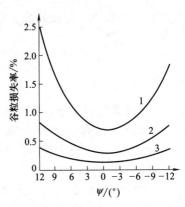

图 6-82　阶面对分离性能影响　　　　图 6-83　纵向倾斜对分离性能影响

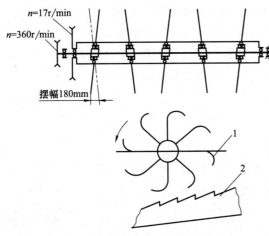

图 6-84　横向抖动轮式辅助分离机构
1—抖动轮；2—逐稿器

c. 键式逐稿器的改进。为提高逐稿器的分离性能，增加了一些辅助分离装置，图 6-84 是在键式逐稿器中部上方配置的横向抖动轮式辅助分离机构。它由轴、摆环圆盘和指齿组成。当轴转动时，摆环摆动，指齿促使脱出物翻转和横向移动，以强化从脱出物中将谷粒分离出来的过程。

图 6-85 为键式逐稿器键箱上配置的"鹿角"叉。该机构的固定轴位于逐稿器下方，固定在机壁上，摆杆一端的轴套与固定轴相配合，另一端通过球铰和"鹿角"叉的横杆相连接，"鹿角"叉的主轴与横杆焊在一起，主轴的固定套装在逐稿器箱体的底板上。键运转时，图中的 A

点做圆周运动，B 点做圆弧摆动，A 点相对 B 点做往复转动，因此"鹿角"叉相对键面做横向往复摆动，拨动并抖松茎秆，增强分离效果。各键箱上的"鹿角"叉装在不同的阶梯上，相邻的两个"鹿角"叉前后错开装在相邻的阶梯上。

6.2.4　谷物联合收获机

联合收获机能同时完成谷物的收割、脱粒、分离和清选等项作业。获得比较清洁谷粒的机械，一般由收割台，脱粒部分（包括脱粒、分离、清粮装置），输送、传动、行走装置，粮箱，集草车和操纵机构等组成。

联合收获机一般应满足如下农业技术要求：整机的总损失一般不得超过谷粒总收获量的 $1\%\sim2\%$，谷粒清选后的清洁率应高于 96% 以上；要考虑茎秆和颖壳的收集和处理。

（1）联合收获机的类型和特点

根据联合收获机的动力配置形式、各工作部件

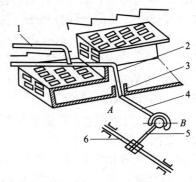

图 6-85　"鹿角"叉式辅助分离装置
1—鹿角叉；2—主轴；3—固定套；
4—横杆；5—摆杆；6—固定轴

相互配置关系、作物在机器中的流向以及对地形的适应能力等特点来分类。

① 按动力配置形式分类　按照动力配置形式可以将联合收获机分为牵引式、自走式和自走底盘式等几种。

a. 牵引式。牵引式又分本身带发动机和不带发动机两种。割幅不超过4m的联合收获机一般本身不带发动机，工作部件由拖拉机动力输出轴驱动。当割幅较大时，为了便于和拖拉机配套作业，联合收获机上常带有发动机。这时，拖拉机只作牵引动力，联合收获机的工作部件由本身的发动机驱动。牵引式联合收获机的结构简单，但机动灵活性差，而且由于收割台不能配置在机器的正前方，收割前需要预先开道。

b. 自走式。由自身发动机驱动，其收割台可配置在机器的正前方，能自行开道，收割、脱谷、集粮、动力、行走等多功能于一体，具有结构紧凑，机动性好，生产率很高，因而得到广泛的推广普及。

c. 悬挂式。将联合收获机悬挂在拖拉机上，割台位于拖拉机的前方，脱粒机位于拖拉机的后方，中间输送装置在一侧。它具有自走式的优点，且造价较低；但其总体配置受到拖拉机的限制，如驾驶员视野差，中间输送装置长，变速挡位不能充分满足收获要求等，而且联合收获机是分部件悬挂在拖拉机上，装卸较费工，整体性较差。

d. 通用底盘式。通用底盘式将联合收获机悬挂在通用底盘上，收获季节过后，拆下联合收获机再装上其他农具，可以充分发挥动力机和底盘的作用。这种形式虽然有一定优点，但由于各种农具要求不同，相互牵制较多，故而设计和拆装要求也比较多。

② 按作物喂入方式和流动方向分类　根据作物喂入方式可以分成全喂入式和半喂入式两种。按作物流动方式，全喂入式又可分为切流滚筒式和轴流滚筒式两种。

a. 全喂入式。全喂入式是指谷物茎秆和穗头全部喂入脱粒装置进行脱粒。按谷物通过滚筒的方向不同，又可分为切流滚筒型和轴流滚筒型两种。联合收获机的传统型式是切流滚筒型，即谷物沿旋转滚筒的前部切线方向喂入，经几分之一秒时间脱粒后，沿滚筒后部切线方向排出。近年来，国内外轴流滚筒式联合收获机也有了较大的发展，即谷物从滚筒轴的一端喂入，沿滚筒的轴向做螺旋状运动，一边脱粒，一边分离。它通过滚筒的时间较长，最后从滚筒轴的另一端排出，可以省去庞大的逐稿器，缩小了联合收获机的体积并减轻机重，且对大豆、玉米、小麦、水稻等多种作物均有较好的适应性。此外，切、轴流结合型及多滚筒联合收获机在国内外也已成为产品。

b. 半喂入式。半喂入式用夹持输送装置夹住谷物茎秆，只将穗部喂入滚筒，并沿滚筒轴线方向运动进行脱粒。由于茎秆不进入脱粒器，因而简化了结构，降低了功耗，并保持了茎秆的完整性；但对进入脱粒装置前的茎秆整齐度要求较高。

c. 割前脱粒。割前脱粒是利用谷物在田间站立状态（未割），直接将谷粒从穗头或茎秆上摘脱下来，然后对摘脱下来的混合物（包括籽粒、茎叶、颖壳及部分穗头等）进行复脱、分离和清选，从而获得清洁的谷粒，脱掉谷粒后的茎秆仍直立于田间或割倒铺放在田间。割前脱粒具有半喂入的特点，但比它具有十分显著的优点，只是飞溅损失比较难控制。

d. 其他方式分类。除以上分类外，还可以按下列分类：

（a）按作物名称分类，如小麦联合收获机、水稻联合收获机、玉米联合收获机等。

（b）按谷物在机器中流动的方向和割台相对于脱粒机的位置分类，如 T 型、Γ 型、] 型和直流型联合收获机等。

（c）按生产率大小分类，如大型（喂入量在5kg/s以上）、中型（喂入量为3～5kg/s）、小型（喂入量在3kg/s以下）。

（d）按行走部件分类，如轮式、半履带式和履带式。

（2）联合收获机的一般构造和工作过程

① 全喂入式小麦联合收获机　以收获小麦为主的联合收获机都是全喂入式，其总体结构差别不大，由割台、倾斜输送器、脱粒装置、发动机、底盘、传动系统、液压系统、电气系统、驾驶室、粮箱和草箱等部分组成（图 6-86）。其工作过程如下：

拨禾轮将作物拨向切割器，切割器将作物割下后，由拨禾轮拨倒在割台上。割台螺旋推运器将割下的作物堆集到割台中部，并由螺旋推运器上的伸缩扒指将作物转向送入倾斜输送器，然后由倾斜输送器的输送链耙把作物喂入脱粒装置进行脱粒。脱粒后的大部分谷粒连同颖壳杂穗和碎稿经凹板的栅格筛孔落到阶状输送器上，而长茎秆和少量夹带的谷粒等被逐稿轮的叶片抛送到逐稿器上，在逐稿器的抖动抛送作用下使谷粒得以分离。谷粒和杂穗短茎秆经逐稿器键面孔落到键底，然后滑到阶状输送器上，连同从凹板落下的谷粒杂穗颖壳等一起，在向后抖动输送的过程中，谷粒与颖壳杂物逐渐分离，由于相对密度不同，谷粒处于颖壳碎稿的下面。当经过阶状输送器尾部的筛条时，谷粒和颖壳等先从筛条缝中落下，进入上筛，而短碎茎稿则被筛条托着，进一步被分离。由阶状输送器落到上筛和下筛的过程中，受到风扇的气流吹散作用，轻的颖壳和碎稿被吹出机外，干净的谷粒落入谷粒螺旋，并由谷粒升运器送入卸粮管（大型机器则进入粮箱）。未脱净的杂余、断穗通过下筛后部的筛孔落入杂余螺旋，并经复脱器二次脱粒后再抛送回到阶状输送器上再次清选（有些机器上没有复脱器，则由杂余升运器将杂余送回脱粒器二次脱粒），长茎稿则由逐稿器抛送到草箱（或直接抛撒在地面上）。当草箱内的茎稿集聚到一定重量后，草箱自动打开，茎稿即成堆放在地上。

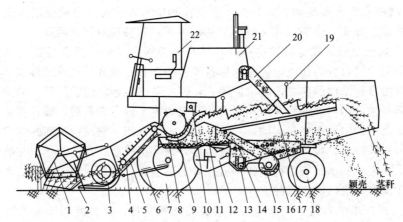

图 6-86　自走式联合收获机的工作过程

1—拨禾轮；2—切割器；3—割台螺旋推运器和伸缩扒指；4—输送链耙；5—倾斜输送器（过桥）；
6—割台升降油缸；7—驱动轮；8—凹板；9—脱粒滚筒；10—逐稿轮；11—阶状输送器（抖动板）；
12—风扇；13—谷粒螺旋和谷粒升运器；14—上筛；15—杂余螺旋和复脱器；16—下筛；
17—逐稿器；18—转向轮；19—挡帘；20—卸粮管；21—发动机；22—发动机

图 6-87 所示为全喂入轴流滚筒型联合收获机。其脱粒滚筒纵向配置，谷物由轴流滚筒的一端喂入随滚筒的旋转而作螺旋状推进运动，脱下的谷粒经凹板筛并由螺旋输送到清粮装置，茎秆则由滚筒的另一端排出，并由分撒器布在田间。这种型式的联合收获机上取消了庞大的分离装置（逐稿器），因而相应地减小了整机的尺寸。与传统型联合收获机相比，轴流式有以下优点：在不增加机器体积的情况下能较大幅度地增加生产率；用轴流式脱粒装置脱小麦比传统型脱粒装置增加 4%～7%；破碎率低。

② 全喂入式稻麦联合收获机　现在用于收获小麦的脱粒装置绝大多数采用纹杆滚筒，

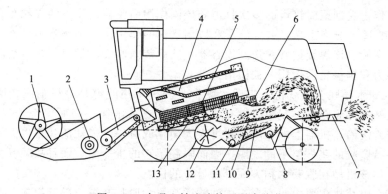

图 6-87　全喂入轴流滚筒型联合收获机

1—拨禾轮；2—割台螺旋推运器；3—输送链耙；4—轴流滚筒；5—凹板筛；6—逐稿轮；7—分撒器；
8—杂余螺旋；9—下筛；10—上筛；11—谷粒螺旋；12—风扇；13—输送螺旋

而用于收获水稻的脱粒装置多采用弓齿滚筒或钉齿滚筒。稻谷表面粗糙带茸毛，潮湿，经滚筒脱粒后混有许多稻草毛（细碎茎叶），其分离和清选要比小麦困难得多。并且水稻田比麦田潮湿，行走装置要求的接地压力要小得多。现有的稻麦联合收获机有三种情况：

a. 装有纹杆滚筒的麦类联合收获机，改装后用于收获水稻。国内外生产的许多麦类联合收获机在出厂时就带有水稻收获部件，即钉齿滚筒和履带行走装置等。需要收获水稻时，将纹杆滚筒卸下，换上钉齿滚筒，并对各部件做适当调整即可。如果稻田太潮湿，可将驱动轮胎换用半履带或全履带装置。

b. 装有钉齿滚筒的麦类联合收获机用于收获水稻。该类型的收获机只要加以适当调整即可用于收获水稻。如国内生产的具有双滚筒脱粒装置的联合收获机，其第一滚筒是钉齿式，第二滚筒是纹杆式。收获小麦时以纹杆滚筒为主，把钉齿滚筒间隙放大，使其只起喂入和辅助脱粒作用；收水稻时，以钉齿滚筒为主，把纹杆滚筒间隙放大，使其只起辅助脱粒作用。

c. 装有钉齿式轴流滚筒的全喂入联合收获机可以兼收小麦和水稻。它的工作过程与切轴型联合收获机稍有不同，图 6-88 所示为全喂入稻麦联合收获机的工作过程。首先作物被拨禾轮拨向切割器进行切割，割下的作物被拨禾轮拨倒在割台上，割台螺旋将割下的作物向左侧推送到输送槽入口处，由伸缩扒指将它转向送入输送槽，再由槽内的输送链耙将它做较长距离的输送而喂入轴流滚筒的左端。然后作物沿滚筒外壳内面的导向板做轴向螺旋运动。

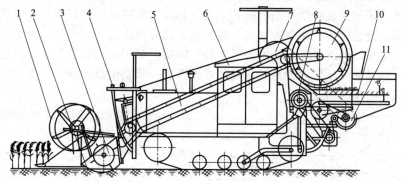

图 6-88　全喂入稻麦联合收获机工作过程

1—拨禾轮；2—切割器；3—割台螺旋；4—操纵台；5—输送槽；6—拖拉机；
7—卸粮口；8—风扇；9—滚筒；10—筛子；11—谷粒螺旋和扬谷器

在此过程中，作物受到滚筒钉齿的多次打击和梳刷作用而脱粒。脱下的谷粒在离心力和重力的作用下从凹板筛孔分离出来，并经筛子和风扇气流的作用将轻杂物吹出机外，而干净的谷粒则落入谷粒螺旋。该螺旋把谷粒送到扬谷器，然后装入麻袋；长茎秆则沿滚筒轴向运动至右端，在离心力和排稿轮的作用下被抛出机外。

③ 半喂入式水稻联合收获机　半喂入联合收获机采用的都是弓齿轴流式滚筒，有较长的夹持输送链和夹持脱粒链。脱粒时，只将作物穗部送入滚筒，因而保持了茎秆的完整性。因为茎秆不进入滚筒，机器上的分离装置可大大简化或省去，消耗的功率也大为减少。为了保证脱净，夹持脱粒的茎秆层不能太厚，因而限制了它的生产率。而且故障发生率较高，价格也比较高。但该机型在收获水稻方面具有显著的优点。

半喂入联合收获机主要由收割台、中间输送装置和脱粒装置三部分组成。卧式割台和立式割台（图 6-89）在自走式半喂入联合收获机上均有采用；而悬挂式半喂入联合收获机则都采用卧式割台（图 6-90）。

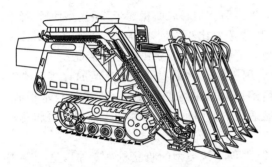

图 6-89　半喂入自走式联合收割机（立式割台）

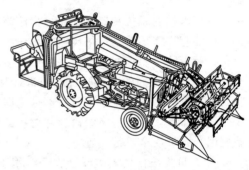

图 6-90　半喂入悬挂式联合收割机（卧式割台）

半喂入联合收获机的工作过程如下：作物被切割前受到扶禾、拨禾装置的作用，使作物的茎秆被扶持着切割。卧式割台采用偏心拨禾轮，拨板将作物拨向切割器切割，随后将已切割的作物拨到割台上，立式割台机型的扶禾器主要将倒伏的作物扶起，交给拨禾星轮或其他拨禾装置扶持着作物进行切割。然后，将已割在割台上的作物横向输送至一侧，由中间输送装置夹持输送至脱粒装置，穗部进入脱粒室脱粒，脱出物经过凹板分离和凹板下的清选装置进行清选（专脱水稻的机型亦有无清选装置），洁净的籽粒被输送至卸粮装置。脱粒后的茎秆被夹持链排出，成条或成堆铺放在茬地上，也可用茎秆切碎装置直接还田。

④ 割前脱粒联合收获机　割前脱粒是近年来才发展起来的新型收获工艺。它打破了传统的收获方式，采用先脱粒后切割的收获工艺，具有以下特点：茎秆不通过摘脱滚筒，谷物不与茎秆相混，可省去传统联合收获机上体积庞大的分离机构，同时也减少了谷粒损失。尤其重要的是，它很好地解决了水稻"湿脱湿分"问题，对于水稻收获是十分理想的；可获得完整的秸秆；能显著减少脱粒功耗；摘脱装置无凹板，收获潮湿作物一般不会发生堵塞；脱出物含杂率低，可减轻清选负担。

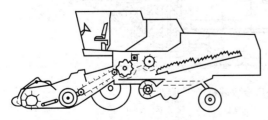

图 6-91　配摘脱台的联合收获机

（a）配摘脱台的联合收获机。英国亚尔索（Silsoe）工程研究所从 1984 年开始对割前脱粒进行研究，首先在室内进行了台架试验，于次年研制成功幅宽为 3.6m，与联合收获配套使用的摘脱台。1986 年从英国技术局得到了该技术的生产和销售许可，到 1998 年已经形成 CX 和 RX 两个系列十几个型号的产品，最大摘脱幅宽已达8.4m。图6-91为配摘脱台的联合收获机。

试验表明，装摘脱台的联合收获机，除了果实满茎秆生长的作物外，可以收获麦类、水稻等十多种作物。收小麦和水稻时生产率比普通割台分别提高40%～100%和40%～150%。摘脱台功耗随机器前进速度增大而增加，收获水稻和倒伏作物时，功耗更高。英国发明的摘脱台有两个大的缺点：摘脱损失率较高；纵向尺寸过大难以在其后设置摘脱后禾秆切割搂集机构。

(b) 气吸式割前脱粒联合收获机。东北农业大学蒋亦元教授多年来致力于割前脱粒的研究工作，创造性地提出在割前脱粒中运用气流吸运的新方案，大幅降低了割前脱粒的收获损失，成功地将摘脱后的茎秆切割并搂成条铺，使摘脱、茎秆切割、放铺一次完成。如图6-92所示，摘脱滚筒上有8排三角形板齿，其前方的压禾器将禾秆压成前倾状态时板齿插入禾秆进行摘脱。含有谷粒、断穗等的脱出物依靠自身的惯性力和由离心风机产生的吸气流吸走，进入横向逐步收缩的管道，在拨指助推器的作用下进入惯性分离箱。拨指助推器由拨指、滚筒与外壳组成，吸运管道的底板设置在与摘脱滚筒面相切的位置，在管道进口处在底板边缘上设有一排固定板齿，它与滚筒上的板齿错开配置以挡住被滚筒气流回带的谷粒与断穗，并由气流吸走。下方尚有回收箱回收漏网的回带谷粒。脱出物被气流带进惯性分离箱后，气流做180°急拐，谷粒、断穗与断茎秆被甩入后部的排料叶轮，由此排出惯性分离箱进入轴流滚筒复脱装置。设在排料叶轮前方的是带式输送器，将物料向后输送。

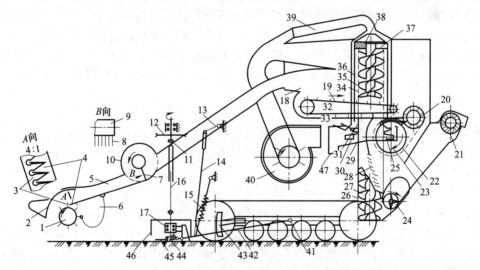

图6-92 4ZTL-1800型割前摘脱稻（麦）联合收获机简图

1—摘脱滚筒；2—压禾器；3—三角形板齿；4—固定板齿；5—管道；6—回收箱；7—拨指助推器；
8—拨指；9—滚筒；10—外壳；11—万向节；12—三角带轮；13—转臂；14—吊杆；15—补偿弹簧；
16—立轴；17—曲拐轴；18—分离箱入口；19—带式输送器；20—排料叶轮；21—横流风机；
22—凹板；23—复脱装置；24—水平推运器；25—滚珠轴承；26—圆筒；27—立式推运器；
28—进风口；29—承粮盘；30—排粮叶片；31—三角带轮；32—旋转叶片；33—截顶圆锥面；
34—圆筒有孔筛面；35—沉降室；36—气吸道；37—径向叶片；38—导管；39—管道；40—吸运风机；
41—支柱；42—推杆；43—挡板；44—销轴；45—往复切割器；46—搂草杆；47—卸粮口

(c) 小型背负式谷物摘穗联合收获机。我国南方多家研究机构研制的割前脱粒联合收获机，除少数全履带自走机型外，多为小型悬挂式或背负式机型。同前面介绍的两种机型相比，具有结构简单、灵活性高的特点。但生产率比上述机型低，损失也比气吸式偏高，尚待进一步研究。图6-93所示的小型背负式谷物摘脱联合收获机由摘脱台、输送槽、脱粒清选

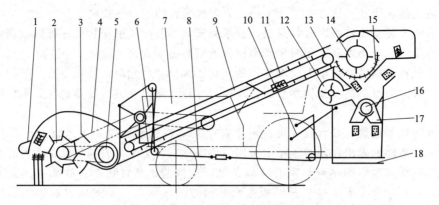

图 6-93　4LZS-1.5 型小型背负式谷物摘穗联合收获机结构简图

1—前护罩；2—摘穗滚筒；3—挡板；4—传动系统；5—输送螺旋；6—前悬挂装置；7—拖拉机；
8—升降系统；9—输送槽；10—后悬挂装置；11—链条；12—风扇；13—耙齿；14—脱粒滚筒；
15—凹板；16—卸粮螺旋；17—卸粮口；18—卸粮平台

装置、前悬挂装置、后悬挂装置构成。

在收获时，摘穗滚筒按顺时针转动摘取作物的穗部，摘下的脱出物中，大多数是穗头，其余是少量的茎叶、短茎秆和籽粒。脱出物在离心力的作用下，沿着前护罩所形成的曲面向后被抛送到后面的输送螺旋，输送螺旋把所有的脱出物推送到摘脱台的一侧。倾斜的输送槽将其升运到脱粒滚筒，脱粒滚筒对其进行脱粒和分离。脱粒分离后的谷粒连同部分颖壳和碎小茎秆穿过凹板落下。在下落过程中风扇将颖壳和碎小茎秆吹出机体外，干净的谷粒落入卸粮螺旋，由卸粮螺旋将其推运到卸粮口装入麻袋，而长茎秆则被排出机外，整个收获过程完毕。

（3）联合收获机的收割台

收割台的作用是切割作物，并将作物运向脱粒装置。它由拨禾轮、切割器、分禾器和输送装置等组成。收割台通过铰接轴与脱粒部分连接，驾驶员可以在座位上通过液压系统调节收割台的升降（以控制割茬高度）。

全喂入联合收获机的收割台根据其输送装置的不同可分为平台式（帆布带式）割台、螺旋推运器式割台等。平台式能整齐均匀地输送作物，对作物高矮的适应性较好，但帆布带价格较贵，受潮后易变形，使用中需经常调整，输送辊轴易缠草，使用完毕后需拆下保管。螺旋推运器式结构紧凑，使用可靠，耐用，其缺点是输送性能不如平台式，但是在全喂入联合收获机上并不要求对作物茎秆整齐输送，应用十分广泛。

收割台的类型根据收割作物的对象，可分为麦类割台、大豆割台、水稻割台等；根据对地形的适应性可分为刚性割台、挠性割台。

① 螺旋推运器　收割台的螺旋推运器由两端的螺旋叶片部分和中间的伸缩扒指机构组成（图 6-94）。螺旋推运器将割下的谷物输向中央，扒指机构将谷物转过 90°后纵向送入倾斜输送器，然后喂入脱粒装置。割台螺旋的主要参数有内径、外径、螺距和转速等。内径的大小应使其周长略大于割下谷物茎秆长度，以免被茎秆缠绕。在大型宽割台上还要考虑螺旋的刚度，现有机器上多采用直径 300mm。螺旋叶片的高度不宜过小，应该能够容纳割下的谷物，通常情况下采用的叶片高度为 100mm。因而螺旋外径一般多为 500mm。螺距的大小取决于螺旋叶片对作物的输送能力。利用螺旋来输送谷物，必须克服谷物对叶片的摩擦，才能使输送物前进。因此，螺旋推运器的螺距 S 值应为

$$S \leqslant \pi d \tan\alpha$$

式中　d——螺旋内径；

　　　α——内径的螺旋升角。

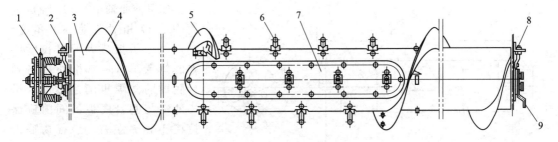

图 6-94　割台螺旋推运器

1—主动链轮；2—左调节杆；3—螺旋筒；4—螺旋叶片；5—附加叶片；6—伸缩扒指；7—检视盖；

8—右调节杆；9—扒指调节手柄

为了保证螺旋对谷物的输送和提高输送的均匀性，螺距值 S 一般都在 600mm 以下，多数联合收获机上取 460mm。也可用经验公式 $S=(0.8\sim1.0)D$ 来决定，式中 D 为螺旋外径。

为保证谷物的及时输送，需要一定的螺旋转速。由于谷物只是占有螺旋叶片空间的一小部分，只能按经验数据确定。一般在 $150\sim200$r/min 范围内，即可满足输送要求。对于大割幅和高生产率的机器，可选用较大的转速。表 6-1 列出几种联合收获机割台螺旋推运器的技术数据。

表 6-1　割台螺旋推运器参数

机型	内径/mm	外径/mm	螺距/mm	转速/(r/min)
东风 ZKB-5	300	500	460	150
丰收-3.0	300	500	460	160
4LZ-2.5	300	500	460	170
4LQ-2.5	300	500	460	150,190
HQ-3	300	500	460	180
丰收-1	300	495	右 380,左 180	164
E-512（东德）	300	500	560	176
JD-7700（美）	408	610	545	150,121
MF-510（加拿大）	330	550	480	151
JL1065/JL1075	300	500		$175-230$

由于输送的谷物不是充满螺旋叶片空间，因此，从螺旋叶片到伸缩扒指的输送过程是非均匀连续的，而是一小批一小批地输送给伸缩扒指。如果伸缩扒指位于左右螺旋的中部，为了提高其喂入的均匀性，左旋叶片和右旋叶片与伸缩扒指相交接的两个端部应相互错开 $180°$。有的还装有附加叶片，延伸到伸缩扒指之中，也是为了改善割台螺旋推运器的喂入均匀性。

②伸缩扒指　伸缩扒指安装在螺旋筒内，由若干个扒指（一般为 $12\sim16$ 个）并排铰接在一根固定的曲轴上（图 6-95）。曲轴与固定轴固结在一起。曲轴中心 O_1 与螺旋筒中心 O 有一偏心距。扒指的外端穿过球铰连接于螺旋筒上。这样，当主动轮通过驱动轴使螺旋筒旋转时，它就带动扒指一起旋转。但由于两者不同心，扒指就相对于螺旋筒面做伸缩运动。由图 6-95 可见，当螺旋筒上一点 B_1 绕其中心 O 转动 $90°$ 到 B_2 时，带动扒指绕曲柄中心 O_1 转动，扒指向外伸出螺旋筒的长度增大。由 B_2 转到 B_3 和 B_4 时，扒指的伸出长度减小。

工作时，要求扒指转到前下方时，具有较大的伸出长度，以便向后扒送谷物。当扒指转到后方时，应缩回螺旋筒内，以免回草，造成损失。

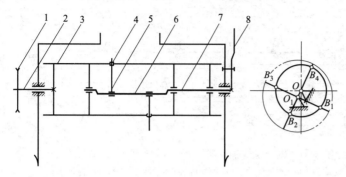

图 6-95　伸缩扒指机构

1—主动轮；2—转轴；3—螺旋筒；4—球铰；5—扒指；6—曲轴；
7—固定轴；8—调节手柄

如果使曲轴中心 O_1 绕螺旋筒中心 O 相对转动一个角度，则可改变扒指最大伸出长度所在的位置，同时扒指外端与割台底板的间隙也随之改变。扒指外端与割台底板的间隙应保持在 10mm 左右。当谷物喂入量加大而需将割台螺旋向上调节时，扒指外端与底板的间隙也随之增大，此时应转动曲轴的调节手柄，使扒指外端与割台底板的间隙仍保持在 10mm 左右。在多数联合收获机的割台侧壁上装有调节手柄，用以改变曲轴中心 O_1 的位置。

伸缩扒指的长度 L 和偏心距 e 的确定方法是，当扒指转到后方或后上方时，应缩回到螺旋筒内，但为防止扒指端部磨损掉入筒内，扒指在螺旋筒外应留有 10mm 余量。当扒指转到前方或前下方时，应从螺旋筒内伸出。为达到一定的抓取能力，扒指应伸出螺旋叶片外 40～50mm。

在图 6-96 中，D 为螺旋外径，d 为螺旋内径，即螺旋筒直径，L 为扒指长度，e 为偏心距。

则　　$L = d/2 + e + 10 = D/2 - e + (40 \sim 50)$

因此　　$L = (D+d)/4 + (25 \sim 30)$

　　　　$e = (D-d)/4 + (15 \sim 20)$

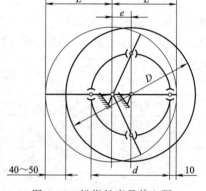

图 6-96　扒指长度及偏心距

③ 割台各工作部件的相互配置　在割台上合理配置螺旋、割刀和拨禾轮的位置是十分重要的，

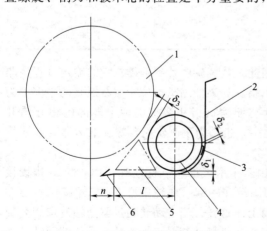

图 6-97　割台各部件的相对位置

1—拨禾轮；2—后壁；3—挡草板；4—割台螺旋；
5—死区；6—切割器

尤其是螺旋相对于割刀的距离，对割台的工作性能影响较大。图 6-97 中 l 为螺旋中心到护刃器梁的距离，如果此值较大，比较适应于长茎秆作物收获。而收短茎秆作物时，作物就容易堆积在割刀与螺旋之间，待堆集到一定数量时，被螺旋叶片抓取，一拥而入，造成输送和螺旋的堵塞。反之，若此值较小，对短茎秆作物就比较合适，而收获长茎秆作物时，就容易从割台下滑下去，造成丢穗损失。此外，此值也直接影响到拨禾轮和割刀的相互配置关系。因为拨禾轮是不能与螺旋叶片或扒指相碰的，当 l 值较小时，拨禾轮中心相对于割刀的前伸量 n 就比较大。此前伸量加大，对拨禾和铺放的性能都是不利的。因此，在合理配置螺旋、割刀和拨禾轮的相互位置时，既要选取一定大

小的 l 值，而又不使前伸量 n 值太大，通常采取缩小拨禾轮直径的办法来减小前伸量。当然，拨禾轮直径偏小对拨禾和铺放的性能也是不利的。因此，直径的减小也只能是适度的。

谷物割台采用螺旋堆运器这种结构型式，在拨禾轮、割刀和螺旋三者之间形成的三角形"死区"是不可避免的。为了改善螺旋输送的均匀性和减少损失，针对过高和过矮作物的收获问题，国内外某些联合收获机上曾采取过如下一些措施（图 6-98）。

（a）在割刀后方安装锯齿形输送齿条［图 6-98（a）］，齿条随割刀一起运动，可将堆积在割刀后面的谷物推向伸缩扒指，齿条反向运动时，锯齿形斜面对谷物不起推送作用。

（b）将割刀后面的割台台面凸起［图 6-98（b）］，用此法来减小"死区"，防止谷物堆积。

（c）采用仿形拨禾器［图 6-98（c）］，在收割台架上安装滑道，使拨禾板相对于割台的运动轨迹呈肾形封闭曲线，拨禾板可与收割台面贴得很近而又不与螺旋相碰，消除了"死区"。

（d）在割刀与螺旋之间安装小的胶布输送带［图 6-98（d）］。这对各种长短的谷物都能适应，且适用于倒伏作物的收获，效果良好。

（e）将割刀（连同护刃器梁及割刀传动机构）做成前后可调的［图 6-98（e）］，这就可以改变割刀至螺旋的距离。这种方法在美国 JD-7700 联

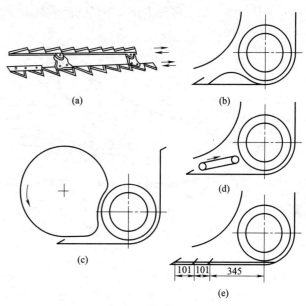

图 6-98 克服"死区"采取的方法

合收获机刚性割台上采用，护刃器梁至螺旋中心的距离可调为 345mm、446mm 和 548mm，以适应不同高度作物的收获。

此外，在相互配置上还有几个间隙是应予注意的（图 6-97）螺旋叶片与割台底板之间的间隙 δ_1 应为 10～20mm，此间隙可通过上下移动割台两侧壁上的调节螺栓进行调整。螺旋叶片与割台后壁的间隙 δ_2 为 20～30mm，为了防止回草，一般在割台后壁上装有挡板，并使螺旋叶片与挡板的间隙保持在 10mm 左右。拨禾轮压板与螺旋叶片的间隙 δ_3 至少应有 40～50mm，以防压板与螺旋叶片或扒指相碰。

（4）收割台的升降与仿形机构

联合收获机作业时，要随时调节割茬高度，要经常进行运输状态和工作状态的相互转换。现代联合收获机采用液压升降装置，操作灵敏省力，一般要求在 3s 内完成提升或下降动作。为避免割台强制下降造成的损坏和适应地形的需要，割台升降油缸均采用单作用式油缸。当油泵停止工作时，只要把分配阀的回油路接通，割台就能自动降落。因此在使用安全上十分重要，需要将支承支好，以免割台突然下降造成事故。国外有些联合收获机，在通向油缸的管道上安装单向阀，当油泵停止工作时，单向阀关闭，割台就能停留在原有位置上。

为了提高联合收获机的生产率，保证低割和便于操纵，现代联合收获机都采用仿形割台，即在割台下方安装仿形装置，使割台随地形起伏变化，以保持一定高度的割茬。割台仿形装置有机械式、气液式和电液式三种。

① 机械式仿形装置 机械式仿形装置就是在割台上安装平衡弹簧，将割台的大部分重

量转移到机架上，使割台下面的滑板轻轻贴地，并利用弹簧的弹力，使割台适应地形起伏。

图 6-99 为联合收获机割台升降和仿形装置。割台的升降由油缸完成。在油缸的外面装有一个平衡弹簧，弹簧的一端顶在缸体的挡圈上，另一端顶在卡箍上。卡箍由螺栓固定在顶杆上。顶杆活套在柱塞里面。割台的重量大部分通过平衡弹簧转移到脱粒机架上，使割台的接地压力只保持在 300N 左右，即用一手掀起分禾器能使割台上下浮动。在顶杆上有三个缺口，可以改变卡箍的固定位置，用它来调整割台接地压力的大小。机械式仿形装置结构简单，它只能使割台纵向仿形，不能横向仿形。工作时，割台可以贴地前进，也可以通过油缸将割台稍稍抬起，使之离地工作。当遇到障碍物或过沟埂时，平衡弹簧帮助割台抬起，起到上下浮动的作用。

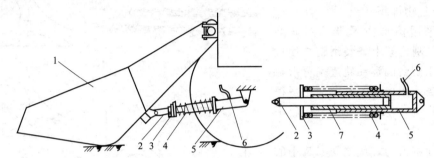

图 6-99　北京-2.5 联合收获机割台升降和仿形装置
1—割台；2—顶杆；3—卡箍；4—平衡弹簧；5—缸体；6—油管；7—柱塞

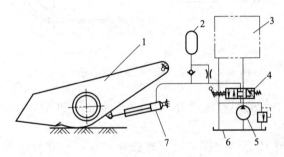

图 6-100　气液式仿形装置
1—割台；2—蓄能器；3—液压系统其他部分；4—手动
分配阀；5—泵；6—油箱；7—油缸

② 气液式仿形装置　近年来，国外已有较多的联合收获机采用气液式仿形装置来代替弹簧仿形装置。气液式仿形装置（图 6-100）就是在割台油缸的油管处并联蓄能器，蓄能器内充以气体，利用气体的可压缩性使割台起到缓冲和仿形作用。割台上常用的蓄能器是气囊式（图 6-101），它将气体储存在耐油的薄胶囊内，油液则在囊外，两者完全隔开。为了减轻蓄能器内胶皮的氧化，多用干氮气来充填。由于胶囊惯性小，吸收振动的效果很好，而且有结构紧凑、使用方便等优点，因此获得广泛的应用。但蓄能器会使割台的提升滞后，这是因为液压油进入提升油缸之前进入了蓄能器，特别是割台降落在地面上时，蓄能器内的油液全部排空，因此提升的时间滞后要更长一些。

为使蓄能器具有适当的功能，其气体的预装压力必须小于液压提升压力的正常值，一般为其 70% 左右。预装压力是指蓄能器内油液全部排空时干氮气的压力，一般先由工厂充填好。在工作过程中，蓄能器内的气体受压后，其压力与液压提升系统的压力是相互平衡的。一般蓄能器的最大压力可以达到 2000N/cm^2。在使用或储存时勿使其温度超过 149℃。这种仿形装置工作平衡可靠，但胶囊和壳体的制造较困难，造价较贵。

③ 电液式自动仿形装置　电液式割台高度自动仿形装置工作原理是在割台下面安装传感器，通过连杆将信号传递到电器开关，进而控制电磁阀，使液压油进入油缸或回油，完成割台的自动升降。图 6-102 为 JD-7700 型联合收获机挠性割台的自动仿形装置。传感轴为通

轴，位于割台下方，其长度略大于割台宽度，该轴铰接在割台底架上。传感轴上焊有 6 个传感臂，分别压在浮动四杆机构的前吊杆 AB 上（图 6-103 中的 5 和四杆机构 $ABCD$）。在传感轴的左端有一短臂，通过拉簧使传感臂始终压在前吊杆 AB 上。当仿形滑板升降时，浮动四杆机构的前吊杆 AB 带动传感臂上下摆动，因而传感轴也就随着扭转。在传感轴的右端焊有一支板，支板通过一个球铰与拉杆相连，拉杆中间有一个调节螺套。转动螺套可使拉杆伸长或缩短。拉杆的上端与摇杆相连，摇杆的另一端固定着控制凸轮。凸轮的上方为上升开关，下方为下降开关。当传感臂和传感轴转动一定角度时，通过拉杆、摇杆和控制凸轮可以分别接通上升开关或下降开关。

为了使驾驶员能够直接观察到割台的浮动范围，在割台的右侧壁上安装一个指示球。在传感轴的右端空套着一支杆。支杆上端与指示球相连。支杆下端焊一螺母。调节螺钉依靠扭簧的扭力作用始终顶在支板的挡片上。当支板摆动时，支杆也就随之前后摆动，指示球就前后移动指示出割台的浮动范围。通过调节螺钉可以调节指示球的初始位置。

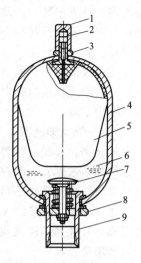

图 6-101　气液式蓄能器

1—护罩；2—气嘴；3—螺母；
4—壳体；5—胶囊；6—油液；
7—阀；8—螺母；
9—接头

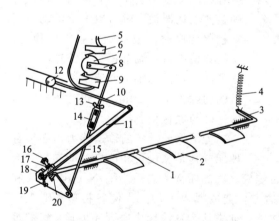

图 6-102　电液式割台自动仿形装置

1—传感轴；2—传感臂；3—短臂；4—拉簧；5—电线；
6—上升开关；7—控制凸轮；8—摇杆；9—下降开关
（可调）；10—杆；11—支杆；12—指示球；13—蝶
形螺母；14—调节螺套；15—拉杆；16—调节螺钉；
17—螺母；18—支板；19—扭簧；20—挡片

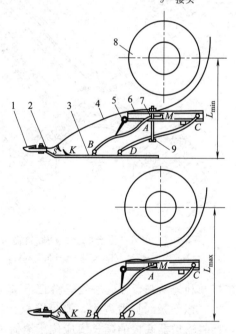

图 6-103　JD-7700 型联合收获机挠性割台的
自动仿形装置

1—切割器；2—护刃器梁；3—仿形滑板；4—弹簧过渡板；
5—传感臂；6—固定梁架；7—滑槽；8—割台螺旋推
运器；9—锁定螺栓；ABCD—四杆机构

挠性割台工作时，由于地形起伏变化，仿形滑板也就随之升降。当仿形滑板上升时，通过浮动四杆机构的前吊杆 AB 使传感臂上升，传感轴也随之转动。支板推动拉杆向上，控制凸轮逆时针方向转动，此时接通上升开关，使电磁阀发生动作，液压油就进入割台油缸，使割台升起。割台升起少许的过程，仿形滑板和浮动四杆机构下降，传感臂受拉簧的作用而向下摆动。此时拉杆拉动控制凸轮顺时针转动而切断电路，割台不再上升。

割台过高或割台前方遇到凹陷地形时，六组仿形滑板均下降，传感臂受拉簧的作用略向下摆动，因而拉动拉杆向下，使控制凸轮顺时针转动，此时接通下降开关，使电磁阀发生动作，割台下降。

（4）倾斜输送器

连接割台和脱粒装置的倾斜输送器，通常称为过桥或输送槽，作用是将割台上的谷物均匀连续地输送到脱粒装置。全喂入式联合收获机上采用链耙式、带式和转轮式三种；半喂入式联合收获机上采用的是夹持输送链。

① 链耙式输送器　链耙式输送器的特点是，靠其上的耙齿对谷物进行强制输送，它工作可靠，并能达到连续均匀喂入，在具有螺旋推运器割台的全喂入联合收获机上，基本都采用这种输送器。

如图 6-104 所示，倾斜输送器由壳体和链耙两部分组成。链耙由固定在套筒滚子链上的许多耙杆组成。耙杆呈 L 形，其工作边缘做成波状齿形，以增加抓取谷物的能力。两排耙杆相互交错排列。为使链条正常传动，在下部被动轴上装有自动张紧装置。支架是固定在壳体侧壁上的。弹簧通过螺母把输送器的被动轴自动张紧。调节螺母可改变弹簧的压紧情况，使链耙处于正常的张紧状态。为适应谷物层厚度的变化，避免堵塞，通过弹簧使输送器被动轴可以上下浮动。当谷物层变厚时，被动轴被谷物层顶起，压缩弹簧起自动调节作用。链耙的正常张紧度可在被动轴下方测量。耙杆与底板的间隙为 15～20mm，此时链耙中间的耙杆与底板稍有接触。

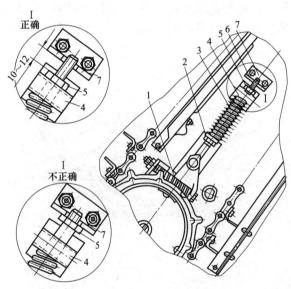

图 6-104　东风-5 联合收获机的倾斜输送器
1,3—弹簧；2,5—螺母；4—支架；6—张紧螺钉；7—角钢

为了保证链耙的输送能力，必须合理配置其相互位置和选择运动参数。为使耙杆顺利地从割台抓起谷物，链耙下端与割台螺旋之间的距离 t 要适当缩小（图 6-105 和表 6-2），以便及时抓取谷物，避免堆积在螺旋后方，造成喂入不匀。为使谷物顺利喂入滚筒，倾斜输送器底板的延长线应位于滚筒中心之下。通常认为从滚筒中心到底板延长线的垂直距离为滚筒直径的 1/4 为宜。因此，要适当选取 h 值和 α 角，一般 α 角不超过 50°。链耙的运动速度应与割台的输送速度相适应，一般应逐级递增，即链耙速度应大于伸缩扒指外端的最大线速度，扒指外端的线速度又应大于割台螺旋的横向输送速度。这样才可使谷层变薄，保证输送流畅。试验表明，适当提高链耙的速度（从 3m/s 增加到 5～6m/s），可以减少脱粒功率的消耗，并能使脱粒损失下降和提高凹板的分离率。此外，有的联合收获机倾斜输送器传动上增设了反转减速器，可使割台各工作部件逆向传动，驾驶员不离开座位即可迅速排除割台螺旋和输送链耙之间的堵塞。倾斜输送器壳体要有足够的刚度，以防扭曲变形。壳体本身及其相邻部件的交接处的密闭性要好，以防漏粮和尘土飞扬。

表 6-2　倾斜输送器的主要参数

机型	l/mm	t/mm	α/(°)	H/mm	链板速度/(m/s)
东风 ZKB-5	500	60～170	51	108	3.2
丰收-3.0	406	30	48	110	3.34
北京 4LZ-2.5	400	30～60	45	108	2.6
E-512	352～380	55～120	42	80	4.98
MF-510	330～355	45～105	37	196	2.9
JD-7700	345、446.2、548.2	6～32	34	117	2.12

② 叶轮式输送器　叶轮式输送器采用 5 个回转叶轮（直径为 300～500mm），每个叶轮有两片橡胶叶片，安装时应使相邻两个叶轮的叶片互相垂直（图 6-106）。从下到上叶轮的速度逐渐增高（一般线速度为 10～15m/s），以保证作物均匀薄层地喂入。

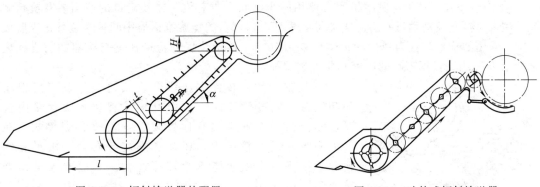

图 6-105　倾斜输送器的配置　　　　　　图 6-106　叶轮式倾斜输送器

叶轮式输送器的重量轻，故障少，容易修理，而且结构也比较简单。在收获潮湿作物时叶轮可增加到 4 个叶片。为了防止缠草，在下端的几个叶轮上可以安装防缠罩。这种输送器的缺点是输送能力较差，且橡胶叶片容易磨损。

③ 半喂入式联合收获机的夹持输送装置　半喂入式联合收获机能保持茎秆的完整性，对谷物输送装置的要求较高，不仅要保证夹持可靠、茎秆不乱，而且还要在输送过程中改变茎秆的方位和使穗部喂入脱粒装置的深度合适。

卧式割台联合收获机上的夹持输送装置由夹持链、压紧钢丝和导轨等组成（图 6-107）。夹持链一般采用带齿的双排滚子链（图 6-108），导轨槽为一弧形封闭导轨，夹持链在导轨槽内回转，因此，在导轨槽的两头安装链轮。为使导轨槽紧凑，工作行程和空行程的导轨应尽量靠近，并且每隔 200mm 焊有连接板使之构成整体。在导轨工作行程一侧有由数根吊环

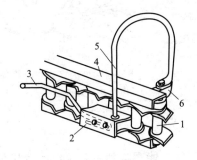

图 6-107　夹持输送装置
1—夹持链；2—钢丝固定架；3—压紧钢丝；
4—导轨；5—吊环；6—连接板

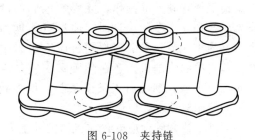

图 6-108　夹持链

固定的夹紧钢丝固定架。压紧钢丝一端由螺钉安装在固定架上，另一端靠钢丝的弹力压在夹持输送链的链套上，压紧钢丝连续不断地分布在整个导轨上，以适宜的压力压紧。禾秆就在这些压紧钢丝支持下，由夹持输送链的链齿拨送。

立式割台的夹持输送装置一般为两段输送，也是采用双排齿的滚子链。但是由于不需要作弧形轨道输送，因此不需要导轨，只有带滚子的支架支承，夹持链两端也就用不着滚子。

半喂入联合收获机中间输送装置的输送速度应逐级递减，这与全喂入式是不同的，即脱粒夹持链的速度应等于或略小于输送夹持链的速度，输送夹持链的速度应小于割台输送链的速度。这样，在两输送链交接时能保持茎秆的整齐，否则将会扯乱茎秆，影响输送质量。据国内近年的试验认为，割台输送链的速度为1m/s左右，夹持输送链的速度为0.8～1.0m/s，脱粒夹持链的速度为0.8m/s左右为宜。

（4）联合收获机的辅助装置

① 捡拾装置　对于与割晒机配套使用的小型联合收获机，在其割台的前面装有捡拾装置，用来捡拾起被割晒机割后晾干的带穗禾秆，由割台的螺旋推运器中间输送装置送入脱粒装置。常用的捡拾装置为弹齿滚筒式（图6-109）。捡拾装置的捡拾速度与机器的前进速度比为1.4～2.4，根据禾秆的厚度和状况来选择。

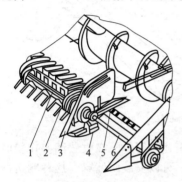

图6-109　弹齿滚筒式捡拾装置

1—弹齿滚筒；2—滑板；3—侧板；
4—托板；5—支承架；6—传动轴

② 集粮、卸粮装置　在联合收获机上，设有集粮箱和卸粮台，经过清选的谷粒由升运装置送入集粮箱内暂存，储粮箱的安置方式有顶置式、背负式和侧置式。在大中型收割机的粮箱内，还装有螺旋分布器、水平和倾斜螺旋推运器，以便能迅速转移谷物。一般要求推运器转速为300～700r/min，能在1.5～2.5min内将一箱谷物卸到跟随收割机的装粮车上。

③ 秸草处理装置　在联合收获机上，对经过分离谷物籽粒后排出的禾草，通常处理办法有：

a. 为了搜集秸草，可在脱粒装置后面悬挂有集草器，由脱粒装置排出的秸草集聚其上，靠自重分堆卸草，然后用集草机或人工将其捆绑、运走，作为他用。

b. 在排草口处，安装一个秸草切碎机构，将秸草切碎后，抛还田里。在排草口处，安置一个滚筒式切碎机构（图6-110），它采用一对喂入辊，将逐稿器排出的秸草引导送入切碎滚筒，秸草切碎后，沿排出槽被抛出机外，撒向机后田里。

④ 联合收获机的驾驶室、操作台　谷物联合收获机驾驶员的工作条件是十分恶劣的，高温、振动、粉尘和噪声严重地干扰驾驶人员操作，并影响他们的健康。因此在进行驾驶室和操作台的设计时，应尽可能地为驾驶员创造一个较好的小环境。大中型收割机应采用封闭式驾驶室，现在一些先进的收割机，还在驾驶室内安装空调器来改善工作条件。小型收割机由于条件限制，很难做成封闭的，但应配置遮阳棚或伞，以遮阳挡雨。

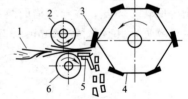

图6-110　滚筒式切碎机构

1—茎秆；2—上喂入辊；3—切刀；
4—切碎滚筒；5—定刀；6—下喂入辊

驾驶室或驾驶台应安置在机器的前上方，视野要开阔，能观察到主要工作区域和左右两侧。驾驶台上要尽可能做到各种操作手柄和脚踏板操作集中，仪器、仪表集中，以便驾驶员能全面观察各个工作部件的工况，进行快捷而准确的操作。根据有关标准，操作手柄作用力应小于100N，脚踏板操作力应小于200N。

⑤ 行走装置　联合收获机的行走装置有轮式、半履带式和全履带式三种。

a. 轮式行走装置。自走式联合收获机约80%的质量分布在前部，因此都采用前轮驱动、后轮转向。行走装置由无级变速器、驱动轮桥、转向轮桥、转向操纵机构和行走轮等组成。轮式行走装置多用于旱地作业。

行走装置都装有V形带无级变速器，变速器由液压操纵，可在作业中不停车无级变速。无级变速器的调速比，即被动轴最大转速与最小转速之比 $i = 2.5 \sim 3.0$。带轮槽角为26°，采用宽型V形带，带速不超过 $25 \sim 30 \text{m/s}$。

b. 半履带式行走装置。半履带式行走装置用于提高在湿软地上的通过能力，防止沉陷、打滑，从轮式行走装置的驱动轮轴上卸下轮子，装上半履带装置，使机器的平均接地压力降低。半履带装置的履带板有普通型、三角形、三角加宽型等整体式金属履带板。半履带和轮式行走装置可以互换，从驱动轮轴上卸下驱动轮，换上半履带装置，可使接地压力降低到 $27 \sim 50 \text{kPa}$。小型联合收获机换用半履带装置后，接地压力为 $15 \sim 20 \text{kPa}$。在半履带式行走装置上可装用普通型、三角形及三角加宽型等整体式金属履带板。该装置的优点是操作性能好，急转弯时移动的土量少，对地面的仿形能力强。

c. 履带式行走装置。收割机的全履带式行走装置由履带、驱动轮、支重轮、导向轮、托轮、支重台架、张紧装置、悬架等组成。联合收获机上应用的履带式行走装置多为整体台车式履带。小型联合收获机多采用结构较简单的刚性悬架，大中型联合收获机多采用半刚性悬架，以利于较平稳地越过田埂。有的小型联合收获机每侧履带有4个支重轮，中间两个支重轮合用一个弹性悬架，过田埂比较平稳，并可根据需要将这两个支重轮与机架刚性连接。

联合收获机上用的履带有金属履带、橡胶金属履带和橡胶履带。大中型联合收获机多采用组合式金属履带。小型水稻联合收获机采用质量小的橡胶履带。履带在水田内的允许接地压力一般为 $15 \sim 25 \text{kPa}$。为保证联合收获机在水田内的转向性能，履带接地长度与轨距的比值 L/B 应不小于1.5，与履带板宽度的比值 $L/b = 3 \sim 4$，地隙不小于250mm。

⑥ 液压系统　联合收获机液压系统包括操纵、转向和驱动系统。液压操纵系统主要用于控制工作部件的位置变换和调速，如收割台和拨禾轮的升降、无级变速器V形带盘直径的改变、集草箱的卸载、卸粮螺旋推运器位置的改变等。液压转向系统现在多数采用全液压转向，它由转向盘下面的全液压转向器和转向轮附近的转向液压缸组成，用油管连接，结构紧凑，特别适用于转向轮和驾驶台相距较远的联合收获机。

（5）联合收获机的监视装置

联合收获机常用的监视装置有发动机监视、工作部件监视和工作质量监视等装置。为了监视发动机的工作，设有电流表、水温表、油压表、油温表和转速表等，这些仪表已经成为发动机的标准附属设备。为了监视逐稿器、杂余推运器、粮食升运器、复脱器等部件的工作情况，设有堵塞报警系统，使驾驶员能提前发现故障，防止堵塞。近代的联合收获机还发展了转速监视器、粮食流量传感器、粮食水分传感器和损失监视器，使驾驶员能进一步掌握机器的工作质量，提高效率。

① 联合收获机工作部件监视装置

a. 逐稿器信号装置。信号装置由悬挂在联合收获机顶盖并铰接在轴上的传感板组成（图6-111）。此板因受到绕在轴上的扭簧所施加的力而经常压在开关的触点上，使电路断开。当逐稿器上方茎秆增多至超负荷时，传感板受到茎秆的推动向上方倾斜。传感板不再压缩开关触点而使电路闭合，此时驾驶室内的逐稿器堵塞信号灯发亮，同时发出声响。

b. 粮箱监视器（图6-112）。在粮箱盖内或侧壁上方固定着一个传感器，在塑料壳体内有可动触点、弹簧、固定触点和调节螺钉。可动触点的铰接轴露出壳外，其上固定着传感板。当粮箱将要充满时，传感板受到籽粒的压力，使可动触点与固定触点接触，电路闭合，在驾驶室内发出声光信号报警。卸粮以后，传感板上的压力消失，弹簧使传感板复位，电路断开，信号灯熄灭。

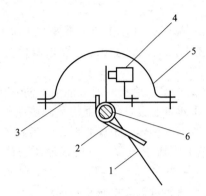

图 6-111　逐稿器监视装置
1—传感板；2—扭簧；3—顶盖；
4—触点开关；5—罩盖；6—轴

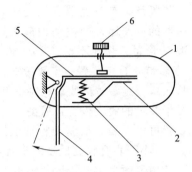

图 6-112　粮箱监视器
1—壳体；2—固定触点；3—弹簧；4—传感板；
5—可动触点；6—调节螺钉

c. 杂余推运器、谷粒升运器和复脱器的信号装置。有些联合收获机在杂余推运器和谷粒升运器的轴端装有安全离合器，当超负荷时，安全离合器的活动齿盘连同皮带轮轮毂将轴向移动，使电路接通，驾驶室的信号发亮。

d. 切草监视器（图 6-113）。由于联合收获机的碎草装置一般安装在排草口后，常常是半露在机器外面，十分危险。当切草刀发生堵塞时，堆积的物料将切草监视器的护板推开，电路接通，使油门离合器中的安全电磁阀吸合，油门手柄归零，发动机熄火，全过程只要 2～3s 完成，便于处理故障，避免发生恶性事故。

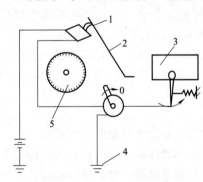

图 6-113　切草监视装置
1—开关；2—切刀护板；3—发动机调速器；
4—油门离合器；5—切刀

② 联合收获机转速监视器　联合收获机转速监视器主要用于监视传动轴的转速，当工作部件由于某种原因转速下降时，监视器就会发出信号和响声。联合收获机工作时，常常由于外界因素的影响而使工作部件的转速下降，从而影响到工作质量。例如逐稿器转速降低时，夹带损失增加，滚筒转速下降时将影响到脱粒性能，谷粒推运器和杂余推运器超负荷时转速也会下降。收割机上采用的转速监视器，根据需要，可以在工作部件转速低于额定值的 10%～30% 时发出声光信号，因而转速监视器是减少损失，提高工作质量和防止部件堵塞和破坏的有效保障。

转速监视器由传感器和二次仪表组成，按传感器的形式可以分为两类：

a. 干簧管式转速监视器。传感器由灵敏的干簧管和永久磁铁组成，永久磁铁利用卡箍固定在旋转轴上，随轴一起转动，干簧管则固定在靠近转轴的机架上（图 6-114），旋转轴每转一周，永久磁铁就接近一次干簧管，两个簧片接触一次，使输入电路短路一次，便产生一个脉冲。为了保护干簧管，防止破碎，通常多将干簧管密封在硬橡胶内。两簧片间隙为 3～5mm。

b. 缺口圆盘式转速监视器。将开有缺口的圆盘固定在轴端并随轴一起转动，用来切割永久磁铁绕制的感应线圈的磁力线，产生脉冲信号（图6-115）。它的优点是每转一圈可以产生多个脉冲信号，并且可以在转速不同的轴上采用数目不等的缺口盘（有时也可以直接用齿轮或链轮代替缺口圆盘），便于使仪表元件通用。

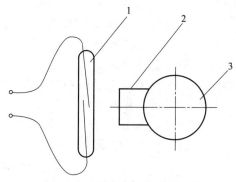
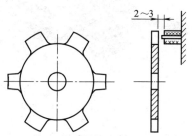

图 6-114　干簧管式转速监视器

1—干簧管；2—永久磁铁；3—轴

图 6-115　缺口圆盘式转速监视器

③ 谷粒流量传感器和谷粒水分传感器　获取农作物小区产量信息，建立小区产量空间分布图，是实施"精细农业"的起点，是实现作物生产过程中科学调控投入和制定管理决策措施的基础。因此，需要在收获机械上装置 DGPS 卫星定位接收机和收获产品流量计量传感器，流量传感器在设定时间间隔内（即机器对应作业行程间距内）自动计量累计产量，再根据作业幅宽（估计或测量）换算为对应时间间隔内作业面积的单位面积产量，从而获得对应小区的空间地理位置数据（经、纬度坐标）和小区产量数据。这些原始数据经过数字化后存入智能卡，再转移到计算机上采用专用软件做进一步处理。由于收获时谷粒的含水量不同，收获时还需要同时测量谷粒的含水量，以便在数据处理时换算成标准含水量以便对单产水平进行评估。迄今，用于小麦、玉米、水稻、大豆等主要作物的流量传感器已有通用化产品，其他如棉花、甜菜、马铃薯、甘蔗、牧草、水果等作物的产量传感器近几年已做了许多研究，有的已在试验使用。目前应用的谷类作物产量传感器主要有三种类型，即冲击式流量传感器 [图 6-116（a）]、γ 射线式流量传感器 [图 6-116（b）] 和光电式容积流量传感器 [图 6-116（c）]。它们分别用于 JohnDeere 和 Case、AGCO Massey Ferguson 以及一些欧洲公司的精细农业联合收获机上。我国佳木斯联合收获机厂生产的 JL1000 系列联合收获机，如用户需要，也可安装冲击式流量传感器。冲击式流量传感器计量误差在 3% 以内；基于 γ 射线穿过谷粒层引起射线强度衰减测定谷物流量的传感器，据报道，其计量误差不大于 1%。

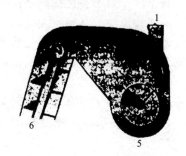
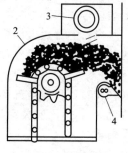
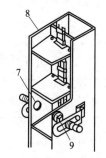

(a) 冲击式流量传感器　　(b) γ 射线式流量传感器　　(c) 光电式容积流量传感器

图 6-116　谷物流量传感器工作原理示意图

1—流量传感器；2—净粮升运器；3—γ 射线检测器；4—γ 射线源；5—水平输送搅龙；

6—净粮升运器；7—光电传感器；8—净粮升运器；9—光源

图 6-117 谷粒含水量传感器

连接接地端

收获机上应用的谷粒含水量测量，均按极板式电容传感器原理设计。图 6-117 为安装在谷粒刮板升运器侧面的一种谷粒含水量传感器。谷粒从升运器侧面的开口通过传感器的入口进入传感器，极板将含水量的信息送往计算机或存储卡。为了得到连续的含水量信息，传感器内装有电机，将测过含水量的谷粒送回升运器，保持谷粒不停地流动。

收获机上采集数据的存储器件，已转向应用通用智能 IC 卡技术，存储卡可连续存储 30h 以上的收获作业数据。各公司都专门开发了结合自己产品的数据处理与小区产量分布图生成软件和配套的智能化虚拟电子显示仪器，可直接在驾驶室内向操作手及时显示有关信息。

④ 联合收获机的损失监视器　联合收获机使用要求中的一个重要原则是，保证在损失最小的情况下充分发挥联合收获机的生产效率。一般驾驶员只能凭经验估计机器的负荷和工作质量，为了测定谷粒损失需要花费很大的劳动量，而且测定值是不连续的，测定次数也是有限的。因此，早在 20 世纪 60 年代许多国家便开始研究联合收获机的损失监视器。损失监视器可以帮助驾驶员及时了解和掌握分离损失和清粮损失的情况，从而可以正确地驾驶联合收获机，改进工作质量，提高工作效率。

a. 损失监视器的工作原理。损失监视器用于测定逐稿器和清粮筛后方排出物中的谷粒损失，它由传感器和二次仪表组成。传感器固定在逐稿器尾部和清粮筛出口处，仪表则装在驾驶台上（图 6-118）。传感器是一个敏感的振动发声板，通过减振材料固定在平板上；在发声板下有一个压电变换器，它能把

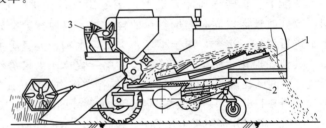

图 6-118　损失监视器的安装位置
1—逐稿器损失监视器；2—清粮筛损失监视器；3—指示仪表

机械振动变成电压信号。当谷粒和碎茎秆落于传感器的发声板上时，由于谷粒和碎茎秆对发声板的冲击力不同，所反映出的信号频率和振幅也不相同，对谷粒反映为高频率大振幅，对碎稿则反映为低频率小振幅。监视器的仪表电路中装有滤波器，可以滤掉碎稿和颖壳所产生的信号，只反映谷粒所引起的脉冲信号。信号经放大、整形，最后在指示仪表上显示出单位时间的谷粒损失量。

由于茎稿内的夹带损失（籽粒）不可能全部落在传感器上，可以假定逐稿器尾端所分离的谷粒量与夹带损失之间存在着一定的比例关系，那么，只要测出逐稿器末端分离的籽粒量，即可通过标定求出谷粒损失量。

b. 损失监视器的类型。联合收获机的损失监视器可以固定在机架上，也可以安装在逐稿器和筛子上并随之一起运动。有的监视器可沿脱粒机整个宽度安装，有的则只在局部宽度上安装。按所测定的损失性质可分为以下三种：

（a）单时测损监视器。这种监视器的结构和电路均比较简单，容易制造，价格便宜，但

它只能测定单位时间内损失的谷粒量，因而它受到联合收获机前进速度、作物产量和谷草比的影响，当速度增加时，实际损失率可能变化不大，而指示值将有所增加（如加拿大的GM-30型监视器）。

（b）损失率测定监视器。除在逐稿器和清粮筛后安装传感器外，还在粮箱内或清粮筛的下方安装能够反映收获的总籽粒量的传感器，然后通过电路用损失量除以总籽粒量即可得到损失率（如苏联的УПЗ型损失监视器）。

（c）单位面积测损监视器。在联合收获机驱动轮上安装行走速度传感器，当割幅不变时行走速度即可代表单位时间收获的面积，以损失量除以机器的行走速度即可得到单位面积的损失量。

c.损失监视器的结构。传感器的结构如图 6-119 所示，传感器的敏感元件是塑料膜片（传声板），膜片安装在传感器体内的阻尼垫上，在膜片下的凹坑内粘贴着压电晶体元件，当谷粒冲击膜片时，膜片就传播声波，声波对压电晶体起作用，在导线上就出现呈快速衰减振动的电压，电压信号通过导线传给仪表盒的输入端。指示表即可显示出谷粒损失。图 6-120 为损失监视器在逐稿器和清粮筛上的安装情况。

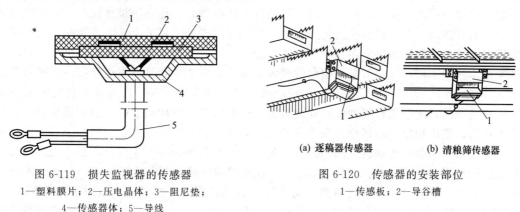

图 6-119　损失监视器的传感器
1—塑料膜片；2—压电晶体；3—阻尼垫；
4—传感器体；5—导线

(a) 逐稿器传感器　　(b) 清粮筛传感器
图 6-120　传感器的安装部位
1—传感板；2—导谷槽

损失监视器的二次仪表由滤波放大器、鉴别器、调节器、频率电压转换器和指示器等组成，其方框图如图 6-121 所示。

图 6-121　损失监视器方框图

（6）联合收获机的自动调节

目前在全喂入式联合收获机上采用的有喂入量自动控制装置、割台高度自动控制装置、自动操向装置和脱粒装置的自动调平装置，在半喂入式联合收获机上则有喂入深度自动调节装置和自动装袋卸粮装置等。

① 喂入量自动调节　收获季节的田间作物情况是经常变化的，甚至在同一天中的同一田块，作物生长的情况也不相同。因此，联合收获机工作过程中，必然引起各工作部件负荷的变化。试验表明，当喂入量超过额定值后，谷粒损失急剧增加。由图 6-122 可知，损失增加最快的是逐稿器的分离损失，这就说明逐稿器是限制联合收获机生产率的主要工作部件。因此，应当取逐稿器上方茎稿层厚度作为喂入量自动调节的参数。但是，这将使传感信号滞后 4～5s，因而不能及时调节联合收获机的前进速度。从控制损失的角度来看，最理想的自

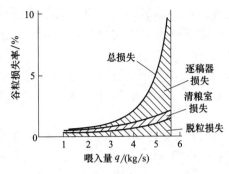

图 6-122　联合收获机损失率和喂入量的关系

动控制方式是根据联合收获机的损失来自动调节前进速度。但是这将使滞后时间更长，而且感受元件也比较复杂。由此可见，喂入量的控制应尽可能与割台的工作部件联系起来。目前应用比较广泛的方法是把自动控制系统与倾斜输送器链耙的浮动量联系起来。由试验得知，倾斜输送器链耙的浮动量和喂入量成正比，而且影响比较大。因此，目前许多国家的联合收获机上，都用它作为自动调节喂入量的传感参数，其信号大约滞后 0.4s。

图 6-123 为一种液压式喂入量自动调节装置。它通过倾斜输送器链耙的浮动，自动控制行走无级变速器，改变机器行走速度，达到联系自动控制联合收获机喂入量的目的。谷物流厚度传感器是一个弯曲的滑板，压在倾斜输送器的下链条上。滑板上端通过钢丝与弹簧缓冲器相连。弹簧缓冲器与滑阀连接，液压油缸则与行走无级变速器的支臂铰接。当联合收获机的喂入量增大时，谷物层厚度加大，传感器滑板被顶起，拉动滑阀向右移动，打开通向液压油缸下腔的油路，让高压推动柱塞，使无级变速器支臂向上方摆动，以降低前进速度。反之，当传感器滑板下降低于正常位置时，在弹簧的作用下，分配器滑阀向相反方向移动，高压油进入上腔，无级变速器支臂向下摆动，以增加前进速度。利用手杆可以调节需要控制的喂入量大小，它能使传感器滑板处在一个正常位置。

② 自动调平装置　联合收获机在丘陵或坡地上作业时，其工作质量不仅与喂入量的均匀性有关，而且还与脱粒机的倾斜程度有关。联合收获机横向倾斜时，沿滚筒长度方向的负荷不均匀，脱出物集中在逐稿器和筛子的一侧，结果使脱粒、分离和清选的质量下降，谷粒损失也增加。当联合收获机纵向倾斜时，各工作部件的倾角将产生变化，损失也将增加，但比横向倾斜度要稍好一些。图 6-124 为联合收获机横向倾斜与谷粒损失率的关系，曲线表示坡度增大到一定程度时，谷粒损失迅速增加。试验还表明，用普通联合收获机在倾斜 13% 的坡地上工作时，生产率降低约一半。因此，目前专门用于坡地的联合收获机都设有自动调平机构，使脱粒机工作时始终保持水平状态。

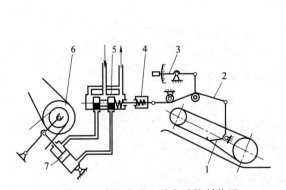

图 6-123　液压式喂入量自动控制装置
1—传感器滑板；2—钢丝；3—手杆；4—弹簧缓冲器；
5—滑阀；6—行走无级变速器；7—油缸

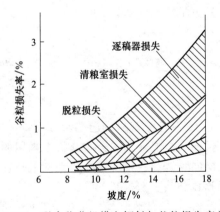

图 6-124　联合收获机横向倾斜与谷粒损失率关系

图 6-125 为美国约翰迪尔公司的坡地联合收获机的电液式自动调平机构。其工作原理是利用两个互相连通的装有液体的容器，当机器向右倾斜时，容器内的液体推动右液缸内的膜

片使之上升，通过杠杆接通上触点。当机器向左倾斜时，液体流向左液缸，膜片下降，下触点接通，上、下触点分别与电磁控制系统的左、右两个线圈相连。铁芯通过杠杆与分配器滑阀相连。分配器滑阀有三个位置。图中所示为机器向左倾斜时的位置，油泵将高压油经过油管压入 a 腔，然后从出口 b 送至调平油缸的左侧。此时油缸相对于柱塞移动，脱粒机的左侧升起，使机器保持水平位置。当自动控制系统出现故障时，可以利用手杆调节机器的水平。当机器达到最大倾斜度时，最大倾斜度限位杆可以使电路自动断开，机器不再继续调平。

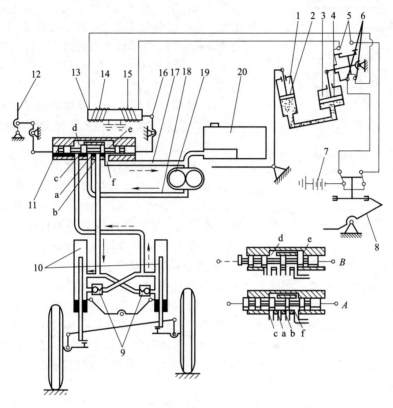

图 6-125　坡地联合收获机电液式自动调平机构

1—左油缸；2,4—膜片；3—右油缸；5—上触点；6—下触点；7—蓄电池；8—限位杆；9—单向阀；10—调平油缸；11—分配器滑阀；12—手杆；13—铁芯；14—左线圈；15—右线圈；16—杠杆；17,18—油管；19—油泵；20—油箱

坡地作业采用自动调平机构有许多优点，如减少谷粒损失、提高机器的效率、全部装满粮箱以及驾驶员总是坐在水平的座位上，工作比较安全；还由于重心在机器中间，两个轮子的负荷比较均匀。

③ 自动操向装置　为了降低驾驶员的劳动强度，有些联合收获机开始采用自动操向装置。工作时，驾驶员不必转动方向盘，联合收获机便可沿着作物边缘前进。在直接收获时，可以利用侧面未收割作物的边缘，作为预先给定的操向控制线；在分段收获时，可以利用禾铺作为操向的依据。

图 6-126 所示为 E-516 型联合收获机的自动操向装置，在割台的左分禾器处安装一个悬臂。在悬臂上固定着操向用的传感器和传感器相连的触杆，触杆沿未割作物行移动。由于未割作物的茎秆只能承受较小的负荷，因此要在触杆受到很小的力时，便可以作用到传感器，起到操向作用。因此，一般都是把传感器信号放大以后才控制电磁阀，进而控制转向油缸自动操向。为了避免作物稀密对触杆产生影响引起误差，采用两个前后配置的触杆。

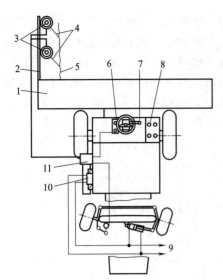

图 6-126 联合收获机自动操向装置
1—割台；2—悬臂；3—传感器；4—触杆；
5—未割作物侧边；6—反馈传感器；7—电磁阀；
8—放大调节器；9—油管接头；10—悬臂升降
调节器；11—手动与自动操向转换手杆

6.2.5 谷物联合收获机的总体设计

谷物联合收获机的设计包括零部件的设计和总体设计两个方面。一台机器设计得好坏，固然与每个零部件的设计有关，但对整机的性能起决定性影响的却是总体设计。如果在设计中对整机缺乏通盘考虑，即使各部件的设计是良好的，但合在一起却不一定获得良好的结果。因此在设计时，必须首先考虑总体设计，从整机的性能出发，对各部件提出要求，使各部件能相互协调，使联合收获机能满足技术任务书提出的要求。

谷物联合收获机的总体设计任务，通常包括以下内容：

① 根据设计任务，选择整机的结构形式和工艺流程，初步拟定总体布置和各部件的结构方案。

② 确定整机的主要参数。

③ 从整机性能出发，对各部件设计提出要求，拟定各部件的主要参数，控制重量和轮廓尺寸。

④ 进行总体布置，绘制平面布置图、割台和拨禾轮升降的机动图、整机尺寸链图和外形图。

⑤ 进行传动路线设计，绘制传动图。

⑥ 设计和布置操纵机构、电路、液压系统管路和附件等。

应该指出，总体设计者必须充分了解谷物联合收获机的使用要求，以便帮助各部件设计者采用合理的结构和布置来适应使用需要，同时要比较熟悉各部件类型的优缺点，以便决定采用哪些类型的组合才能使整机性能最为理想，并且尽可能地对各部件中可能出现的、有相互影响的问题有所预见，予以正确处理。因此，总体设计者在设计过程中要按照设计任务书要求，从全局出发，使各部件相互协调，以保证设计出的机器使用性能良好，维修保养简便，制造成本低廉。

还应该指出，虽然全喂入谷物联合收获机的发展历史已有一百多年，技术水平和使用性能不断得到提高，但是关于谷物联合收获机的设计计算理论（尤其是在实践中验证过的系统的设计方法）至今还很少，基本上是采用室内—田间试验不断修改的方法来设计的。而半喂入联合收获机发展的历史更短（只有几十年），成熟的经验更少，因此，总体设计时要注意充分收集参考样机的试验、使用资料，分析对比，针对具体条件择其精华，进行参考设计。

（1）谷物联合收获机的总体参数

设计谷物联合收获机时，在选定了结构型式后，就要根据使用条件和性能要求，确定整机参数，也就是通常所说的总体参数。这些参数一般为：喂入量、割幅、前进速度、收缩比、滚筒长度、分离装置的宽度和长度、重量、轮距（轨距）、轴距、接地压力、最小离地间隙、发动机功率和整机轮廓尺寸等。

总体参数之间是相互关联、互有影响的，在选择和确定时，应该联系起来考虑。

① 割幅、前进速度和喂入量 谷物联合收获机的割幅和前进速度主要根据脱粒机的设计喂入量、作物的单位面积产量和谷草比来确定，它们之间的关系如下式所示：

$$q = \frac{Bv_{\mathrm{m}}W}{C}\left(1 + \frac{1}{\beta}\right)$$

式中 q——谷物联合收获机的设计喂入量，kg/s；

B——割幅，m；

v_m——机器前进速度，m/s；

W——作物的单位面积产量，t/hm^2（或斤/亩）；

C——常数，当 W 以 t/hm^2 计算时，$C=10$；当 W 以斤/亩计算时，$C=1333$；

β——喂入的谷粒和茎秆的质量之比，简称谷草比。

由上式可知，当其他条件不变时，割幅 B 和前进速度之间成反比关系。对于既定的设计喂入量，是选择较小割幅配以较快的前进速度，还是采用较大的割幅配以较慢的速度，这要根据具体情况进行具体分析。从谷物联合收获机本身的结构看，随着割幅的增大，整体的尺寸和重量会增加；随着前进速度的提高，行走消耗的功率将增大，发动机的功率和重量要加大。从使用条件看，如果在小块田里作业，割幅太大就会运转不便；如果麦田是开沟筑畦的，割幅应与畦宽相配合；如果联合收获机使用地区的平均田块面积较大，用较大的割幅和较低的机速可以减少机器往返运行的次数，减少行走的功耗并缩短地头转弯所花费的空行时间，提高经济效益。

对于既定的割幅，当作物的单位面积产量和谷草比改变时，为了充分发挥机器的效能和保证工作质量，就需要改变前进速度。当前进速度有级改变时，对于各种不同的单位面积产量，只能在一定程度上满足联合收获机喂入量的要求。为了解决这一矛盾，现有大多数联合收获机在行走传动中都采用无级变速器与变速箱排挡相配合，使行走速度可以分挡无级变速。

现有谷物联合收获机的割幅和前进速度的范围为：小型全喂入谷物联合收获机的割幅为 $1.7\sim2.5m$，大中型为 $3\sim5m$，少数大型机达六七米；半喂入谷物联合收获机的割幅为 $1.00\sim1.75m$。

谷物联合收获机的工作速度是：全喂入自走式一般为 $4\sim8km/h$，全喂入悬挂式为 $3\sim4km/h$，半喂入自走式为 $1.3\sim3.0km/h$。

② 滚筒长度、分离器尺寸和收缩比　对全喂入谷物联合收获机工作部件的研究指出，逐稿器的分离损失率是限制联合收获机喂入量提高的关键。逐稿器的分离损失率与茎秆层的厚度有密切关系，当其他条件不变时，随着喂入量的增加，茎秆层变厚，损失率加大，当喂入量超过额定值时，损失率急剧增加。

谷粒在茎秆层中占的体积很小，假如忽略不计，则逐稿器上茎秆层的厚度 h 可按下式求得：

$$h=\frac{(1-\delta)q}{B_z\eta\gamma v_j}$$

式中　h——茎秆层在自然状态时的厚度，m；

q——机器的作物喂入量，kg/s；

δ——谷物中谷粒的含量，以质量百分比计，$\delta=\dfrac{\beta}{1+\beta}$（$\beta$ 为谷草比）；

B_z——逐稿器宽度，m；

η——逐稿器宽度利用系数；

γ——茎秆在自然状态时的容重，分离小麦时 $\gamma=15\sim25kg/m^3$；

v_j——茎秆层沿逐稿器运动的平均速度，根据测定，一般情况下 $v_j=0.4m/s$。

为了减小谷层厚度，实现薄层分离，应该使逐稿器有较大的宽度和提高宽度利用系数 η，与纹杆滚筒配合工作时，逐稿器的宽度可等于或稍大于滚筒的长度。采用钉齿滚筒时，由于其生产能力比较高，逐稿器的宽度要比滚筒的长度大一些，但为了使脱出物能沿逐稿器宽度方向均匀地分布，B 也不应大于滚筒长度的 1.4 倍。逐稿器的宽度利用系数，主要与机器的收缩比 C（割幅与脱粒部分宽度之比）有关。试验表明，收缩比 C 越大，谷物沿脱粒机宽度的喂入不均匀性越高，即逐稿器的宽度利用越不好。当 $C=1$ 时，可取 $\eta=1$；当 $C=1.5\sim2.5$ 时，取 $\eta=0.9$；当 $C=2.5\sim3.5$ 时，取 $\eta=0.8$。

③ 联合收获机的结构参数　联合收获机的结构参数主要包括行走装置的轴距 L_z、轮距（轨距）B_0、最小离地间隙 H 和平均接地压力 P_p。轴距和轮距（轨距）直接关系到整机的通过性、机动性和稳定性的要求，要结合使用地区的地形条件，经与同类机器进行比较而初定，通过总体布置而最后确定。

a. 轮距（轨距）B_0：自走式联合收获机在根据生产效率要求的喂入量选定割幅 B 后，可以初定其轮距（轨距）B_0：

$$B_0 \leqslant B-2\Delta-b$$

式中　Δ——防止轮胎或履带压倒未割作物的保护宽度，行走装置的轮子（履带）外缘要比割台外缘小 $100\sim200$mm。

对于轮式收割机，B_0 还应大于脱粒装置的宽度 B_t：

$$B_0 = B_t + \Delta_1 + \Delta_2 + b$$

式中　Δ_1——右驱动轮内侧与脱粒装置右侧的距离，一般为 $120\sim160$mm；

Δ_2——左驱动轮内侧与脱粒装置左侧的距离，如果发动机也在该区间内，Δ_2 就比较大，可以达到 $500\sim600$mm；

b——轮宽。

b. 履带自走式联合收获机轴距 L 的选择：首先涉及整机的接地压力问题，履带的接地长度 L_0 可以按平均接地比压 P_p 公式初步选定：$\left(P_p = \dfrac{4.9\times10^{-3}G}{bL_0} \leqslant [P]\right)$

$$L_0 \geqslant \frac{4.9\times10^{-3}G}{b[P]}$$

式中　L_0——履带接地长度，m；

G——履带支承的质量，kg；

b——履带宽度，m；

$[P]$——一定下陷深度的土壤允许比压，kPa，在缺乏土壤性能资料的情况下，可以参考同类机型所定的平均接地压力 P_p。

履带自走式联合收获机的 P_p 值一般要求：小型机为 $15\sim20$kPa；中型机为 $20\sim25$kPa。从式（10-5）中可以看到，接地比压与履带的接地长度 L_0、宽度 b 直接相关，而且履带的接地长度 L_0 与宽度 b 的合理配置，对于提高机器的牵引附着性能有较大的影响，窄而长的履带，滚动阻力小，在一般地面上有较好的牵引附着性能，但转向阻力矩较大。收割机一般选择 b/L_0 的值为 $0.24\sim0.33$，小型机取下限，中大型机取上限。履带的宽度小型机选 250mm；中型机选 $300\sim320$mm。

在确定 L_0 的值时，还要考虑转向能力问题。根据车辆的转向理论，要保证履带在不同的土壤条件下能实现稳定转向，履带的支承面长度（即接地长度）L_0 与轨距 B_0 的比值要满足下式要求：

$$L_0/B_0 \leqslant 2(\phi-f)/\mu$$

式中　ϕ——履带的附着系数，在水田中，$\phi=0.3\sim0.6$；

f——履带的阻力系数，在水田中，$f=0.18\sim0.19$；

μ——转向阻力系数，一般取值为 0.7。

全履带自走式联合收获机选取 $L_0/B_0 \leqslant 1.5$。小型机取 1.2～1.4，中大型机取 1.4～1.5。

由于土壤的情况是千变万化的，因此公式计算值只能作为参考，要经过实践的验证。经验表明，L_0/B_0 为 1.2～1.5 时，全履带半喂入联合收获机可以在一般的水田中实现稳定转向。

c. 收割机的最小离地间隙 H（割台升起以后）：轮式谷物联合收获机的离地间隙一般控制值为：旱田 300～400mm，水田 350～450mm；水田作业的履带式联合收获机的最小离地间隙要大于 250mm，如果在深泥脚田里作业，最小离地间隙则要更大，具体要视作业要求而定，可以参考有关拖拉机行走装置的设计参数。

（2）谷物联合收获机的动力选择

随着联合收获机不断向大型化发展，其所需功率也逐渐提高。

① 整机需用功率　联合收获机所需功率随田间土壤、地形、行走速度和作物情况而变化，以求得需用功率的最大值，作为联合收获机所需功率的依据。

联合收获机的切割装置、拨禾轮、脱粒装置、分离装置、清选和输送装置等工作部件所需用的功率可按有关章节分别计算，或根据已有的试验数据来选择。

联合收获机的功耗在于行走部件和工作部件两大部件。在一定的土壤和作物条件下，这两部分的功耗均与机器的前进速度成正比。联合收获机的行走功率为

$$N_x = \frac{fGv_m}{102\eta}$$

式中　G——整机重量，kg；

v_m——机器前进速度，m/s；

f——滚动阻力系数，主要取决于土壤情况，其值为 0.085～0.170；

η——传动效率，一般为 0.8～0.9。

联合收获机的总功率 N 可以用行走功率 N_x 加工作部件耗用功率 N_g（包括脱粒、分离、清选、割台、油泵等所有工作部件所耗用功率之和）和功率储备 ΔN 之和求得，也可以用下面经验公式估算发动机总功率 N。

$$N = 1.33qN'$$

式中　q——喂入量，kg/s；

N'——单位喂入量所需平均功率，自走式全喂入联合收获机为 11～13kW·s/kg；半喂入水稻联合收获机为 5～6kW·s/kg；

1.33——功率储备系数，用以克服瞬时超载。

② 发动机选择　在自走式联合收获机上一般采用柴油发动机，选择时应考虑：

a. 具有足够的功率储备，以保证各种情况下能顺利工作，选择时不仅考虑平均值，而且还要考虑当负荷最高时所需功率的最大值，可用上述发动机功率估算经验公式作为选择发动机功率的依据。

b. 当负荷变化时，发动机转速变化不超过 5%～10%。

c. 发动机飞轮有足够的转动惯量，以克服短时间内超负荷，保证发动机稳定工作。

d. 配有全程式调速器，以保证发动机工作可靠和节约油料。

e. 有良好的防水、防尘和冷却能力。

（3）谷物联合收获机的总体配置

进行谷物联合收获机的总体配置，就是要合理地布置各个部件的位置，进一步确定机器的总体尺寸；估算机器的重量和重心位置；确定动力传递路线；设计并布置操纵机构及驾驶台，安排附件等。

总体布置对联合收获机的整机性能起着决定性影响。总体设计者应协调各部件间及整机和部件间的关系，对各部件的重量和尺寸提出控制要求；查核各运动零部件的运动空间，排除一切机械干涉现象；充分考虑联合收获机适应多种作物收获的需要。

① 总体布置的要求　不同类型的谷物联合收获机，其总体布置有不同的特点，但可将其共同的要求归纳为以下几项：

a. 工艺过程应连续、流畅。在布置工作部件的相互位置和尺寸时，应该特别注意各工作部件生产率的平衡（由各部件的参数决定），注意交接过渡部位的设计，保证谷物流的均匀连续，避免出现超负荷的部位和产生不应有的损失。同时，要使整机的结构布置得尽可能紧凑。

b. 正确配置机器的重心。在配置各工作部件时，应考虑整机的重心位置，使各轮轴上的负荷分配合理，即驱动轮轴上应有足够的负荷（一般占 80%～85%），以便发挥驱动轮的附着力。操向轮上的负荷应加以限制，以便能灵活操向，机器的左右负荷应尽量平衡，而且重心的位置要尽可能放低，以保持机器的稳定性。

c. 创造良好的驾驶工作条件。驾驶员应处于最有利的工作位置，割台前面的主要工作区域均应在视野之中，同时还应能方便地观察左右两侧。驾驶员观察不到的工作部件，在驾驶台上应设置自动监视的信号装置，例如，滚筒轴和推运器轴的转速监视及粮箱、集草车的装载信号等。

谷物联合收获机驾驶员的工作条件很恶劣，应该采取有效措施减少驾驶台附近的灰尘和免除发动机造成的高温、振动和噪声。国外先进的谷物联合收获机上都为驾驶员配置了密封性良好的驾驶室。

d. 便于使用、调整和维修。为了便于驾驶员的操作，应妥善考虑各操纵手柄和脚踏板的位置，为了使驾驶员不致因频繁操作面感到疲劳，操纵手柄的作用力应小于 100N，踏板上的操纵力应小于 200N。

部件的相互配置应考虑调整和维修的方便性，在机器的侧壁上应有必要的观察窗口，容易堵塞的工作部件要能够方便地排除堵塞。

谷物联合收获机上应有夜间工作的照明设备和在公路上行驶的指示信号装置。

e. 注意机器外形的美观。现代谷物联合收获机的设计，很重视外形的美观，通常采用的方法是在机器的两侧和上部设计几块外罩，既构成轮廓分明的图案，又隔离了传动部件，保证工作时的人身安全。

② 自走式全喂入联合收获机总体配置的若干问题

a. 各工作部件的配置。

（a）收割台配置在机器的正前方，尽可能对称于机器的中心线，使割台保持左右平衡，便于作物均匀地喂入脱粒机内，避免联合收获机转弯时行走轮辗至未割作物，同时割台应靠近驱动轮，以缩短机组长度，并提高割台的仿形效果。

（b）为了便于作物顺利均匀地喂入脱粒装置，在中间输送装置上，其链轮应尽量靠近滚筒。由链耙抛出来的作物方向线应通过滚筒中心线下方，并尽可能接近作物喂入滚筒的方向。其下从动轮与割台螺旋推运器扒指之间的距离应接近 100mm 左右，并使两者与抛送作物的方向接近一致，以便于及时抓取作物并保证均匀地输送，而且使链耙与割台底板之间过渡处的倾斜度尽量小些。

（c）脱粒机是联合收获机上体积和重量较大的部分，对于机器重心的位置有较大的影响。因此，在配置时应尽可能地靠近驱动轮，使位置低一些，并力求左右平衡，以发挥驱动力矩和增加机器的稳定性。其脱粒装置配置在脱粒机前部，逐稿器位于逐稿轮后方，以便接受逐稿轮抛送过来的脱出物。为使谷粒混杂物靠重力直接下落到清选装置上，清选装置一般配置在下方，使谷粒迅速与秸秆分开，保证清选质量。逐稿器输送口到抖动板末端的落差不小于 60mm，输送口与抖动板末端重合量不小于 120mm。抖动板末端至清选筛的落差为 150～200mm。在位置允许的情况下，风扇尽量向上布置，以提高离地间隙。

(d) 粮箱有顶置式、背负式和侧置式三种配置方案。现在都采用顶置式，即将粮箱置于脱粒机顶盖上发动机的前部或后部。该方案结构简单，便于总体布置，对驱动轮的重量分配较均匀，缺点是机器的重心过高，稳定性较差；背负式的粮箱跨在脱粒装置的上部和左右两侧，机器的重心较低，稳定性较好，但结构复杂，不便于总体配置；侧置式粮箱放在联合收获机的一侧，结构简单，便于布置，但对于行走轮重量分配不均匀。

(e) 发动机应尽量置于灰尘少和空气流通的位置，以利于发动机的清洁和冷却，同时要保证联合收获机重心适应，一般置于脱粒机的上部。如发动机置于粮箱后边，为便于检修和保养，应留出宽度大于 300～400mm 的保养区。

(f) 驾驶台应位于视野开阔处，使驾驶员能清楚地看到作物和田间的情况，同时应尽可能观察到各传动轴的工作情况，一般布置在中间输送装置的正上方或左侧后上方。

联合收获机的操纵、调节手柄和监视仪表及各种信号装置应布置在驾驶员的身前和两侧，便于观察和操纵。

b. 重心位置和地隙。联合收获机的重心位置应位于或接近于机器的纵向对称平面上，而且位置要低些，以保持机器的稳定性。同时应使重心略靠驱动轮桥的后方，使 80％～85％的重量均匀地分配在驱动轮上，以保证土壤对驱动轮有足够的附着力。

联合收获机至少应保持地隙 300mm，以提高其通过性能。

c. 满足卸粮和运输条件。为了便于运粮与通过，螺旋卸粮出口离地高度为 3.0～3.5m，伸出联合收获机行走轮侧边上 2.5～3.0m。

当割台的幅宽超过 3m 时，为了便于在道路上通行，在运输时割台应从整机上卸下，装上牵引拖车，由联合收获机牵引。因此，割台与中间输送装置的连接应配置快速连接装置。

③ 联合收获机的传动　联合收获机上各工作部件的传动轴大部分是平行配置，其传递功率和转速相差很大，轴距较远，使用要求也各不相同，因而传动装置也比较复杂。联合收获机的传动装置一般配置在机器两侧，用胶带或链条组成小的回路传动。在设计传动装置时，必须满足传动轴所需的功率、转动方向和转速；传动的可靠性并便于维修、保养。设计时还应注意如下原则：

a. 自走式联合收获机需设行走离合器和工作部件离合器。两者不得互相牵连影响，以便使机器在运输状态时不传动工作部件；在工作过程中联合收获机由于某种原因需立即停止前进时，不致影响工作部件继续运转，以防引起滚筒或其他部件堵塞。

对于悬挂式和牵引式联合收获机则要求拖拉机具有双作用离合器。

b. 大中型联合收获机的动力一般由发动机传到一个中间轴，再分路传至各工作部件，以克服轴心距离过大或传动比过大而使传动回路不紧凑和效率低的缺点。

c. 转速需要经常调节的部件如脱粒滚筒和拨禾轮等，与转速保持不变的工作部件如逐稿器和筛子等不要组合在同一传动回路中，以免因某个部件转速改变而影响其他工作部件正常工作。

d. 在工作中易于产生堵塞的工作部件如谷物螺旋堆运器等不宜作为传动回路的主动轴，应位于回路的末端，以免因该部件的堵塞而造成整个传动回路的连续堵塞。

e. 在传动顺序上，应由高转速到低转速，由大功率轴传到小功率轴，可使传动部件的尺寸缩小和提高传动效率。在悬挂式和牵引式联合收获机中，由于拖拉机动力输出轴转速很低，在向脱粒滚筒的传动系统中，采用齿轮箱和中间轴将转速逐渐提高。

f. 在易产生故障的轴上（如割台螺旋输送器轴，中间输送装置的传动轴，籽粒、杂余输送器轴等）需设置安全离合器，以免因故障而造成部件损坏。

g. 尽可能地采用三角胶带或六角胶带传动。因为它结构简单、重量轻、使用保养方便，工作可靠且传动效率高，适用于传动距离较远的要求，同时可将旋转方向不同的传动轴组织在一个传动回路中，从而简化了传动系统。只有在传动比要求严格和轴心距较小的情况下才采用链传动。

h. 在转速经常调节的工作部件上，如脱粒滚筒和行走部分等，常采用三角胶带无级变速器，以适应这些工作部件的特定工作需要。

6.2.6 玉米收获机械

（1）玉米收获的特点

玉米是一种高产稳产的粮食作物，也是发展畜牧业的主要饲料，又是轻工业、食品业的重要原料。玉米在世界上种植极为广泛，其面积仅次于小麦，我国玉米种植面积达三亿多亩，仅次于美国。由于各地品种和气候不同，收获时的特点也不同。如在气候干燥的新疆南部，茎秆和籽粒含水量小，果穗易于摘落和剥皮，一般可将果穗直接脱粒，而在低温多雨的黑龙江等地，茎秆和籽粒含水量可达30%以上，一般要求先摘下果穗并剥皮晾晒，干燥到一定程度方可脱粒，否则将造成籽粒大量破碎，难以保存，如不及时烘干，将霉烂变质。

（2）机械化收获玉米的方法

① 分段收获法　分段收获有两种不同的作业程序：

a. 用割晒机将玉米割倒、铺放，经几天晾晒后，待籽粒湿度降到20%～22%，用机械或人工摘穗和剥皮，然后运至场上用脱粒机脱粒。

b. 用摘穗机在玉米生长状态下进行摘穗（称为站秆摘穗），然后将果穗运到场上，用剥皮机进行剥皮而后脱粒，或将果穗直接脱粒。茎秆用机器切碎或圆盘耙耙碎还田。

② 联合收获法　联合收获法有几种不同的收获工艺：

a. 用玉米联合收获机，一次完成摘穗、剥皮（或脱粒，此时籽粒湿度应为25%～29%）、茎秆放铺或切碎抛撒还田等项作业，然后将不带苞叶的果穗运到场上，经晾晒（或不经晾晒）后进行脱粒。

b. 用谷物联合收获机换装玉米割台，一次完成摘穗、剥皮（脱粒、分离和清选）等项作业。在地里的茎秆用其他机械切碎还田，有的玉米割台装有切割器，先将玉米割倒，并整株喂入联合收获机的脱粒装置进行脱粒、分离和清选。

c. 用割晒机（或人工）将玉米割倒，并放成人字形条铺，经几天晾晒后，用装有拾禾器的谷物联合收获机拾禾脱粒。

（3）玉米摘穗剥苞叶机

① 立辊式玉米摘穗剥苞叶机　图 6-127 是这种机型的示意图。茎秆首先经分禾器、拨禾链进入夹持链，在茎秆被夹住后由星齿式回转切割器割断。割断后的茎秆继续被夹持向后输送，在挡禾板阻挡下成一角度喂入摘穗辊。茎秆通过前组辊被后组辊抓取拉引时，玉米果穗在前组辊的作用下被摘取而落入（如图上实线箭头所指示方向）第一升运器（横向），并被送入剥苞叶装置。玉米果穗在压送器和剥辊的作用下，在边滑动边滚动的过程中被剥除苞叶最后落入第二升运器。被剥辊撕下的苞叶落入剥辊下面的苞叶螺旋推运器中，由它推送到机外，并撒落田间。苞叶中夹带的籽粒在推送过程中通过底壳上的筛孔分离出来，落到苞叶螺旋推运器下面的籽粒回收螺旋推运器里，被送到第二升运器，随同果穗一起送入机后牵引的拖车里。

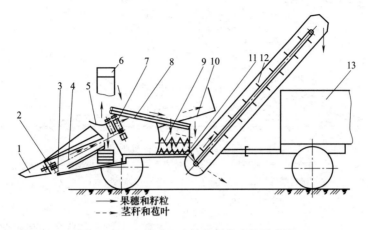

图 6-127   立辊式玉米摘穗剥苞叶机示意图

1—分禾器；2—拨禾链；3—切割器；4—夹持喂入链；5—挡禾板；6—第一升运器；7—摘穗辊；
8—剥苞叶装置；9—苞叶螺旋输送器；10—茎秆放铺装置；11—籽粒回收装置；12—第二升运器；13—拖车

当机器装有放铺装置时，通过摘辊之后的茎秆被抛落到放铺平台台面上。由带拨齿的链条将台面上的茎秆集聚一起并放到地上。

当机器装有茎秆切碎装置时，通过摘辊之后的茎秆进入切碎装置而被切碎，切碎后的茎秆被均匀地抛撒在地面上。

② 卧辊式玉米摘穗剥苞叶机   图 6-128 是这种机器的示意图。分禾器从根部将茎秆扶正并引向带有拨齿的喂入链，后者将其引向沿纵向倾斜配置的摘穗辊。摘穗辊每行有一对，相对向里侧回转，将茎秆引向摘辊间隙中并不断向下方拉送，果穗因直径较大而被摘落。果穗经升运器被送到剥苞叶装置中，剥下的苞叶经螺旋推运器排出，少量被脱落的籽粒可以回收，剥叶后的果穗被送至拖车。机器后方的横置卧式甩刀，将茎秆切碎并抛撒于地面。

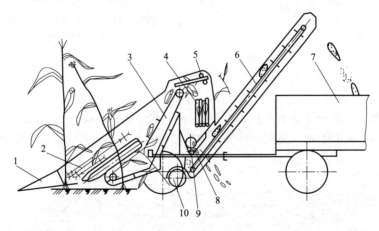

图 6-128   卧辊式玉米摘穗剥苞叶机示意图

1—分禾器；2—喂入链；3—摘辊；4—第一升运器；5—排茎辊；6—剥苞叶装置；7—第二升运器；
8—苞叶螺旋推运器；9—籽粒回收螺旋推运器；10—茎秆切碎装置

③ 自走式玉米收获机   自走式玉米收获机自带发动机，工作幅宽多为 3～6 行，如图 6-129 所示，该机采用卧辊式摘穗装置。摘完穗的茎秆被转子铣刀式切割器割断后，进入倾斜喂入室，经茎秆切碎装置切碎后，沿抛送筒抛出。果穗推运器将摘下的果穗推送到一端，由第一升运器将果穗送到剥皮装置，剥皮后经第二升运器送入拖车中。

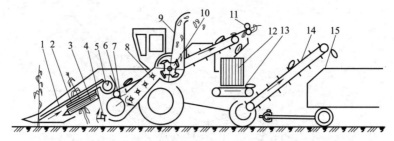

图 6-129 自走式玉米收获机示意图

1—茎秆输送链；2—摘穗辊；3—拉茎辊；4—转子铣刀式切割器；5—果穗推运器；6—第一升运器；

7—茎秆推运器；8—倾斜喂入室；9—抛送筒；10—茎秆切碎装置；11—剔茎辊；12—剥皮装置；

13—水平输送器；14—第二升运器；15—拖车

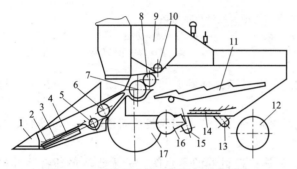

图 6-130 谷物联合收获机装玉米摘穗台

1—分禾器；2—喂入链；3—摘穗板；4—拉茎辊；

5—横向螺旋输送器；6—中间输送装置；7—脱粒装置；

8—逐稿轮；9—粮箱；10—卸粮输送器；11—逐稿器；

12—转向轮；13—杂余推运器；14—清选装置；

15—谷粒升运器；16—风扇；17—驱动轮

④ 谷物联合收获机装摘穗台收割玉米 将原谷物联合收获机的割台换装玉米摘穗台（图 6-130）。摘穗台的摘穗装置多采用摘穗板组合式，茎秆不进入脱粒装置，摘下的果穗通过横向螺旋推运器和中间输送装置进入脱粒装置。换装摘穗台后，脱粒部分应作相应调整：脱粒滚筒线速度为 9～19m/s，玉米湿度高时取大值，凹板筛格板间距加大到 25～50mm；凹板入、出口间隙分别为 30～55mm 和 15～18mm。

（4）玉米摘穗装置

① 摘穗装置的功能与分类 摘穗装置的功用是使果穗和茎秆分离，它应具有抓取茎秆，碾压、拉引茎秆，摘取分离果穗以及输送和排出茎秆的能力。

按照摘辊的配置方式可分为立辊式和卧辊式（纵向卧辊和横向卧辊）；就茎秆喂入方向可分为径向喂入、轴向喂入以及根部喂入和梢部喂入等几种。

a. 卧辊式摘穗装置。卧辊式摘穗装置（图 6-131）由一对相对旋转的摘穗辊组成，其前端有螺旋喂入部分，辊轴线与水平夹角为 35°左右。茎秆沿辊轴线方向喂入，容易被抓取。两摘穗辊轴线有 35mm 左右的高度差，使摘下的果穗迅速下落，离开摘穗辊，减少掉粒损失。

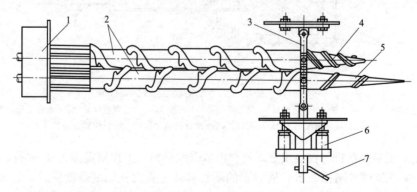

图 6-131 卧辊式摘穗装置

1—传动箱；2—摘穗辊；3—前轴承；4—短导入锥体；5—长导入锥体；6—摘穗辊间隙调节装置；7—调节手柄

b. 立辊式摘穗装置。立辊式摘穗装置（图 6-132）由前后各一对相向旋转的摘穗辊组成。摘穗辊轴线与垂线夹角为 25°左右，见图 6-127。割下的玉米植株由喂入夹持链送过来，其上部由挡禾板阻挡后，与摘穗辊轴线成 40°～50°角喂入两摘穗辊的间隙，间隙用偏心套调节。摘穗辊表面对茎秆需有足够的抓取能力，以便碾压茎秆把穗摘下来。因此，辊表面有凸棱或呈花瓣形等。凸棱高度为 6～10mm，过高使落粒增加。有的摘穗辊在螺纹上设有摘穗钩，以便将穗柄揪断。

c. 组合式摘穗装置。组合式摘穗装置由摘穗板和下面的一对卧式拉茎辊组成，见图 6-133。玉米茎秆在摘穗板的缝隙中通过，被拉茎辊碾压并向下拉，果穗被摘穗板摘下，由带拨齿的喂入链向后输送。因果穗不与拉茎辊接触，落粒损失小。这种摘穗装置常用于装配在联合收获机的玉米摘穗台上。

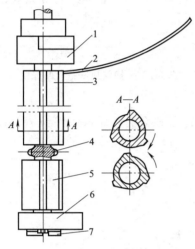

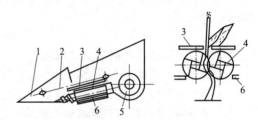

图 6-132　立辊式摘穗装置

1—传动箱；2—挡禾板；3—上摘穗辊；

4—喂入夹持链主动链轮；5—下摘穗辊；

6—下轴承座；7—偏心套

图 6-133　组合式摘穗装置

1—分禾器；2—喂入链；3—摘穗板；4—拉茎辊；

5—横向螺旋输送器；6—清除刀

拉茎辊的断面形状有四叶轮式和多棱式，见图 6-134，多采用四叶轮式。

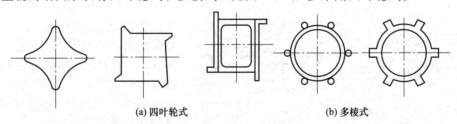

(a) 四叶轮式　　　　　　　(b) 多棱式

图 6-134　拉茎辊的断面形状

② 摘辊的工作原理

a. 摘辊抓取茎秆的条件。当垂直于摘辊轴线的茎秆被推向表面光滑的摘辊时，在开始的一瞬间茎秆所受的力如图 6-135 所示（下辊对茎秆的作用力和上辊一样，图中未画出），其中 N 为摘辊作用于茎秆上的法向反力，T 为摘辊对茎秆的摩擦力。若将 N 和 T 力沿着茎秆的轴向和径向进行分解，则可得到沿径向压缩茎秆的力 N_y+T_y 和沿轴向拉引茎秆进入摘辊间隙的力 T_x 与阻止茎秆进入摘辊间隙的 N_x。显然，当 $T_x>N_x$ 时，摘辊方能抓取茎秆。

若摘辊抓住茎秆以后能不断地向右拉动茎秆，摘辊与茎秆之间的接触弧线 AA'、BB' 便不断增长（图 6-136），直至茎秆的前端面达到摘辊的最小间隙处时为止，这就是摘辊抓取碾压和拉引茎秆的过程。显然，在整个抓取碾压拉引过程中，茎秆受到摘辊的法向反力 N' 和切向摩擦力 T'，合力不断增大，并向着有利于抓取茎秆的方向变化。在茎秆开始喂入的瞬间，摘辊抓取茎秆的条件为

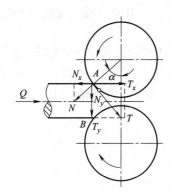

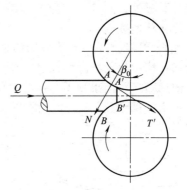

图 6-135　开始喂入瞬间茎秆的受力　　　　图 6-136　摘辊抓取茎秆的过程

$$Q+2T_x \geqslant 2N_x$$

当 Q 力不甚大时，可省略不计。于是径向喂入的光滑摘辊的抓取条件为 $Nf_0\cos\alpha \geqslant N\sin\alpha$，即

$$f_0 \geqslant \tan\alpha \text{ 或 } \phi \geqslant \alpha$$

式中　α——摘辊对茎秆的起始抓取角；

　　　f_0——光滑摘棍与茎秆之间的摩擦系数；

　　　φ——摘棍与茎秆之间的摩擦角。

若用抓取能力系数 K_0 来表示光滑摘辊的抓取条件为

$$K_0 = \frac{Nf_0\cos\alpha}{N\sin\alpha} = \frac{f_0}{\tan\alpha} \tag{6-24}$$

于是光滑摘辊的抓取茎秆的条件可改写为

$$K_0 = \frac{f_0}{\tan\alpha} \geqslant 1 \tag{6-25}$$

当摘辊表面增加凸棱或凹槽时，抓取能力系数均大于光滑的摘辊。如图 6-137 所示，当摘辊的表面具有凹槽花纹时，则除力 N 和力 T 以外茎秆还受到凹槽花纹产生的机械力 S，这时抓取条件为

$$T_x + S_x \geqslant N_x$$

$$Nf_0\cos\alpha + S\cos\alpha \geqslant N\sin\alpha$$

化简 $f_0\left(1+\dfrac{S}{T}\right) \geqslant \tan\alpha$

图 6-137　槽纹摘辊抓取茎秆的情况

因此

$$K_s = \frac{f_0\left(1+\dfrac{S}{T}\right)}{\tan\alpha} > K_0 \tag{6-26}$$

如图 6-137（b）所示的花瓣槽纹摘辊与相同直径的光辊（如图中点画线所示）在最小

工作间隙 $h_{\min}$ 相同的条件下，其抓取角 α_1 比 α 小得多，因此这种摘辊的抓取条件为 $f_0 \geqslant \tan\alpha_1$，即

$$f_0 \frac{\tan\alpha}{\tan\alpha_1} \geqslant \tan\alpha$$

因此可得

$$K_1 = \frac{f_0 \dfrac{\tan\alpha}{\tan\alpha_1}}{\tan\alpha} \tag{6-27}$$

若以 f 代表 f_0、$f_0\left(1+\dfrac{S}{T}\right)$、$f_0 \dfrac{\tan\alpha}{\tan\alpha_1}$ 并称之为槽纹摘辊与茎秆之间的抓取系数，此时，摘辊对茎秆之间的抓取条件可以用下列一般公式来表示：

$$K = \frac{f}{\tan\alpha} > 1 \tag{6-28}$$

因此，摘辊表面形状对摘辊的抓取能力有很大影响。但摘辊的花纹凸起不应过低，否则易被茎秆碎屑所堵塞，反而减小其抓取能力。花纹的凸起也不宜过高，以免降低摘穗质量，由于影响抓取能力的因素繁多，在实际使用中一般通过试验和对比的方法求出抓取系数。因此在设计摘辊时，抓取系数是未知条件。这里，只是通过对抓取系数的分析，反映出摘辊的抓取能力与其断面形状之间的关系。

b. 摘辊摘取果穗的条件及摘穗过程。摘辊抓取茎秆以后便开始碾压茎秆，当果穗和摘辊相遇时，由于果穗大端直径比茎秆直径大得多，不能从摘辊间隙中通过而被摘下来。摘穗时，穗柄断裂部位与强度和其变形特性有关。就整个穗柄来说，则以穗柄和果穗连接处强度最弱，因此摘穗时在此处断裂的概率也比较大。

茎秆向摘辊喂入有根部先喂入和梢部先喂入两种。通过高速摄影可以清楚地看出：茎秆根部先喂入时，果穗的分离多为穗柄被拉断；梢部先喂入时，果穗的分离多为穗柄被弯断，在现代的玉米摘穗剥苞叶机上，多采用根部喂入。下面就采用拉断穗柄的方法讨论摘辊的摘穗条件。

图 6-138 表示一对以等速旋转的摘辊拉引茎秆的情形。若将茎秆看作均质体，在它被稳定地向右拉动中，当果穗和摘辊相遇后若果穗不被抓取，则摘辊作用于果穗上的合力 R_g 沿茎秆轴线方向的分力 R_x 为指向果穗端部。此时摘辊对茎秆作用的合力 P，其轴向分力 P_x 继续向右拉引茎秆。在稳定的摘穗过程中，P_x 和 R_x 始终大小相等，方向相反，其数值则越来越大，直到穗柄被拉断为止。在摘穗过程中当摘辊产生的拉引力 P_x 小于穗柄与果穗的

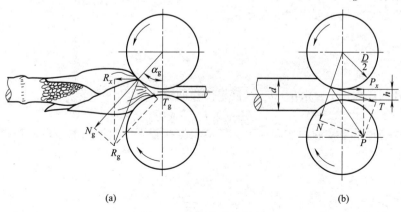

(a)   (b)

图 6-138　摘穗时的受力

连接力时，茎秆相对于摘辊将发生打滑现象，因此摘辊摘取果穗的条件为：

（a）摘辊不应抓取果穗，即应满足

$$\tan\alpha_g > f_g \tag{6-29}$$

式中　α_g——摘辊对果穗的抓取角，（°）；

　　　f_g——摘辊对果穗（带苞叶）的抓取系数。

（b）摘穗时，一对摘辊对茎秆产生的最大拉力 $2P_{x\max}$ 应大于穗柄与果穗的联结力 P_g，即

$$P_{x\max} > \frac{P_g}{2} \tag{6-30}$$

由图 6-138（b）可知，摘辊对茎秆的拉力 P_x 为 N 力与 T 力之合力 P 的轴向分力。可见摘辊对茎秆的抓取系数越大，对茎秆的压缩越严重，则 P_x 力也就越大。摘辊对茎秆的压缩程度用压缩比 i 来表示：

$$i = \frac{d-h}{d} \tag{6-31}$$

式中　d——茎秆的直径，mm；

　　　h——摘辊的工作间隙，mm。

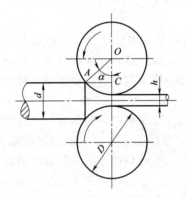

图 6-139　起始抓取角 α 与摘辊
　　　　　参数的关系

为保证拉断穗柄，经试验一般 i 在 $0.6\sim0.9$ 之间。i 过小，摘辊拉动茎秆的力不足以摘下果穗；i 过大茎秆碾压过甚，不仅功耗显著增加，茎秆也易被拉断，造成损失。

③ 摘辊主要参数的选择

a. 摘辊的直径和工作间隙。摘辊的直径 D 和工作间隙 h 是最主要的参数之一。为了抓取茎秆，摘辊对茎秆的起始抓取角 α 不宜过大。由图 6-139 可知，摘辊的起始抓取角 α 与其结构参数有下列关系：

$$\cos\alpha = \frac{OC}{OA} = \frac{D+h-d}{D} = 1-\frac{d-h}{D} \tag{6-32}$$

因此

$$D = \frac{d-h}{1-\dfrac{1}{\sqrt{1+\tan^2\alpha}}} \tag{6-33}$$

由式（6-32）可知，增加摘辊直径 D 和工作间隙 h 或者抓取较小直径的茎秆都可减小摘辊的起始抓取角 α，有利于对茎秆的抓取。将 $f\geqslant\tan\alpha$ 代入式（6-33），即得到摘辊抓取茎秆时其结构参数与特性参数之间的关系：

$$D \geqslant \frac{d-h}{1-\dfrac{1}{\sqrt{1+f_g^2}}} \tag{6-34}$$

一般茎秆的压缩比 $i = 0.6\sim0.9$，摘辊工作间隙为

$$h = (0.1\sim0.4)d \tag{6-35}$$

为了减少摘穗时果穗的损伤和损失，还应根据摘辊不抓取果穗的条件来校核所求得的摘辊直径

$$D < \frac{d_{g\min}-h_{\max}}{1-\dfrac{1}{\sqrt{1+f_g^2}}} \tag{6-36}$$

式中　d_{gmin}——果穗大端最小直径，mm；

　　　　h_{max}——摘辊的最大工作间隙，mm；

　　　　f_g——摘辊对果穗（带苞叶）的抓取系数。

　　b. 摘辊的工作长度。在确定摘辊的工作长度时，既要适应不同结穗高度的要求，还要考虑同时能拉引多株茎秆。

　　图 6-140 为摘辊拉引茎秆的过程。当摘辊拉引茎秆时，假定茎秆与摘辊两者相互滚过，茎秆是作等速平移运动而不转动，如茎秆开始被拉引时处于 ac 位置（与摘辊轴线成 β 角），当全部被拉过摘辊时，平移到终了位置 $a'c'$。在这过程中，摘辊拉引茎秆的速度为 $v_2 = v_0/\sin\beta$。沿摘辊轴线移动（升运）茎秆的速度为 $v_1 = v_0/\tan\beta$。

$$L = ac' = l\cos\beta \qquad (6\text{-}37)$$

式中　β——开始拉引茎秆时，茎秆与摘辊轴线间夹角，(°)；

　　　　L——被拉过茎秆的长度，m。

　　由式（6-37）可知，摘辊的工作长度，随着 β 角的减小及 l 的增加而增长。由式（6-37）计算所得的摘辊长度应该和它在全长内可能负担的总负荷相协调，即

$$L' = \frac{v_m \tau F}{th K} \qquad (6\text{-}38)$$

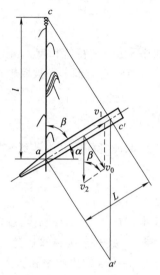

图 6-140　摘辊拉引茎秆的过程

式中　L'——与摘辊总负荷相协调的摘辊长度，cm；

　　　　τ——碾压拉引长度为 l 的茎秆所需的时间，s；

　　　　F——由摘辊碾压达到最大限度的茎秆平均截面积，cm^2；

　　　　h——摘辊平均工作间隙，cm；

　　　　b——株距，cm；

　　　　K——茎秆充满间隙的充填系数，一般 $K = 0.6 \sim 0.8$。

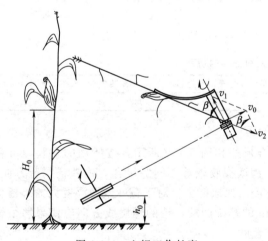

图 6-141　立辊工作长度

　　图 6-141 为工作状态的立式摘辊，茎秆以根部单株均匀地喂入摘辊工作间隙中，初始喂入角为 β，茎秆在摘辊作用下有两个运动速度，即茎秆被拉引运动的速度 v_2 和茎秆沿摘辊轴线向上移动的速度 v_1，它们分别为

$$v_1 = v_0 \cot\beta \qquad (6\text{-}39)$$
$$v_2 = v_0 \csc\beta \qquad (6\text{-}40)$$

式中　v_0——摘辊线速度，m/s。

　　茎秆被拉引过程中做回转运动时，茎秆与摘辊轴线间的夹角由初始的 β 逐渐变为 $\frac{\pi}{2}$，而 v_1 和 v_2 也相应地逐渐变化，其平均值分别为

$$v_{j1} = \frac{\int_{\beta}^{\frac{\pi}{2}} v_0 \cot\beta \, d\beta}{\frac{\pi}{2} - \beta} = v_0 \frac{\ln\csc\beta}{\frac{\pi}{2} - \beta} \qquad (6\text{-}41)$$

$$v_{j2} = \frac{\int_{\beta}^{\frac{\pi}{2}} v_0 \csc\beta \, d\beta}{\frac{\pi}{2} - \beta} = v_0 \frac{\ln\cot\frac{\beta}{2}}{\frac{\pi}{2} - \beta} \tag{6-42}$$

茎秆从被摘辊抓取转到垂直于摘辊时所需时间为

$$t = L \frac{\left(\frac{\pi}{2} - \beta\right)}{v_0 \ln\cot\beta} \tag{6-43}$$

式中　L——摘辊长度，m。

茎秆在时间 t 内被摘辊拉过的长度为

$$l = L \frac{\ln\cot\frac{\beta}{2}}{\ln\csc\beta} \tag{6-44}$$

保证茎秆由 β 旋转到 $\pi/2$ 后摘落果穗，则摘辊最大工作长度为

$$L_{\max} = (H_0 - h_0) \frac{\ln\csc\beta}{\ln\cot\frac{\beta}{2}} \tag{6-45}$$

式中　H_0——结穗高度，mm；

h_0——夹持输送链入口处夹持点距地面的高度，mm。

c. 摘辊的生产率和所需功率。根据试验统计资料，正常工作时一对摘辊平均消耗功率 N 为 1.10～1.25kW。由于实际工作中喂入量变化不均，因此正常工作时最大的扭矩 M_1 为平均扭矩的 2.00～2.12 倍，当摘辊堵塞时扭矩 M_2 约为平均扭矩的 3.5 倍。

一对摘辊的生产率可按单位时间对茎秆加工的株数来表示，即

$$W = \frac{C v_m}{b} \tag{6-46}$$

式中　C——对摘辊加工玉米的行数，一般机器上通常 $C=1$；

b——株距，m/株。

牵引式玉米摘剥机每工作行的部件所需功率如表 6-3 所示。

表 6-3　玉米摘剥机部件的功率

工作部件	摘辊及纵向输送	第一升运器	第二升运器	剥皮装置	牵引
每行所需功率/kW	1.5～2.9	0.11	0.16～0.22	0.88～1.20	9.6～11.0

（5）玉米剥苞叶装置

① 剥苞叶装置的构造　剥辊的结构和组合形式如图 6-142 所示，按所用的材料，可有铸铁辊对铸铁辊、铸铁辊对橡胶辊、铸铁辊对铸铁橡胶辊等不同的组合。铸铁辊制造方便，造价低，耐磨性好，使用寿命长，又可装钉齿提高抓取能力，对于苞叶紧而湿度大的果穗剥皮效果较好。在铸铁辊上有一条或几条高 5mm 的螺旋凸棱，棱的螺旋线方向应使果穗很好地移动。在相邻的凸棱之间有凹槽，便于抓取苞叶。

橡胶剥辊抓取能力强，剥净率高，籽粒破碎率低，对苞叶松而湿度小的果穗剥皮效果好。在剥皮机上均采用铸铁辊与橡胶辊组合的结构，一般橡胶辊在上，铸铁辊在下。

剥辊配置有两种型式，图 6-143（a）为槽型排列的剥辊，多用于剥皮机，剥辊间隙可通过弹簧和螺母调节。图 6-143（b）为 V 形排列的剥辊，多用于摘穗剥皮机，改变每组剥辊的间隙只需调整一个辊。

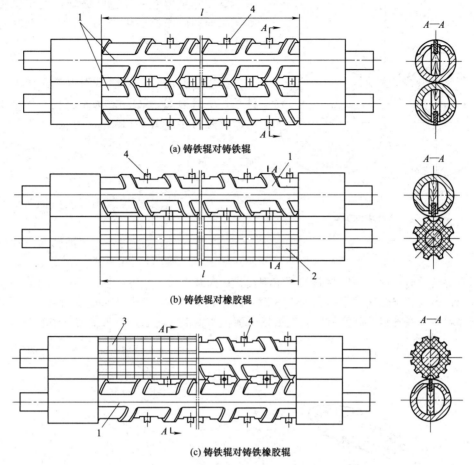

(a) 铸铁辊对铸铁辊

(b) 铸铁辊对橡胶辊

(c) 铸铁辊对铸铁橡胶辊

图 6-142 剥辊的结构和组合形式

1—铸铁辊；2—橡胶辊；3—铸铁橡胶辊；4—凸钉

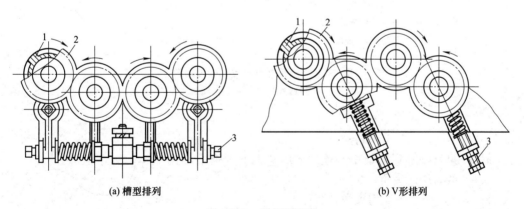

(a) 槽型排列　　　　　　　　　　　(b) V形排列

图 6-143 剥辊的配置

1—剥皮辊；2—剥辊轴承盖；3—剥辊间隙调节螺钉

　② 剥辊的工作原理　带苞叶的果穗放在两个相对回转并与水平成一定倾角的剥辊上，随着剥辊的旋转，在自重 Q 的作用下，果穗将沿着剥辊工作表面滑动。在图 6-144 中 N_1、N_2 为由果穗自重 Q 所引起的法向反力。剥辊工作表面和果穗苞叶间的切向摩擦力为 $T_1 = f_1 N_1$，$T_2 = f_2 N_2$，式中 f_1、f_2 分别为橡胶和铸铁剥辊工作表面对苞叶的摩擦系数。

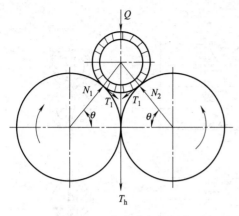

图 6-144 苞叶剥除原理图

要剥除果穗上一片苞叶必须使两个剥辊对果穗苞叶的切向摩擦力的合力 T_h 大于苞叶与穗柄的连接力 P_{max}，即

$$T_h > P_{max}$$

无压送作用时，果穗沿剥辊工作面下滑的条件是，下滑力 $Q_2 = Q\sin\theta$ 大于剥辊对果穗下滑时的摩擦阻力 T [图 6-145 (a)]，即

$$Q\sin\theta > T \qquad (6-47)$$

而

$$T = T_1' + T_2'$$

式中　T_1'——果穗沿橡胶剥辊表面轴向滑动的摩擦阻力，N；

　　　T_2'——果穗沿铸铁辊表面轴向滑动的摩擦阻力，N。

当剥辊转动时，由于不同材料的两个剥辊的切向摩擦力不相等，使果穗产生绕自身轴线的旋转运动。当两剥辊轴线配置有高度差 S 时 [图 6-145 (b)]，有利于果穗绕自身轴线回转而将苞叶全部剥净。两剥辊的高度差，一般根据果穗在两剥辊上的稳定性来确定（图 6-146）。

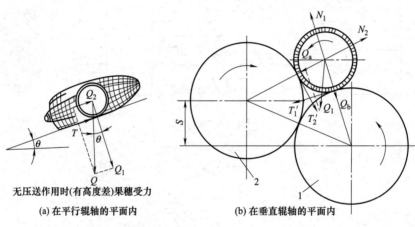

图 6-145　剥苞叶时果穗的受力简图
(a) 在平行辊轴的平面内　　(b) 在垂直辊轴的平面内
1—铸铁剥辊；2—橡胶剥辊

即

$$\alpha + \gamma < 90°$$

式中　α——果穗轴心到下辊中心连线 CB 与上下剥辊中心连线 AB 的夹角，(°)；

　　　γ——AB 与水平线的夹角，(°)。

在剥辊直径为 $70\sim100mm$，果穗直径为 $20\sim32mm$ 的情况下，一般取 $S\leqslant40mm$。也可用下式计算：

$$S < S_{max} = \frac{d_g^2}{d_g + d_s}$$

式中　d_s——带皮玉米穗直径，mm；

　　　d_g——剥辊直径，mm。

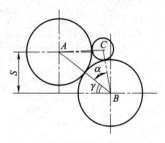

图 6-146　剥辊轴心的高度差

③ 剥辊的参数　剥辊相对水平面的倾角 θ 增大时，剥辊的生产能力也增大，但剥净率降低；θ 减小时，剥辊生产能力减小，剥辊对果穗的作用时间延长，剥净率、果穗损伤率及脱粒率同时增大。当采用驱动型压送器，$\theta=10°\sim15°$ 时，能达到最高生产率和最佳工作质量；而采用被动型压送器时，$\theta=30°\sim35°$ 效果最好。

一般来说，剥辊圆周速度越大，剥辊生产能力也越大。但试验证明，当剥辊速度超过 1.3m/s 时，果穗在剥辊上的稳定性变坏，剥除苞叶的质量下降。因此，圆周速度一般在 0.9～1.3m/s 范围内选用。试验表明，当剥辊转速 n 和倾角 θ 增加时，则生产率增加，但剥净率降低；当 n 和 θ 减小时，情况相反。

当剥辊直径小时，剥辊的抓取能力减小，剥净率、果穗损伤及脱粒率也随之减小；剥辊直径大时，则相反。选取剥辊直径的原则是不抓取和不挤压果穗。最适宜的剥辊直径应当不使最小直径的果穗受挤压与被抓取，直径为 60～80mm，一般取 70mm 左右。

剥辊长度是影响剥净率的主要参数。现代玉米摘剥机上的剥辊工作长度 $l_{\mathrm{b}}=900\sim1150\mathrm{mm}$。如 l_{b} 再加长，剥净率稍有提高，但果穗及籽粒的损伤和脱粒均显著提高。

6.3　蔬菜水果收获机械

6.3.1　蔬菜收获机械

蔬菜收获机械是收割、采摘或挖掘蔬菜的食用部分，并进行装运、清理、分级和包装等作业的机械。根据收获蔬菜部位的不同，可以分为根菜类收获机、果菜类收获机和叶菜类收获机等。

根菜类收获机是收获胡萝卜、萝卜等根菜的机械，有挖掘式和联合作业式两种类型：挖掘式根菜收获机能完成切顶和挖掘作业并将根菜铺放成条。联合作业式根菜收获机又有两种类型：一种是夹住茎叶把根菜从土中拔出，然后分离茎叶和土壤的机械；另一种是先切去茎叶，然后将根菜从土中挖出，并清除土壤和杂草。洋葱属于根菜类，一般的洋葱收获机械在机器的前部装有两个大直径挖掘圆盘，在圆盘上面装有夹持器，当洋葱被挖掘出土后，即被夹持器夹起，甩掉部分泥土，进入杆式输送器上，在输送过程中进一步去除泥土。在杆式输送器的上方装有土块压碎器，用以压碎土块，在杆式输送器末端的下面装有风机，利用风力进一步去杂。最后利用一对橡胶轧辊将洋葱的茎叶和杂草等除掉。收获的洋葱头可直接装车，也可以卸在地里晾晒 10～15 天后，利用该机进行捡拾、去杂、装车运回。

果菜类收获机包括番茄、黄瓜、青椒等各种类型的收获机。由于果菜的成熟期不一致，要求分次作业，选择性收获难度较大，大多仅能做无选择性一次收获，主要用于收获供食品厂加工罐装食品的果菜，以降低劳动强度。番茄收获有两种类型：一种机型只能完成收获和粗清作业，收获后的番茄运送到加工站后再进行分级；另一种机型可以完成收获、清选和分级作业。作业时，圆盘切割捡拾器将番茄茎秆切断后送到倾斜输送器，在摘果-输送器的振动下，使茎秆和果实分离。

叶菜类主要有甘蓝、菠菜、芹菜、大白菜等。相对来说，此类蔬菜比较容易实现机械化收获；叶菜类收割机一般由扶茎器、切割器、升运器和料箱等组成。

（1）马铃薯收获机

马铃薯收获的工艺过程包括切茎、挖掘、分离、捡拾、分级和装运等工序。根据收获过程不同，可以分为分段收获法和联合收获法等。分段收获法是用机器挖掘、分离，用人来完成捡拾和分选的作业方法。联合收获法是用联合收获机一次作业，基本完成马铃薯收获的全部工艺过程。马铃薯收获机按照完成的工艺过程，大致可以分成马铃薯挖掘机和马铃薯联合收获机两种。马铃薯挖掘机有机动和畜力两种，可完成挖掘和初步分离，用人工捡拾和分选，马铃薯联合收获机可同时完成挖掘、分离、分选和装袋等工序，部分工序辅以人工。有些马铃薯联合收获机上采用 X 射线区分土块与石头。利用不同物质对 X 射线的穿透阻力差异，将马铃薯与土块、石块等杂物分离。在 X 射线的通道处设置一排倾斜的塑料指杆，薯块和石块从输送器同时落到塑料指杆上。穿透阻力小的薯块从塑料指杆滑落到薯块输送带上而穿透阻力大的土石块切断了 X 射线的通道，从而触发控制机构使接触土石块的那根塑料指杆摆动成竖直状态，土石块随之落入土石收集器内，从而提高了分离效率，简化了机具结构。

① 马铃薯挖掘机　图 6-147 是我国使用比较广泛的一种抖动链式马铃薯挖掘机，由限深轮、挖掘铲、抖动输送链、集条器、传动机构和行走轮等组成。它与 29.4kW 以上的拖拉机配套使用，适于在地势平坦、种植面积较大的沙壤土地上作业。工作时，挖掘铲入土，将掘起的薯块和土块输送到第一输送链，杆条式输送链在输送薯块和土块过程中，可以随抖动轮上下抖动，以增强对土块的破碎及薯块的分离能力。由第一输送链将薯块和未被分离的土块再送入第二输送链，进一步分离并且降低薯块的离地高度，通过第二输送链送出的薯块由集条器集成一条落到地面上，以便于后续的人工捡拾。

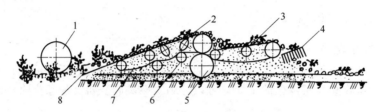

图 6-147　马铃薯收获机

1—限深轮；2—抖动链；3—第二输送链；4—集条器；5—行走轮；6—托链轮；7—第一输送链；8—挖掘铲

② 马铃薯联合收获机　图 6-148 是一种马铃薯联合收获机，其主要工作部件有挖掘铲、分离输送机构和清选台等。分离机构包括抖动输送链、充气式土块压碎辊、分离筛、茎叶分离器和圆筒筛等部件。马铃薯联合收获机一次作业可以完成挖掘、分离、初选和装箱等作业。作业时，靠仿形轮控制挖掘铲的入土深度，被挖掘起来的薯块和土壤进入输送链进行初次分离，在输送链下方设有强制抖动机构，用来强化输送链的碎土和分离能力。输送链的末端设有一对气压为 10～50kPa 的压碎辊，辊长与输送链宽度相等，一般直径为 30cm，辊子之间间隙为 1～3mm。当土块和薯块在辊子间通过时，被压碎，薯块上的泥土被清除掉，还可使薯块与茎叶分离。薯块和泥土进入摆动筛进一步分离后，被送到后部宽间距杆条输送器

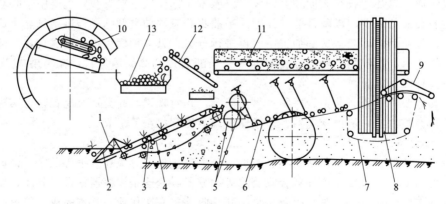

图 6-148　马铃薯联合收获机

1—侧刀盘；2—挖掘铲；3—主输送器；4—抖动器；5—土块压碎辊；6—摆动筛；7—茎叶分离器；
8—滚筒筛；9—带式输送器；10—重力清选器；11—分选台；12—马铃薯升运器；13—薯箱

上，茎叶及杂草等长杂物由夹持输送带排出机外，薯块则从杆条缝隙落入圆筒筛，旋转的圆筒筛将薯块带到分拣台上，同时做进一步分离。分选台两侧通常设有站台，工人可站在上面拣出杂物。薯块经过分选机构的分级输送器和装载输送器装入薯箱或拖车。

（2）胡萝卜收获机

用机械收获胡萝卜和萝卜等作物有两种力法：一种是将块根和茎叶从土壤内拔出，然后分离茎叶和土壤，按这种原理工作的机械称为拔取式收获机；另一种是在块根从土壤内被拔出之前，先切去块根的茎叶，然后再把块根从土壤内挖出，并清除土壤和其他杂物，按这种力法工作的机器被称为挖掘式收获机。

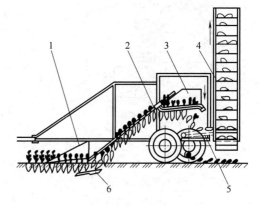

图 6-149　拔取式胡萝卜收获机
1—扶茎器；2—夹持拔取皮带；3—茎叶切除器；
4—横向输送器；5—纵向输送器；6—挖掘铲

拔取式收获机如图 6-149 所示，主要由挖掘铲、扶茎器、茎叶切除器、侧边槽、横向输送器、纵向分离输送器和夹持拔取装置等组成。工作时，挖掘铲挖松行内的块根，扶茎器从地表把茎叶扶起，并把它引向夹持拔取皮带，皮带夹着块根上的茎叶并将块根从土壤中拔出，最后送往后部的茎叶切除装置。切下的茎叶被送到侧边槽，然后被抛到已经收获过的地面上，块根则落到纵向分离输送器上，再由横向输送器将块根送到拖车里。泥土则在整个输送过程中被分离。

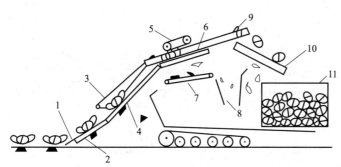

图 6-150　甘蓝联合收获机
1—拔取装置；2—输送装置；3—顶部压紧装置；
4—切根器；5—压顶器；6—根部复切器；7—杂质输送带；
8—杂质出口；9—夹持链；10—斜板；11—甘蓝箱

（3）甘蓝收获机

图 6-150 为一种甘蓝联合收获机，主要由回转式拔取装置、顶部压紧装置、切根装置、夹持链、杂质出口、甘蓝箱和输送装置等组成。工作时，拔取装置进入甘蓝叶的下面把甘蓝从土中拔出。甘蓝被拔出后，在输送装置的作用下向斜后上方运动，在顶部压紧装置的扶持下，切根器将根部切断。此后输送装置继续把甘蓝向上输

送，在压顶装置的配合下，根部复切装置将甘蓝的老叶等切掉。切掉杂质的甘蓝从输送带顶部落到斜板上，最后落入甘蓝箱内，被切掉的老叶等落入杂质出口。

（4）黄瓜收获机

黄瓜收获机根据所完成的收获工艺可以分为选择式收获机和一次性收获机两种类型。选择式收获机可以分多次把符合标准的果实从瓜蔓上采摘下来，主要采用打击振落的工作原理。这种方法的主要缺点是每次不可能摘下全部成熟果实，而且重复收获会损伤瓜蔓，机器生产率也受到限制。因此，目前多采用一次性收获机进行作业。图 6-151 是一种牵引式一次性黄瓜收获机，其主要工作部件包括割刀、捡拾输送器和摘果辊等。作业时，黄瓜植株被割刀切下，并被波纹捡拾输送器夹住，黄瓜蔓被风扇吹出的气流推动，叶子被气流吹向辊轴，黄瓜蔓被辊轴夹住，果实被摘掉，落到下部的果实呈横向被收集到输送器上，由此再送入装

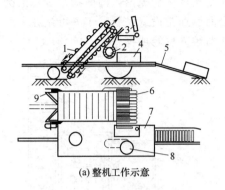

(a) 整机工作示意

(b) 摘果辊轴工作示意

图 6-151　一次性黄瓜收获机

1—波纹捡拾器；2—风扇；3—摘果辊轴；4—黄瓜收集箱；5—滚道；
6—果实收集输送器；7—装箱台；8—座位；9—割刀

6.3.2　果品收获机械

果品收获机械是从果树上采摘成熟果实并挑选分级的收获机械。它包括自动升降台车和各种摘果器、果品采收机、果品分选机等。

果实的种类繁多，其生长部位、成熟期等特性差异很大，而且多数果实不耐碰撞。因此，果实收获机械化难度比较大。目前，采收果实的方法主要有手工采收、半机械化采收和机械化采收等。半机械化采收是借助工具、自动升降台车或行间行走拖车，由人工进行采摘。机械化采收效率比较高，但是果实损伤严重。采收的果实如主要用于加工果酒、果汁、罐头等，利用机械采收经济效益比较高。对于鲜食果，为使果品具有比较好的品质，较长的保鲜期，采用人工或半机械化采收方法较好。

机械采收的基本原理是用机械产生的外力，对果柄施加拉、弯、扭等作用，当作用力大于果实与植株的连接力时，果实就在连接最弱处与果柄分离，完成摘果过程。根据摘果作用力的形式不同，采收机主要有气力式和机械式两种。

① 气力式果品采收机　气力式采收机是通过高速吹出或吸入的气流使果实与树枝分离。因此，气力式采收机可以分为吹出式和吸入式两种。吹出式采收机的主要工作参数是气流速度和气流方向的变化频率。例如在采收葡萄时气流的速度为 $150 \mathrm{m/s}$，气流方向的变化频率为 $16 \sim 24 \mathrm{Hz}$。这种采收机的功耗比较大，对树叶有损伤，摘果率不稳定（$60\% \sim 90\%$）。吹出式采收机工作原理如图 6-152 所示。

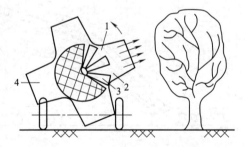

图 6-152　吹出式采收机工作原理

1—风机；2—空气通道；3—叶片；4—出风口

吸入式采收机是将工作吸头对准果实，利用吸头对果实的一侧施加负压，果实在两侧压力差的作用下，克服果柄的连接力从植株上掉下，进入工作头的导管，在气流的作用下被送到收集装置。这种采收装置结构简单，但果实容易被压碎。

② 机械式果品采收机　机械式采收机采摘果实的原理有：切割、拉断和振落等。切割摘果是用割刀或旋转刀切断果柄；拉断摘果是利用垂直或水平旋转的钢丝滚筒，或用动力驱动的弹齿或摆动的指刷扯断果柄，摘下果实。目前，生产上应用比较多的是机械振动式采收机。

机械振动式采收机根据产生振动的形式不同，可以分为推摇式和撞击式两种。推摇式采收机是以一定频率和振幅的机械作用，推摇果树干枝使其摆动，果实产生加速度，当干枝摆到极限位置时加速度最大，当果实的惯性力大于果柄的连接力时，果实脱离枝条，被摘下。根据国外经验，树干振摇机最常用的工作频率为 $800 \sim 2500$ 次/min，振幅为 $5 \sim 20 \mathrm{mm}$；大枝振摇机最常用的工作频率为 400～1200 次/min，振幅为 38～50mm。此种方法多用于采收乔木生果实。撞击式采收机是利用工作部件冲撞或敲打果树干枝，使果实被振落。此种方法可用于采收乔木生、灌木生和茎生果实。

图 6-153 为一种推摇式采收机，主要由推摇器、夹持器和承载装置等组成。工作时，首先由人工将夹持器夹紧在树干或大树枝上，再将承载装置布设在树冠的下面。承载装置的主要部件是由帆布等材料构成的向心倾斜面，果实落到该装置后，滚向中心，落到带式输送器上。风扇的出风口在输送器的后下方，在向运输车卸果时，轻杂物被气流清除。

电动采果器是一种手持式动力摘果器，在空心手柄的端部装设包括微型电机和传动装置的摘果头，摘果头的前端

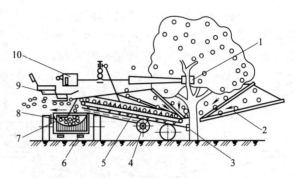

图 6-153　推摇式采收机

1—夹持器；2—承载装置；3—固定支柱；4—风扇；5—输送装置；6—支承架；7—限制器；8—运载车厢；9—座位；10—推摇器

伸出一个果柄引导突片和一把切刀，作业时，果柄引导突片从果实上方将果柄引向切刀，微型电机的动力通过传动装置使切刀往复运动，把果柄切断，果实落入收集网袋。

苹果、桃、梨等在碰撞和挤压的作用下很容易受伤，国内外鲜食苹果一般采用人工采摘，加工用的苹果一般采用振动采集法收获；杏、李子、枣和樱桃等一般也采用振动采集法收获。

葡萄一般采用门架跨行式机器来收获。在门架内，每行的两侧装有敲击棒，连续打击藤茎引起的振动使葡萄果实被振落，振落的葡萄掉在鱼尾片式接果架上。层叠安装的鱼尾片由弹簧加载，形成封闭的托台，当机器跨行前进时，鱼尾片碰到葡萄藤，弹簧受压使鱼尾片张开，藤茎过去后鱼尾片自动闭合。鱼尾片向两侧倾斜，将掉落的葡萄引导到两侧的输送带上，然后送往料箱。

6.4　经济作物收获机械

经济作物又称技术作物、工业原料作物，指具有某种特定经济用途的农作物。广义的经济作物还包括蔬菜、瓜果、花卉、果品等园艺作物。

我国经济类作物种类较多，其中种植面积较大，且对我国国民经济有重大影响的则是棉花、甜菜、甘蔗、花生、大豆、油菜等作物。

我国的棉花主要产区为长江棉区、黄淮棉区和新疆棉区；甜菜主要产区为黑龙江、内蒙古和新疆等省（区）；而甘蔗主要产区则为广西、广东和云南等省（区）。

棉花、甜菜、甘蔗、花生、大豆、油菜虽同属经济类作物，但在形态、种植农艺和生产机械化技术等方面却存在较大的差异，如棉花为纤维类产品作物，甜菜为块根作物，而甘蔗则为多年生高秆粗茎作物。我国各地区多年的生产实践创造出的众多适应本地特点且各具特色的生产机械化技术与机器设备，为经济作物的增产增收起到了重要的保证作用。

6.4.1　棉花收获机械

棉花是我国的主要经济作物，在国民经济中占有重要地位。20 世纪 80 年代推广地膜覆盖种植，棉花产量大幅度提高。有些农场大面积平均单产皮棉 $1800kg/hm^2$（籽棉约 $4500kg/hm^2$），经济效益显著，尤其新疆棉花生产已是支柱产业。

（1）水平摘锭式采棉机

① 采棉机的结构及工作原理　采棉机主要由采摘器、气流输送装置、集棉箱及行走驱

动部分组成。工作时每个采摘器对准相应的棉花种植行将棉花摘下，并由气流输送装置将摘下的棉花及少量的棉壳和茎叶输送至集棉箱。

美国棉花种植行距一般是 760mm 或 910mm，而我国棉花种植采取密植，平均行距为 250～450mm。现有采棉机受结构限制采摘行距最小是 760mm，所以在引进试验工作中，采取大行距 680mm（或 660mm）、小行距 80mm（或 100mm）间隔的种植模式（平均行距是 380mm），工作时每个采摘器同时采收双行棉花（小行距）。试验结果表明，同时采收双行与采收单行效果基本相同，各项技术指标均能达到要求。采棉机功率主要消耗在行走、采棉和输送三大部分，采用静液压驱动，行走部分和采摘器通过齿轮变速箱实现定传动比同步传动，实现液压控制和转向。

② 水平摘锭式采摘器　如图 6-154 所示，采摘器主要由前后两组水平摘锭滚筒、采摘室、脱棉器、淋洗器、导向栅板、压紧板、集棉室、传动系统等组成。工作时，机器前进由扶禾器将棉株导入采摘器。采摘滚筒转动，通过齿轮传动，摘锭高速自转，转速为 2000～2500r/min。高速转动

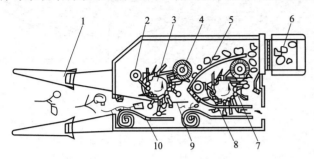

图 6-154　水平摘锭式采摘器

1—棉株扶禾器；2—摘锭淋洗器；3—前置摘锭滚筒；4—脱棉圆盘；
5—集棉导向板；6—集棉管道；7—后置摘锭滚筒；
8—摘锭座管偏转椭圆轨道；9—栅板；10—棉株压紧板

的摘锭将绽开的棉花缠绕摘下，摘锭圆锥表面带有尖刺以利于缠绕棉纤维随滚筒转至高速旋转的脱棉器。脱棉器工作表面带有凸起的橡胶圆盘，其转速约 4000r/min，转向与摘锭相反，可将缠绕在摘锭上的棉花脱下。

摘锭（图 6-155）安装在摘锭座管上，每个滚筒有 12 个摘锭座管，每根座管一般装有 18 个摘锭，每个滚筒就有 216 个摘锭，可保证充分与棉花接触。每个摘锭座管上端有一曲拐，曲拐上的滚轮沿椭圆轨迹的滑槽运动，而摘锭座管安装在滚筒上做圆周运动，运动到不同位置时，滚轮带动曲拐摆动，使摘锭座管偏转，摘锭随之转动改变与径向夹角，当转动到采摘区，摘锭与前进方向基本垂直。与棉花完全接触有利于采摘。当转至脱棉区，

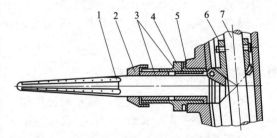

图 6-155　水平摘锭的结构

1—齿形摘锭；2—固定螺母；3—齿轮座管；4—摘锭锥齿轮；
5—传动锥齿轮；6—传动轴；7—定位套

摘锭向切线方向偏转，使脱棉圆盘更容易将缠绕在摘锭上的棉花脱下。采摘器装有前后两套采摘装置，提高棉花的采净率（95%～98%）。传统的采摘器前后滚筒交错排列，被采摘棉株从两滚筒中间通过。这种采摘器由于受滚筒位置及尺寸限制，行距在 910mm 以上。现代采棉机普遍采用前后滚筒对置排列，采摘器宽度大大缩小，采摘行距很容易调整到 760mm，并可进行双行采收（行距 660+100mm 或 680+80mm）。

淋洗器用淋洗液冲刷摘锭，清洗摘锭表面，并将摘锭加湿，以增加摘锭对棉纤维的黏附能力。压紧板的作用是挡着棉株以便与摘锭充分接触。导向栅板的作用是防止棉株茎秆被摘锭卷入。

（2）垂直摘锭式采棉机

垂直摘锭式采棉机（图 6-156）同水平摘锭式采棉机的主要区别在于采棉装置。目前产

品主要有 600mm 行距和 900mm 行距的两大系列采棉机。垂直摘锭式采棉机与水平摘锭式采棉机相比，采棉部件结构简单，制造容易，成本较低，适宜采摘棉株分枝少而短（多数长绒棉品种）的棉花品种。但是由于垂直摘锭的有效工作区较少，棉花的采净率和工效较水平摘锭低，一般采净率为 80%，需要进行 2～3 次作业，生产率低 20%。

垂直摘锭的结构如图 6-157 所示，机器工作时，两个采摘滚筒相对转动。每个滚筒上一般有 16 根摘锭，每对滚筒间有 20～30mm 的间隙，棉株从中通过，从而形成采摘区。位于采摘区半侧的摘锭的皮带轮与固定在其外侧的皮带（半周长）摩擦传动，摘锭随滚筒转动时产生自转（转速约 1250r/min）。将绽开的棉花缠绕摘下，摘锭表面沿轴向有 4 排齿，以利于钩入棉纤维。当摘锭随滚筒转至脱棉区时，此时摘锭的带轮与外侧皮带脱离，而与固定在内侧的皮带接触（另半周），此时摘锭与刚才的转向相反，并与脱棉器相遇，脱棉器是一个四周有毛刷的刷筒，回转速度高于摘锭的转速，约为 1650r/min，将籽棉刷下由气流输送至集棉箱，采用正压气流输送籽棉，落地损失较大，因此还装有吸管吸收落地籽棉。

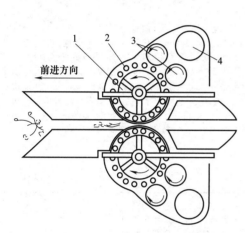

图 6-156　垂直摘锭式采棉机工作原理
1—采棉筒；2—摘锭；3—脱棉器；4—集棉室

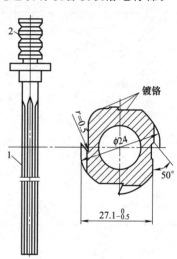

图 6-157　垂直摘锭结构

6.4.2　甜菜收获机械

（1）概述

甜菜是一种经济价值较高的作物，其茎根含糖量高（约为 17%），是制糖工业的主要原料之一；其茎叶和糖渣是优良的饲料，而且可以提取制药原料。因此，甜菜的生产在许多国家的农业生产中占有重要地位。在我国北方地区，尤其是黑龙江和新疆均有大面积种植。

① 甜菜的生长形态　甜菜由茎叶、根头、茎根和根须几部分组成。在收获期，甜菜茎叶、根头和根须含糖率低，并有较多的水分和氮，对制糖工艺有较大影响，以全部切除为好，该部分可用作良好的饲料。茎根是收获的主要部分，一般品种的甜菜茎根最大部分直径为 80～200mm，平均质量约为 0.8kg，长度约为 250mm，茎叶和根头部分质量占总收获量的 30%～40%。种植行距一般为 450mm 或 600mm，株距为 250mm。在新疆，采用地膜覆盖种植，产量可达 30000～80000kg/hm²。

② 甜菜的收获方法　甜菜收获包括切除茎叶、挖出并收获茎根、清理泥土杂物及根须、装运等项作业。收获时要求切除茎叶根头及根须，挖出茎根并清理干净。机械化收获要求漏切率低于 5%，根头切顶过多造成的损失小于 3%，收获率在 98% 以上，茎根损伤率低于

5%。甜菜收获方法分为分段式收获和联合式收获两种。

分段式收获：分别进行切除茎叶和根头、挖出茎根、清理泥土杂物及根须等作业。这些作业程序分别由人工或机械分先后次序完成。

联合式收获：由联合收获机械一次完成所有作业程序。甜菜联合收获机械有牵引式和自走式两种。牵引式甜菜收获机一般收获单行或双行，配套动力为 15~58kW。自走式甜菜收获机一般收获四行或六行，配套动力为 60~150kW。

（2）甜菜切顶装置

切顶装置是甜菜收获机的主要工作部件，它通常由仿形器和切刀组成。切顶应水平、准确地切去根头部分，并且在切顶过程中不能将甜菜推斜。根据仿形器和切刀的形式可分铲刀式、圆盘刀式和甩刀式三种，其结构简图、工作原理及参数、特点与适用范围见表 6-4。

表 6-4　甜菜切顶装置结构、工作原理及适用范围

类型	简图	工作原理及参数	特点与适用范围
铲刀式切顶装置	 1—仿形轮；2—铲刀；3—刀杆	仿形轮由 4~7 片齿形圆盘组成，圆盘片厚 2~3mm，片间距为 30~40mm，仿形轮宽为 150~300mm，仿形轮直径 $D=500$mm 左右，其圆周速度 v_0 应大于机器前进速度 v_m，通常取 $v_0/v_m=1.1~1.3$。切刀通常采用的参数为切刀长度 $L=350$mm，切刀宽 $B=30~50$mm，切刀厚 $d=3~6$mm，安装角 40°~60°，倾角 $i=8°~15°$	工作可靠，切顶质量较好，有良好的适应性，结构简单可靠。在国内外甜菜收获机上广泛采用；缺点是切刀对甜菜水平作用力较大，且易缠挂杂草，不适于高速作业
圆盘刀式切顶装置	 1—滑板式仿形器；2—四杆机构；3—圆盘切刀	仿形器由栅状齿条组成，栅条间距 30mm，与地面倾角为 15°~20°，滑板厚度为 5~8mm。圆盘刀直径 $D=500~600$mm，$\alpha=15°~25°$。盘刀工作环带宽 b 应大于甜菜根头最大直径 d_{max}，$b=110$mm，倾角 α 不应小于 12°。圆盘刀转速适当提高，以适应高速作业。转速取 350~650r/min，切削线速度以 10~13m/s 为宜	适应高速作业，不易堵刀。但其传动结构复杂，不易调整。当甜菜种植行不直时，产生斜切从而使切顶质量变坏
甩刀式切顶装置	 1—甩刀；2—螺旋式输送器；3—根头清理器；4—清理清理器；5—仿形器	由甩刀式切割器、根头清理和铲刀式切顶装置组成。甩刀一般由四排钢片组成，根头清理器装有橡胶杆，较高速度旋转将根头上的残留茎叶打掉，由滑板式切顶装置切掉根头。工作时旋转甩刀切削茎叶并抛入螺旋输送器，输送到机组的一侧集条堆放在地里	结构简单，工作可靠，不堵刀，根头切削质量好，适用于多行宽幅作业，常用在甜菜茎叶收获机上

（3）甜菜挖掘装置

甜菜挖掘装置的作用是将生长在土壤中的甜菜挖掘出来，要求不能损伤甜菜（损伤率小于 5%），工作可靠，消耗功率小。该部分是甜菜收获机械消耗功率最大的部分，占总动力的 50%~70%。常用的挖掘装置结构、工作原理及参数、特点与适用范围见表 6-5。

表 6-5　挖掘装置结构、工作原理及适用范围

类型	简图	工作原理及参数	特点与适用范围
铲式	闭式铲形　开式铲形	铲张角为 10°~15°（铲与机器前进方向夹角），纵向倾角为 10°~15°（纵断面上铲与地面夹角）和横向倾角为 60°~75°（横断面上铲与地面夹角）	工作时铲面入土，土壤及甜菜被双铲挤压出土，适合于小型收获机低速作业
叉式		由两根前端为圆锥形的圆柱组成挖掘叉，工作时将甜菜挤出土壤。为减小甜菜挤压上升阻力，圆锥形叉可绕自身轴线转动，且磨损后可更换	其结构简单，入土性能好，广泛用于甜菜收获机械中，缺点是易缠挂杂草和残膜
V 形铲式		V 形铲的 V 形角为 55°~75°，铲刀与地面倾角为 10°~20°，入土深度为 200~250mm	结构简单、工作可靠，可用作深松，常用于分段式收获挖掘甜菜，由人工捡拾
轮式挖掘装置		挖掘轮直径 $D=600~750mm$，两轮纵面内夹角为 25°~30°，水平面内夹角为 25°~30°。工作时挖掘轮靠切入土壤中的阻力转动，圆盘的周边有光刃和缺口形	缺口形的入土能力强，适合在较硬的土壤中工作。挖掘质量好，提升效果也好，不易缠挂杂草，缺点是制造成本较高

（4）甜菜联合收获机

甜菜联合收获机由切顶装置、挖掘装置、输送清理装置、动力及传动装置组成。根据各装置配置的位置不同分为串联式和并联式。

图 6-158 所示为并联式两行甜菜联合收获机的工作简图。收获作业时，一行切顶一行挖掘。机器右侧切顶装置把茎叶和根头切下，由输送器送入收集箱。机器左侧挖掘装置对准机器前一行程切顶装置所切顶的一行进行挖掘，由茎根输送器送入茎根收集箱。该类型甜菜收获机一般选用甩刀式切顶装置和轮式挖掘装置，工作质量好，对行性较好（甜菜播种机一般设计为偶数行）。由拖拉机牵引作业，适应性较强。

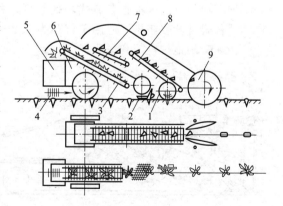

图 6-158　并联式两行甜菜联合收获机工作简图
1—垂直圆盘切刀；2—切顶装置；3—茎叶升运器；
4—根头清理器；5—茎叶收集箱；6—茎根收集箱；
7—茎根升运链；8—茎根捡拾链；9—挖掘轮

图 6-159 所示为串联式六行甜菜收获机,其切顶装置与挖掘装置在同一行上。工作时切下的茎叶和根头,由螺旋输送器向机器一侧输送,成条堆放在地里。挖掘出的茎根,经螺旋输送器输送至链式升运器,再由链式升运器输送到清理装置,经清理后送到收集箱。串联式六行甜菜收获机,工作效率高,工作质量好,其发动机功率较大,一般为 150 kW,适合在大规模种植甜菜的地区使用。

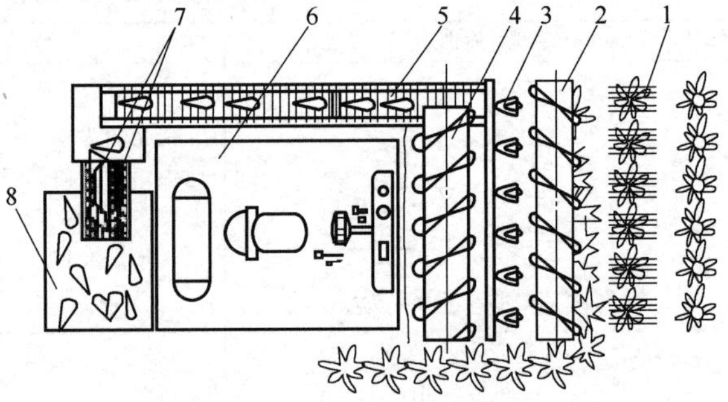

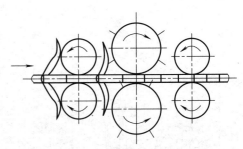

图 6-159　串联式六行甜菜收获机

1—切顶装置;2—茎叶输送螺旋;3—甜菜挖掘装置;4—茎根输送螺旋;
5—倾斜输送链;6—主机;7—螺旋辊清理装置;8—收集箱

6.4.3　甘蔗收获机械

（1）概述

甘蔗机械收获分整秆式收获和切段式收获两种。整秆式收获是将甘蔗整段收下后,去叶、集堆,然后运去糖厂整根压榨;而切段式收获则是在收获过程中已经将甘蔗切成段,并用风扇将大部分切下的蔗叶吹掉。

（2）甘蔗收获机械构造及工作原理

① 整秆式收获机　整秆式收获机有简易和联合两种形式。简易整秆式收获机仅将甘蔗割倒铺放。这种机器以手扶拖拉机为动力,操作简便,割下的甘蔗直接铺放在田间。这种方式收下的甘蔗还需用剥叶机剥去蔗叶。图 6-160 所示为剥叶机的剥叶机构示意图,甘蔗切掉顶梢后。两个上下旋转的喂入辊将甘蔗送向带两个反向旋转的脱叶刷的辊子,蔗叶被脱叶刷除掉,蔗段被排出辊排至机外。

图 6-160　剥叶机的剥叶机构示意图

联合整秆式收获,即在收获过程中连续完成甘蔗的切梢、扶倒、切割、喂入、输送、剥叶和集堆等项作业。这种收获方式功效较低,每小时只能收 8～10t。目前,我国研制设计生产的整秆式甘蔗收获机,适用于行距为 1.2～1.4m 的大块蔗田的单行收割。各机型一般与 30～40kW 的拖拉机配套作业。

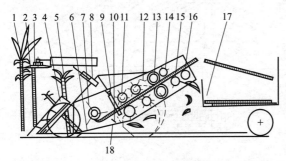

图 6-161　4GZ35 型侧挂式甘蔗联合收获机

1—集梢秆;2—切梢圆盘刀;3—拨梢轮;4—螺旋扶蔗器;
5—推蔗秆;6—砍蔗圆盘刀;7—喂入轮;8—切碎器升降油缸;
9—割台升降油缸;10—提升轮;11—剥叶滚筒;12—导向板;
13—限速轮;14—挡叶轮;15—排叶轮;16—输送轮;
17—集蔗箱;18—过渡板

图 6-161 为 4GZ35 型侧挂式甘蔗联合收获机的结构示意图。它是半悬挂在拖拉机的右侧,外端支持在一个侧轮上。它由切削装置、扶蔗器、砍蔗圆盘刀、剥叶装置和集蔗箱等部分组成。它适用于产量为 $45t/hm^2$ 左右、倒伏不严重、杂草较少的大块蔗田,进行单行收获。

这种收获机工作时,集梢秆将蔗梢引入切削圆盘刀,切下的蔗梢由拨梢轮抛向已割地。割台两侧的螺旋扶蔗器用于分行和扶起倒伏的甘蔗,把蔗秆推入割台喂入口的甘蔗推斜,然后被底部的双圆盘式砍蔗刀砍断。砍倒的甘蔗在切刀圆盘面、喂入轮和提升装置的共同作用下，喂入剥叶装置。通过四个剥叶滚筒的橡胶甩片的打击，在向后输送的同时剥去甘蔗叶。限速轮使向后输送的速度降低，以增加剥叶滚筒对甘蔗的剥叶时间，提高剥净率。排叶轮用以清除夹在甘蔗中已剥离的叶片。输送轮最后把甘蔗送进集蔗箱，甘蔗集至一定数量后，由液压操纵把甘蔗倾卸于地面。

② 切段式甘蔗收获机　图 6-162 所示为澳大利亚近年生产的切段式甘蔗收获机。这种收获机的旧机型只适用于烧叶甘蔗的切段收获。由于烧叶污染环境，受到限制，近年的新机型可以收获带叶甘蔗。它由切梢机构、分蔗扶蔗机构、底切割机构、旋转切段刀、蔗段升运器、风选器等组成，采用隔热、隔音和空调密封驾驶室，全液压操纵。工作时，切梢机构首先将蔗梢切掉，如果青蔗叶用于还田，则需采用带切短蔗叶的装置。分蔗扶蔗机构将需要收割的蔗行与未割行分开，还能扶起倒伏的蔗并将要砍的蔗送到底切割机构，切断后的蔗

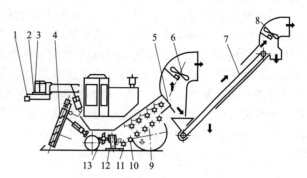

图 6-162　切段式甘蔗收获机

1—指状集梢圆盘；2—切梢圆盘刀；3—拨梢轮；4—螺旋扶蔗器；
5—切段刀；6—第一清选风扇；7—升运器；8—第二清选风扇；
9—提升滚轮（共 9 个）；10—提升滚轮；11—活动叶片输送轮；
12—砍蔗圆盘刀；13—喂入滚轮

由夹持轮输送到切段器，旋转切段刀将蔗切成短段，被切断的蔗叶被风选器吹出机外，蔗段则由蔗段升运器提升，最后倒入运输车中，第二风选器在倒蔗前将剩余的蔗叶吹掉。

（3）甘蔗收获机械主要部件

甘蔗收获机械主要由扶蔗装置、切割装置、切梢装置、砍蔗切断装置、剥叶装置等部分组成。

① 扶蔗装置　目前国内外主要采用的扶蔗装置是螺旋扶蔗器。一般在喂入口左右两侧各有一对螺旋扶蔗器，其中一个螺旋扶蔗器用于分蔗，将垄外倒伏甘蔗分开，这是甘蔗收获机的先行部件，随之由另一个旋转的螺旋扶蔗器把倒伏的甘蔗扶起，以便于甘蔗的砍伐。

② 切割装置　作为甘蔗收获机的主要工作部件之一，切割器性能好坏直接影响到切割质量和功耗等。由于甘蔗茎秆粗大，含有糖分，因此，一般采用具有较高转速的圆盘式切割器。圆盘上固定有刀片，不同机型刀片的数量也不同，刀片损坏可以更换。圆盘式切割器可分为单刀盘和双刀盘。单刀盘的切割范围为圆盘的半径范围，双圆盘的切割范围为两圆盘中心线间的范围。

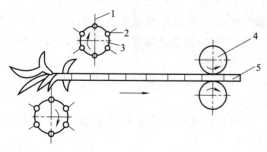

图 6-163　胶指剥叶滚筒

1—胶指；2—销轴；3—滚筒；4—限速轮；5—蔗茎

③ 切梢装置　切梢装置主要由集梢器、切梢圆盘刀、拨梢轮和升降架等组成。它用来切除含糖分低、含杂质高对制糖没有价值的蔗梢。其切割高度应能调整，调整范围为 0.7～4.0m。由于切梢机构升降架的杆件都较长，为了使传动简单紧凑，一般采用液压传动。

④ 剥叶装置　整秆式甘蔗收获机上用来剥除蔗叶的剥叶装置有胶指滚筒式、钢丝滚筒式等。

胶指滚筒式剥叶装置（图 6-163）由按

一定形式排列的几个胶指滚筒组成。滚筒配置有直线排列、上下交错排列和上下成对排列三种形式。工作时，滚筒高速转动，使铰接的胶指沿离心力方向甩开。依靠胶指的打击力和楔入胶指间的茎秆与胶指的摩擦力把蔗叶剥去。胶指由帆布层和钢丝骨架的橡胶制成。如果提高滚筒转速，使胶指打击力增大，可提高甘蔗的剥净率；但随着打击力的增加，容易使茎秆的损伤增加，剥叶装置功耗增大，而且胶指磨损大，其寿命减少。

钢丝滚筒式剥叶装置（图6-164）近年来在我国和日本研制的甘蔗收获机上应用较多，采用的剥叶元件为钢丝束，在一个闭式圆筒上固定4～6排钢丝束构成剥叶滚筒。钢丝束也有采用钢丝绳做的，主要靠钢丝绳与蔗叶的摩擦力来除掉茎秆上的蔗叶。这种剥叶装置的剥净率高，对茎秆的损伤小，但钢丝经多次弯曲后，容易从固定处折断。

气流式剥叶装置（图6-165）主要由抛掷轮和风扇组成。工作时，抛掷轮使茎秆梢部迎着风扇吹来的强劲气流，以很高的速度抛出，利用高速高压气流的作用，将蔗叶从蔗秆上剥掉。这种剥叶装置在澳大利亚切段式甘蔗收获机上采用，结构简单，易损件少，剥净率高，但喂入量过大时剥叶效果较差。

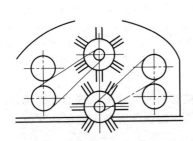

图6-164　钢丝滚筒式剥叶装置

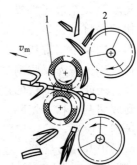

图6-165　气流式剥叶装置示意图
1—抛掷轮；2—风扇

6.4.4　花生收获机械

花生是我国主要的油料作物，是一年生草本植物。其种仁含有50％的非干性油和35％左右的蛋白质。花生和油菜、大豆并列为我国三大油料作物，在我国的南方各省和华北地区均有广泛种植。

（1）花生的生态特性和收获要求

根据花生植株的形态，可分为蔓生型、直生型和半蔓生型三类。蔓生型花生除主茎外的分枝，都铺在地面，两行之间的花生茎叶不易分开，果实分散，生长期较长，收获时容易落果；但是单株产量较高，主要种植在北方丘陵地区的瘠薄沙壤地上。直生型花生的分枝与主茎间的夹角较小，为30°～40°，植株生长紧凑，果实集中，不易落果，收获比较容易；此外它可以密植，单位面积产量较高，成熟早。半蔓生型花生的形态介于上述两类花生之间，其分枝与主茎间的夹角约为45°。由于直生型和半蔓生型品种适于密植，成熟早，出油率高，便于田间管理和收获，因而有逐步取代蔓生型花生的趋势。

花生的种植有平作和垄作两种，行距一般为40～50cm。花生果分布在以主茎为中心，半径为20cm的范围内。

机械收获花生时，应满足损失率小于3％，按重量计花生中含土量低于25％，荚果破碎率不高于3％。

（2）花生收获工艺和机具

花生收获过程包括挖掘拔取花生（带蔓或割蔓的）、分离泥土、铺条晾晒、捡拾摘果和清选等项作业。我国北方收获花生时，气候干燥，一般采用带蔓收割的（蔓花生需割蔓）分段收获法。挖起的花生在分离泥土后，在田间铺放成条，经过晾晒再运回场院摘果。南方由于气候潮湿，则要求采用随收随摘果的联合收获法，一次完成上述各项作业。

用于分段收获的花生收获机有挖掘机、摘果机和捡拾摘果机；用于联合收获的有挖掘铲式和拔取式花生联合收获机。我国从 20 世纪 50 年代开始研制花生收获机以来，目前除了捡拾摘果机外，已有多种类型的样机。已经定型的花生收获机有东风-69、4H-2 和 4H-800 等型号。花生联合收获机也在研制中。国外花生收获多采用分段收获法。先用花生挖掘机挖掘、铺条晾晒，然后用捡拾摘果机捡拾摘果，从而使花生收获过程机械化。

（3）花生收获机的构造和工作原理

① 花生挖掘机

a. 东风-69 型花生收获机由挖掘、喂入、分离、输送和集果等部件组成（图 6-166）。机器工作前需人工割蔓，扫除蔓叶及杂草。工作时，挖掘铲入土深度为 60～90mm，将花生和土壤一同挖起。被铲起的土壤及花生果在抛土轮及喂入轮的共同作用下，向后抛至土壤分离装置。土块在抛土轮和分离装置的几个分土轮的齿杆作用下破碎，并从圆弧筛条杆的缝隙中排出。花生果及少量土块被第三分土轮抛至清选筛上时，筛面和其上的压土板将土块及黏附在花生果上的泥土进行

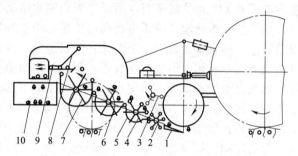

图 6-166　东风-69 型花生收获机的工作过程
1—挖掘铲；2—抛土轮；3—喂入轮；4—第一分土轮；
5—圆弧筛；6—第二分土轮；7—第三分土轮；
8—压土板；9—清选筛；10—集果箱

最后分离，然后花生果被送入机器两侧的集果箱中。

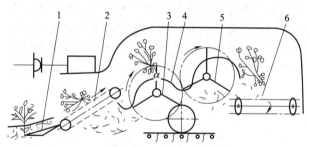

图 6-167　4H-800 型花生收获机工作过程
1—挖掘铲；2—升运链；3—前分土轮；4—圆弧筛；
5—后分土轮；6—横向输送链

b. 4H-800 型花生收获机（图 6-167）：由挖掘、输送分离、铺放等部件组成。悬挂在 14.7～18.4kW 的拖拉机上作业。工作时，带蔓的花生果和土壤一同被挖起，沿铲面上升，被送至升运链上，部分土壤在升运过程中被分离掉，然后通过前后分离轮将花生和土块的混合物在弧形筛面上抛扬抖动数次，使土块破碎分离，带蔓的花生最后被抛至横向输送链上，并从机器的一侧成条铺放于地面上。分离装置是花生挖掘机最关键的工作部件。4H-800 型花生收获机的分离装置由分土轮和圆弧筛组成，分土轮的齿杆后弯，其抛扬能力小，打落花生果也较少；圆弧筛的拱形面朝上，并偏置在分土轮轴的上方。分土轮对土块和花生进行自由抛扬，以达到既减少圆弧被石块卡住和堵塞，又能使土块细碎的目的，从而提高了分离效率。前后分土轮转速相同并同步转动，两轮齿端有 20mm 的重叠量。圆弧筛相邻两筛条的间隙应小于花果的宽度（一般为 12mm），通常为 8～9mm，圆弧筛的每个筛条间隙中均有一个分土轮齿杆通过，以保证清理筛面，防止堵塞。分土轮齿杆端的圆周速度为 4.7～5.7m/s，若速度过大，会使机械摘果率提高，增加损失。

c. 4H-150 型花生收获机（图 6-168）采用铲铺式结构，适于花生全根茎分段收获，可以一次完成挖掘、秧土分离和铺放等工作。其工作原理是当拖拉机牵引着收获机按一定速度

前进时，动力输出轴通过万向联轴节、锥齿轮箱、齿轮箱及链传动同时驱动收获机的各工作部件进行工作。收获机工作时，挖掘铲将花生秧、果、土一齐铲起，经过多级非强制式滚轮分离筛的顺时针旋转，分离齿一面将土垡撕碎，一面将秧、果、土向机具后上方输送。在向后输送过程中，靠滚轮的旋转和离心力的作用，在分离齿隙间漏掉大部分土，从而使秧、土分离。分离后带有少量土的秧茎经第七级滚轮的抛送，通过弹性梳齿，进入尾筛，一面甩掉剩余的土，一面把带果的秧茎收集铺放于地面，以便在田间晾晒，从而完成了花生的全根茎收获。

②花生捡拾摘果机　图6-169为美国利斯顿1580型花生捡拾摘果机工作过程简图。该机由50~60kW拖拉机牵引，由动力输出轴供给动力。该机工作时，捡拾器的弹齿将条铺于地表的带蔓花生挑起，沿弧形板向后输送，由螺旋喂入筒把花生蔓向中间集拢，并拨喂至摘果滚筒组。摘果滚筒组由4个滚筒和凹板组成，各滚筒上均安有若干排弹齿，前三个摘果滚筒的尺寸大小相同，但弹齿排数不相同。第一滚筒主要起升运和喂送作用，只摘取少量花生果，凹板上也没有弹齿，由细小的凹板筛子漏下部分泥土、碎叶。第二和第三滚筒主要起摘果作用，凹板上均安有数排弹齿，利用篦梳与打击作用，花生果基本上被摘干净；但第二滚筒凹板的筛孔较小，只漏下部分泥土、碎叶，花生果主要由第三滚筒凹板漏下到清选筛。第四滚筒的作用是摘净花生蔓上残余的花生果，并把花生蔓传送到分离机构。分离机构由4个分离轮和分离凹筛组成，4个分离轮的结构和尺寸均相同，两排弹齿安装在分离轮的框架上。为使4个分离轮能连续协调地向后传送，各轮上弹齿的位置互相错开一个角度。夹带在茎蔓中的花生果经分离轮的翻转和抖动作用，经分离凹筛漏到清选机构上，而花生茎蔓则被排出机外。清选机构由振动筛和风扇组成。振动筛的前部为开孔的阶梯板，接受从摘果滚筒凹板漏下的花生果及其夹杂物。振动筛的中部为无孔的阶梯板，仅起输送作用。振动筛的后段为可调鱼鳞筛，鱼鳞筛的下方有导风板，可使筛面得到均匀的气流。振动筛在风扇气流的配合作用下，碎蔓叶沿筛面向后移动而排出机外，花生果下落至除梗器的上筛，而后进入除梗器。除梗器由三排锯齿圆盘组成。通过相互回转将果柄钩除，再经除梗器下筛进入水平搅龙向左侧输送，落入气流输送管道。管道自风扇出风口起，其截面积逐渐减小，使水平搅龙与气流管道衔接处产生真空度，花生果就顺利地被吸送至集果箱。待集果箱装满后，通过油缸将集果箱提升，翻转卸入拖车中。

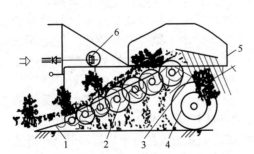

图6-168　4H-150型花生收获机的工作过程
1—挖掘铲；2—多级滚轮分离筛；3—尾筛；
4—行走轮；5—机架；6—齿轮箱

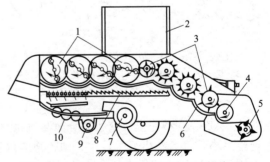

图6-169　美国利斯顿1580型花生捡拾摘果机
工作过程简图
1—分离轮组；2—集果箱；3—摘果滚筒组；
4—螺旋喂入筒；5—捡拾器；6—摘果滚筒凹板；
7—清选风扇；8—振动筛；9—搅龙；10—除梗器输送器

美国的花生收获机在结构上突出的特点是大量采用弹簧齿，这种齿的优点是强度高、有弹性，如遇有砖石等杂物进入机器时，不会发生断裂或较大的变形。采用篦梳式摘果系统，要求动齿与定齿间有较大的重叠量，弹簧齿可以满足这一要求，而普通钉齿不能做得太长，无法满足要求。此外，该机设有独特的去梗器，提高了花生果的清洁度。该机在我国进行田间试验，各项指标均比较好，有许多值得借鉴之处。但该机庞大，结构复杂，成本较高。

③ 花生联合收获机　下面简要介绍我国正在研制中的两种花生联合收获机。

a. 挖掘式花生联合收获机（图 6-170）主要由挖掘铲、分土轮、摘果装置、滑板、集果箱和螺旋输送器等组成。工作时，非对称三角铲把花生和泥土铲起，经过 5 个分土轮的作用分离出大量的泥土，花生被抛入螺旋输送器，送至机器左侧，由偏心扒杆和刮板式输送器送到摘果滚筒。被滚筒摘下的花生果经凹板及滑板，在气流清选后落入集果箱内。夹杂物被气流吹至右侧，由排草轮排出机外。

b. 拔取式花生联合收获机（图 6-171）主要由分禾器、支持输送带、刮板输送器和摘果装置等组成。工作时，分禾器把各行花生植株扶起，导向拔取装置的夹持输送带之间，被拔取的花生植株经横向输送带和刮板输送器送至摘果装置。拔取装置夹持输送带的前面一段为拔取段，有若干滚轮在弹簧张力作用下压紧输送带，以产生一定的拔取力；其后面一段为输送段。在皮带拔取输送花生植株的过程中，可以把土石块抖落，因而可以免除复杂的分离装置，并减少功率的耗用。

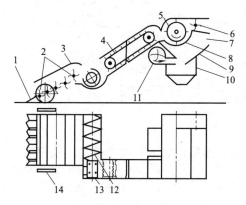

图 6-170　挖掘式花生联合收获机的结构简图
1—挖掘铲；2—分土轮（5 个）；3—盖罩；
4—刮板输送器；5—摘果装置；6—排草轮；
7—排杂器；8—栅格凹板；9—滑板；
10—集果箱；11—风扇；12—螺旋输送器；
13—偏心扒杆；14—支承轮

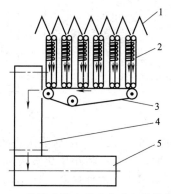

图 6-171　拔取式花生联合收获机的结构简图
1—分导器；2—支持输送带；3—横向输送带；
4—刮板输送器；5—摘果装置

采用拔取式花生收获机时，应严格对行作业，才能保证拔取。这种机型一般只适合于南方沙壤土上蔓生型花生的收获，花生茎蔓的高度应在 20 CITI 以上，否则会产生漏拔。花生茎蔓抗拉强度较大的部位靠近根部，因此夹持拔取的部位要低。当土壤坚实度较大，拔取力超过茎蔓的抗拉强度时，就容易扯断，造成漏拔。在此情况下，应使用挖掘铲式收获机。

6.5 牧草收获机

牧草收获的农业技术要求：一是收获适时，豆科牧草在开花初期，禾本科牧草在抽穗前 10～15 天为适收期；二是割茬高度要适当，牧草合适割茬一般为天然牧草 4～5cm，种植牧草 5～6cm，晚秋收获的牧草 6～7cm，三是湿度适宜，若湿度过高，会因霉烂或发酵而使干草养分损失，降低牧草品质，而过分干燥则又易花叶脱落，使营养成分降低；四是减少损失率和沾污程度，要求在牧草收获各环节中，尽量避免机器对牧草的打击与揉搓，减少泥土和脏物混入牧草中。

实现牧草收获机械化，可提高工效、降低作业成本、减少牧草营养损失，并能够充分利用草地资源。牧草收集全过程一般由几个作业工序组成，而每个工序又由一种相应的作业机械来完成，就形成了牧草收获机械化工艺系统。但是由于草原地区自然条件和牧草生长情况等因素的不同，采用的收获工艺也有所差异。

6.5.1 牧草收获工艺

具有代表性的收获工艺有自然晾晒为主的收获与加工工艺、青贮收获与加工工艺和高温快速干燥与加工技术。

（1）自然晾晒为主的收获与加工工艺

我国常用的此类牧草收获工艺及配套机具如图 6-172 所示。

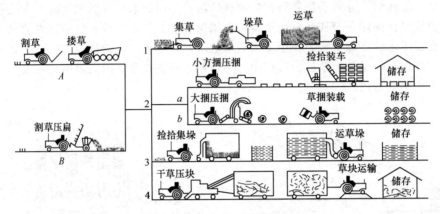

图 6-172　牧草收获工艺及配套设备

① 散长草收获法　由割草机将牧草割倒、摊晒，搂草机将牧草搂集成条，集草器将草条集成小堆，垛草机将小堆集成大堆，运草车把牧草运到饲喂点或储草站。其收获工艺较为传统，适合于牧草植株稀疏、矮小、气候干燥地区的低产天然草场。其特点是投资少，适应性强，但生产率低，牧草损失严重，劳动消耗多。

② 捡拾压捆收获法　由割草机切割牧草、摊晒，搂草机将牧草搂集成条，捡拾压捆机捡拾压捆，草捆捡拾装载机进行集捆。其特点是生产率高，牧草损失少，便于运输和储存，应用广泛。

③ 捡拾集垛收获法　该法由割、搂、捡拾集垛、运等工序组成。在割草和搂草之后，由捡拾集垛机将草条捡拾并装入车厢，经数次压实后形成草垛放在草地，再由草垛运输车运到指定地点堆放。其特点是劳动生产率高，牧草损失少，但设备投资较高，适合于运输距离不长的平坦大面积高产草场。

④ 压块收获法　该法由割、搂、捡拾压块、运等工序组成。牧草经割搂后，由捡拾压块机将牧草捡拾、切成 25～35mm 的草段并压成草块。再由运输车运到指定地点存放。其特点是形成的草块体积小、密度大、便于运输和储存，易于实现机械化喂饲，但机器结构复杂，能耗高。

（2）青贮收获加工工艺

将新鲜的牧草切碎装入容器或窖内压实密封后，在隔绝氧气的环境中经过发酵过程的青饲料，称为青贮饲料。由于机械化水平关系，普通青贮收获工艺在牧草摊晒后分为两种工艺。

一种是割、摊晒、捡拾切碎、运输、入窖。由于捡拾切碎属复式作业，即一次完成饲草的捡拾与切碎作业，同时将切碎后的饲草抛掷于运输车中，在田间完成两项工序，切碎后的饲草由于密度增加，也使机具运输成本降低，效率提高，而且运后的饲草可直接入窖进行青贮。

另一种是割、摊晒、捡拾运输、切碎、入窖。这是目前应用较多的一种工艺，它与第一种工艺最大的区别为捡拾运输后的饲草需人工辅助后切碎入窖，运输密度比切碎密度低50%。

（3）高温快速干燥加工工艺

该工艺采用割、运输、压扁、切碎、干燥、压块加工工艺。对收割后的牧草，经切碎后喂入450～1000℃的热风干燥器中；切碎的目的是增大物料表面面积，最终达到茎叶干燥一致的目的。而物料的干燥时间和干燥均匀性则与干燥机的工艺、结构有关，比较好的干燥机都设有物料均料装置，干燥时热风能与物料充分接触，干燥时间在1～2min即可达到牧草最终含水率要求。

6.5.2 牧草收获机械的种类

牧草收获机械主要有割草压扁机、搂草机、打捆机、草捆搬运与堆垛机械、联合裹包机械等。

割草压扁机：按切割部件的结构分类，可分为往复式割草压扁机和圆盘式割草压扁机；按行走方式分类，可分为自走式与牵引式；按压扁方式分类，有橡胶辊、钢辊和锤片式之分。其主要功能是对牧草进行切割与压扁，并在地面上形成一定形状和厚度的草铺。

搂草机：搂草机主要有指盘式搂草机、栅栏式搂草机和搂草摊晒机，用于割后牧草的翻晒、并铺及摊铺，以加快牧草的干燥。

打捆机：打捆机分为方捆机和圆捆打捆机。打捆机将牧草包装成规则的形状便于运输并长期保存。打捆机的压实系统，可以使打成的草捆从内到外一样密实。

草捆搬运与堆垛机械：草捆搬运与堆垛机械包括自走式或牵引式方捆捡拾车和多功能搬运机等。

联合裹包机械：将牧草打捆和裹包一体化，完全自动化进行，在同类机械中处于领先水平。

6.5.3 割草机

割草机的结构及工作过程介绍如下。

割草机作业技术要求是割茬平整，切割器应尽量接近地面，能适应地形，并能调整割茬高度。起落机构应灵活迅速，遇到障碍时，能在1～2s内将切割器升起。割下的牧草应均匀铺放于地面上，尽量减少机器对牧草打击翻动。结构应简单，使用调整方便。

割草机一般分为往复式、旋转式和割草调制机三种。往复式割草机适于收割天然草场、种植草场。其割茬低而均匀，铺放整齐，功耗小。但要求草场平坦，障碍物少。切割高产或湿润牧草时，常发生堵刀。而且机器作业速度大时，振动厉害，零部件容易磨损和损坏。旋转式割草机利用无支承切割原理，适于收割高产、茂密的种植牧草。其切割速度较高，机器前进速度可达15～20km/h。工作中不会堵刀，割刀更换方便，转动部分维护保养简单；但重割区大，割茬不齐，碎草多，金属消耗量大，传动复杂，功耗也比往复式大得多。割草调制机一般能同时完成割草、压扁、集中三项作业，减少了机具在田间作业和轮子碾压牧草的次数，有利于牧草的重新生长。另外该机将牧草茎秆压裂或压扁，以加速茎秆中水分的蒸发，促进茎、叶干燥速度趋于一致，缩短牧草从收割到压捆所需晾晒时间，减少天气变化不利影响，提高所收牧草质量。经压扁的牧草，其干燥时间一般可缩短30%～50%。牧草压扁必须适时，否则压扁效率下降，叶片损失增加，机器生产率降低。

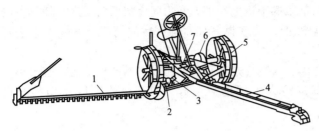

图 6-173　9GJ-2.1 型机引单刀割草机
1—切割器；2—倾斜调整机构；3—起落机构；
4—牵引装置；5—行走轮；6—传动装置；7—机架

① 往复式割草机　现以常用的 9GJ-2.1 型机引单刀割草机（图 6-173）为例说明其构造和工作。该机主要由切割器、传动机构、起落机构、倾斜调整机构、牵引装置、转向装置和机架等组成，适用于收割天然牧草和产量不太高的种植牧草，配套动力为 10～20kW。工作时同时连接 1～3 台，该机灵活性较好，挂接方便，并能较好地适应地形。切割器是主要工作部件，它包括割刀组件、刀梁组件和挡草板组件等。

割刀组件由刀杆、铆在刀杆上的动刀片和刀头组成。刀头与连杆成球铰连接。割刀由连杆带动做往复运动。

刀梁组件由刀梁、固定在刀梁上的护刃器、铆在护刃器上的定刀片、压刃器、摩擦片等组成。

刀梁两端设有内、外滑掌，滑掌贴地滑行。割草时，护刃器尖端把茎秆分开，并引向割刀。动刀片和定刀片构成剪割副，将茎秆割断。

挡草板组件由木制挡草板、挡草秆组成。固定在外滑掌后面。它将切割器右端的已割草向左推动一段距离，留出空道，防止下一次割草时被机器右轮碾压。

传动机构主要用来把行走轮的转动力传给切割器，它由行走轮、棘轮装置、齿轮传动、棘爪式离合器等组成。

起落机构，当割草机在工作中遇到障碍物或在坡地上作业时，可将切割器置于不同的高度和位置；转移地块或长途运输时，可使切割器升到运输位置。

倾斜调整机构由倾斜调节手杆、扇形齿板、调节杆等组成，作用是根据地形、牧草的生长情况，调节切割机构的仰俯，而且在不停车的情况下可调节割茬的高低。向前或向后搬动手杆时，切割机构可下俯或上仰，有利于低割，也避免护刃器插入土中。调节范围：上仰角为 15°，下俯角为 5°～10°。

牵引及转向装置作用是实现割草机与拖拉机以及多台割草机之间的连接，并操纵割草机的行走方向。转动舵时，经蜗轮蜗杆传动，可改变动辕杆和定辕杆的相对位置，从而改变行走路线，以免产生重割、漏割。

② 旋转式割草机　旋转式割草机按动力传递方式可分为上传动和下传动两种；按切割器的结构不同，可分为滚筒式和圆盘式两种。圆盘式割草机传动可靠，可高速作业，是目前的发展趋势。

图 6-174 为 92GZX-1.7 型旋转式割草机示意图，由收割台部分、传动机构、机架部分三大部分组成，适用于收割高产、茂密的种植牧草。该机幅宽为 1.7m，配套动力为 20kW。

收割台部分由刀盘总成、护架、滑掌三部分组成。刀盘总成为旋转式割草机的主要工作部件，

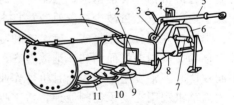

图 6-174　92GZX-1.7 型旋转式割草机
1—护罩；2—变速箱；3—皮带传动；
4—蜗轮蜗杆传动装置；5—上拉杆；
6—悬挂架；7—万向节轴；8—安全器；
9—刀盘；10—刀片；11—切割器梁

由刀盘、刀片、刀片夹持器、导草罩等组成（图 6-175）。护架由前、后护架组成。当刀盘回转时，刀片在离心力作用下甩出，稳定在工作位置进行割草。当遇到障碍物时，刀片可以

避开，避免损坏。导草罩固定在刀盘上面，它能使割下的牧草立即沿着刀盘螺旋面上升，同时向后输送，防止重割或堵刀，外端的刀盘上装有圆柱形分草轮，可强制将切割的牧草和未切割的牧草分开，以免牧草牵缠，影响切割。

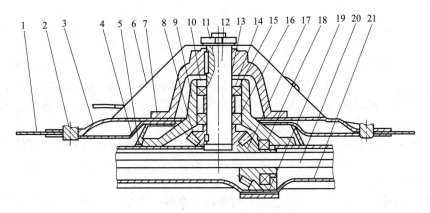

图 6-175　下传动式割草机刀盘总成

1—刀片；2—滑块；3—刀盘；4—刀片夹持器；5—防止罩；6—导草罩；7—刀盘座；
8—大锥齿轮；9—锥齿轮座；10—橡胶密封圈；11—圆螺母；12—立轴；13,15—轴套；
14,16,18—轴承；17—小锥齿轮；19—滑掌；20—六角方轴；21—刀梁总成

传动机构由万向节传动轴、带传动机构、传动箱、六角钢轴、驱动刀盘的大小锥形齿轮等组成，如图 6-176 所示。传动箱内设有一对锥齿轮和三个圆柱斜齿轮，以提高转速和改变动力传动方向。驱动刀盘的主动锥齿轮在箱式刀梁内相对地固定在六方轴上，被动锥齿轮（7）固定在刀盘立轴下端。当结合拖拉机动力输出轴时，动力通过万向节轴、大小带轮、变速箱和刀盘锥齿轮来驱动刀盘成对反向回转，用盘上的刀片进行割草。

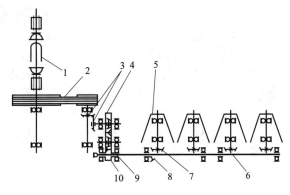

图 6-176　92GZX-1.7 型旋转式割草机传动机构

1—万向节传动轴；2—带传动；3—锥形齿；
4,9,10—圆柱齿轮；5—导草罩；
6—六角钢轴；7,8—锥形齿轮

6.5.4　搂草机

搂草机用于将已被割倒的牧草搂集成草条，一般有横向搂草机和侧向搂草机两种。

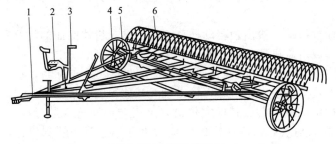

图 6-177　横向搂草机

1—机架；2—座位；3—操纵手杆；4—行走轮；5—升降机构；6—搂草器

（1）横向搂草机

图 6-177 所示横向搂草机搂集的草条与机器前进方向垂直，形成的草条不太整齐和均匀，污染和损失大，直线性差，不宜与捡拾作业配套。但结构简单，工作幅宽可很大，草条尺寸可人为控制，不受牧草产量影响，适于天然草场作业。

横向搂草机的主要工作部件是弹齿，它呈弧形，弹齿上部绕成环形，弹性较大，能更好地适应不平地面。搂草机的搂草器就是由许多弹齿互相平行地装在回转梁上，形成一曲面。当搂草机工作时，弹齿尖端触地，将割草机割下的草趟搂成横向草趟。

调整连杆的长度，使两段搂草器升起位置一致，并保持弹齿与地面的距离为 10～20mm。调整接叉，使两边操纵链长短一致，保证两段搂草器升降一致。调整拉钩，使大拉簧具有一定初拉力，保证滚轮与凸轮盘接触紧密。拉动操纵手杆时，行走轮将动力传给搂草器使它升起，倾出草条后，搂草器靠自身重力下落到原来的工作位置，搂草器即完成一个升降过程。为使搂草器由工作位置转入运输状态，应拉动操纵手柄，拉动距离约为上述倾出草条工作时的一半，此时搂草器升起，并保持在升起位置，即运输状态。由运输状态转入工作位置，只要再拉动一下操纵手柄即可。

机器工作时，最好采用环形作业，并使第二圈草条与前一圈草条对接，以保持草条的连续和直线性。机器尽可能沿垂直牧草倒下的方向前进。

（2）侧向搂草机

侧向搂草机搂集的草条与机器前进方向平行。草条外形整齐、松散、均匀，对牧草移动距离小，污染也小。多数侧向搂草机还能进行翻草作业，对牧草进行摊晒以加速其干燥。适于天然草场和种植草场作业，但是天然草场的牧草长势低疏时形成的草条断面尺寸太小，可又不能人为地控制。侧向搂草机分为指盘式搂草机、斜角滚筒式和旋转式搂草机。

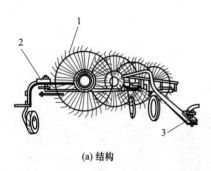

① 指盘式搂草机　指盘式搂草机由机架、指盘、升降机构组成（图 6-178），指盘是其主要工作部件，在指盘周围固定有指状弹齿，指盘活套在能上下摆动的曲轴上绕轴自由回转，曲轴另一端与机架铰接。利用弹簧来调节单齿对地面的压力，各指盘间的排列有一定的重叠，以免漏草。指盘回转面与机器的前进方向一般呈 135°夹角。

图 6-178　指盘式搂草机
1—指盘；2—曲轴；3—弹簧

当搂草机工作时，指盘触及地面，受地面阻力的推动而旋转，将牧草搂向一侧形成草条。它的特点是结构简单、无传动机构、牧草移动距离小、草条连续、外形整齐，适于高速（10～12km/h）作业，主要用于高产牧草的搂集。如果改变指盘的相对位置，还可进行翻草作业。

② 滚筒式侧向搂草机　图 6-179 是滚筒式侧向搂草机，主要由机架、传动系统、升降机构、搂草滚筒等部分组成，主要用于整地质量较好的人工草场和较平坦的高产天然草场。该机的弹齿不接触地面，形成的草条质量好、蓬松、均匀，便于与后续机具作业配套。但其结构较复杂，价格相对较高。

工作时，工作部件由行走轮或拖拉机动力输出轴驱动搂草滚筒旋转。机器前面的牧草在滚筒弹齿的作用下，被拨向侧面，形成沿着机器前进方向的草条。

③ 水平旋转式搂草机　它主要由机架、传动机构、搂耙等部分组成（图 6-180），机架由支承轮支持。工作时，拖拉机牵引搂草机前进，由动力输出轴经减速箱驱动搂耙作逆时针方向旋转。在凸轮机构的控制下，搂耙从机器右侧转向左侧时，弹齿与地面垂直进行搂草，到达左侧集草处，弹齿逐渐后倾转成水平状态，将搂集的牧草放下并越过草条转到机器右侧，重新放下弹齿继续搂草。为使形成的草条整齐，在形成草条的一侧设有挡屏，挡屏通过支杆固定在机架上。

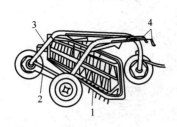

图 6-179　滚筒式侧向搂草机

1—搂草滚筒；2—传动机构；3—机架；4—升降机构

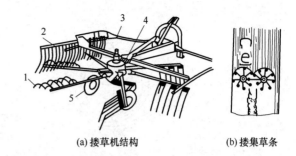

(a)搂草机结构　　　　(b)搂集草条

图 6-180　水平旋转式搂草机

1—搂耙；2—挡屏；3—机架；4—传动机构；5—支承轮

6.5.5　捡拾压捆机

（1）捡拾压捆机的类型和特点

牧草割、搂集成草条后，常用捡拾压捆机将草打成捆，送到储草点。根据压成草捆的形状，可分为方捆和圆捆两类；根据作业方式，可分为固定式压捆机和捡拾压捆机；根据压捆后草捆的密度不同，可分低密度、中密度和高密度压捆机。低密度为 $60\sim110kg/m^3$；中密度为 $110\sim140kg/m^3$；高密度为 $140\sim200kg/m^3$；特高密度为 $200\sim500kg/m^3$。

方捆机的特点是草捆密度大，体积小，搬运方便，便于机械化装卸，对各种长短牧草适应性强。圆捆机的特点是效率高，结构简单，使用调整方便，捆草可长期露天存放，适用于规模大、劳动力少、运输距离长的大型农牧场。

（2）方捆捡拾压捆机

方捆捡拾压捆机种类较多，但构造基本相同。图 6-181 为 9KJ-1.4 型方捆捡拾压捆机，主要由捡拾器、喂入机构、压缩机构、打捆机构和传动机构等组成。

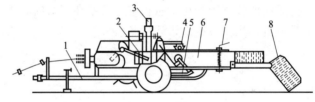

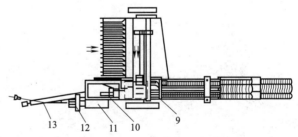

图 6-181　9KJ-1.4 型方捆捡拾压捆机

1—牵引架；2—活塞；3—输送喂入装置；

4—草捆长度控制机构；5—穿针；6—压缩室；

7—草捆密度调节装置；8—草捆；9—打捆机构；

10—曲轴；11—主传动轴；12—飞轮；13—万向传动轴

捡拾器（图 6-182）的作用是捡拾地面上搂好的草条，并将其升到一定的高度后导向输送喂入装置。该机采用滚筒式捡拾器，主要由捡拾器轴、滚筒、定向滚轮盘和弹齿等组成。捡拾器轴两端各固定一个滚筒，并随轴一同旋转。齿杆两端的轴颈分别插入滚筒四周孔内，齿杆上固定着弹齿。定向滚轮盘固定在捡拾器轴一端侧板上，带有滚轮的曲柄与齿杆右端的轴颈焊接在一起，滚轮放在定向滚轮盘的凹槽内。

当滚筒旋转时，齿杆带动曲柄滚轮沿定向滚轮盘凹槽滚动，以控制弹齿按一定的轨迹运动。当捡拾牧草时，弹齿从捡拾器护板间隙伸出，捡拾牧草并提升到一定高度后输入喂入台，然后弹齿又从捡拾器护板中缩回。当弹齿运动到一定位置后又从护板间隙伸出，插入地面上的牧草进行捡拾。

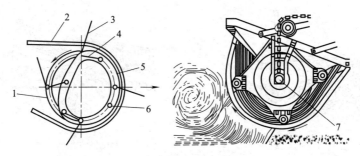

图 6-182　捡拾器示意图

1—滚筒；2—护板；3—弹齿；4—曲柄；5—定向滚轮盘；6—滚轮；7—捡拾器轴

　　输送喂入器用来将捡拾器送来的牧草推送到压捆室内，主要由曲柄、摇臂、摇杆、拨叉和板簧等组成（图 6-183），形成一个曲柄摇杆机构。工作时，曲柄在传动机构齿轮的驱动下旋转，这时摇杆和摇臂摆动，带动拨叉沿一封闭曲线运动，把牧草拨入压捆室内。板簧的作用是当输送喂入器拨叉被异物堵塞或卡住时发生扭曲变形，使拨叉自动向上抬起（双点画线位置），越过障碍后又自动回到原位置。

　　压缩机构的作用是将牧草压缩而形成草捆，它主要由左右侧臂、盖板、底板、滑道、活塞和曲柄连杆机构等组成。

　　牧草形成草捆主要在压捆室（图 6-184）内进行，当牧草由左、右侧壁的中间喂入口喂入到一定数量，在固定刀片和活塞顶上的切刀所形成的剪切作用下切断连续喂入的牧草，同时在高速往复运动的活塞推压下使牧草被压缩，经打捆机构将牧草打成方草捆，然后卸在地上。为了保证牧草始终在压缩状态，活塞在回行时，上盖板、底板和左侧壁均设有弹簧加压的防松卡爪，止住牧草不让其膨胀。

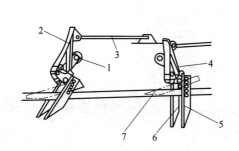

图 6-183　输送喂入器

1—曲柄；2—摇臂；3—摇杆；4—板簧；
5—拨叉；6—工作位置；7—遇障位置

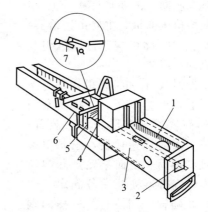

图 6-184　压捆室示意图

1，3—左、右侧壁；2—滑道；4—底板；
5—切片；6—上盖板；7—防松卡爪

　　草捆密度调节装置（图 6-185）的作用是获得不同密度的草捆，主要包括上下连接板、调节手柄、螺杆、弹簧等。上连接板安装在压缩室上盖板的后端，横梁焊接在连接板上。旋转调节手柄时，上连接板相对于下连接板的倾斜度发生变化，因而压缩室截面沿出口方向也发生变化，从而获得不同密度的草捆。

　　打捆机构是捡拾压捆机的主要工作部件之一，能自动完成供绳、结扣和打捆，主要由打结器、打捆针（图 6-186）和打捆机构控制器组成。打捆针的作用是当草捆达到预定的长

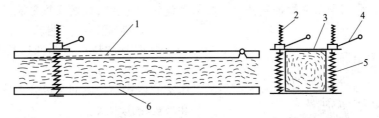

图 6-185　草捆密度调节装置示意图

1—上连接板；2—螺杆；3—横梁；4—调节手柄；5—螺旋弹簧；6—下连接板

度、活塞使牧草处于压缩状态时通过压捆室腔外和活塞后端缝隙把捆绳送到打结器处进行打结。打捆针安装在压捆室下面的 U 形架上，通常做成半圆形，尖部有穿绳孔。打捆前，应使捆绳从绳箱出来后通过捆绳压紧器和导绳器孔，从打捆针绳孔穿出来后夹在打结器夹绳上下蹄块之间。打捆针的运动是通过曲柄连杆机构实现的，并由打捆机构控制器加以控制。

打结器（图 6-187）是压捆机的关键部件，主要由打结嘴、夹绳器、脱绳杆、割绳刀、复合齿盘、夹绳器驱动盘和架体等组成。打结器通过这些部件，完成送绳、拨绳、松绳、绕绳、抓绳、进绳、割绳、夹绳、脱扣 9 个动作。

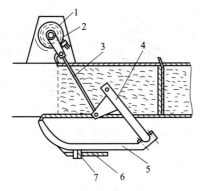

图 6-186　打捆针及传动部分

1—驱动齿轮；2—曲柄；3—连杆；4—U 形架；
5—打捆针；6—捆绳；7—导绳器

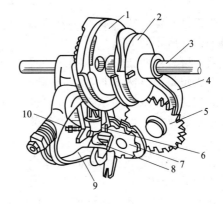

图 6-187　打结器

1—复合齿盘；2—夹绳器驱动盘；3—打结器轴；
4—打结器架体；5—夹绳器传动齿板；6—割绳刀；
7—夹绳器；8—打结嘴；9—脱绳杆；10—滚轮导板调整螺母

打捆控制器（图 6-188）用来控制草捆长度。打捆控制器平时由控制杆抵住分离卡爪，卡爪另一端滚轮不与主动盘的内表面凸起接触，主动盘空转。随着牧草向后移动，计量轮逆时针转动，摩擦轮中间的滚轮借助于摩擦力带动提升杆上升，提升杆下端缺口进入滚轮时，因弹簧的作用提升杆左移，使控制杆下摆，脱离分离卡爪，卡爪左摆，卡爪另一端的滚轮与主动盘内的凸起接触，主动盘即可带动从动盘和打结器轴，使打捆机构开始工作。当控制杆和卡爪脱离时，与控制杆一体的杠杆与从动盘接触，从动盘上的凸起部分又迫使杠杆右摆，使控制杆顺时针转动，回到原来的位置，从动

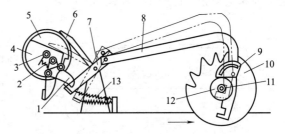

图 6-188　打捆控制器

1—分离卡爪；2—弹簧；3—打结器轴；4—从动盘；
5—主动轴；6—杠杆；7—控制杆；8—提升杆；9—限位板；
10—计量轮；11—滚轮；12—摩擦轮；13—弹管

盘回转一周后，分离卡爪又被控制杆顶住，从动盘和轴停转。以后又重复此过程。

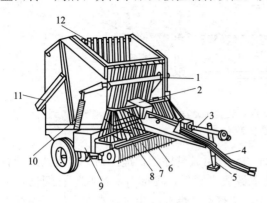

图 6-189　约翰-迪尔 510 型捡拾压捆机
1—摇臂；2—传动箱；3—传动轴；4—油管；5—支架；
6—捡拾器；7—打捆机构；8—割绳机构；9—绳箱；
10—张紧弹簧；11—卸草后门；12—卷压皮带

捡拾器和输送喂入装置与方捆压捆机相似，所不同的是采用了密弹齿捡拾器，可有效防止漏草。喂入装置由两个光辊组成（图 6-190），牧草喂入时通过两个光辊之间窄长的入口被压成扁平的草层，以利于形成最初的草芯。

卷压机构由上下两组皮带及几个相对运动的辊子组成，两组皮带均套

（3）圆捆捡拾压捆机

① 类型和特点　圆捆捡拾压捆机按草捆成型的过程可分为内卷式和外卷式两种；按卷压室的型式结构不同又可分为皮带式、卷辊式和带齿输送带式。

圆捆捡拾压捆机与方捆捡拾压捆机相比，具有牧草叶子损失少、生产率高、机械构造简单、使用调整方便、捆绳用量少等特点，且压捆后的圆草捆能有效防止雨水渗透和风蚀，便于露天储存。

② 圆捆捡拾压捆机的构造　图 6-189 为约翰-迪尔 510 型捡拾压捆机。该机属于皮带式内卷绕捡拾压捆机，主要由捡拾器、输送喂入装置、卷压机构、打捆机构、割绳机构和液压操纵机构等组成。

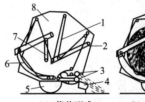

（a）草芯形成　　（b）草捆形成　　（c）草捆卸出

图 6-190　内卷绕式圆捆机工作简图
1—上皮带；2—摇臂；3—光辊；4—捡拾器；5—行走轮；
6—卸草后门；7—油缸；8—侧壁

在旋转的辊子上，彼此间形成楔形卷压室。工作时，捡拾的牧草由输送喂入装置光辊夹送到两组皮带之间的卷压室，由于上皮带的旋转，牧草靠摩擦力上升，到达一定高度后因重量滚落到下皮带上形成草芯，草芯继续滚卷，直径逐渐扩大，达到一定尺寸后离开下皮带形成一个圆柱形大草捆。位于卷压室两侧摇臂上的弹簧，用于保持上皮带下表面对草捆施加一定压力。随着草捆的扩张，这种压力也就不断增强，最后形成中心密度较低而外层密度高的草捆。

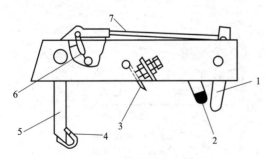

图 6-191　割绳机构示意图
1—杠杆；2—送绳导管；3—固定刀片；4—活动刀片；
5—活动刀臂；6—弹簧；7—拉杆

打捆机构由绳箱、送绳、割绳和液压操纵机构等组成。其作用是将卷好的草捆用绳捆扎好后送出机外。打捆机构的工作程序是：当卷压室内草捆直径达到预定要求时，右侧壁上的草捆尺寸指示器被推出。这时，驾驶员可操纵液压机构分配手柄，使送绳导管在输送喂入装置前面来回摇动一次，让绳子随同牧草一起喂入卷压室，呈螺旋线状缠绕在草捆表面上。当送绳导管摆回到原来位置时，先撞击联动装置拉杆，通过拉杆使活动刀臂向上升起，此时经活动刀片和固定刀片将捆绳切断。图 6-191 为割绳机构示意图，打捆前固定刀片与活动刀片处于结合状态，这时应将

绳子从送绳导管内抽出，压下活动刀臂，将绳子置于固定刀片和活动片之间。

卸草后门是靠液压机构控制升降的，当草捆直径达到尺寸要求后，升起卸草后门，这时草捆便自动滚落在地面上。

6.5.6 青饲料收获机械

（1）类型及特点

青饲料收获机按工作原理可分为甩刀型和通用型两类。甩刀型青饲料收获机（图6-192）主要由甩刀转子、甩刀体、导向槽、导向槽控制手杆、排料筒等组成。利用高速旋转的甩刀，同时完成收割、切碎和抛送等工序。其特点是结构简单，适用于收获青绿牧草、燕麦、甜菜茎叶等饲料作物，但不能收获青玉米等高秆作物，而且切碎质量较差。

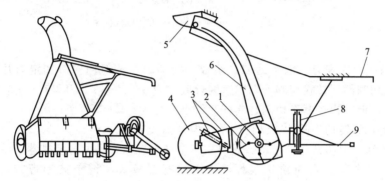

图 6-192　甩刀型青饲料收获机

1—甩刀转子；2—甩刀体；3—割茬调节机构；4—行走轮；5—导向槽；
6—排料筒；7—导向槽控制手杆；8—支重杆；9—牵引架

通用型青饲料收获机有牵引式、悬挂式和自走式三种。一般配用三种附件（图6-193），以适应不同类型的青饲料收获。在三种附件中，全幅割台可用来收获牧草及平播的饲料作物；中耕作物割台，用来收获青玉米等青贮作物；捡拾装置，用来收获已集成草条的牧草。根据生产需要，三种附件选一种或两种安装在主机上进行作业。

(a) 全幅割台　　　(b) 中耕作物割台　　　(c) 捡拾装置

图 6-193　通用型收获机的附件

全割台用来收割细茎秆牧草，主要由往复式切割器、拨禾轮、中央输送搅龙等组成。切割器也可安装回转式的，但要取消拨禾轮，因为回转式切割器本身对牧草有向后拨动的作用。工作时，牧草由切割器切割后，经中央输送搅龙集中，再送入机身的喂入装置。一般割幅为 1.5～2.0m，大型割幅为 3.3～4.2m。

中耕作物割台用来收获青玉米，一般每次可收割两行，大型可收 3～4 行。这一附件由切割器和夹持机构组成。工作时，青玉米由切割器切断，被夹持机构输送到机身的喂入装置，经切碎、抛送装置送到机身后面的拖车内。

捡拾装置的作用是捡拾集好的草条，其结构同捡拾压捆机上使用的一样。工作时，捡拾器将牧草捡拾后送到中央搅龙，经集中后再送到机身喂入装置。

（2）构造与工作原理

青饲料收获机主要由切割器、夹持机构、喂入装置、切碎抛送装置组成。通用型青饲料收获机的切割器型式较多，往复式切割器在割草机一节已阐述，这里主要阐述中耕作物割台所用的切割器（图6-194），常用的有以下三种形式。

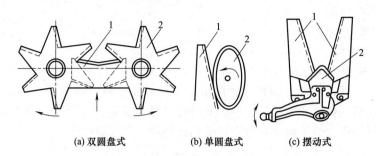

(a) 双圆盘式　　　　　(b) 单圆盘式　　　　(c) 摆动式

图 6-194　中耕作物割台的切割器
1—定刀；2—动刀

① 双圆盘式由固定刀和两个动刀盘组成。两动刀盘相对回转时和定刀片构成切割幅。它属于有支承切割的回转式切割器，线速度较低，为 6～16m/s，刀刃有 5～6 片。其特点是切割器稍复杂，但割幅较宽，切割时茎秆弯斜小。

② 单圆盘式每转切割两次，结构简单，但割幅较窄。

③ 摆动式动刀由曲柄连杆带动，它可用一个曲柄轴来带动两行切割器，结构较简单。

夹持机构的作用是定向输送茎秆，常用的有链板式和链条波形带式。厚 8mm、宽 63mm 的波形带固定在节距 19.05mm 的滚子链条上，两条皮带的波峰和波谷正好相配合，以便夹持并输送被割断的玉米茎秆。它的特点是结构简单且紧凑，夹持牢固，输送平稳，故目前应用较广。

喂入装置安装在机身上，其作用是将青饲料均匀地喂入切碎器，并对其有一定的压紧作用，以更好地保证切碎质量。喂入装置一般由两对上下喂入辊组成，喂入辊常为星状辊和光辊。为进一步增强喂入能力，一般前上喂入辊直径较大。为适应喂入量的变化，并对作物形成一定的压紧力，上喂入辊设置有拉伸弹簧浮动装置。下喂入辊直径较小，后下喂入辊为光辊，以防止缠草而造成堵塞。

切碎抛送装置青饲料收获机的切碎装置有滚刀式和轮刀式两种。滚刀式又分为切碎型和切碎抛送型两类。切碎型仅用于切碎青饲料，碎段抛送需通过附设的饲料吹送器来进行。切碎抛送型是在切碎的同时又完成切碎段的抛送。滚刀式切碎器（图6-195）由安有至少两个圆盘的管轴，以及固定在圆盘上的刀座和切刀等组成。滚筒上的切刀与固定在喂入口处的定刀构成切割器。切刀和定刀的刃口上常焊有碳化钨硬质合金，以提高其耐磨性。

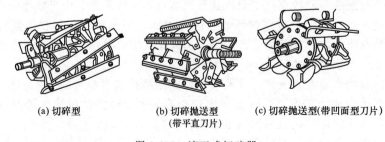

(a) 切碎型　　　　(b) 切碎抛送型　　　(c) 切碎抛送型(带凹面型刀片)
　　　　　　　　　　（带平直刀片）

图 6-195　滚刀式切碎器

图 6-196 为配备中耕作物割台的青饲料收获机收获玉米的工作过程，工作时，收获机在拖拉机的牵引下行进，动力经拖拉机的动力输出轴和传动轴，传递到机身。青玉米先由切割

器切断，同时被夹持机构夹住并向后输送。夹持机构是由前到后逐渐向中央和向上倾斜，因此玉米在向后输送时，数行玉米向中央集中和向上提升，根部向后而平卧，再被喂入辊压紧和卷入，经切碎器切成碎段并抛向拖车。

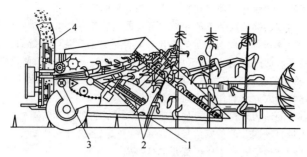

图 6-196　玉米青饲料收获机的工作过程
1—切割器；2—夹持机构；3—喂入装置；4—切碎抛送装置

复习思考题

1. 齿刃动刀片切割角 $\alpha_1 = 58°$，光刃定刀片切割角 $\alpha_2 = 12°$（图 6-21），齿刃及光刃对小麦茎秆的摩擦角分别为 $\varphi_1 = 40°$，$\varphi_2 = 16°$。试问动、定刀片在进行切割时茎秆是否会发生向外滑？

2. 试分析采用行星齿轮机构传动的割刀的运动，列出割刀的速度和加速度公式。

3. 国家标准 II 型切割器刀片尺寸如题一，试求动刀片的开始切割速度、切割终了速度和割刀的平均切割速度。割刀曲柄转速为 500r/min。

4. 某种机型采用标准型割刀，其 $s = t = t_0 = 76.2$mm，割刀曲柄转速 $n = 500$r/min，机器作业速度为 1.5m/s，绘制其切割图并进行分析讨论。

5. 目前采用的机械化谷物收获有哪几种方法？试述各种方法的优缺点。

6. 试述拨禾板运动轨迹的形成原理，选择运动轨迹的依据是什么？

7. 拨禾轮工作时常作哪些调整？试述拨禾轮无级变速的工作原理。

8. 往复式切割器有哪几种类型？各有什么优缺点？

9. 已知拨禾轮直径 $D = 1100$mm，拨禾板数 $z = 6$，割刀离地安装高度 $h = 80$mm，直立的粳稻作物高度 $L = 830$mm，机器前进速度 $v_m = 0.8$m/s，分别求出当拨禾速度比 $\lambda = 1.6$ 和 2.0 时的拨禾轮合理安装高度。

10. 若要求联合收割机能适应高度为 700~1200mm 的谷物的收割，则拨禾轮轴的垂直调节范围至少是多少？

11. 拨禾轮的直径 $D = 1000$mm，拨禾板数 $z = 6$，拨禾速度比 $\lambda = 1.6$，试求拨禾轮前移量 $b = 0$，$b = 150$mm 和 $b = -100$mm 时的作用程度。

12. 已知条件同题 10，试绘出拨禾速度比 $\lambda = 1.6$ 时的拨禾板运动轨迹线，用作图法分别求出当轮轴前移量 $b = 0$ 和 $b = 120$mm 时的扶起角 α 和推送角 θ。

13. 试叙述纹杆滚筒、钉齿滚筒和弓齿滚筒脱粒装置的脱粒原理以及它们对各种作物的适应性。

14. 改变滚筒脱粒作用强度有哪些方法？

15. 试举出提高脱粒滚筒转速均匀性的主要措施。

16. 纹杆滚筒脱粒装置的工作性能指标有哪些？试分析其主要结构参数和性能参数对工作性能的影响。

17. 弓齿滚筒脱粒装置有哪几种脱粒方式（按作物与滚筒的相对位置）？它们各有什么特点？各适用于什么场合？

18. 已知某弓齿滚筒脱粒装置的参数如下：转速 $n = 482$r/min；夹持链速度 $v_1 = 0.55$m/s，齿圈直径 $D = 450$mm；滚筒长度 $L = 408$mm（从滚筒圆柱部分第一加强齿算起），齿排 $M = 12$，螺旋头数 $K = 4$；齿排倾角 $\beta = 12°30''$，稻穗宽度 $l = 20$mm，齿距见下表，试画出弓齿排列展开图并计算弓齿对谷穗的打击次数。

齿迹编号	1	2	3	4	5	6	7	8	9	10	11	12	13	14
齿距/mm	35	35	32	32	32	32	31	31	31	24	24	23	23	23

19. 试比较切流式滚筒和轴流式滚筒的特点。

20. 试比较键式逐稿器、平台式逐稿器和转轮式分离装置的特点。

21. 某联合收获机的四键逐稿分离装置的参数如下：曲柄转速＝200r/min；曲柄半径＝50mm；各阶梯键面倾角分别为13°，25°。求键面上物料的加速度比，并分析它们在各阶梯键面上是否满足抛起条件。

22. 已知逐稿器上茎秆层的厚度为200mm时的分离系数为 $\mu＝018/cm$，假设进入逐稿器上的谷粒量为谷粒总量的25%，而逐稿器的允许损失为总谷粒量的0.5%，试求逐稿器的理论长度。

23. 联合收获机按作物喂入方式和作物流向分有几种形式？

24. 试简述联合收获机的动力传递系统应如何适应各工作部件的运动特点？

25. 联合收获机喂入量自动调节的传感信号可有哪些？它们各有什么优缺点？

26. 玉米收割机有几种结构形式？主要由哪几部分组成？

27. 玉米收割机的工作原理及工艺过程如何？

28. 摘穗装置有何作用？其构造如何？如何工作？

29. 玉米收割机的剥皮装置怎样进行工作？各部件的作用是什么？

30. 简述现有摘穗装置的优缺点分析。

31. 分析蔬菜水果采收过程中实现机械化的主要技术难点。

32. 以增加农民收入为目标，结合当地实际情况，选择一种主要蔬菜或水果作为收获物，从农艺和农机两个方面考虑，提出实现机械化采收的设想。

33. 分析农用机器人技术在蔬菜水果收获中的应用与展望。

34. 甜菜切顶装置有哪几种类型？各有什么特点？

35. 甜菜挖掘装置有哪几种类型？各有什么特点？

36. 水平摘锭式采棉机的优缺点是什么？

37. 采棉机为什么采用正压输送？

38. 处于研究阶段的采摘器有哪几种？还存在哪些问题？

39. 整秆式及切段式甘蔗收获机各有什么特点？

40. 甘蔗收获机上常用的剥叶装置有哪些？

41. 谈谈你对我国今后发展甘蔗收获机械化前景的看法。

42. 花生收获机有几种结构形式？主要由哪几部分组成？

第 **7** 章

谷物清选与种子加工机械

7.1 概述

谷物清选包括清粮和选粮。清粮是针对经脱粒装置脱下和分离装置分离出来的谷粒物料中，混有短、碎茎秆，颖壳和尘土等细小杂物进行清选。清粮装置的作用是清除谷粒中的各种杂质，获得清洁的籽粒。选粮是继清粮之后对籽粒进一步的清选，收获后的谷粒中通常混有机械损伤、破碎和不成熟的谷粒，此外还包含许多异物与杂质，如草籽、泥沙、断穗、颖壳等，需对其进行清选，精选出籽粒饱满而又均匀的籽粒，提高籽粒质量和清洁度，并分为等级，以作为种子或商品粮，有利于运输、储存和后续加工。精选后的种子均匀饱满，播种后发芽率高，长势好。由于已清除掉种子中大部分的病虫害和草籽，减少了田间感染和杂草含量，作物生长整齐，成熟一致，有利于机械化作业。

随着精量播种技术的推广，对种子要求也越来越高。随着种子加工机具品种的增加，种子加工的范畴也逐渐扩大和明确。种子加工包括清选、分级和处理，也可延伸到计量、包装和储运。清选主要是把可用于播种的主要作物种子与其他种子、杂质分开。分级是把选定播种用的种子按不同要求分类。如玉米种子精播时，需要用筛片按圆、扁、大、小分成 4 级，至于整体种子应达某级，要依据纯度、净度、发芽率、含水率和杂草种子量等情况，按国家种子分级标准确定。处理可以是为清选、烘干等做准备（称前处理），也可以是进一步提高种子播种质量（称后处理）。对于收获的高水分种子，必须及时适当降水和通风，加工结束后储藏的种子（包括包衣、丸化的种子）必须降到安全水分之下。播种前有时将种子晾晒干燥，因此干燥在前处理和后处理中均有应用。

7.2 清选原理与清选方法

清粮和选粮的共同原理是利用清选对象各组成部分之间物理机械性质的差异而将它们分离开来。

（1）按照谷粒的空气动力特性进行分离

应用气流清选时，是利用谷粒和夹杂物的空气动力特性的不同进行清选。物体的空气动力特性可以用漂浮速度 v_p 或漂浮系数 k_p 来表示。某一物体的漂浮速度是指该物体在垂直气流作用下，当气流对物体作用力等于该物体本身重力而使其保持漂浮状态时气流所具有的速度。在气流密度相同的情况下，漂浮系数与物体质量成反比，与物体迎风面积、阻力系数成正比。

物体与气流相对运动时受到的作用力 P 可由下式表示：

$$P = k\rho F v^2 = k\rho S (v_q - v_w)^2 \tag{7-1}$$

式中　k——阻力系数，与物体形状、表面特性和雷诺数有关；

　　　ρ——空气密度，kg/m^3；

S——物体在垂直于相对速度方向上最大截面积（迎风面积），m^2；

v——物体对气流相对速度，m/s。

v_q＝气流速度，m/s；

v_w＝物料速度，m/s。

在垂直气流作用下，谷粒运动方程式为

$$m\frac{\mathrm{d}v}{\mathrm{d}t}=P-mg \tag{7-2}$$

式中　m——谷粒的质量，kg。

当 $P>mg$ 时，谷粒向上运动；当 $P<mg$ 时，谷粒向下运动。

如果谷粒在气流中处于稳定的悬浮状态，即没有向上和向下的运动，那么加速度 $\frac{\mathrm{d}v}{\mathrm{d}t}=0$，则 $P=mg$，此时气流的速度等于漂浮速度 v_p，由式（7-1）可得

$$v_p=\sqrt{\frac{mg}{k\rho S}}=\sqrt{\frac{g}{k_p}} \tag{7-3}$$

式中　$k_p=\dfrac{\rho kS}{m}$，称作漂浮系数。

式（7-3）表明了悬浮速度与漂浮系数间的关系。几种物料的漂浮速度见表7-1。

表 7-1　几种物料的漂浮速度

类别	漂浮速度 $v_p/(m/s)$	密度 $\rho/(g/cm^3)$	类别	漂浮速度 $v_p/(m/s)$	密度 $\rho/(g/cm^3)$
水稻	10.1	1.00	稻麦颖壳	0.6～5.0	0.4
小麦	8.9～11.5	1.22	脱过的麦穗	3.5～5.0	—
瘪小麦	5.5～7.6	1.00	茎秆（<100mm）	5.0～6.0	—
大麦	8.4～10.8	1.20	茎秆（100～150mm）	6.0～8.0	—
谷子	9.8～11.8	1.06	茎秆（150～200mm）	8.0～10.0	—
玉米	12.5～14	1.24	茎秆（200～300mm）	10.0～13.5	—
大豆	17.5～20.2	1.09	茎秆（300～400mm）	13.5～16.0	—
豌豆	15.5～17.5	1.26	茎秆（400～500mm）	16.0～18.0	—
轻质杂草	4.5～5.6	1.02			

显然，漂浮系数和漂浮速度不同的物体在和气流做相对运动时，受到的气流作用力也不相同。根据这一原理，可将脱出物向空中抛掷，或利用风扇所产生的气流来吹扬脱出物，靠气流对脱出物各部分作用力的不同来进行清选。

从表7-1可知，在脱出物中，各成分的漂浮速度差别相当大，而有的细小脱出物与谷粒的漂浮速度又相差不多，或速度范围有某些重叠，若采用一种气流速度就不能把所有细小脱出物分离。因此，应采用变化的气流速度并配合其他清选方法共同进行清选。

（2）按照谷粒的尺寸特性进行分离

谷粒的尺寸一般以长度、宽度和厚度表示。表7-2列出了几种主要谷粒的尺寸及其他特性。根据这些尺寸的大小，在谷粒清选机械中，分别用不同的方法将谷粒从细小脱出物中分离出来。

表 7-2　几种谷物的籽粒尺寸及特性

谷物类别	谷粒长度/mm	谷粒宽度/mm	谷粒厚度/mm	长:宽:厚（两极限值）	长:宽（两极限值）	当量直径[①]/mm	千粒重/g	容重/(kg/m³)
小麦	5.3～5.5	2.9～3.5	2.6～3.0	(1.67:1.16:1)～(1.89:1.12:1)	(1.51:1)～(1.90:1)	4.4～4.7	31～39.7	133～1402

谷物类别	谷粒长度/mm	谷粒宽度/mm	谷粒厚度/mm	长：宽：厚（两极限值）	长：宽（两极限值）	当量直径[①]/mm	千粒重/g	容重/(kg/m³)
玉米	10.2～10.6	8.7～9.7	4.8～5.0	(2.10：1.79：1)～(2.13：1.95：1)	(1.17：1)～(1.99：1)	7.3～8.0	26～360	130～1317
大麦	7.1～7.6	3.1～3.6	2.5～2.7	(2.90：1.28：1)～(2.82：1.32：1)	(2.29：1)～(2.11：1)	4.4～8.8	33.5～41.3	129～1368
燕麦	7.8	2.3	1.9	4.11：1.23：1	3.39：1	3.9	24.6	1313
黑麦	6.5～7.1	2.4～2.6	2.4～2.6	(2.75：1.0：1)～(2.72：1.0：1)	(2.71：1)～(2.73：1)	4.2～4.3	27.9～29.7	1401～1435

① 当量直径是指与谷粒体积相同的球的直径。

① 按谷粒厚度分离　按厚度分离是用长方孔筛进行的。图 7-1 中，长方形筛孔的宽度应大于谷粒的厚度而小于谷粒的宽度，筛孔的长度大于谷粒的长度，谷粒无须竖起来即可通过筛孔。谷粒长度和宽度尺寸不受长方形筛孔的限制，筛子只需要做水平振动即可。

②按谷粒宽度分离　按宽度分离是用圆孔筛进行的（图 7-2）。筛孔的直径小于谷粒的长度而大于谷粒的宽度，分离时谷粒竖起来通过筛孔，厚度和长度尺寸不受圆筛孔的限制。当谷粒长度大于筛孔直径 2 倍时，如果筛子只做水平振动，谷粒不易竖直通过筛孔，需要带有垂直振动。

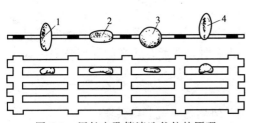

图 7-1　用长方孔筛清选谷粒的原理
1～3—谷粒厚度小于筛孔宽度（能通过筛孔）；
4—谷粒厚度大于筛孔宽度（通不过筛孔）

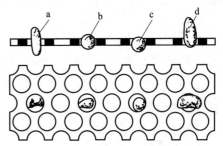

图 7-2　用圆孔筛清选谷粒的原理
a～c—谷粒厚度小于筛孔宽度（能通过筛孔）；
d—谷粒厚度大于筛孔宽度（通不过筛孔）

③ 按谷粒长度分离　按长度分离是用选粮筒来进行的。图 7-3 所示的选粮筒为一在内壁上带有圆形窝眼的圆筒，筒内置有承种槽。工作时，将需要进行清选的谷粒置于筒内，并使选粮筒做旋转运动。落于窝眼中的短谷粒（或短小夹杂物），被旋转的选粮筒带到较高的位置，而后靠谷粒本身的重力落于承种槽内，长谷粒（或长夹杂物）进不到窝眼内，由选粮筒壁的摩擦力向上带动，其上升高度较低，落不到承种槽内，于是与短谷粒分开。

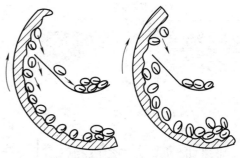

(a) 从谷粒中清选小混杂物
（窝眼直径小于谷粒长度）

(b) 从谷粒中清选大混杂物
（窝眼直径大于谷粒长度）

图 7-3　用选粮筒清选谷粒的原理

应用带有窝眼的圆盘也可以按长度来清选谷粒。两面都有窝眼的圆盘绕水平轴在垂直面内旋转，圆盘下部沉入谷粒中，盘上的窝眼将谷粒中的短小混杂物向上带起抛出。在固定作业的谷粒清选机上，利用分级筛（圆孔筛和长孔筛）及选粮筒，可以精确的将谷粒按宽度、厚度、长度分成不同等级，但在田间工作的谷物联合收获机上，并不急需对谷粒进行精确的清选或分级，而是要把谷粒从细小脱出物中分离出来，因此通常采用分离筛（编织筛、鱼鳞筛等）。

（3）利用气流和筛子配合进行分离

在脱粒机和谷物联合收获机上，最常用的是风选与筛选配合的清粮装置。因为如果只用筛子进行分离，混杂在脱出物中的谷粒很少有机会直接通过筛孔，并且筛孔又经常会被混杂物所堵塞。有了气流配合可将轻杂物吹离筛面，并吹出机外，有利于谷粒的分离。

根据对于清粮装置的研究已经可以初步确定气流筛子式清选机构的合理参数。为了得到最佳的分离效果，一方面要有合理的机械振动参数（如筛子的振幅和频率），另一方面还要有一个能适于细小脱出物层流动的气流参数。

若用 k_q 和 k_z 分别表示气流参数和振动参数：

$$k_q = \frac{v}{v_w} \tag{7-4}$$

$$k_z = \frac{a\omega^2}{g} \tag{7-5}$$

式中　v——实际使用的气流速度，m/s；

　　　v_w——使物料产生涡流的速度，m/s；

　　　a——筛子振幅的垂直分量，m；

　　　ω——曲柄的角速度，rad/s；

　　　g——重力加速度，m/s^2。

在气流筛子式清粮装置中，气流参数 k_q 与振动参数 k_z 有一定关系。试验表明，只有当气流的作用力抵消了物料的重力而使物料处于疏松状态时，才能有最高的分离效率。

7.3　清选装置

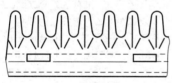

(a) 可调鱼鳞筛

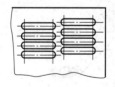

(b) 平面冲孔筛

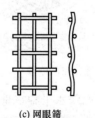

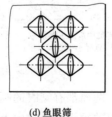

(c) 网眼筛　　　**(d) 鱼眼筛**

图 7-4　筛子的类型

（1）风扇筛子式清粮装置

对联合收获机和脱粒机的使用和试验表明，采用风扇和筛子结构的清粮装置（Cleaning device），可以使谷粒达到所要求的清洁度。因此，大多数机器均采用这种型式的清粮装置。

① 清粮装置的筛子　筛子大多为两层，上下配置。上筛的筛孔较大，清除谷粒中的断穗和碎茎秆；下筛的筛孔较小，对谷粒进行进一步清选。

筛子类型有冲孔筛、网眼筛（编织筛）、鱼眼筛（贝壳筛）和鱼鳞筛等（图7-4）。冲孔筛的筛孔多为圆形（直径 8～10mm）或矩形（宽 5～6mm，长 20～25mm），选别能力强，但易被断穗、碎茎秆等插入孔中堵塞，多用于下筛。鱼眼筛的筛孔在凸起的垂直面上，筛孔高 8～16mm，长 16～25mm，断穗和碎茎不易插入筛孔，但生产率较低，可用作上筛。网眼筛的结构简单，筛孔有效面积大，生产率高，但选别能力差，筛孔易堵塞，多用于粗选，清除大杂质。鱼鳞筛筛孔大小可调，适应性广，生产率高，对气流阻力小，但结构较复杂。装在上筛后端的尾筛，多采用指杆筛，其长度为上筛长度的 1/7～1/5。

鱼鳞筛的筛孔是由很多鱼鳞状的筛片构成的，筛片的角度可以通过鱼鳞筛片的调节机构进行调整。由于筛孔可以调节，使用比较方便，许多联合收获机的上筛多采用这种型式（下筛有的也应用这种型式）。目前在清粮装置上应用得十分广泛。

② 风扇筛子的配置　气流筛子清粮装置有上下两筛和阶梯式三筛的，如图 7-5 所示是联合收获机清粮装置之一，由阶状抖动板、上筛、下筛、尾筛和传动机构等组成。阶状抖动板起输送作用，它与筛子一起往复运动，把从凹板和逐稿器分离出来的谷粒混合物输送到上筛的前端。在阶状抖动板末端有指状筛，将较长的短茎秆架起并将谷粒混合物抖动疏松，使谷粒混合物首先与筛面接触，短茎秆处于谷层的表面，提高清选效果。风扇产生的气流经扩散后吹到筛子的全长上，将轻杂物吹出机外。尾筛的作用是将未脱净的断穗头从较大的杂物中分离出来、进入杂余螺旋推运器，以便二次脱粒。上筛为鱼鳞筛、下筛为平面冲孔筛或鱼鳞筛，上下筛的倾角均可调节。

筛子装在箱体内，由导轨承托以便拆装。筛子两侧边缘的上方固定有密封用的橡胶条，以防止谷粒从缝隙中漏出。筛箱分单筛箱式和双筛箱式两种，与筛子前面的抖动输送板分别用支杆支承或吊杆悬挂，组成多杆机构，用曲柄连杆机构驱动（图 7-6）。为平衡往复运动产生的惯性力，单筛箱式的筛箱与抖动输送板的摆动方向相反，双筛箱式的上筛箱与抖动输送板一起摆动，下筛箱的摆动方向相反。筛子较宽时，一般采用双边驱动，避免筛箱扭转。

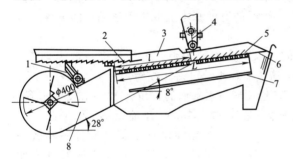

图 7-5　风扇筛子式清选装置（两筛上下配置）
1—支杆；2—阶状抖动板；3—筛架；4—吊杆；
5—上筛；6—尾筛；7—下筛；8—风扇

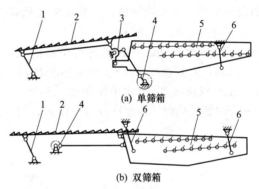

(a) 单筛箱

(b) 双筛箱

图 7-6　筛箱和输送器的驱动方式
1—支杆；2—抖动输送板；3—摇杆；
4—曲柄连杆机构；5—筛架；6—吊杆

清粮装置是依靠气流把漂浮性能较强的夹杂物吹走，而漂浮性能较弱者、尺寸又较大的夹杂物靠筛子清除。这就要求气流在筛面入口处以较大的流速（8～9m/s）将混合物吹散，把轻杂物吹向远方甚至吹出机外，使筛子前半部分谷物层内的轻杂物大大减少，大量谷粒在此透过筛孔，以此来提高筛选效果。为了使不太饱满的籽粒不被吹出机外，要求中部气流降低，为 5～6m/s，尾部为 2～3m/s。因为在中、尾部谷层较薄，在筛子抖动作用下，谷粒全部穿过上筛，尾筛倾角大，孔眼大，可最后把少量断穗筛落下来进入杂余螺旋推运器去。

为了获得上述质量的气流，一般气流吹送方向与筛面成 25°～30°，风扇出气管道吹着筛面在长度方向的范围应为筛子全长的 4/10～6/10。有的机型，如气流通过的空间形状合理，则气流方向较陡（如 35°～40°），而吹着的筛子长度仅为 1/5。并且气流通过空间（即由筛箱、侧壁、逐稿器键底所构成的管道）的形状应是逐渐扩大，保证筛面从前到后有一个逐渐下降的流速分布。

③ 筛子尺寸 筛子尺寸主要取决于进入清粮装置的细小脱出物数量和成分。为了避免筛上脱出物层过厚，影响清选质量，随着单位时间内进入清粮装置脱出物的增多，应将筛子加宽，根据对鱼鳞筛的实验，当杂草不太多和作物不太潮湿时，每米宽筛子所允许负荷 $q_0 = 1.0 \sim 1.2 \mathrm{kg/(s \cdot m)}$。筛子宽度 B 可按以下公式计算：

$$B_s = \frac{q_1}{q_0} = \frac{q(1 - \lambda k)}{q_0} \tag{7-6}$$

式中　q_1——每秒进入清粮装置的脱出物的质量，kg/s；

　　　q——机器的喂入量，kg/s；

　　　λ——茎秆部分占谷物总重量的百分比，%；

　　　k——考虑到脱粒装置及逐稿器工作及排出茎秆状况的系数，对切流式滚筒 $k = 0.6 \sim 0.9$；

　　　q_0——每米宽筛子的允许负荷，$\mathrm{kg/(s \cdot m)}$。

此外，也可以按下式初步确定筛子的尺寸：

$$S = \frac{q_1}{q_0'} \tag{7-7}$$

式中　S——筛子面积，$\mathrm{m^2}$；

　　　q_0'——每平方米筛面所允许的负荷，对于联合收获机可取 $1.5 \sim 2.5 \mathrm{kg/(s \cdot m^2)}$。

实际上，在决定筛子尺寸时，除了考虑生产率以外，更重要的是考虑它和其他工作部件的配合关系。在采用切流式脱粒滚筒的机器上，筛子的宽度基本上取决于逐稿器的宽度 B_z，一般 $B_s = (0.90 \sim 0.95)B_z$。

筛子长度要保证对脱出物有足够清选时间，以减少谷粒损失。上筛长度一般为 $700 \sim 1200\mathrm{mm}$，大多数在 $800 \sim 1000\mathrm{mm}$ 范围内。下筛负荷较小，可适当缩短尺寸。

联合收获机筛子与水平面夹角一般为 $0° \sim 2°$，延长筛与水平面的夹角为 $12° \sim 15°$，延长筛、鱼鳞筛片间的间隙（开度）为 $12 \sim 15\mathrm{mm}$。上筛振幅一般为 $55 \sim 65\mathrm{mm}$，下筛为 $36 \sim 40\mathrm{mm}$。

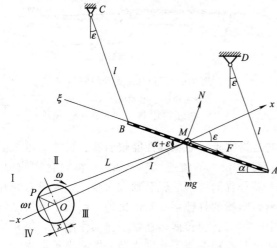

图 7-7　筛子的运动分析

④ 谷物在筛面上运动和筛子参数选择　为了简便起见，只研究没有气流作用的平面筛子运动。谷粒在筛面上，必须对筛面有相对运动才能落入筛孔，而这种相对运动是由筛体运动传来的。清选机的筛体一般由曲柄连杆机构驱动（图 7-7）。曲柄中心与连杆在筛体上的铰接点的连线即筛子的振动方向，其与水平的夹角 ε 叫振动方向角，以逆时针方向为正，顺时针为负。筛面与水平面的倾角为 α，α 小于谷粒与筛面的摩擦角 ϕ。设筛体的两吊杆长度相等且互相平行，吊杆长度和连杆长度远大于筛子的摆幅，则筛上各点的运动轨迹均相同，并近似于一直线。因此可将筛体 AB 的运动看做简谐运动。设筛子的运动以 OM 方向为正，谷粒沿筛面的相对运动以沿筛面向上为正，则筛子的位移、速度和加速度与时间的关系为

$$x = -r\cos(\omega t) \tag{7-8}$$

$$v_x = \frac{\mathrm{d}x}{\mathrm{d}t} = \omega r \sin(\omega t)$$

$$a_x = \frac{\mathrm{d}v_x}{\mathrm{d}t} = \omega^2 r \cos(\omega t) \tag{7-9}$$

式中　r——曲柄半径，m；

　　　ω——曲柄旋转的角速度，rad/s；

　　　t——时间，s。

假设在筛面上有一质量为 m 的脱出物质点与筛一起运动。在 $\omega t = 0 \sim \pi/2$ 和 $3\pi/2 \sim 2\pi$ 区间时，惯性力为负值，方向沿 x 轴向左，脱出物有沿筛面向上滑的趋势；在 $\omega t = \pi/2 \sim 3\pi/2$ 区间时，惯性力为正值，方向沿 x 轴向右，脱出物有沿筛面向下滑的趋势。

设曲柄 P 位于 Ⅰ、Ⅳ 象限时，加速度为正，指向右方，此时作用于谷粒 M 的力有重力 mg、筛面法向反力 $N = u\sin(\varepsilon + \alpha) + mg\cos\alpha$、惯性力 $u = m\omega^2 r\cos(\omega t)$、摩擦力 $F = N\tan\varphi$。设谷粒沿 AB 筛向上滑动的加速度为 a_ε，则

$$ma_\varepsilon = u\cos(\varepsilon + \alpha) - mg\sin\alpha - F \tag{7-10}$$

将 u 和 F 值代入化简后得

$$\frac{\cos\varphi}{\cos(\alpha + \varepsilon + \varphi)} a_\varepsilon = \omega^2 r\cos(\omega t) - g\frac{\sin(\alpha + \varphi)}{\cos(\alpha + \varepsilon + \varphi)} \tag{7-11}$$

当 $\omega^2 r\cos(\omega t) > g\dfrac{\sin(\alpha + \varphi)}{\cos(\alpha + \varepsilon + \varphi)}$ 时，由于 $a_\varepsilon > 0$，则谷粒沿筛面上滑。当 $\cos(\omega t) = 1$ 时，即可获得谷粒上滑的极限角速度，即

$$\frac{\omega^2 r}{g} > \frac{\sin(\varphi + \alpha)}{\cos(\varepsilon + \alpha + \varphi)} \tag{7-12}$$

令 $\dfrac{\omega^2 r}{g} = k$，称为加速度比，$\dfrac{\sin(\varphi + \alpha)}{\cos(\varepsilon + \alpha + \varphi)} = K_1$，欲使脱出物向上滑动，必须使筛子运动的加速度比保持 $k > K_1$ 条件。

同理可得，当曲柄位于 Ⅱ、Ⅲ 象限内时，被筛物沿筛面向下移动的筛体运动指数 K_2 为

$$K_2 = \frac{\sin(\varphi - \alpha)}{\cos(\varepsilon + \alpha - \varphi)} \tag{7-13}$$

即当 $k > K_2$ 时，谷粒才能向下滑动。

当 $N \leqslant 0$ 时，意味着谷粒被抛离筛面。因此，谷粒抛离筛面的条件为

$$\frac{\omega^2 r}{g} > \frac{\cos\alpha}{\sin(\varepsilon - \alpha)} = K_3 \tag{7-14}$$

需要指出，在以上分析中没有考虑风扇气流的作用，因而当筛子和风扇配合工作时，情况还要更为复杂。但是，通过以上分析可以看出，脱出物在筛面上的运动情况，除了风扇的气流外，主要取决于筛子运动的加速度比 $k = \dfrac{\omega^2 r}{g}$。另外，与脱出物和筛面之间的摩擦角 φ、筛子与水平的倾角 α、筛子的振动方向角 ε 也有密切关系。

在设计时，筛子的运动参数大多用实验方法或参考已有的机器用类比法来确定。现有机器上，曲柄回转半径 $r = 23 \sim 30$mm（大多数为 30mm），加速度比 $K = 2.2 \sim 3.0$。

（2）气流清选装置

气流清选装置可以是谷物清选机的一个组成部分，也可以是一个独立的机器。它的任务是从谷粒混合物中分离轻杂物、瘪谷和碎粒。常用的方法有以下三种。

① 利用垂直气流进行清选　谷物清选装置的垂直气流清选系统包括喂料装置、垂直气

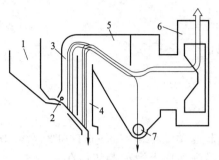

图 7-8 垂直吸气式清选装置

1—喂料装置；2—喂入辊；3,4—垂直气道；

5—沉降室；6—风机；7—搅龙

道、风机和沉降室（图 7-8），工作时谷粒混合物被喂料辊送至垂直吸气道下部的筛面上。由于受到气流的作用，悬浮速度低于气流速度的轻杂物被吸向上方。当吸至断面较大的部位时，由于气流速度降低，一部分籽粒和混杂物开始落入沉降室内，被搅龙输送到机外，最轻的杂质被风吹出。

气流速度可以用阀门进行调节，有些机型用改变风机转速的方法调节垂直气道内的气流速度。谷物清选机的气流清选装置可以分为压气式和吸气式两种，按垂直气道的数目又可分为单气道和双气道式（图 7-9）。通过对各种清选机的试验研究证明，为了清选谷粒混合物，压气式垂直气道效果较好，分离混合物有较好的质量。而吸气式气道中由于筛面具有较大阻力，部分气流通过气道和筛面间的空隙被吸入，使通过筛孔上面的气流发生偏斜，分离质量下降。

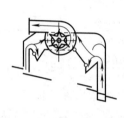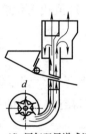

(a) 吸气式气流清选装置　(b) 压气式气流清选装置　(c) 双吸气道式清选装置　(d) 压气双风道式清选装置

图 7-9 垂直气流清选装置

② 利用倾斜气流进行清选 图 7-10 是采用倾斜气流分离谷粒混合物的装置，它是利用谷粒和夹杂物在气流中的不同运动轨迹来进行清选的。在筛下斜向吹风或对于落下的混合物斜向吹风，这时被吹物体即依其漂浮特性被风吹至不同的距离，依其距离远近来进行分离，籽粒越轻则被吹送得越远。

③利用不同空气阻力进行分离 将谷粒混合物以一定速度并与水平成一定角度抛入空中，依空气对各种物料阻力的不同，其抛掷距离亦不相同：轻者近，重者远，从而进行分离。带式扬场机（图 7-11）就是利用这种原理。扬场机抛掷部分胶带与水平倾斜 30°～35°。

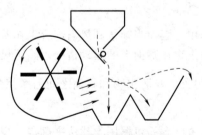

图 7-10 倾斜气流清洗装置

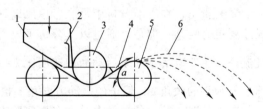

图 7-11 带式扬场机

1—粮斗；2—调节插板；3—压辊；4—胶带；

5—扬场辊；6—抛出线

（3）窝眼筒清选装置

窝眼筒是按籽粒长度进行分选的工作部件。在金属板上压成多数口径一致的圆窝，将混合物平铺其上，稍加振动则较小谷粒即落入窝眼内，大者留在窝外。如将金属板倾斜至一定角度时，则长谷粒可由板上滑下，再将板移至他处反转，则短谷粒亦被倾出。利用这种方法，如将板弯成圆筒形，使窝在内侧，中间置承种槽和推运器，即农业上广泛应用的窝眼式选粮筒（图7-12）。工作时，将谷粒混合物装入筒内使筒回转，长度小于圆窝口径的谷粒即进入窝内并随窝上升，到相当高度后落入承种槽内为推运器运走。长度大于圆窝口径的谷粒或杂物，不能全长都进入圆窝，或完全横在窝外，当窝上转较高时即滑下，再重复上述动作并沿窝眼筒轴线方向逐步移动，最后由筒的低端流出。承种槽边缘位置可以调整，以便于长短谷粒完全分离。槽缘位置越高，长谷粒进入承种槽的可能性越小。窝眼直径大小应按所要分离的混合物长短尺寸确定，即应小于长谷粒，稍大于短谷粒。提高分离能力的关键在于，增加谷粒接触圆窝的机会。因此，谷粒在筒内必须与筒壁有相对移动，并需设法增大其活动范围。过去的窝眼筒仅靠谷粒本身在筒内上下滚动和沿筒的轴线方向侧向移动中与圆窝接触，利用筒壁面积有限，各层谷粒交换次数也有限。最近的新式窝眼筒在筒内下方增加了一个四叶片的搅拌器，与窝眼筒回转方向相同，但速度较大，用它来翻扬筒底的谷粒，不仅使各层谷粒频繁变动位置，同时由于抛掷力大，也增加了筒壁利用面积。这样，保证了全部谷粒均有接触窝眼的机会，从而提高了生产率。

农业上用的窝眼筒一般可分为单作用窝眼筒和双作用窝眼筒。单作用窝眼筒沿窝眼筒全长上，全部窝眼的直径相同，能把混合物分成两部分。双作用窝眼筒沿窝眼筒全长窝眼尺寸不同，窝眼筒由两部分组成，第一部分窝眼的直径较大，第二部分窝眼直径较小。清选物通过第一部分时，短的混杂物和主要种子均被窝眼向上带，落到承种槽内，而较长的种子留在筒内，由窝眼筒前半部末端排出。较短杂物及主要谷粒被送到窝眼筒第二部分，窝眼将其中短小的杂物向上带至承种槽内，由搅龙排出机外，而主要种子则由第二部分末端流出。因此，双作用窝眼筒能把混合物分成三部分，即主要种子、长的夹杂物和短的夹杂物（图7-13）。

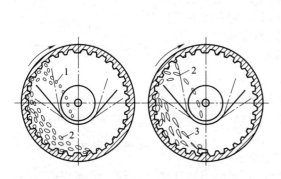

图 7-12　窝眼筒按长度分选
1—长度小的谷粒或杂物；2—正常谷粒；
3—长度大的谷粒或杂物

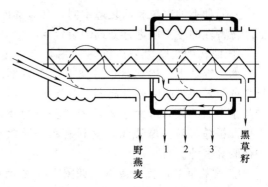

图 7-13　双作用窝眼筒分选过程

（4）比重清选装置

重力式清选机能将种子按比重分级，使种子发芽整齐一致，以达到增产效果。它是种子加工生产线中不可缺少的一环。重力清选机的主要工作部件是一个双向倾斜的三角形振动筛面（图7-14），α 称为纵向倾角，β 为横向倾角。此筛面由曲柄连杆机构（或振动电机）驱动，产生纵向振动，振动方向角 ε 大于筛面的纵向倾角 α。三角形筛面具有孔眼，气流从筛面下方沿一定方向吹出。气流速度应使轻的籽粒处于半悬浮状态，而重的籽粒处于下层并沿筛面向上移动。物料从三角形筛面的一角 A 处喂入，进入筛面后，由于筛面具有横向倾角

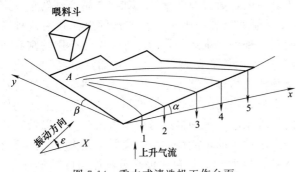

图 7-14　重力式清选机工作台面

和纵向振动，物料在向出料边做横向运动的同时，又按比重和粒径大小在垂直方向产生分层，同时在振动和气流作用下沿纵向做层间交错运动，从而使比重不同的物料沿出料边形成不同的运动。轻的籽粒受气流作用浮在上面，在筛面倾角和振动作用下，沿出料边的底部排出（图 7-14 中 1），重的籽粒由于处于下层，受到筛面纵向振动的作用而向上被推送，最重的籽粒将运动到出料边的高部位被排出（图 7-14 中 5），其余籽粒则按比重大小依次沿出料边 4、3、2 排出，分别落入各自的接料斗中。

在振动的作用下，谷粒分层的趋势是粒径小的下沉，粒径大的上浮，这一点与气流对谷粒分层的影响相反。振幅和频率还影响到谷粒在筛面上分布的均匀性，当频率高时，出料一侧较厚，频率低时进料一侧较厚。振动方向角过大，谷粒在筛面上产生跳动，物料分布不均匀，如振动方向角小于 20°，则谷粒移动速度降低，谷层较厚，分选质量下降。振动方向角的最佳值为 25°～35°。

重力清选机要求谷粒能沿筛面向上滑动，当纵向倾角增大时，谷粒向上移动速度减小，谷层加厚，分选质量下降，当纵向倾角过小时，谷粒移动速度加快，谷粒在筛面上分布不均匀。一般纵向倾角不可超过 12.5°。横向倾角 α 主要影响谷粒侧向移动，α 的调节范围为 0.5°～4.5°，一般可取 $\alpha=2°$。

（5）摩擦分离器

不同种类的籽粒表面状态不同，其对其他物质的摩擦角也不相同。根据谷粒和夹杂物表面摩擦特性的不同而进行分选的装置叫摩擦分离器，它有以下几种形式：

① 回转带式摩擦分离器　利用具有一定倾斜度、装在两个辊轴上的输送带、分离摩擦系数不同的两种物料的装置叫带式摩擦分离器，如图 7-15 所示。回转带与水平面的倾角应大于表面光滑籽粒的摩擦角而小于表面粗糙籽粒的摩擦角，材料有布、厚粗布、麻绒和橡胶等多种。

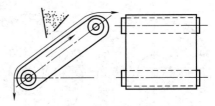

图 7-15　回转带式摩擦分离器

② 螺旋面式摩擦分离器　如图 7-16 所示在直立的管柱上焊接 3～6 节节距相等的螺旋面，混合物由上部的喂料斗喂入，使之沿螺旋面下滑，表面较粗糙的扁平形籽粒由于摩擦阻力较大，只产生滑移，移动速度慢，产生的离心力较小，故沿螺旋面内侧以较小速度向下滑动，从出口 6 排出。表面光滑的圆形籽粒，由于滚动速度快，产生较大的离心力而向外移动，以致滚到螺旋面外侧从出口 4 排出，可使两种形状不同的物料截然分离。螺旋面式分离器的一般尺寸是节距 250～350mm，内径 270mm，外径 450mm，螺旋面与水平面的夹角为 41°～45°，一般生产率为 100～500kg/h。

③ 圆盘式摩擦分离器　其工作部件是一个与水平面倾斜 α 角的圆盘（图 7-17）。圆盘以角速度 ω 旋转。种子由 A 处喂入，圆盘转动时作用于种子上的力有重力、离心力和摩擦力。在这些力的综合作用下使光滑和粗糙种子分离开。光滑球状种子移动路程最短，从圆盘左边排出，光滑扁平种子和粗糙圆形种子从中间出口排出，扁平面粗糙的种子从右边出口排出。为使光滑和粗糙的种子更好地分离，在圆盘上方设有固定的隔板。

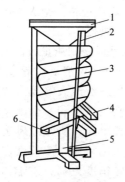

图 7-16　螺旋分离器
1—喂料斗；2—机架；3—螺旋面；
4—大豆出口；5—立轴；6—夹杂物出口

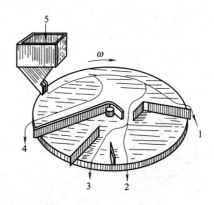

图 7-17　圆盘式摩擦分离器
1—粗糙种子；2,3—中等种子；
4—光滑球形种子；5—喂入口

（6）颜色分选

籽粒颜色不同对光的反射强度也不相同。利用这一原理可以从白色大米中剔除变色的发霉大米，可以清选色泽鲜艳的花生米而除掉霉变或受到病虫害的花生米，还可以分离有虫眼的豌豆，一些冷冻蔬菜丁也可以用颜色分选机将质较差而颜色不同的蔬菜丁剔除。据报道，日本有 25% 的大米要用色选机进行分选。一些利用其他特性不能分开的变质种子，有时可以利用颜色的差别进行分选。

颜色分选机由喂料部分、扫描室和控制部分组成。颜色不同而需要进行分选的物料装入喂料斗（图 7-18），然后由一个振动输送器均匀地将物料送到倾斜的输送槽中。物料沿倾斜输送槽一个一个地以很高的速度通过扫描室。在扫描室内，颜色不同的物料被安装在几处的光源照射。光线通过透镜照射到物料表面，然后从表面反射到三个光电倍增管，光电管将反射的光信号转换成电压，然后与一个预先调好的标准电压相比较。颜色暗的物料光线反射较弱，其转换电压低于标准电压，此时通过控制系统中的比较器发出信号，再通过电磁阀操纵气动喷头，气动喷头立刻喷射出 $40\sim50\text{m/min}$ 的高速气流将颜色不符合标准的颗粒吹开，落入接料筐内。颜色符合标准的优质物料通过扫描室时，控制系统不发出排斥信号，气动喷头不动作，因而继续沿输送槽向下滑动而落入另一接料筐中。由于在扫描室内设有三个互成 120° 的光电传感器和比较器频道，因此颗粒的任何方向有缺陷或颜色不符合标准，均能被检测到，不会产生遗漏。

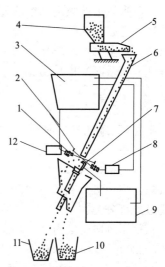

图 7-18　颜色分选机工作原理
1—传感器；2—衬底；3—控制系统；
4—喂料斗；5—振动输送器；
6—输料管（槽）；7—气动喷头；
8,12—比较器；9—气动喷头
驱动器；10,11—接料器

颜色分选机有单色（Monochromatic）和双色（Bichromatic）两种。为了提高分选机的生产率，大型稻米色选机 Sortex 9400 有 40 条输送槽，每条输送槽有 4 个传感器，生产率最高可达 10t/h。颜色分选机是一个精度极高的清选设备，最新的 Sortex 颜色分选机的传感灵敏度可以达到 10^{-6}s。从光线照射到气动喷头开始动作的时间间隔只有 4ms，喷头吹气持续时间为 1.5ms。气动喷头的脉动频率可以达到 1000Hz，在分选豌豆时，分选效率可达 50 万粒/h。

（7）复式谷物清选机

凡是集三种或三种以上分选原理于一体的机器，均称复式清选机。绝大多数复式清选机是将气流清选、筛选和窝眼选按一定的工艺流程组合在一台机器上，按几种主要特性（如长、宽、厚、空气动力学特性）同时进行清选，一次通过就可以得到质量较高的种子。

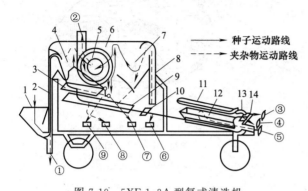

图 7-19 5XF-1.3A 型复式清选机

1—料斗；2—前吸风道；3—上筛；4—种子沉降室；5—风机；
6—第一沉降室；7—第二沉降室；8—后吸风道；9—下筛；
10—尾筛；11—窝眼筒；12—短料槽；13—叶轮；14—排种槽；
①—重杂出口；②—出风口；③④—种子出口；
⑤—短种子及夹杂物出口；⑦⑧⑨—夹杂物出口

5XF-1.3A 型复式清选机（图 7-19）是我国生产量最大的复式清选机，除了用一个吸气风扇和一个筛箱外，还用了窝眼式选粮筒，使经过风选和筛选的谷粒再进入选粮筒，按长度进行分级，选出的籽粒精度更高，适于作种子用。其工艺流程如下：被清选的物料从料斗 1 进入前吸风道 2，重杂随即从 ① 排出，包括种子在内的其他物质随气流上升，尘埃等最轻杂质经风机 5 排出。稍重的轻杂落入第一沉降室，种子等落在上筛 3 上，其中的大杂沿筛面滑向夹杂物出口 ⑨ 排出，种子等穿越筛孔落向下筛 9，小杂穿过筛孔从小杂口 ⑧ 排出，其他杂物随种子沿筛面下滑，在越过尾筛 10 时，后吸风道 8 吸走其中的瘪粒和轻杂，这些轻杂经第二沉降室排出后，与第一沉降室出来的轻杂一起，从轻杂口 ⑦ 排出。精选出的好种子经种子出口 ⑥ 进行收集。如果种子中还夹有长杂或短杂时，就应把种子引入窝眼筒加以排除。最后好种子从窝眼筒（去短杂时）或短料槽（去长杂时）中排出。

7.4 风扇

7.4.1 风扇的基本理论

风扇不仅是脱粒机和联合收获机的重要工作部件，而且在其他农业机械（如植物保护机械、种子精选机和干燥机等）上和一般工业部门中都有广泛的应用。根据工作原理的不同，风扇分为轴流式和离心式两大类。农业机械上广泛应用的是离心式风扇，按风压大小，离心式风扇可分为：

低压风扇，压力 $H < 980Pa$（$H < 100mm$ 水柱）；中压风扇，压力 $H = 1960 \sim 2940Pa$（$H = 200 \sim 300mm$ 水柱）；高压风扇，压力 $H = 2940 \sim 14700Pa$（$H = 300 \sim 1500mm$ 水柱）。

（1）离心风扇的工作原理和基本方程式

离心风扇由叶轮和外壳组成。动力传至风扇轴上，使叶轮高速旋转。进入叶轮的空气和叶轮一起旋转，在离心力的作用下，被排出壳外。这时，叶轮中心处产生一定的真空度，因而周围空气又不断被吸入叶轮，风扇就这样连续地进行工作。

空气在离心风扇内流动时，其能量变化情况是：外界的机械功由叶轮传给空气，使其具有一定的动压能（速度能）和静压能。具有很高速度的空气，在离开叶轮进入断面积逐渐增大的蜗形外壳时，其速度能的一部分又转为静压能。具有一定静压能和动压能的气流，最后被排出壳外。

为了确定空气在离开风扇时所具有的能量，下面分析气流通过风扇叶轮时的情况（图7-20）。

设 m 为每秒通过风扇的空气质量，$m=\dfrac{\gamma Q}{g}$，Q 为每秒通过风扇的空气体积，称为风扇的流量；γ 为空气的容重；v_1 为空气进入叶轮时的绝对速度；R_1 为叶轮的内圆半径；l_1 为绝对速度 v_1 到叶轮中心 O 的垂直距离，v_2 为空气离开叶轮时的绝对速度；R_2 为叶轮的外圆半径；l_2 为绝对速度 v_2 到叶轮中心的垂直距离；α_1、α_2 为气流速度 v_1、v_2 和在该处叶轮圆周速度方向之间的夹角。

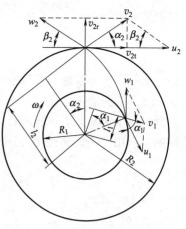

图 7-20　风扇工作的示意图

质量为 m 的气体，在风扇叶轮进口和出口处的动量矩分别为

$$M_1 = m v_1 l_1 = m v_1 R_1 \cos\alpha_1$$
$$M_2 = m v_2 l_2 = m v_2 R_2 \cos\alpha_2 \qquad (7\text{-}15)$$

因此，在风扇叶轮进出口处，每秒所流过空气（单位流量）的动量矩的变化为

$$\Delta M = M_2 - M_1 = m(v_2 R_2 \cos\alpha_2 - v_1 R_1 \cos\alpha_1)$$
$$= \frac{\gamma Q}{g}(v_2 R_2 \cos\alpha_2 - v_1 R_1 \cos\alpha_1) \qquad (7\text{-}16)$$

根据动量矩定理，单位时间内动量矩的变化，应等于外界施加的力矩。因此，风扇轴上的力矩

$$M = \frac{\gamma Q}{g}(v_2 R_2 \cos\alpha_2 - v_1 R_1 \cos\alpha_1) \qquad (7\text{-}17)$$

将上式两边各乘以风扇的角速度 ω，则得风扇消耗功率为

$$N = M\omega = \frac{\gamma Q}{g}(v_2 R_2 \cos\alpha_2 - v_1 R_1 \cos\alpha_1)\omega \qquad (7\text{-}18)$$

从图 7-20 可知，空气的绝对速度 v 是由沿叶片方向移动的相对速度 w 和随叶轮转动的牵连速度（即圆周速度）$u = \omega R$ 两者所合成的。将 u 代入，上式可改写为

$$N = \frac{\gamma Q}{g}(v_2 u_2 \cos\alpha_2 - v_1 u_1 \cos\alpha_1) \qquad (7\text{-}19)$$

理论上每立方米空气所获得的能量（压力）为

$$p_1 = \frac{\gamma}{g}(v_2 u_2 \cos\alpha_2 - v_1 u_1 \cos\alpha_1) \qquad (7\text{-}20)$$

由于空气是近于径向进入风扇的，速度 v_1 和 u_1 间的夹角 $\alpha \approx 90°$，于是

$$p_1 = \frac{\gamma}{g} v_2 u_2 \cos\alpha_2 \qquad (7\text{-}21)$$

式（7-21）称为风扇的基本方程式，它仅表示风扇产生的理论压力，并没把风扇里的任何损失计算在内。实际上，气流在通过风扇时要产生涡流，对叶片的冲击和摩擦等，不可避免地要损失一定的能量。因此，每立方米空气通过风扇后获得的能量（实际压力 p）远小于理论压力 p_l，即

$$p = \eta\, p_1 = \frac{\eta\gamma}{g} v_2 u_2 \cos\alpha_2 \qquad (7\text{-}22)$$

式中　η——风扇的效率，随风扇流量 Q 的不同而改变，而且在很大程度上与制造质量有关。在农业机械上，风扇的效率 η 为 $0.45 \sim 0.60$。

如果令 $\Psi = \eta \dfrac{v_2 \cos\alpha_2}{u_2} = \eta \dfrac{v_{2\tau}}{u_2}$，则

$$p = \Psi \frac{\gamma}{g} u_2^2 \qquad\qquad (7\text{-}23)$$

式中　Ψ——压力系数，是一个无因次参数。可以认为是气流全压与速度为 u_2 的假想气流的动压之比。

对于一个风扇，其风压和流量具有一定的关系。为了说明流量，转速和叶片形状对风压的影响，利用图 7-20 的速度三角形可得以下关系：

$$\cot\beta_2 = \frac{u_2 - v_2\cos\alpha_2}{v_{2r}}$$

$$v_2\cos\alpha_2 = u_2 - v_{2r}\cot\beta_2 \qquad\qquad (7\text{-}24)$$

因此，式（7-23）可写为

$$p_1 = \frac{\gamma u_2}{g}(u_2 - v_{2r}\cot\beta_2) \qquad\qquad (7\text{-}25)$$

由此可以看出：

① 理论风压 p_1 随叶轮外圆切线速度 u_2 的增加而增加，即随叶轮半径 R 及角速度 ω 的增加而增加。

② 由于上式有角度 β_2，因此叶片的几何形状对理论风压 p_1 也有影响。如图 7-21 所示，相对于叶轮的旋转方向，向后弯的叶片 ［图 7-21（a）］

$$\beta_2 < 90°, \quad \cot\beta_2 > 0, \quad p_1 < \frac{\gamma u_2^2}{g}$$

外端是径向的叶片 ［图 7-21（b）］

$$\beta_2 = 90°, \quad \cot\beta_2 = 0, \quad p_1 = \frac{\gamma u_2^2}{g}$$

向前弯的叶片 ［图 7-21（c）］

$$\beta_2 > 90°, \quad \cot\beta_2 < 0, \quad p_1 > \frac{\gamma u_2^2}{g}$$

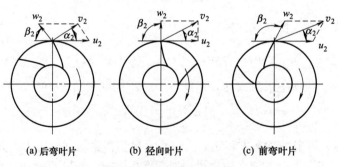

(a) 后弯叶片　　　　(b) 径向叶片　　　　(c) 前弯叶片

图 7-21　风扇叶片的形状

由此可见，随角度 β_2 的增大，理论风压 p_1 增加。向前弯的叶片所产生的 p_1 最大，多应用于中压及高压风扇。而叶片向后弯时，虽然风压比较低，但相邻两叶片所形成的风道的断面比较狭长，由内向外逐渐增大，叶片对气流的引导比较好，涡流损失少，效率较高。因此，在低压风扇和水泵中，多采用向后弯的叶片。

③ 空气的理论流量 Q_1 对理论风压 p_1 的影响，可以从叶轮外圆处气流绝对速度 v_2 的径

向分量 v_{2r} 的影响看出来。

$$Q_1 = \pi D_2 b v_{2r} = 4\frac{b}{D_2} \times \frac{v_{2r}}{u_2} \times \frac{\pi D_2^2}{4} u_2 \qquad (7\text{-}26)$$

式中　b——叶轮的宽度。

令
$$\phi = 4\frac{b}{D_2} \times \frac{v_{2r}}{u_2}$$

则
$$Q_1 = \phi\frac{\pi D_2^2}{4} u_2 \qquad (7\text{-}27)$$

式中　ϕ——流量系数,是一个无因次系数,可以认为是实际空气的流量与以假想速度 u_2 通过孔径为 D_2 的气流流量之比。

$$v_{2r} = \frac{Q_1}{\pi D_2 b} \qquad (7\text{-}28)$$

将式 (7-28) 代入式 (7-25) 得

$$p_1 = \frac{\gamma u_2}{g}\left(u_2 - \frac{Q_1 \cot\beta_2}{2\pi R_2 b}\right) \qquad (7\text{-}29)$$

显然,在不同的 Q_1 时,理论风压 p_1 将不同。将二者的关系绘制出来,即得风扇的理论特性曲线 (图 7-22)。

(2) 风扇的特性曲线

由于以上分析没有考虑风扇中各项能量损失,因而得出的关系只是理论值。实际上,当空气在风扇的叶轮中通过时,不可避免地会产生涡流、冲击和摩擦等损失。因此,风扇的实际压力必小于理论压力,$p < p_1$;实际流量也必小于理论流量,$Q < Q_1$。因为各项损失的计算较复杂且不准确,以上分析的各参数实际上靠用试验的方法来测定。试验时,保持风扇的转速 n 不变,测定其他各参数的数值。当风扇的转速 n 一定时,风压 p (包括动压 p_d 和静压 p_s)、功率 N 和效率 η 等随风扇流量 Q 的变化曲线,称为风扇的有因次特性曲线 (因为各参数是有单位的),如图 7-23 所示。风扇的特性曲线,是风扇本身的固有特性,对于同一个风扇是不变的。至于在特性曲线上的哪一点工作,要看风扇的具体使用情况 (外部管道阻力情况)。

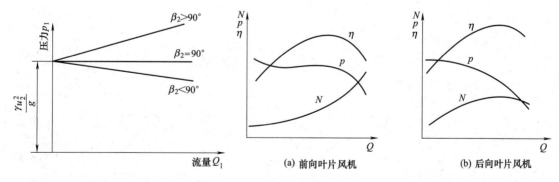

图 7-22　风扇的理论特性曲线　　　　图 7-23　离心通风机的性能曲线

不同的风扇,其特性曲线是不同的。p-Q 曲线比较平坦的风扇,适用于流量变化范围较大而要求压力变化较小的场合,而 p-Q 曲线较陡的,适用于压力变化较大而不允许流量变化太大的场合。选用风扇时,最好使其工作区域在效率 η 的最大值附近。

在农业机械上,绘制特性曲线时,常以风扇的工作条件系数 K 为横坐标。K 的数值为

$$K = \sqrt{\frac{p_{\mathrm{d}}}{p_{\mathrm{d}} + p_{\mathrm{s}}}}$$

纵坐标为相当于风扇转速 $n = 1000\mathrm{r/min}$ 时的空气流量 Q、全压力 p、静压力 p_{s}、功率 N 和效率 η。这样绘出的各项性能参数随工作条件系数 K 的变化曲线，称为风扇的无因次特性曲线（因为 K 没有因次），用相似原理设计风扇时很方便。

（3）风扇的相似率及其应用

风扇的特性曲线，表明了对于一个风扇，在某一转速下，其风压、功率和效率等随流量不同的变化情况。但是对于不同的风扇，或同一个风扇在不同转速时，其性能如何呢？现在我们讨论风扇的相似律及其应用。

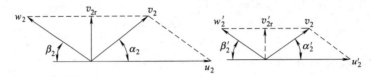

图 7-24　速度三角形

两个相似的物体，各处的长度和面积都成比例，而角度保持不变。对于两个或一组风扇来说，如果它们的叶片形状相同（角度 β 不变），所有尺寸都成比例，则称这一组风扇相似。两个相似的风扇，如果二者的无因次特性曲线工作条件系数 K 相同，则二者叶轮中气流的绝对速度 v_2 和 v_2' 的方向是相同的（图 7-24），即 $\alpha_2 = \alpha_2'$。因此，二者的速度三角形是相似的。根据相似三角形对应边成比例的关系可得

$$\frac{v_{2\mathrm{r}}}{v_{2\mathrm{r}}'} = \frac{v_2}{v_2'} = \frac{u_2}{u_2'} = \frac{D_2 n}{D_2' n'} \tag{7-30}$$

两个风扇的流量分别为

$$\begin{aligned} Q_1 &= \pi D_2 b v_{2\mathrm{r}} \\ Q_1' &= \pi D_2' b'\, v_{2\mathrm{r}}' \end{aligned} \tag{7-31}$$

二者之比

$$\frac{Q_1}{Q_1'} = \frac{\pi D_2 b v_{2\mathrm{r}}}{\pi D_2' b' v_{2\mathrm{r}}'} = \frac{D_2 b}{D_2' b'} \times \frac{D_2 n}{D_2' n'} \tag{7-32}$$

因此

$$\frac{Q_1}{Q_1'} = \left(\frac{D_2}{D_2'}\right)^2 \left(\frac{b}{b'}\right) \left(\frac{n}{n'}\right) = \left(\frac{D_2}{D_2'}\right)^3 \left(\frac{n}{n'}\right) \tag{7-33}$$

两个风扇的全压力分别

$$p = \frac{\eta \gamma\, v_2 u_2 \cos\alpha_2}{g}$$

$$p' = \frac{\eta' \gamma'\, v_2' u_2' \cos\alpha_2'}{g} \tag{7-34}$$

二者之比

$$\frac{p}{p'} = \frac{v_2 u_2}{v_2' u_2'} = \left(\frac{D_2 n}{D_2' n'}\right)^2 = \left(\frac{D_2}{D_2'}\right)^2 \left(\frac{n}{n'}\right)^2 \tag{7-35}$$

两个风扇所消耗的功率分别为

$$N = \frac{pQ}{1000}$$

$$N' = \frac{p'Q'}{1000} \tag{7-36}$$

二者之比

$$\frac{N}{N'} = \frac{pQ}{p'Q'} = \left(\frac{D_2}{D_2'}\right)^2 \left(\frac{n}{n'}\right)^2 \times \left(\frac{D_2}{D_2'}\right)^3 \left(\frac{n}{n'}\right) \tag{7-37}$$

因此

$$\frac{N}{N'} = \left(\frac{D_2}{D_2'}\right)^5 \left(\frac{n}{n'}\right)^3 \tag{7-38}$$

式（7-33）、式（7-35）、式（7-37）称为风扇的相似律。对于同一个风扇，上式可简化为

$$\frac{Q_1}{Q_2} = \frac{n_1}{n_2} \tag{7-39}$$

$$\frac{p_1}{p_2} = \left(\frac{n_1}{n_2}\right)^2 \tag{7-40}$$

$$\frac{N_1}{N_2} = \left(\frac{n_1}{n_2}\right)^3 \tag{7-41}$$

式（7-39）、式（7-40）、式（7-41）指出，当外界管路的情况不变时，风扇的流量 Q 与转速 n 成正比，风压 p 与 n^2 成正比，而消耗的功率 N 与 n^3 成正比。并且，应用这三个式子，可以把风扇在某一转速下的特性曲线换算成其他任一转速的特性曲线。

在一组相似风扇中，当流量为 $1\text{m}^3/\text{s}$ 时，为了产生 9.8Pa 的全压力，风扇每分钟应具有的转数 n_s 称为该组风扇的比转数；必须指出，我们不能将风扇的比转数 n_s 和它实际运转时所需要的转速 n 混淆起来。由式（7-33）和（7-35）得

$$\frac{1}{Q} = \left(\frac{D_s}{D}\right)^3 \left(\frac{n_s}{n}\right)$$

$$\frac{9.8}{p} = \left(\frac{D_s}{D}\right)^2 \left(\frac{n_s}{n}\right)^2$$

从上式消去 $\dfrac{D_s}{D}$，得

$$n_s = \frac{Q^{\frac{1}{2}}}{p^{\frac{3}{4}}} n = n Q^{\frac{1}{2}} \left(\frac{9.8}{p}\right)^{\frac{3}{4}}$$

比转数 n_s 与风扇叶片的形状和尺寸有关。根据比转数的不同，可将风扇分为低比转数风扇（$n_s < 50$）、中比转数风扇（$50 < n_s < 100$）和高比转数风扇（$n_s > 100$）。

在设计离心风扇时，比转数是一个重要参数。

（4）风扇的机械相似法设计

用这种方法设计时，需找一个与设计的风扇类似的风扇作为模型，并且模型风扇的特性曲线是已知的。然后，根据模型风扇的数据计算所设计风扇的尺寸和转速，以满足必需的流量 Q 和风压 p。由于这种方法是建立在试验基础上的，所得的结果比较准确可靠。

如果模型风扇的参数为 Q，p，D_1，D_2，b，n，N，需设计的风扇为 Q_x，p_x，D_{1x}，D_{2x}，b_x，n_x，N_x。

根据式（7-33）、式（7-35）和式（7-37）得

$$\frac{Q_x}{Q} = \left(\frac{D_x}{D}\right)^3 \left(\frac{n_x}{n}\right)$$

$$\frac{p_x}{p} = \left(\frac{D_x}{D}\right)^2 \left(\frac{n_x}{n}\right)^2$$

$$\frac{N_x}{N} = \left(\frac{D_x}{D}\right)^5 \left(\frac{n_x}{n}\right)^3$$

将以上三式简化后得

$$n_x = n\frac{Q_x D^3}{Q D_x^3}$$

$$D_x = D\sqrt[4]{\frac{p Q_x^2}{p_x Q^2}}$$

$$N_x = N\frac{D_x^5 n_x^3}{D^5 n^3}$$

从模型风扇的无因次特性曲线上，查得在一定工作条件系数 K（取决于动压和全压的比值）时的流量 Q、风压 p 和功率 N 后，应用上面的公式，即可算出所设计风扇的直径 D_x、转速 n_x 和消耗的功率 N_x。

7.4.2 风扇的计算

（1）主要设计参数

计算风扇的原始数据是空气的流量 Q、全压力 p 及出风口处气流的平均速度。

①空气的（质量）流量 Q　空气的流量与进入清粮装置的轻夹杂物质量 q_1 成正比，即

$$Q = \frac{q_1}{\mu} \tag{7-42}$$

式中　μ——考虑到轻夹杂物质量与空气量之比的系数，$\mu = 0.2 \sim 0.3$。

② 气流的工作速度 v　气流的工作速度应是轻夹杂质漂浮速度的 α 倍，即

$$v = \alpha v_p$$

对于长度为 200mm 左右的茎秆，$\alpha = 1.1 \sim 1.7$；对于颖壳 $\alpha = 1.9 \sim 3.9$；对于糠 $\alpha = 2.5 \sim 5.0$。

③ 风扇的全压 p　$p = p_s + p_d$。

风扇的静压 p_s 根据工作条件系数选定，一般双筛结构为 $196 \sim 247 Pa$。单筛结构为 147Pa 左右。

风扇动压
$$p_d = \frac{\gamma}{2g} v^2$$

（2）风扇结构参数间的关系

风扇的结构参数，习惯上用它相当于叶轮外径 D_2 的百分数来表示。在实际设计风扇时，可参考计算值进行比较选择。

输送谷粒的通用型高压风扇（图 7-25），大多是采用单面进气的，并采用螺线型壳体，壳体扩展段尺寸 $A = (0.20 \sim 0.25)D_2$，叶片的宽度 $b = (0.11 \sim 0.12)D_2$，叶轮的内径 $D_1 \approx 0.34 D_2$。

输送麦秸和颖壳的风扇 [图 7-25（b）]，其外壳的螺线扩展段尺寸 $A = (0.30 \sim 0.35)D_2$，叶轮内径 $D_1 = (0.50 \sim 0.55)D_2$，叶片宽度 $b = (0.2 \sim 0.4)D_2$，壳体宽度 B 稍大于叶片宽度 b，输送物料通过叶轮，叶片数一般不多于 6 片，设计时应注意防止缠草。

联合收获机、脱粒机和一些清选机上采用的农用型风扇 [图 7-25（c）]，大多是双面进气的，叶片平直，外形一般为矩形（切角或不切角），切角叶片能使气流沿出口宽度方向的

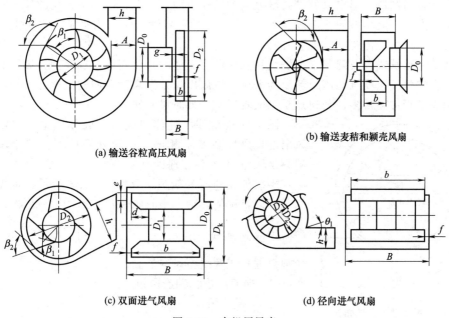

(a) 输送谷粒高压风扇

(b) 输送麦秸和颖壳风扇

(c) 双面进气风扇

(d) 径向进气风扇

图 7-25　农机用风扇

不均匀性得到改善。叶轮内径 D_1，不切角时为 $(0.5 \sim 0.6)D_2$，切角时为 $(0.35 \sim 0.50)$ D_2 叶轮的端部内径等于或略小于壳体进气孔直径 D_0；$D_0 = (0.65 \sim 0.80)D_2$，壳体出风口高度 $h = (0.4 \sim 0.6)D_2$；壳体宽度 $B = (1 \sim 2)D_2$，风扇壳体一般为圆筒形或为螺线形，$A = (0.1 \sim 0.2)D_2$，风扇叶片数 $Z = 4 \sim 6$。

图 7-25 (d) 为径向进气风扇，它能从风扇的整个宽度上进气，沿宽度方向气流比较均匀，因此可以做得较宽，风扇叶片为前弯式，叶轮内径 $D_1 \approx 0.8D_2$，叶片数 $Z = 8 \sim 28$。

高、中压风扇一般具有吸气嘴 [图 7-25 (a)]，吸气嘴与叶轮之间的间隙 g 为 $0.01D_2$，叶轮与壳体之间的间距 f 为 $0.05D_2$。农用型风扇一般无吸气嘴，叶轮与壳体之间的间隙 f 约为 $0.03D_2$。

（3）风扇的壳体

风扇的壳体一般多用薄钢板焊接或铆接而成，低压风扇壳体厚 1.0～1.5mm，中压风扇壳体厚 2.5mm，高压风扇壳体厚 3mm 以上。

农机风扇采用的壳体有圆筒型及螺壳（螺线）型（图 7-26）。圆筒型壳体构造简单，外

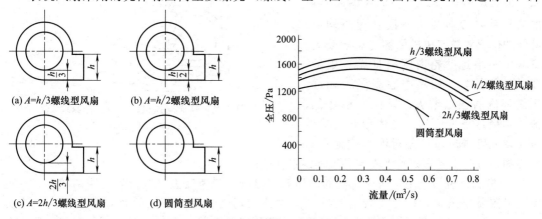

(a) $A = h/3$ 螺线型风扇

(b) $A = h/2$ 螺线型风扇

(c) $A = 2h/3$ 螺线型风扇

(d) 圆筒型风扇

图 7-26　螺线型与圆筒型壳体风扇的比较

壳尺寸小，容易制造。但出口处沿高度方向的风速不均匀，上、中、下各层的气流速度由上往下逐渐增大，一般相差的比例约为1：1.5：2，这种特性有时可用来满足农业机械上的一些特殊要求。风扇壳体与叶轮为同心圆，直径为 $(1.05\sim1.02)D_2$。螺线型壳体一般有对数螺线、阿基米德螺线以及阿基米德螺线和圆弧混合而成的几种壳体。螺线型壳体，能使一部分叶轮产生的气流速度（动压）转变为静压，风扇出口处沿高度方向的流速分布较均匀，效率亦较圆筒型壳体高得多，其缺点是制造较复杂，外壳尺寸较大。

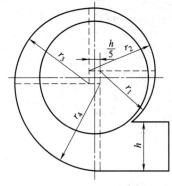

图 7-27　螺线型风扇外壳的构成方法

图 7-26 是螺线型壳体与圆筒型壳体风扇的比较，图中风扇的出风口高度 h 相同，风扇外径相等。三种螺线型风扇只是 A 值不等，分别为 $A=h/3$，$h/2$，$2h/3$。

螺线外壳的简易构成方法如图 7-27 所示，首先以 $h/5$ 为边，以风扇的转轴为中心画一正方形，而后依次以该正方形的顶点为圆心，以 $r_1\left(r_1=\dfrac{D_2}{2}+\dfrac{h}{10}\right)$、$r_2$、$r_3$ 和 r_4 为半径画弧即构成螺线型风扇外壳。

7.4.3　横流风机和轴流风机

（1）横流风机

① 横流风机的结构和工作原理　横流风机又称贯流风机或径向进气风机，其结构如图 7-28 所示。它由叶轮、蜗壳及蜗舌等组成。叶轮为多叶式、长圆筒形，一部分敞开，另一部分被蜗壳包围。蜗壳两侧没有像离心风机那样的进风口。叶轮回转时，气流从叶轮敞开处进入叶栅，穿过叶轮内部，从另一面叶栅处排入蜗壳，形成工作气流。

气流在叶轮内的流动情况很复杂，而且叶轮内的气流速度场是非稳定的。根据观察，在叶轮内有一个旋涡（图 7-28），旋涡中心位于蜗舌附近。旋涡的存在，使叶轮输出端产生循环流；在旋涡外，叶轮内的气流流线呈圆弧形。因此，在叶轮外圆周上各点的液体速度是不一致的；越靠近涡心，速度越大，越靠近涡壳，则速度越小。由此可见，在风机出风口处气流速度和压力是均匀的，因而风机的流量系数 $\overline{Q}$ 及压力系数 $\overline{P}$ 是平均值。旋涡的位置对横流风机的性能影响较大。旋涡中心接近叶轮内圆周且靠近蜗舌，风机性能较好；旋涡中心离涡舌较远，则循环流的区域增大，风机效率降低，流量不稳定程度增加。壳体形状、蜗舌位置及风机进出口压差对涡心位置有明显影响，目前主要靠试验来决定各尺寸的最佳范围。

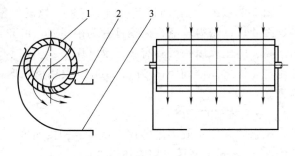

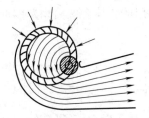

图 7-28　横流式风机结构及工作原理
1—叶轮；2—蜗舌；3—蜗壳

② 横流风机的应用　横流风机的动压高、出口气流速度大、气流到达距离较远；它的宽度可按需要选定，在宽度较大时气流速度比较均匀，因此虽然效率较低（最高效率为35％～60％），仍在低压通风换气、空调、车辆及家用电器上得到广泛应用。在谷物联合收

获机及脱粒、清粮机上，用离心风机作清粮风机时气流速度很不均匀，影响了清粮室的工作性能，而横流风机能得到均匀的气流，且不受宽度的限制。因而近年来将横流风机用于清粮风机的研究得到广泛的重视。

（2）轴流风机

① 轴流风机的结构和工作原理　在离心风机中，气流在叶轮内的流动是径向的，而在轴流风机中，气流在叶轮内是沿轴向流动的。

轴流风机由整流罩、叶轮、导叶、整流体、集风器及扩散筒等组成（图7-29）。其中叶轮是

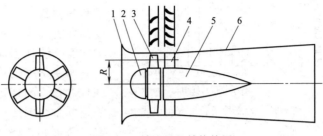

图 7-29　轴流风机结构简图
1—集风器；2—整流罩；3—叶轮；4—导叶；5—整流体；6—扩散筒

回转的，称为转子，其他部分则是固定的。工作时气流从集风器进入，通过叶轮使气流获得能量，然后流入导叶，使气流转为轴向；最后，气流通过扩散筒，将部分轴向气流的动能转变为静压能。气流从扩散筒流出后，输入管路中。

② 轴流风机的基本类型

a. 无导叶的单独叶轮［图7-30（a）］。这是最简单的一种类型，这种类型的轴流风机结构简单、制作方便、价格便宜，故在风机中应用很广，主要用于厂房的通风换气。

b. 叶轮配后导叶［图7-30（b）］。气流可无冲击地进入后导叶并在后导叶叶道中转变成轴向，减少了损失。这一类型的风机压头和效率都比前者高，现在最高效率已可达90%左右，在风机中应用最普遍。同一风机，叶片有不同安装角时最佳工况范围不同，使用者可根据使用条件选购。近年来已研制成叶片安装角可调的轴流风机，扩大了风机的使用范围并提高了工况变化时风机的效率。

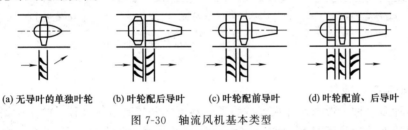

(a) 无导叶的单独叶轮　(b) 叶轮配后导叶　(c) 叶轮配前导叶　(d) 叶轮配前、后导叶
图 7-30　轴流风机基本类型

c. 叶轮配前导叶［图7-30（c）］。导叶装在叶轮之前，气流通过导叶再进入叶轮。气流进入导叶时为轴向，这种配置型式具有较高的压力系数，但叶轮中相对速度 ω 较大，因而损失较大，效率较低，一般 $\eta=0.78\sim0.82$。常用于要求风机体积小的场合，如车用发动机的风冷设备等。

d. 叶轮配前后导叶［图7-30（d）］。这类风机是上面两种风机的结合，由于多了一排导叶，使结构复杂，实际上很少采用。将前导叶做成角度可调，其效果较好，常用于多级轴流风机。

7.5　种子加工机械

7.5.1　种子清选原理的确定

在本章第一节谷物清选机械中已讲述谷物清选的主要原理与机械，其中风选、筛选、窝眼选和比重（相对密度）选应用最广，对谷物清选基本能满足要求。种子因品种多、形态差

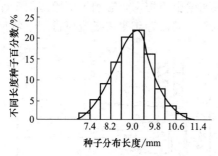

图 7-31　大麦种子长度分布曲线

异大，往往还需辅以其他清选方法，才能将各种杂质和异类种子清除掉。即使是风选、筛选等常用原理，也有初选、精选之分，清选时应依据物料中种子和各种其他成分的特性分布关系来确定。以按长度特性清选大麦种子为例，首先要逐粒测定大麦种子长度，统计不同长度区段的种子百分数，可获得其分布关系的直方图，通过计算可得频率曲线图（图 7-31），同理可得大麦种子中杂草种子长度分布的频率曲线图。再分别测出大麦和杂草种子厚度和宽度分布的频率曲线图，将它们绘在一起（图 7-32）。从图 7-32 明显看出，大麦和杂草种子按厚度分布的曲线重叠，无法采用长孔筛将它们分离，按宽度分布的曲线略好，用圆孔筛可以部分分离，按长度分布的曲线是截然分开的，因此可以确定必须用窝眼筒来完成清选任务。

如果所测的三种特性中，均无两条曲线截然分开时，那就再考虑其他特性（如气流、摩擦等）。如果所有特性分布曲线中最好的频率曲线还是类同，如图 7-32 宽度分布那样，那么就用圆孔筛，将孔径定在 $1'$ 点，获得图中右边的大麦种子，左边的大麦种子混在杂草种子中，需经第二种、第三种……分选原理逐步将其选出。也可先用孔径为 $2'$ 的圆孔筛去掉图中左边的杂草种子，再用其他原理分出夹在大麦种子中的杂草种子。

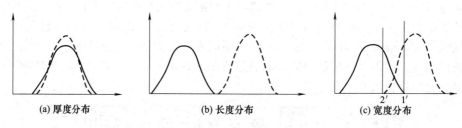

图 7-32　大麦种子和杂草种子尺寸分布

…大麦种子；—杂草种子

7.5.2　常用种子处理机具

作物品种多，种子形态差异很大。为了顺利清选和提高清选后种子的实际播种质量，需要准备不同的前处理和后处理机具。属于前处理的机具有脱粒机、除芒机、刷种机、剥裂机、脱绒机、脱籽机、酸性机等。属于后处理的机具有拌药机、包衣机、丸化机、擦皮机、照射机、高低频电流处理机等。

在上述各种处理机具中，多数只是在特殊情况下才使用。玉米种子收获时籽粒含水率为 $30\%\sim35\%$。无法直接脱粒，但可以摘穗收获，待干燥到含水率 $18\%\sim20\%$ 时再脱粒。稻类和麦类中有些品种带芒，蔬菜、牧草中，带芒种子更不少见，有的则带茸毛，应该用除芒机（图 7-33）或刷种机（图 7-34）去掉芒刺和茸毛。刷掉表面附属物，才能减少种子相互缠绕，提高流动性，便于清选，在以后需要包衣和丸化时，也有利于药剂等向种子黏附。多粒甜菜种子为聚合果球，为了节约种子和减少间苗工作量，需要首先采用剥裂机将果球剥成单粒，然后再进行磨光、清选和其他作业。棉花种子表面残留有 12% 左右的短绒，不仅妨碍种子加工，还影响到播种，特别是单粒精播。因此必须脱绒，除机械式锯齿剥绒机和磨料剥绒机外，采用更多的是化学法，如浓硫酸、稀硫酸、盐酸蒸气等。20 世纪 80 年代在稀硫酸脱绒基础上发展起来的泡沫酸脱绒成套设备在我国棉区占有较大比例，它利用发泡剂使硫酸起泡容易渗入短绒，再在滚筒烘干机中加热，使硫酸浓缩，短绒被水解、炭化，经搅拌脱下 70%~80%短绒，再经氨碱中和掉种子上的残酸，便可用常规机具清选和包衣。

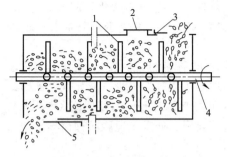

图 7-33　除芒机结构示意图
1—除芒杆；2—观察窗口；3—喂入调节门；
4—转动轴；5—排出口调节活门

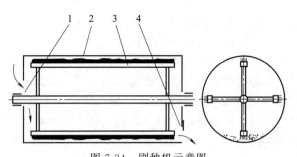

图 7-34　刷种机示意图
1—进料口；2—金属网外壳；3—尼龙刷；4—出口

西瓜、甜瓜、番茄、青椒等许多蔬菜种子成熟时，还是被包在多汁的果肉中，在清选之前，有较多的前处理工作，统称为湿加工，湿加工典型的工艺流程是：喂料—破碎—分离（种子和种果的皮、汁、肉分离）—清洗去杂—酸处理去胶膜—漂洗去残酸和胶—甩去自由水—干燥。至此获得的种子才可进行清选后处理等常规的加工程序。在湿加工过程中，常用的机具有包括破碎、分离等在内的脱籽机、酸洗机、甩干机等。

种子经过后处理，可以提高种子自身质量，后处理机具中用得最多的是包衣机。包衣是将一定量超微粉碎的农药、化肥和其他配套助剂，与成膜固结胶等混合成一定酸碱度和黏度的种衣剂，在向包衣机（图7-35）喂入种子的同时，种衣剂也按不同作物规定的配比被注入或甩向种子表面，表面粘有种衣剂的种子再进入机器的搅拌部分，在机器的不断搅拌和种子的相互搓擦下，种衣剂在种子籽粒之间和种子外表的不同部位均匀摊开，并同时在种子表面固结一层牢固的种衣薄膜。喷洒时雾化度高、喂料均匀、种衣剂中各物料粉碎度好，搅拌时扰动大、时间长，均会提高包衣质量。

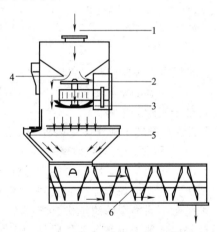

图 7-35　CT2-10型种子包衣机示意图
1—入料口；2—种子甩盘；3—药剂甩盘；
4—种子喂入量调节旋钮；5—清洁刷；6—搅龙

与包衣类似的还有丸化。丸化主要用于小粒和流动性差的种子，丸化时液、粉分别施加，多次逐层包覆，所获得的最终结果是尺寸基本相同的圆丸，增大了种子的外形尺寸，提高了投播种子的质量和流动性，利于单粒精播。发达国家的番茄、甜菜、青椒及许多花卉种子都是丸化后播种的。对于牧草和林木种子，有时将丸化种子做成饼状，使它们着地稳定，便于在丘陵山地采用高效的飞机播种。丸化的要求是最大的单粒率、足够的丸壳强度和良好的丸壳吸潮崩解度。丸粒尺寸应均匀，个别丸壳过厚的大粒丸要重新加工。丸化种子包层厚、水分大，必须及时烘干。

丸化机按工作原理分为模压式、漂浮式和旋转式等。旋转式（图7-36）应用较多，其主要工作部件是一个由皮带带动旋转的斜置丸化罐，结构简单，适用性广。投放一定量种子后，再分批喷水和加粉，到一定时间取出过筛。其不足是作业时劳动强度较大。目前发展出的滚筒式，种子沿轴向移动时，依次多点喷液加粉，自动流水作业。

豆科牧草中常有硬实种子，透气性、吸水性差，发芽率低，小粒的苜蓿、紫云英等尤甚，采用擦皮机处理，有时可将硬实种子的发芽率提高30%～40%。

照射处理主要是用C_0^{60}-γ射线（图7-37），小剂量刺激可促进酶的活化，起催芽作用，视不同作物可分别增产10%～90%，还能改善品质，如西瓜糖分、麦类蛋白质都有一定增加，其增效作用还能延续数代。

高、低频电流处理能使种子内部升温、细胞原生质处于活跃和兴奋状态，增加其氧化还原作用和酶的活性，播后获得早熟和增产效果。这种处理方法空载损失少，能耗低。低频处理可用220V室电，操作方便、结构简单，主要装置是一个可以盛水和种子的处理箱（图7-38），箱内两端有两块极板，种子入箱，加水浸没后，即可通电处理。处理工况随品种而异，一般处理时间为15～50min，处理电流密度为0.25～2.00mA/cm^2。

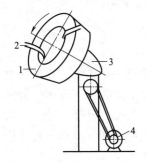

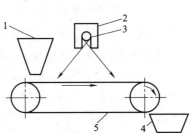

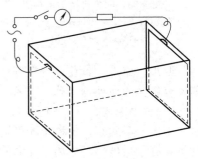

图7-36　旋转式种子丸化机　　图7-37　放射线照射示意图　　　　图7-38　种子处理箱

1—丸衣罐；2—液体喷射装置；　　1—料斗；2—屏蔽套；

3—传动装置；4—电动机　　　　3—放射源；4—集中箱；5—传送带

低频电处理能使存放期长、发芽率已明显下降的小麦、黄瓜和番茄种子提高发芽率2%～15%。应注意的是，不同品种有不同的处理工况。另外，低频电处理法对白菜、萝卜等十字花科种子实际效果差。

7.5.3　种子加工成套设备和种子加工厂

（1）种子加工成套设备

了解被加工种子物料的物理特性，确定应选用的清选原理，按加工要求选定清选机具和处理机具是安排种子加工的基础。实践证明，要获取符合国家标准、满足生产要求的种子，必须配备不同类型的清选机具连续作业，才能最大限度地清除掉包括异类种子在内的各种杂质，并通过种子包衣等各种后处理工序来提高种子质量，改善发芽和苗期生长条件，达到增产、优质的目的。

随种子加工机械品种的增加和技术水平的提高，以及种子加工规模的扩大和配套设备的完善，过去的单机作业已逐步让位于种子加工成套设备。在这里，通过运输、提升等各种辅助装置把进料、初清一直到最后的计量、包装和出袋等环节的机具，完整地连成一体，协调一致地进行流水作业。

（2）种子加工工艺

不同种子间物理特性差异很大，所采用的清选机具和处理机具难以一致。即使同一类作物，由于品种的不同、成分的差异，以及加工目标有区别等原因，对于加工多种作物的通用性种子加工成套设备，甚至专用性（如玉米、麦类、蔬菜等）种子加工成套设备，都会在进料位置、种子流动途径和终端要求（如是否即时包衣）等方面有不同的选择。此外，有些机具的前后配置也因情况而异。因此，工艺流程设计就要切实反映出用户的意愿、品种和不同物料的适应性、加工质量的可靠性、作业成本的经济性、环保要求的确保性等要求。

① 确定种子加工工艺流程的基本原则　制约工艺流程的因素很多，具体情况又千差万别，但有一些基本原则是应遵循的：

a. 设计生产率应以当地全年各季不同作物的最大加工量为依据，并顾及近年可能有的发展变化。

b. 在满足国家规定种子质量标准和最大获选率前提下，做到机具最少、流程最短、流程可组配方案最多、管理服务人员最少。

c. 加工流水线上成套设备的单机，应该与生产率匹配。最前段的机器生产率比最后段的生产率稍大是允许的，必要时可考虑双机并联。

d. 玉米收获时，种子含水率经常高达30％，一般应采用两级烘干制，先将果穗在烘干室干燥到含水率18％左右，经脱粒后再将籽粒干燥到安全水分。

e. 目前广泛使用的种衣剂基本都含有剧毒杀虫剂呋喃丹，为了人、畜等的安全，包衣后种子的称量、包装应使用单独的专用设备。包衣最好在独立的房舍内操作，并要防止废水和粉尘污染环境。包衣种子不能转粮转饲，故应严格以需定产。

f. 每批来料条件和产品需求均不尽相同，应在总料口外辅以其他进料口和出料口，以免无谓地提升、传输，引起籽粒破损和功耗增加。

g. 比重式清选机开始喂料时，要求种子快速铺满台面，需在机器上方设置暂储箱，便于临时加大喂入量；分级机有多个出料口，为使这几种物料轮流地进入下道工序，也需要有多个暂储仓予以存放。国外一般分级机排在前面，所得的不同尺寸级别的种子进入相应的比重清选机加工，每级种子尺寸均匀，按密度（比重）分选效果好。国内为了减少比重清选机数量，或为了避免将不同尺寸级别的种子轮流送上同一台比重清选机所造成的清机麻烦，一般采用先比重清选机后分级机的顺序，它的籽粒尺寸差较大，按密度（比重）分选的效果差些。工艺流程中，要有足够的暂储仓以保证工作稳定连续。

h. 对于含杂多的物料，进烘干机前需要安排初（预）清，以使物料流动通畅，并减少火险。

② 典型种子加工工艺流程简介　描述工艺流程可用机具和设备的简图，按流程顺序排列来表示，也可将工艺（或机具）名称按引线连接来表示。后一种情况下，也可用框图，但运输设备等往往省略。

a. 稻、麦种子加工流程，见图7-39。

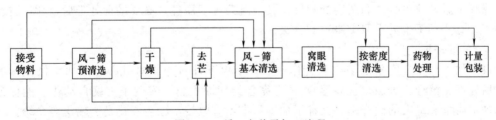

图7-39　稻、麦种子加工流程

本流程中工艺配备基本满足稻、麦种子加工所有要求，也充分考虑到不同来料和不同加工需求的工艺流程变换。

当来料的含水率和含杂率均低时，可通过提升机出料三通换向等措施，接料后越过预清选、干燥、去芒而直接进入风-筛基本清选。对于带芒稻种和大麦种子必须经过去芒。小麦中如无野燕麦和麦郎草籽时，可不经窝眼清选。水稻种子一般需用窝眼选，以排除杂草种子和米粒。药物处理可以是拌药、包衣和丸化，如种子用途未定或留待播种前处理时，则可在比重清选后就直接计量和包装。

b. 玉米种子加工流程见图 7-40。

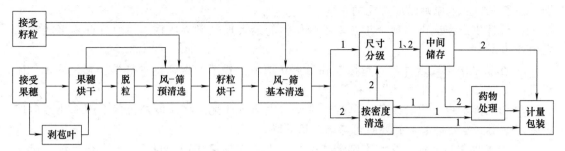

图 7-40　玉米种子加工流程

玉米种子来料可能是籽粒，也可能是果穗，二者性状差别很大，接料斗基本都是分开的。果穗含水率较高，应先入干燥室干燥，如果穗带有苞叶，则应预先剥除。如一次将果穗上的籽粒干燥到安全水分，脱粒后就可将脱出物送入风-筛基本清选；如采用两段干燥法，脱粒后的籽粒含水率为 18%～20%，还需进行籽粒烘干。

玉米精量播种要求对种子按尺寸分级，目前有先分级再将各级种子分别送入比重选（流程中路线 1），也有将来自风-筛基本清选的种子物料先经比重选后再分级的（路线 2）。

流程其他情况和稻、麦种子加工相同。

c. 蔬菜种子加工流程见图 7-41。

十字花科蔬菜种子收获时比较干燥，脱粒后杂质在尺寸和漂浮速度上与种子差异较大，用风-筛清选机易于清除。多数种子圆度较大、尺寸较匀，再加螺旋分选和比重清选可得满意结果。

图 7-41　蔬菜种子加工流程

蔬菜品种繁多，种子特性各异，因此应针对十字花科以外蔬菜的不同情况考虑多种工艺配备许多专用机具。许多蔬菜种子带有芒刺、茸毛，药物处理时采用丸化机也比较普遍，配套工艺就应有除芒、刷种和干燥。茄果类蔬菜种子应具备全套的湿加工工艺，准备好不胶连的干燥种子后，才可分选和药物处理等。其他蔬菜种子需经过必要的前处理后，才可进行其他加工。有些种子也需采取窝眼选和分级。

（3）种子加工厂

种子加工厂是最完备的多机联合作业点，不仅有针对作物对象必备的加工机械（前处理、后处理、清选、分级、包装等），还有完善的辅助设备，实现了高度自动化，能保证最佳的加工质量和最大的生产率。在种子加工厂中，有电控、除尘、排杂、输送等系统。

电控系统自动完成各机的开关，并实现互锁，如某机出现故障，其前各环节均暂时停机，以免物料堵塞泄漏，同时发出声光报警，并在中央控制室屏幕上显示故障部位；当暂储仓中的物料越过或低于料位规定的控制量时，也会自动控制停料或送料；烘干室的温度也可由自动控制供油量而加以调节。

集中除尘系统将进料地坑上扬的空气、风选机沉降室上方排出的和各机多尘部位的带尘空气，分别经各支管抽往主管，由旋风分离器或其他装置处理后，空气排入大气，尘埃沉积在底部分批排出。

排杂系统将机器排出的大、小、轻、重等杂质集中处理。因加工对象的不同，输送系统可事先设定后，准确无误地顺序流经各加工机具完成相应的作业。

种子加工厂中输送装置用得较多，气流输送运转平稳，输送方向变更方便，排尘去杂方面用得较多。斗式提升机易破伤种子，但为了要将种子物料提到各机顶部喂入，采取一些防护措施，如带速控制在 1.5m/s 以下，物料直接喂入，底轮采用鼠笼式等。输送大豆等易于破瓣的种子，宜用开式提升机或翻斗式提升机（图 7-42）。水平或角度不大的情况下，尽量采用带式输送器和振动喂料器。

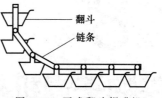

图 7-42　开式翻斗提升机

完整的种子加工厂还应根据生产的需要建立适用的原料库、中间库、成品库、办公室以及检验室等配套服务单元。

复习思考题

1. 试述不同清选原理与应用。

2. 分析种子包衣和丸粒化的优缺点。

3. 试解释下列名词：1）漂浮速度；2）风扇的相似律。

4. 试叙述清粮筛有几种形式，各有何特点，它们各适用于什么场合。

5. 某筛架机构接近于平行四杆机构，已知筛子曲柄半径 $r=50$mm；筛面倾角 $\alpha=6°$；振动方向角 $=12°$，物料与筛面的摩擦角 $\varphi=25°$。求物料在筛面上有向上和向下滑移但不发生抛起的转速范围。

6. 已知风扇在转速 $n=1000$r/min 时的风量 $Q=2.4$m³/s，全风压为 $p=220$Pa，试求与此风扇相似，但直径为其 3/4，转速为 800r/min 时的风量和全压。

第8章

谷物干燥机械

8.1 概述

使固体物体中所含的水分经过蒸发而除去水分的操作称为干燥（Drying）。谷物成熟收获后其水分一般高于可以安全储藏的水分（所谓安全水分）。因此为了防止谷物变质，提高储藏性能，需要通过自然或人工的方法对谷物进行干燥。常见的自然方法包括自然通风、摊晾、暴晒等。由于我国许多地区谷物收获季节常遇阴雨天气，无法及时晾晒，往往造成巨大的损失，特别是随着谷物联合收获机的普及使用，必须对收获后的高水分谷物进行快速干燥，因此人工机械干燥显得非常必要。利用干燥机进行谷物干燥是农业生产中的重要步骤，也是农业生产中的关键环节，是实现粮食生产全程机械化的重要组成部分。谷物干燥机械化技术是以机械为主要手段，采用相应的工艺和技术措施，人为地控制温度、湿度等因素，在不损害谷物品质的前提下，降低谷物中的含水量，使其达到国家安全储存标准的干燥技术。谷物干燥机可以缩短干燥时间，并且其干燥方式具有不受气候限制、减少谷物损耗、节省劳动力和效率高等优点。

谷物的干燥过程是一个复杂的传热传质过程，同时伴随着谷物本身的生物化学品质变化。在干燥过程中，不仅要去除多余的水分，达到安全储藏的标准，而且要保持谷物的品质不降低并尽量得到改善。干燥机械是指对谷物的堆积层供给常温，或者加热以及施加除湿的干燥空气（Drying-air），从而除去谷物水分的装置。

8.2 干燥基本知识

（1）含水率

除去湿物料中的水分之后的物体为干物质。物料中含有水分所占的比例（百分比）称为含水率，也称为水分含量。谷物中水分含量有干基和湿基两种表示方法，通常所说的谷物水分均为湿基水分，进行理论计算时常采用干基水分。

设湿谷物的质量为 G，其中干物质质量为 G_g，水分质量为 W，则干基水分 M_g 和湿基水分 M_w 分别为

$$M_g = \frac{W}{G_g} \times 100\% \tag{8-1}$$

$$M_w = \frac{W}{G} \times 100\% = \frac{W}{G_g + W} \times 100\% \tag{8-2}$$

干基水分 M_g 所采用的是干基基准，湿基水分 M_w 所采用的是湿基基准，也有将湿基水分称为水分，干基水分称为含水率，为了区分二者可以用单位（%w.b）或（%d.b）来表示。同一谷物的干基水分大于湿基水分，二者可以相互换算。

（2）含水率的测定

① 直接测定　直接法是一种基准法，通过热干燥后直接测出谷物中的绝对含水量，检

测准确度高，不会改变样品的性质，但它是一种间歇式的测量方法，测量周期较长，不能实现对粮食水分含量的连续测量，不利于提高控制指标。谷物含水率直接测定方法很多，主要有电烘箱法、红外加热法等。电烘箱法是在恒温状态下使谷物水分完全蒸发，从烘干前后谷物质量求得干物质和水分的质量而计算含水率，称为绝干法。这种测量方法依据烘箱内的温度、干燥时间、谷粒的形态（整粒或磨碎）的不同，测定值也不同，应按照标准进行测量，因此一定要注明测量时的条件。虽然测定的参数有所不同，但其测定结果都比较接近。国际有关国家规定测定标准数据见表 8-1。红外加热法可以快速加热，使测量时间缩短，但测量精度低于绝干法。

表 8-1　谷物水分直接测定的有关标准

温度范围	130~135℃	100~105℃
中国	130℃,5g,磨碎,1h	105℃,5g,磨碎,6h
日本	135℃,10g,粒,24h	105℃,5g,磨碎,5h
美国	130℃,磨碎,1~3h	100℃,粒,72~96h

　　② 间接测定　　间接法是通过检测与水分有关的物理量（如物质的电导率、介电常数等），间接地测定物质的水分含量，其测量速度快，适用于谷物水分的在线测量。间接法包括化学反应法、电导法、电容法、中子法、微波法、光学法等。但间接法测量的精度和准确度不如直接法，因此常常需要进行校正。

　　（3）平衡水分与自由水分

　　将物料放置在一定温度和一定湿度的空气中，物料将释出或吸入水分，最终达到恒定的含水量。若空气状态恒定，则物料永远维持这么多的含水量，不会因接触时间延长而改变，这种恒定含水量称为该物料在固定空气状态下的平衡水分，又称平衡湿含量或平衡含水量（Equilibrium moisture content）。空气的相对湿度越低，以及温度越高，平衡水分就变得越低。物料中的水分超过平衡含水量的那部分水分称为自由水分。

　　（4）谷物的比热容

　　使 1kg 谷物的温度升高 1℃ 所需要的热量称为谷物的比热容。含有水分的谷物可以看成是干物质和水的混合物，它的比热容可按下式计算：

$$C = [C_g(100 - M_w) + 4.1868 M_w]/100 \tag{8-3}$$

式中　C——谷物的比热容，kJ/(kg・℃)；

　　　　C_g——干物质的比热容，kJ/(kg・℃)，与谷物的种类有关，一般取 $C_g = 1.548$kJ/(kg・℃)；

　　　　M_w——谷物的湿基水分，%。

　　（5）谷物的导热性

　　谷物传导热量的能力称为导热性，以热导率表示。谷物的热导率是指 1m 厚的谷物层，在上下层温差为 1℃ 时，在 1h 内通过谷层 1m² 面积所传递的热量，其单位是 kJ/(m・℃・h)。

　　谷物的热导率一般为 0.4~0.83kJ/(m・℃・h)；水的热导率为 2.386kJ/(m・℃・h)；空气的热导率为 0.116kJ/(m・℃・h)。

　　谷物的导热性介于水和空气之间。谷物的水分越大，其导热性越好。另外，单个谷粒的热导率比谷堆要大。因此，增加谷粒与干燥介质的接触面积可以增加干燥效果。

　　（6）谷物水分的汽化潜热

　　干燥计算中需要知道谷物水分的汽化潜热，亦即谷物水分蒸发所需的热量。一般谷物中水分的汽化热较自由水分的汽化热要大一些，在低水分（水分<18%）粮食干燥时必须考虑。设 L 为小麦中水分的汽化热，L' 为自由水分的汽化热，则

$$\frac{L}{L'}=1+23\mathrm{e}^{-0.4M_\mathrm{g}} \tag{8-4}$$

式中　M_g——小麦的干基水分，%。

（7）薄层干燥与厚层干燥

一般谷物干燥是通过向堆积谷物中施加具有干燥能力的空气（干燥空气），进行通风作用来完成的。当在堆积层的通风上侧和下侧改变空气状态时，谷物的干燥状态产生差别状态的干燥称为厚层干燥（Thick layer drying），实际干燥作业属于这种状态。相对于厚层干燥，当所有的谷粒都充分地暴露在相同条件下（温度和相对湿度）的空气中而进行干燥的过程，称为薄层干燥（Thin layer drying），这只能在很薄的一层谷物中才可能实现。在薄层干燥时，所有谷粒的水分和温度都相同。表现薄层干燥速率和介质温度、湿度关系的方程叫薄层干燥方程，它是分析厚层干燥（深床干燥）的基础。

设谷物干燥速率与谷粒实际水分和平衡水分的差值成比例，即

$$\frac{\mathrm{d}M}{\mathrm{d}t}=-K(M-M_\mathrm{e}) \tag{8-5}$$

将上式积分，可得

$$M_\mathrm{R}=\mathrm{e}^{-Kt} \tag{8-6}$$

式中　M_R——谷物水分比，即当前还可去除的水分与最大可去除水分的比值，$M_\mathrm{R}=\dfrac{M-M_\mathrm{e}}{M_0-M_\mathrm{e}}$；

　　M_0——谷物初始水分（干基），%；

　　M_e——谷物平衡水分（干基），%；

　　M——谷物在干燥的某一时刻 t 的水分（干基），%；

　　K——干燥常数，与谷物种类及介质参数有关，它可以通过试验求得；

　　t——干燥时间，h。

（8）含水率与储藏性

谷物收获时含水量随地区、收获时间、气候状况以及收获方式等不同而变动。例如水稻采取分段收获时含水率在 18% 左右，采用联合收获时含水率在 20% 以上。但如果在阴雨天收获，含水率在 24% 以上。而小麦含水率也与收获方法有很大关系，如在东北地区采取分段收获时含水率在 18% 以下，在收获后期含水率达 13.5%。有的地方采用联合收获机收获，小麦含水率在 20%～24%，如收割时遇到阴雨天，含水率在 30% 以上。谷物含水量过高，则谷物呼吸作用（Respiration）旺盛，会导致酶活性增强，酶活性越强，谷物呼吸作用越旺盛。谷物呼吸是在活细胞内进行的一种复杂生物化学过程。有氧条件下的呼吸使糖类等物质在酶作用下分解为简单化合物，最终放出二氧化碳和水，并释放一定热量；在无氧条件下，糖类物质经酵解而产生酒精和二氧化碳，也释放出少量热。谷物呼吸作用越旺盛，干物质损耗和营养成分的分解就越多，放出的热量和水分使粮堆发热，湿度增高，又进一步促使呼吸增强，同时为微生物活动提供适宜的条件，从而引起谷物霉烂、变质。谷物呼吸强度常在其含水量超过某一临界值时骤然上升。在含水量少（12.5% 以下）和环境温度低（15～20℃ 以下）的情况下，呼吸强度微弱，但能维持最低限度的生命活动，对储藏有利。因此，安全储藏的极限天数受到谷物含水量和温度的较大影响。图 8-1 是由川村登等的研究成果表示的水稻安全储藏界限。通常温度和含水率越低，可安全储藏时间就越长。

（9）干燥过程

对薄层谷物用一定条件的空气进行通风时，谷物含水率以及谷物温度随时间的变化关系

标绘成曲线，将该曲线称为干燥特性曲线，如图 8-2 所示。可以将干燥过程分为：预热阶段①、等速干燥阶段②、减速干燥阶段③。如果谷物的表面十分湿润，从通风空气获得的热量全部用于水分蒸发，将进行等速干燥，表面温度达到通风空气的湿球温度。谷物达到通风空气的湿球温度过程为预热阶段。表面水分减少后，从内部水分移动进行补充，当内部水分移动不足以补充表面水分减少时，干燥速度将缓慢减少，物料温度开始上升。干燥速度开始减少时的含水率称为临界含水率。最后达到与干燥空气对应的平衡含水率后干燥结束。

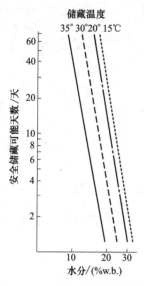

图 8-1　水稻的安全储藏界限

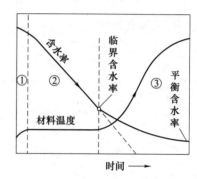

图 8-2　谷物干燥特性曲线

谷物干燥时其表面处于湿润状态的情形通常是不存在的，因此等速干燥阶段体现不出来。减速干燥过程是由材料内部水分向表面移动和表面水分除去的两个过程构成。由于水分梯度引起水分移动存在扩散现象，很多研究者正在进行干燥数学模型的研究。分析物料的干燥特性曲线，进而探讨其在实际烘干生产中的节能措施与其他应用，对正确制定烘干工艺，提高干燥质量和干燥效率，降低干燥成本具有重要意义。

（10）爆腰

剧烈的干燥或干燥后的吸湿过程，如果在谷粒表面和内部的含水率产生差异，会引起膨胀差异产生张力，当张力超过一定程度时，使谷粒产生龟裂，称为爆腰。爆腰在干燥过程中发生在表面部分，吸湿过程中发生在谷粒内部。爆腰使得谷物品质降低，应尽可能避免。

（11）湿空气特性

自然界空气是干空气和水蒸气的机械混合物，称为湿空气。谷物干燥过程所用的干燥介质都是湿空气，湿空气在烘干中既是载热体又是载湿体。为了分析谷物干燥的机理，就必须研究湿空气的特性和参数。

① 理想气体定律　在常压下，湿空气可以认为是几种理想气体的混合物，它们都符合道尔顿定律，即混合气体的总压力等于各组成气体分压力之和，即

$$P = P_a + P_v \tag{8-7}$$

式中　P——湿空气总压力，Pa；

　　　P_a——干空气分压力，Pa；

　　　P_v——水蒸气分压力，Pa。

根据理想气体定律，干空气和水蒸气的压力、温度和体积可用下式表示：

$$P_a V_a = W_a R_a T \tag{8-8}$$

$$P_v V_v = W_v R_v T \tag{8-9}$$

式中　R_a，R_v——干空气和水蒸气的气体常数，$R_a = 29.3$，$R_v = 47.1$；

$\quad\quad V_a$，V_v——干空气和水蒸气的体积，m^3；

$\quad\quad W_a$，W_v——干空气和水蒸气的质量，kg；

$\quad\quad T$——湿空气的绝对温度，K。

② 湿含量 H　1kg 干空气中所含的水蒸气质量叫作湿含量。设湿空气的体积为 V，温度为 T，由理想气体定律可知，水蒸气质量 $W_v = \dfrac{P_v V_v}{R_v T}$，干空气质量 $W_a = \dfrac{P_a V_a}{R_a T}$，因 $V_v = V_a = V$，故湿含量

$$H = \frac{W_v}{W_a} = \frac{R_a P_v}{R_v P_a} = \frac{R_a P_v}{R_v (P - P_v)} \tag{8-10}$$

因为 $R_a / R_v = 0.622$，则

$$H = \frac{0.622 P_v}{P - P_v} \tag{8-11}$$

③ 相对湿度　单位体积湿空气中所含水蒸气质量，称为该湿空气的绝对湿度，用 γ_v 表示，$\gamma_v = \dfrac{W_v}{V_v} = \dfrac{P_v}{R_v T}$。湿空气的绝对湿度与同温同压下饱和空气的绝对湿度 γ_s 之比叫作该空气的相对湿度 ϕ，则

$$\phi = \frac{\gamma_v}{\gamma_s} = \frac{P_v}{P_s} \times 100\% \tag{8-12}$$

式中　P_s——饱和蒸气压力，Pa。

相对湿度表示湿空气接近饱和状态的程度，ϕ 越小，说明湿空气能容纳的水蒸气越多，湿空气加热后相对湿度降低。$\phi = 100\%$ 则为饱和空气。

④ 湿空气的焓　焓是表示湿空气内所含能量的一个参数。湿空气的焓等于干空气焓和水蒸气焓之和，在某一温度 T 的湿空气的焓等于将 1kg 干空气和其中的水蒸气从 0℃ 加热到 T（℃）所需的热量。

$$h = h_a + H h_v$$

式中　h——湿空气的焓，kJ/kg；

$\quad\quad h_a$——干空气的焓，$h_a = C_a T$，kJ/kg；

$\quad\quad H$——湿含量，kg/kg（干空气）；

$\quad\quad h_v$——水蒸气的焓，$h_v = (2491.15 + C_v T)$，kJ/kg；

$\quad\quad C_a$——干空气比热容，kJ/(kg·℃)，$C_a = 1.005$kJ/(kg·℃)；

$\quad\quad C_v$——水蒸气比热容，kJ/(kg·℃)，$C_v = 1.968$kJ/(kg·℃)；

2491.15——1kg 0℃的水变成饱和水蒸气时所需的汽化热，kJ。

因此

$$h = 1.005 T + (2491.15 + 1.968 T) H \tag{8-13}$$

⑤ 湿空气比容　含有 1kg 干空气的湿空气体积 V 称为湿空气的比容。

$$V = \frac{R_a T}{P_a} = \frac{R_a T}{P - P_v}$$

由 $H = \dfrac{0.622 P_v}{P - P_v}$，消除 P_v，得

$$V = \frac{R_a T}{P}(1 + 1.608H) \tag{8-14}$$

式中　V——湿空气比容，m^3/kg（干空气）；

R_a——干空气气体常数；

H——湿含量，kg/kg（干空气）。

（12）间歇干燥

对谷物堆积层采取通风干燥期间和不通风缓苏期间交换进行的干燥方法叫作间歇式干燥，一般也称为调质干燥（Tempering drying）。长时间通风会使谷粒表面部分自由水分去除掉，使干燥速度显著降低。间歇式干燥在缓苏期间水分从谷粒中心部向表面移动，在下一个干燥期间具有使干燥速度得到回升的效果，可以提高燃料的热效率，并且间歇式干燥可以使谷粒表面与中心部分含水率的差异不会达到很大，可以具有抑制爆腰的效果。

（13）混合干燥

混合干燥是指将被干燥物与比其含水量低的材料相混合，使混合材料起到干燥剂的作用。作为混合材料，可以是热风干燥的谷物或干燥塔内处理的干燥谷物，即使用所谓的半干谷物。通过相同谷物的混合干燥，可以使低水分谷物进行吸湿，高水分谷物进行干燥，使总体谷物储藏性能得到提高。

8.3　谷物干燥机基本结构

谷物干燥机基本上是通过向谷物层内输送具有干燥能力的空气进行通风而使谷物水分蒸发，按对通风空气有无加热可分为热风干燥机和常温干燥机。热风干燥机进行干燥时，为了防止爆腰的发生，原则上通风温度设置在 40～60℃，谷物温度要控制在 40℃ 以下。按处理方式是否连续可分为连续式干燥机和批式循环干燥机，按谷物流动和介质流动的相对方向分为固定床式、顺流式、逆流式、横流式和混流式等，按结构形式分为平床式、厢式、柱式、带式、滚筒式等。谷物干燥常用柱式干燥机，在农村也有一些简易的固定床式干燥机。

（1）仓式干燥机

① 仓内储存干燥机　仓内储存干燥机又名干储仓，它由金属仓、透风板、抛撒器、风机、加热器、扫仓搅龙和卸粮搅龙组成，其结构如图 8-3 所示。湿谷物装入干储仓后，立刻启动风机和加热器，将低温热风送入仓内，继续运转风机一直到粮食水分达到要求的含水率为止。随着收获作业的进行，湿谷不断加入仓内，达到一定的谷床厚度后停止加粮，仓内的粮食量由干储仓的生产率和湿谷的水分确定，每一批谷物的干燥时间为 12～24h 不等。有些国家，如美国、加拿大也采用常温通风整仓干燥的方法，谷床厚度达 4～5m，干燥周期较长，为 2～5 周，采用的风量较小，一般为 1～3m^3/（min·t）。

① 循环流动式干燥圆仓　图 8-4 所示是一个流动式干燥仓，其结构与图 8-3 相同，但是配置不同。仓体为金属波纹结构，直径一般为 4～12m，大的可达 16m 以上。谷物从进料斗进入，经提升器、上输送搅龙，送到均布器均匀地撒到透风板面上，直到所要求的谷层厚度为止，然后开动风机，把经加热的空气压入热风室，热风从下而上穿过谷层，由排气窗排出室外。需要翻动谷物时，开动扫仓搅龙、下输送搅龙、提升器、上输送搅龙、均布器。下层的谷物由扫仓搅龙送到下输送搅龙，经提升器、上输送搅龙到均布器，均匀地抛撒在粮食表面上，依此不断地间歇翻动，使上下层谷物调换位置，达到干燥均匀的目的。此种类型的机械化程度较高，但设备投资大。

③ 顶仓式干燥圆仓　有些仓式干燥机在顶部下方 1m 处安装锥形透风板，加热器和风机即装在孔板下（图 8-5）。当谷物被烘干后，利用绳索拉动活门，可使谷物落至下面的多

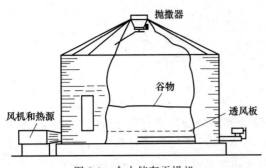

图 8-3　仓内储存干燥机

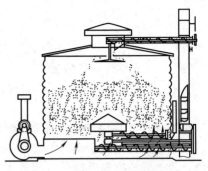

图 8-4　循环流动式干燥圆仓

孔底板上，在底部设有通风机用于冷却撒落的热粮，与此同时顶部又装入新的湿粮进行干燥。此批烘干后又落到已冷却的干粮上，如此重复进行，直到仓内粮面到达加热器平面为止。此种干燥仓的优点是干燥冷却同时进行，卸粮不影响干燥，此外，粮食从顶部下落时对粮食有混合作用，可改善干燥的均匀性。

　　④ 立式螺旋搅拌干燥仓　为了增加谷床厚度和保证干燥后粮食水分均匀，可在圆仓式干燥机中加装立式螺旋，对粮食进行搅拌（图 8-6），搅拌螺旋用电机驱动，螺旋除自转外还可绕圆仓中心公转，同时还可以沿半径方向移动。立式螺旋搅拌器的优点是疏松谷层，增加孔隙率，减少谷粒对气流的阻力，因而增大了风量；使上下层的粮食混合，减少干燥不均匀性；提高干燥速率，减少干燥时间。

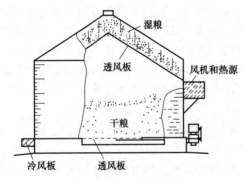

图 8-5　顶仓式干燥圆仓

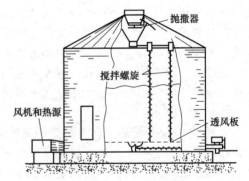

图 8-6　立式螺旋搅拌干燥仓

　　（2）横流式谷物干燥机

　　图 8-7 为一传统型横流式谷物干燥机的示意图，湿谷物从储粮段靠重力向下流至干燥段，加热的空气由热风室受迫横向穿过粮柱，在冷却段则有冷风横向穿过粮层，粮柱的厚度一般为 0.25～0.45m，干燥段粮柱高度为 3～30m，冷却段高度为 1～10m。根据谷物类型和对品质的要求确定热风温度，食用谷物一般为 60～75℃，饲料粮可采用 80～110℃。横流式干燥机一般有两个风机：热风机和冷风机，热风风量为 15～30m^3/(min·m^2)，或 83～140m^3/(min·t)，静压较低，为 0.5～1.2kPa。

　　粮食在干燥机内的滞留时间或谷物流速可以利用排粮轮或卸粮螺旋的转速进行控制，谷物流速主要取决于粮食的水分和介质温度。横流式干燥机的干燥特性如图 8-8 所示。

　　① 横流式谷物干燥机的特点是结构简单，制造方便，成本低，是目前应用较广泛的一种干燥机型；谷物流向与热风流向垂直；存在的主要问题是干燥不均匀，进风侧的谷物过干，排气侧则干燥不足，产生了水分差；其次是单位能耗较高，热能没有充分利用。

　　② 衡量干燥机性能的主要指标有单位热耗、干燥的均匀性（水分差）、干燥速率、最高

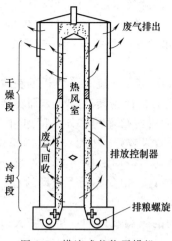

图 8-7　横流式谷物干燥机

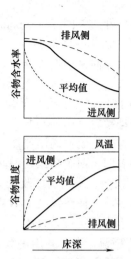

图 8-8　横流式干燥机的特性

粮温等。影响横流式干燥机性能的因素很多，主要有热风温度、风量、谷物初水分和谷物流量等。选择工作参数时要综合考虑各方面指标，有些参数对性能的影响是互相矛盾的，例如，对干燥后粮食的水分差而言，要求低风温和高风量；而对单位热耗来说，则正好相反，希望采用高风温和低风量，在选择热风温度和风量时应该进行分析，综合考虑。

美国 Thompson 教授对横流式谷物干燥机进行了计算机模拟，分析了热风温度和风量对单位热耗、水分差、最高粮温和谷物流量的关系，得出的性能曲线如图 8-9 所示。由图 8-9 可知，当谷物流量一定时，热风温度增加，则单位热耗减少，风量提高则单位热耗增加。从图 8-9 中曲线还可以得出，如果要求干燥后粮食的水分差小于 5%，粮温不超过 60℃，则热风温度应在 70℃ 以下。

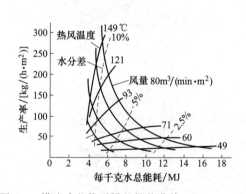

图 8-9　横流式谷物干燥机性能曲线（Thompson）

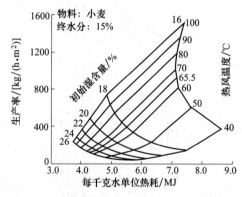

图 8-10　横流式谷物干燥机性能曲线（Nellist）

英国农业及食品工程研究所 Nellist 教授对横流式谷物干燥机进行了大量的研究，得出了类似的曲线（图 8-10），图 8-10 中曲线表示在相同的终水分条件下，谷物初水分对单位热耗和生产率的影响，由图 8-10 可以看出，湿谷物的含水率对横流干燥机性能有较大影响，对于高水分粮食，热风温度对单位热耗的影响较大，当粮食水分较低时，增加风温热耗的变化较少。

③ 横流式谷物干燥机的改进

a. 谷物流换位。为了克服横流式干燥机的干燥不均匀性，可在横流式干燥机网柱中部安装谷物换流器，使网柱内侧的粮食流到外侧，外侧的粮食流到内侧。这样就能减少干后粮食水分不均匀性。美国 Thompson 的研究表明，采用谷物流换位，不仅可以大大减少粮食的水分梯度，而且可降低粮温。利用计算机模拟的方法可以得出，当谷物厚度为 310mm 时，在干燥段中间采用换流器使粮柱内外侧换位，可使水分差减小约一半，同时最终粮食温度可降低 10℃ 左右，但是热耗会略有增加。

b. 差速排粮。为了改善干燥的均匀性，美国 Blount 公司在横流式干燥机的粮食出口处设置了两个排粮轮（图 8-11）。两轮的转速不同，进风侧的排粮轮转速较快，而排风侧的排粮轮转速较慢，这就使高温侧的粮食受热时间缩短，因而可使粮食的水分保持均匀。Blount 公司的试验表明，两个排粮轮的转速比为 4：1 时，干燥效果较好。

c. 热风换向。采用热风改变方向的方法，可使干燥均匀，即沿横流式干燥机网柱方向分成两段或多段，使热风先由内向外吹送，再从外向内吹送，粮食在向下流动的过程中受热比较均匀，干燥质量可以改善。

④ 多级横流干燥　利用多级或多塔结构，采用不同的风温和风向，可以大大改善横流式干燥机的干燥不均匀性。

⑤ 锥形粮柱　为了提高横流式干燥机的干燥效率，可采用不同厚度的粮柱，即上薄下厚的结构，这样可使上部较湿的粮食受到较大风量的高温气流，干燥效率提高。

（3）顺流式谷物干燥机

图 8-12 为一个单级顺流式干燥机，热风和谷物同向运动，干燥机内没有筛网，谷物依靠重力向下流动，谷床厚度一般为 0.6～0.9m，一个单级的顺流干燥机一般均有一个热风机和一个冷风机，废气直接排入大气，干燥段的风量一般为 30～45m³/(min·m²)，冷却段的风量为 15～23m³/(min·m²)，由于谷床较厚，气流阻力大，静压一般为 1.8～3.8kPa。

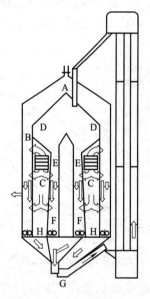

图 8-11　差速排粮式干燥机

A—湿粮入口；B—外粮粒；C—热风室；
D—缓苏段；E—内粮粒；F—差速轮；
G—排粮口；H—冷却段

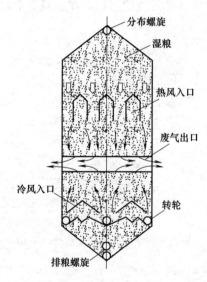

图 8-12　顺流式干燥机

① 顺流式谷物干燥机的特点是热风与谷物同向流动；可以使用很高的热风温度，如 200～285℃，而不使粮温过高，因此干燥速度快，单位热耗低，效率较高；高温介质首先与最湿、最冷的谷物接触；热风和粮食平行流动，干燥质量较好；干燥均匀，无水分梯度；粮层较

厚，粮食对气流的阻力大，风机功率较大；适合于干燥高水分粮食。

②顺流式干燥机的性能，在顺流式干燥机中，热风和高温的流向相同，高温热风首先与最湿、最冷的粮食相遇，因而它的干燥特性不同于横流式干燥机。试验证明，顺流式干燥机比传统横流式干燥机节能30%。在顺流干燥时，最高粮温点既不在热风入口也不在热风出口处，而是在热风入口下方的某一位置，其值与许多因素有关，如热风温度、谷物水分、谷物流速和风量等。一般情况下，在热风入口下方10～20cm处。粮食温度沿床深的变化见图8-13。由图8-13可知，在顺流式干燥机中，风温和最高粮温有较大差别，干燥玉米时差值可达40～80℃。

③顺流式干燥机的结构　大多数商用顺流式干燥机设有二级或三级顺流干燥段和一个逆流冷却段，在两个干燥段之间设有缓苏段。图8-14为一个二级顺流式干燥机的示意图。多级顺流干燥机相比于单级顺流干燥机的优点为：生产率高；由于设有缓苏段，故谷物品质有所改善；如果二级以后的排气能够循环利用，则单位能耗可以降低。顺流式干燥机缓苏段总长度可达4.0～5.5m，谷物在缓苏段内的滞留时间为0.75～1.50h。在这段时间可以使谷物内部的水分和温度均匀化以利于下一步的干燥。

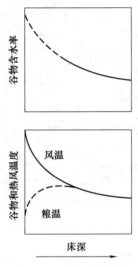

图 8-13　顺流干燥特性

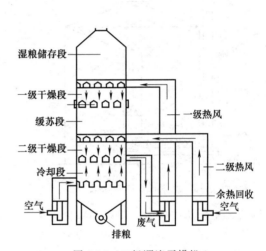

图 8-14　二级顺流干燥机

（4）逆流式谷物干燥机

在逆流式谷物干燥机中，热风和谷物的流动方向相反，最热的空气首先与最干的粮食接触，粮食的温度接近热风温度，故使用的热风温度不可太高。温度较低的湿空气则与低温潮湿的谷物接触，容易产生饱和现象。在烘干高水分粮食时谷层厚度有一个最佳值。由于谷物和热风平行流动，因此所有谷物在流动过程中受到相同的干燥处理。

①逆流式谷物干燥机的特点　热效率较高；粮食温度较高，接近热空气温度；热风所携带的热能可以充分利用，排出干燥机的湿空气接近饱和状态；粮食水分和温度比较均匀。

②逆流式谷物干燥机结构　逆流式干燥机一般由一个圆仓和通孔底板组成，湿谷物由仓顶连续或间断地喂入，底板上设有扫仓螺旋，螺旋除自转外还绕谷仓中心公转，将已烘干的谷物自仓底输送到中心卸出。高温热风利用风机从仓底穿过孔板进入粮层，进行干燥作业（图8-15）。

（5）混流式谷物干燥机

混流式谷物干燥机干燥段交替布置着一排排进气和排气角状盒，谷粒按照S形曲线向下流动，交替受到高温和低温气流的作用进行干燥。从热风和粮食的相对运动来看，混流干燥过程相当于顺流逆流交替作用。

① 混流式谷物干燥机特点　混流式干燥机可以采用比横流式干燥机高一些的热风温度。随着风温的提高，蒸发一定量的水分所需的热风量也相应减少，使用的风机也可以小一些；可以烘干小粒种子，如油菜籽、芝麻等；由于谷层厚度比横流式小，气流阻力降低，风机的功率较小，单位电耗的生产率较高；干燥机可以采用积木式结构，按二、四、六排角状盒作为一个标准段，进行生产，每一个标准段具有一定的生产率，因而使干燥机便于系列化生产；在混流式干燥机中，谷物不是连续地暴露在高温气流中，而是受到高低温气流的交替作用，故粮食烘后品质好，裂纹率和热损伤相对少一些。

② 混流式谷物干燥机结构　混流式干燥机多为组合式结构（图8-16），每个组合段为矩形，可根据用户不同的要求组合而成。横向开底的风管分层排列，每层风管由几条管道组成，进气层与排气层相互交替。在同一层所有管道向粮塔送入热空气，而该层管道的上下相邻的两层管道，都是排气管道。

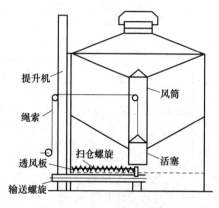

图 8-15　逆流式谷物干燥机

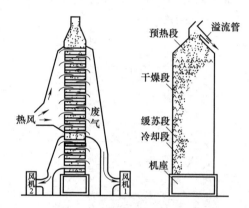

图 8-16　整体式混流干燥机

混流式干燥机工作时，湿谷物靠自重从上而下流动。由于热风的进入与湿空气排出的管道交替排列，层层交错，一个进气管由 4 个排气管等距离地包围着（图8-17），反过来也是如此。湿谷粒靠自重由上而下流动时，先靠近进气管，再靠近排气管，接触的温度由高到低，各部位谷粒得到近似相同的处理，干燥均匀。由于谷物接触高温气流的时间很短，因而可用较高热风温度，而排出废气的温度低，湿度高，降低了单位热耗。

③ 角状盒的形式与排列　混流式干燥机内部排列有多层角状盒，其形状、大小、数目和排列方式对干燥机的性能、粮食品质和干燥均匀性有重要影响。通用的角状盒的截面形状是五角形的，也有三角形的、菱形的，角状盒斜面上带通气孔，角状盒垂直面做成百叶窗式。从截面形式来讲，分等截面式和变截面式两种。

目前混流式干燥机中应用最广泛的是五角形角状盒，这种角状盒结构简单，容易制造，安装方便。俄罗斯、丹麦、瑞典和法国的干燥机多采用五角形角状盒。

混流式干燥机角状盒通常用 0.8～1.5mm 的薄钢板制成，对于不同的粮食，可采用不同尺寸的角状盒，一般来说，角状盒的截面尺寸和排列如图8-18所示。一个角状盒的截面尺寸有宽 a、斜边高 c、垂直边高 b、顶角等，通常取 $a=100mm$，$b=60～75mm$，$c=60～75mm$。角状盒的水平间距 $A=200～250mm$，垂直间距 $B=170～250mm$。布置角状盒要注意粮食流动顺利和受热均匀。图8-19是常用的谷物干燥机的角状盒排列尺寸。

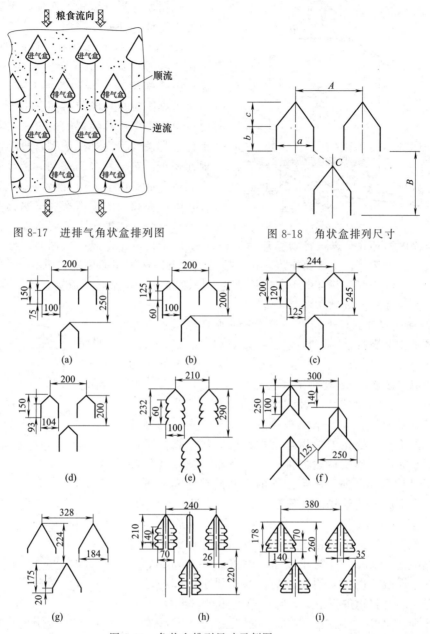

图 8-17 进排气角状盒排列图

图 8-18 角状盒排列尺寸

图 8-19 角状盒排列尺寸示例图

（6）循环式谷物干燥机

循环式谷物干燥机是比较先进的批式干燥机。作业时，先将一批待烘谷物全部装入烘干机内，然后启动烘干机进行烘干。谷物在干燥机内不断流动，流经干燥段时受热干燥，流经缓苏段时则使内部水分向外表扩散，以利再次干燥。经多次循环后，全部干燥到要求的终了水分时，再卸出机外。

循环式干燥机干燥、缓苏同时进行。高温干燥后的谷物用立式螺旋送到上锥体上方，进行短时间的缓苏，便于谷粒内部水分向外扩散，符合粮食干燥的规律，有利于保证粮食品质。因干燥过程中粮食始终处于不断的混合与流动状态中，因此干燥均匀。烘干不受原粮水分影响，水分高时多循环一些时间。

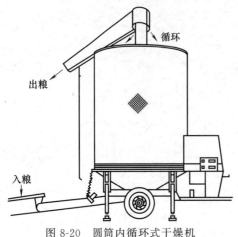

图 8-20　圆筒内循环式干燥机

根据循环提升装置的布置，循环式干燥机可分为内循环和外循环两种。

① 圆筒内循环干燥机　GT-380 型移动式烘干机是一种圆筒内循环干燥机（图 8-20），谷物通过中心螺旋升运器输送到上部，靠重力下移，经过干燥段时与热风接触蒸发水分，运动到底部时再由中心螺旋升运器输送上去，不断循环进行干燥。它设计为内外圆筒型，机器结构紧凑，占地面积小，热空气分布均匀，粮食受热一致，而且制造容易。由于采用谷物内循环省掉了提升装置，因此在相同的生产率和降水幅度条件下，机器的重量轻、体型小，节约钢材。

圆筒内循环式干燥机谷物循环速度快，每 10～15min 完成一次循环，比混流式干燥机的谷物流速高 7 倍，比普通横流式快 3 倍，因此可以使用高的风温，而不致使粮温过高，且干燥均匀，混合好。并且由于利用较短的干燥段和谷物高速循环流动，代替高塔慢速流动，有利于大幅度降低机身高度。

② 横流式外循环干燥机　横流式外循环干燥机是最常见的批式干燥机之一，其主机一般由干燥箱（缓苏段、干燥段）、排粮机构、上下纵向螺旋输送器、提升装置和热源组成（图 8-21）。这种干燥机在日本、韩国等稻米产地比较普及，20 世纪 70 年代以后，在我国南方水稻产区也开始有所应用，近年来保有量逐步增加。它与内循环干燥机的不同之处在于谷物是由排粮机构从干燥段下部排出，然后由下螺旋输送器推送到干燥机一侧，经外部的斗式提升器输送到干燥箱顶部的上螺旋输送器，再均匀地由上螺旋输送器散布到缓苏段内，经缓苏、干燥后，再进入下一循环。该类型干燥机采用较低风温（50～60℃）横向吹过向下流动的谷物，谷物通过横流干燥段的时间为 5～6min，谷物在缓苏段停留 70～80min 后再次进入干燥段。由于采用比较短的受热烘干时间与较长的缓苏时间对谷物进行干燥，降水速度较慢，干燥均匀，烘后质量有保证，能提高稻米的食用品质，不影响发芽率。

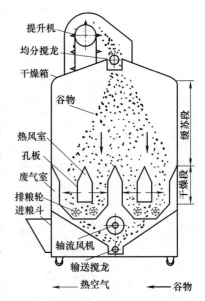

图 8-21　横流式外循环干燥机

（7）流化床干燥机

流化床干燥机是一种对流传热快速连续干燥设备，将物料堆放在分布板上，气流从设备下面通入床层，随着气流速度加大到某种程度，固体颗粒在床层就会产生沸腾状态，使固体颗粒在流化状态下进行干燥，这种床层称为流化床。采用这种方法进行物料干燥称为流化床干燥，有时也叫沸腾干燥。流化床干燥机的工作原理如图 8-22 所示，风机将燃烧炉的高温气体压入流化床干燥机倾斜孔板的下方，高温空气以较高的速度穿过倾斜孔板，使谷物达到流化状态，由于孔板具有 3°～5° 的倾角，谷物在沸腾状态下借助重力作用向出口流动。由于物料剧烈搅动，大大减少了气膜阻力，因此热效率较高，可达 60%～80%。

流化干燥具有风速高、对流传热快的特点，是一种快速连续干燥设备，但由于谷物通过流化斜槽的时间只有 40~50s，经过一次干燥谷物的降水率只有 1.0%~1.5%，出口物料温度达到 50~60℃，因此必须配备专门的通风冷却仓或缓苏设备进行缓苏降温，在缓苏降温过程谷物的水分还可以减少 1.0%~1.5%。流化干燥机所用的热空气温度，一般不超过 180℃，谷物层厚度为 12~15cm。

（8）辐射式干燥机

利用可见光或不可见光的光波传递能量使谷物升温干燥的设备称为辐射式干燥机。目前主要有太阳能辐射干燥机、远红外辐射干燥机、微波辐射干燥机及高频辐射干燥机。

① 太阳能辐射干燥机　利用太阳能集热器将太阳能辐射的热量传递给空气，并将热空气引入低温干燥机进行通风干燥，其典型配置和工作过程如图 8-23 所示。一般太阳能干燥机还设有辅助供热炉，以备阴雨天时或特殊情况下使用。太阳能辐射式干燥机具有节能和干燥质量好的优点，但其设备投资较大，占地面积也较大。

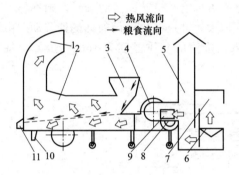

图 8-22　流化床干燥机工作原理
1—排气口；2—烘干室；3—喂料斗；4—风机；
5—烟囱；6—炉条；7—炉膛；8—电机；
9—冷风门；10—集尘器；11—排粮口

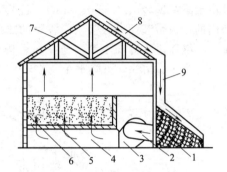

图 8-23　太阳能辐射干燥机
1—小石头块；2—风管；3—风机；
4—通风室；5—通风板；6—谷物；
7—屋顶；8—吸热板；9—透光板

② 远红外辐射干燥机　红外辐射干燥技术是近代发展起来的一种新技术，远红外辐射干燥机是由发射器发出波长为 2.5~1000μm 的远红外不可见光波对谷物进行照射，当辐射的红外线波长与被辐射物体的吸收波长一致时，该物体就大量地吸收红外线。物体吸收红外线后，物体内分子的振动频率加快，振幅扩大，运动能量增大，使其温度升高，物质在吸收红外线后，本身可以产生热量。红外辐射加热干燥就是利用这一原理来加热谷物，使其内部水分被蒸发出来，达到脱水干燥的目的。通常以空气为介质的循环式干燥机也可以通过与远红外辐射并用，图 8-24 所示是日本生研机构研制的利用煤油燃烧产生的高温气体为放射体加热，使之产生远红外辐射使谷物温度上升，同时来自放射部的高温排气与外气混合形成的热风，也如通常的循环式干燥机一样对谷物层进行通风，因此，称这种干燥机为远红外干燥机。远红外干燥机比一般循环式干燥机热效率高，且具有干燥时间短、省燃料、省电力、噪声低等优点。干燥后谷物品质与自然干燥相似，综合评价指标高于一般循环式干燥机干燥的谷物。

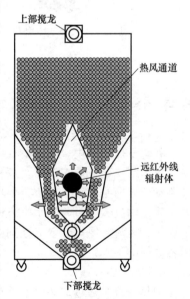

上部搅龙

热风通道

远红外线辐射体

下部搅龙

图 8-24　远红外辐射干燥机的结构

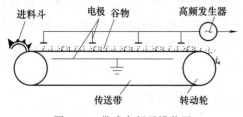

图 8-25 带式高频干燥装置

③ 高频辐射与微波干燥机 微波加热干燥原理与高频加热干燥的原理相同，只是两者所使用的电磁波的频率不同而已。高频辐射加热的原理是通过高频电磁波与物质相互作用而产生热效应。含水物质一般是吸收性介质，都可以用高频辐射来加热，用高频辐射进行干燥就是根据该原理（图8-25）。

（9）滚筒式干燥机

滚筒式干燥机有简易型和复式型两种。前者只有加热滚筒，后者除有加热滚筒外还设有冷却滚筒。图 8-26 所示是复式滚筒式干燥机，主要由加热炉、干燥室和吸风机等组成。干燥室是一回转滚筒，工作时，湿谷物由加热滚筒的一端随同热空气（或炉气）一道进入滚筒，由于滚筒回转（26～30r/min），且其轴线与水平方向有 1.0°～3.5° 的倾斜，则谷物不断被筒内的抄板带起而又滚落，使谷物的热接触面积增大，并逐步向滚筒的低端处移动，由出口排出，继而进入冷却滚筒，经冷却后排出。进入热滚筒的介质温度为 150～200℃，谷物受热时间为 1～2min，可降水 1.0%～1.5%。

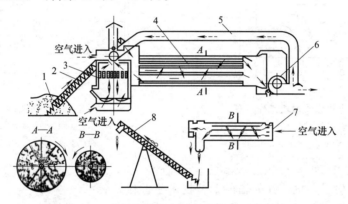

图 8-26 滚筒式谷物干燥机结构及工艺流程
1—湿谷物；2—螺旋升运器；3—加热炉；4—干燥滚筒；5—废气管道；
6—通风机；7—冷却滚筒；8—螺旋升运器（卸料）

8.4 谷物干燥机工作装置

（1）送风机

谷物干燥系统中，输送空气的机械称为风机，它是谷物干燥机的主要工作部件。按空气在风机内部流动方向来分类，风机可分为轴流式、离心式和混流式三大类。轴流式风机，空气流动的方向是与轴平行，主要应用于通风干燥机，需要高速运转；离心式风机，空气流动方向是经轴进入，沿与轴垂直方向排出，主要应用于需要大风量要求的储藏干燥机以及仓式干燥机；混流式风机，空气流动的方向是与轴成为某一倾斜角度，它是属于轴流式与离心式两者之间的形式。

（2）加热装置

加热装置是通过加热以及除湿使空气具有干燥能力的装置（热风炉）。热风炉是干燥机的主要部件之一，它作为干燥谷物的热源。其目的是把空气从较低温度加热到较高温度；同时提高了空气吸收水分的能力，以达到干燥谷物的要求。目前加热空气的方法有直接加热和间接加热两种。直接加热的好处是热效率高，但如果燃烧不完全就会对谷物产生污染。为了避免对谷物产生污染，常常采用间接加热，即需要有热交换器。

目前作为热风炉的燃料有柴油、煤油、重油、煤、生物质材料（如稻壳、玉米芯）等。还有利用太阳能以及采用远红外线、高频等加热。热风炉主要由燃烧器、热交换器等组成。以柴油、煤油、重油、原油作为燃料的燃烧器被称为燃油器，为干燥谷物加热空气提供热源。由于燃油种类的不同，燃油器的结构和原理也有不同。一般可分为喷雾式、蒸发式等燃烧器。

① 蒸发式燃烧器　蒸发式燃烧器是以煤油作为燃料，其结构包括电磁泵、电磁阀、燃烧盘、稳焰器、扩散口、点火和熄火装置以及温度自动调节装置等。其工作原理是煤油由电磁泵供给石棉网，由于煤油挥发性强，通过点火电阻丝点火，在燃烧盘燃烧，燃烧盘的温度升高促使石棉网的煤油蒸发。这时干燥机的风机开始运转，打开熄火装置的风门，使油气和空气充分混合，达到完全燃烧。供油量的改变是通过自动控制装置来控制电磁泵和电磁阀的工作频率。由于蒸发式燃油器具有在非常时期的灭火需要时间的缺点，正在逐渐减少。

② 喷雾式燃烧器　喷雾式燃烧器用柴油作燃料，其主要结构由电动机、油泵、油嘴、油压调节装置、自动点火和熄火装置、助燃风机及其风量调节装置等组成（图8-27）。喷雾式燃烧器的工作原理是柴油通过油泵产生一定的工作压力，经油嘴喷出雾化，并与助燃风机送来的空气充分混合点火，然后达到完全燃烧。

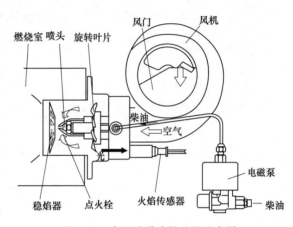

图 8-27　高压喷雾式燃油炉示意图

（3）安全与控制装置

谷物干燥的全过程中，为了保证烘干后的粮食品质和提高劳动生产率，需要对干燥设备和干燥工艺流程进行操纵控制。人工控制是基本的，但因所控制的设备和干燥工艺过程变化较为复杂，往往难以达到较佳的干燥粮食品质和较经济的效果。实现干燥机自动控制，可降低操作人员的劳动强度，减少操作人数，降低作业费用，提高干燥粮食品质等。干燥机的自动控制主要有热风温度的控制、粮食终点水分控制、排粮机构的控制、料位的控制以及过热防火自动控制等。

干燥机的自动控制，是一套系统、相辅相成、相互制约的控制。因此，总的技术要求为：仪器灵敏度高、耐用，随外界条件变化本身的性能波动小，重量轻、体积小、价格便宜、操作简单、易于检查、维修方便。

① 燃料停止装置　热风炉引起火灾的危险性很高，为了确保安全，紧急情况时必须具备使燃烧停止的装置。为了检测出干燥机内的异常高温以及火灾，使用恒温检测装置。相反，对于供给的燃料着火不良的检测，使用火焰检测装置。二者均是一旦通过传感器检测出异常情况，就关闭电磁阀切断燃料供给。

② 热风温度控制装置　干燥过程中热风温度的控制较为重要，热风温度应保持在一定界限范围之内。作种子的谷物，热风温度过高，谷物的胚芽即被杀死，食用谷物的热风温度过高就将破坏谷物的营养成分，影响食用。热风温度过低则会影响干燥设备的生产能力。不同的干燥机，热风温度的控制形式不同，但原理是相同的，都是给定一个热风温度，再用实测的热风温度与给定的热风温度相比，来控制实际热风温度，使它近似等于给定的热风温度。由于通风空气温度依据位置不同而不同，通常需要在2～3个位置配置传感器检测气温

来求得平均值。必须使工作元件、部件可靠、灵敏，信号准确。

③ 料位控制装置　料位的控制是由料位控制装置来完成的，料位控制装置装在干燥机的指定部位，当干燥机装粮时，装到干燥机装粮最高部位时，料位控制装置开始工作，装粮自动停止。料位控制装置装在干燥机的不同位置时，能知道干燥机卸粮位置。

④ 自动干燥停止装置　谷物干燥到适当的含水率就要停止干燥，为了防止干燥不足以及干燥过度状态的发生，需要对干燥中的谷物进行采样以及周期性测定含水率。通常使用自动水分计。谷物自动水分计，由测定部和水分传感器两部分组成。自动水分计用来自动测定、显示干燥过程中谷物的水分。当谷物水分达到设定值时，自动停止干燥过程。测定部是单片微机控制单元，可设置在主控制箱内，也可设置成独立的单元。水分传感器有电容式和电阻式两种。电阻式水分传感器一般装在提升机下部，从提升机飞溅出来的谷粒落入传感器两滚轮之间，测出碾碎后的种子粉末的电阻值，送至微机控制单元，在数字显示屏上显示出谷物的水分。

复习思考题

1. 简述谷物干燥的意义。
2. 简述谷物干燥机发展现状。
3. 分析产生爆腰的原因。
4. 试述谷物干燥机的分类与常见机型。

第 9 章
设施农业机械与装备

9.1 概述

设施农业是在环境相对可控条件下，采用工程技术手段，进行动植物高效生产的一种现代农业方式。设施农业主要包括设施园艺和设施养殖两大部分。设施养殖主要有水产养殖和畜牧养殖两大类。欧洲各国、日本等通常使用"设施农业（Protected Agriculture）"这一概念，美国等通常使用"可控环境农业（Controlled Environmental Agriculture）"一词。设施农业是集生物工程、农业工程、环境工程为一体，跨部门、多学科综合的系统工程，通过采用具有特定结构和性能的设施、工程技术和管理技术，改善或创造局部环境，为种植业、养殖业及其产品的储藏保鲜等提供相对可控制的最适宜温度、湿度、光照度等环境条件，以期充分利用土壤、气候和生物潜能，在一定程度上摆脱对自然环境的依赖而进行的有效生产的农业，是获得速生、高产、优质、高效的集约化生产方式。由于自动化和智能化高科技的运用，栽培环境不受自然条件影响而得到有效控制，使农产品工厂化生产成为现实，这便是设施农业发展到高级阶段的工厂化农业。目前，世界设施农业已经发展到较高水平，形成了成套的技术、完整的设施设备和生产规范，并在向自动化、智能化、网络化等方向发展。

设施农业装备是指在设施农业生产过程中用于生产和生产保障的各种类型的建筑设施、机械、仪器仪表、生产设备和工具等的统称。设施农业装备涵盖了建筑、材料、机械、环境、自动控制、人工智能、栽培、养殖、管理等多种学科和产业，因而科技含量高，其发达程度也成为衡量一个国家或地区设施农业现代化水平的重要标志之一。设施农业装备工程通过运用现代技术成果、工业生产方式、工程建设手段和系统工程管理方法将农业生物技术、农艺措施、农业生产过程和农业经营管理紧密结合，利用先进适用的技术装备，形成农业的标准化作业、专业化生产、产业化经营，为农业生物生长提供最适宜的环境条件，使农业资源得到充分利用，促进农业效益和农产品品质的提高，增强农产品的市场竞争力，保持农业的可持续发展。

设施内生产管理的机械化与设施环境调控自动化是工厂化农业的重要方面，目的是提高作业与控制的精度、作业效率、作业者的安全性与舒适性，实现省力化和轻量化。目前的设施园艺作为设施型生物生产系统的一种形式，其栽培作业包括耕耘、育苗、移栽、管理、病虫害防治、收获、产品包装等，作业项目多，需要大量人力。同时，设施内高温、高湿、通风不良的作业环境非常需要发展自动控制技术（包括机械化育苗技术、机器人移栽、自动喷滴灌与自动施肥技术等）。自动控制技术能充分发挥专家和工程技术人员的智慧，将人工智能、网络高新技术专家系统引入温室内，用于复杂的管理、决策及咨询，有效地提高设施内智能化、自动化、科学化管理水平。

植物工厂（Plant factory）作为设施型生物生产系统的终极生产系统，也是设施园艺的高级形式，最先由日本提出，是指利用环境控制和高新技术进行植物全年生产的体系，其特征体现在周年栽培、计划生产、无农药、高附加价值、高品质、高生产性、不依赖自然环境的栽培等。植物工厂的核心技术是对设施内栽培环境能有效地控制，进行机械化与自动化生产，营造适于作物生长的最佳环境条件。计算机智能化调控装置采用不同功能的传感器探测头，准确采集设施内室温、叶温、地温、室内湿度、土壤含水量、溶液浓度、二氧化碳浓度、风向、风速及作物生育状况等参数，通过数字电路转换后传回计算机，并对数据进行统计分析和智能化处理后显示出来，根据作物生长所需最佳条件，由计算机智能系统发出指令，使有关系统、装置及设备有规律运作，将室内温、光、水、肥、气等诸因素综合协调到最佳状态，确保一切生产活动科学、有序、规范、持续地进行。计算机有记忆及查询功能、决策功能，为种植者全天候24h提供帮助。采用智能化温室综合环境控制系统可使运作节能15%～50%，节水、节肥、节省农药，提高作物抗病性。植物工厂的最高形式是完全控制型。在完全控制型植物工厂中，不仅完全使用人工光源，而且温度、湿度、二氧化碳浓度、营养液等对植物生长有影响的主要环境条件，都可以完全自动控制。在全封闭系统内，采用工业化的设施设备，通过模式化栽培和流程化作业，使从播种到采收的全过程连续进行并高度自动化，从而实现周年不间断和有计划生产，因此是最理想的生产方式。但是，其能源消耗较大，成本较高，对技术的要求及工业控制的方案也更严密。

设施农业生产中所使用的各种机械，如动力机械（电动机、内燃机、拖拉机）以及与动力机械相配套的各种作业机械，都属于设施农业机械化装备的范畴，也是农业机械化的重要组成部分，许多设施农业机械都是采用通用的农业机械。但设施农业植物栽培有其特殊性，其生产过程和一般的大田作物有很大区别。因此，设施农业机械又有许多特殊要求、特殊种类和不同特点，主要包括耕整地机械、种植机械、病虫害防治机械、节水灌溉机械、收获机械、环境控制机械等，并以小型的专用机械为主。设施农业机械的主要特点是机型矮小，重心低，突出机身外的零部件尽可能少，转弯半径小，通过性能好，操作灵活，便于在设施内进行各项作业，且能保证设施内边角均可作业到，以最大限度地满足设施内作业的需要。在设施蔬菜生产中，由于蔬菜种子的粒径小、重量轻、形状复杂、表面粗糙度差异大，有些种子（如胡萝卜、番茄）表面粗糙，带有绒毛，要精确地分成单粒比较困难。有些种子要求在比较理想的条件下发芽后再播种，即播芽种。此外，设施农业植物栽培地的复种指数高，播种作业频繁，由于播种时期不同，要求的环境条件也不同，不同的种子还有特定的农业技术要求，用一般的农用播种机难以满足播种的需要，因此设施农业植物播种大都采用专用的播种机。

在国外，设施农业机器人的研究、开发应用已被广泛重视，并取得初步成果。日本、韩国研究开发了瓜类、茄果类蔬菜嫁接机器人。日本开发了育苗移栽机器人，有触觉和视觉，能将苗盘小苗孔中的幼苗移栽到大苗孔的苗盘中去，每1.2s移栽1株，辨别力很强，能把坏苗扔到一边。机器人能指挥灌溉，可根据光反射和折射原理准确测定出苗盘基质的含水量，根据需要适量灌溉，达到节水、防病、保持环境整洁的目的。日本研制了可行走的耕耘、施肥机器人，可完成多项作业的机器人，能在设施内完成各项作业的无人行走车，用于组织培养作业的机器人，等等。

9.2 设施农业作业机械

（1）育苗用土壤整备机械

在育苗生产过程中，需要将苗床或制钵用的土壤破碎、过筛，图9-1为一种由旋转碎土刀与振动筛配合的组合式机具。发动机的动力经皮带传动，使碎土滚筒旋转，同时通过曲柄摆杆机构带动筛子摆动。土壤由喂料漏斗喂入粉碎室，在高速旋转的滚筒碎土刀打击下，通过碎土刀与凹板的挤搓作用后，抛向碎土板上撞击破碎。破碎的土壤通过振动筛分离后，细碎的土壤通过筛网落在滑土板上滑出机外，而未被粉碎的大土块，则经筛面从大土块出口送出机外。土壤肥料搅拌机用于将土壤和肥料搅拌均匀（图9-2）。工作过程中，电动机通过传动箱内的皮带带动搅拌滚筒回转，搅拌滚筒轴上装有一定数量交错排列的钩形刀，滚筒在料斗内回转时，可进一步松碎土壤和肥料，并进行搅拌。混合均匀后，转动料斗将土壤、肥料倒出斗外。

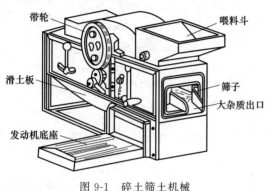

图 9-1　碎土筛土机械

图 9-2　土壤肥料搅拌机械

（2）土壤消毒机

土壤消毒就是用物理或化学方法对土壤进行处理，以杀灭其中病菌、线虫及其他有害生物，一般在作物播种前进行。如第5章5.2.7节中介绍的人力和机动两种把液体药剂注入土壤达一定深度，并使其汽化扩散的土壤消毒机，采用的是化学方法，但存在环境污染和药剂残留的危害。因此，设施农业采用的蒸汽消毒技术是通过高压密集的蒸汽杀死土壤中的病原生物。此外，蒸汽消毒还可使病土变为团粒，提高土壤的排水性和通透性。根据蒸汽管道输送方式，蒸汽消毒可分为：

① 地表覆膜蒸汽消毒法（汤姆斯法），即在地表覆盖帆布或抗热塑料薄膜，在开口处放入蒸汽管，该法效率较低，通常低于30%。

② 侯德森（Hoddeson）管道法，即在地下（深度通常为40cm）埋一个直径为40mm的网状管道，在管道上，每10cm有一个3mm的孔。该法效率较高，通常为25%～80%。

③ 负压蒸汽消毒法，即在地下埋设多孔的聚丙烯管道，用抽风机产生负压将空气抽出，将地表的蒸汽吸入地下。该法使深土层中的温度比地表覆膜高，该法热效率通常为50%。

④ 冷蒸汽消毒法。一些研究人员认为，85～100℃的蒸汽通常能杀死有益生物如菌根，并产生对作物有害的物质。因此，提出将蒸汽与空气混合，使之冷却到需要温度，较为理想的温度是70℃，维持30min。

（3）土壤耕作机

设施内由于空间和区域狭窄，使得大田耕作机具难以进入工作，因此需要小型的耕整地机械，以确保设施内土壤的精耕细作，降低劳动强度，增加生产效率和经济效益。设施内的耕整地机械需要具有体积小、重量轻、操作灵活等特点。

图9-3是一种手扶自走式微型旋耕机（微耕机）。适合设施内耕整地的自走式旋耕机种类繁多，但其结构、特点及工作原理基本相同，主要由动力部分、旋耕部件、传动部件、操纵部件、阻力铲等部分组成，如图9-4所示。工作时，发动机的动力经变速箱传给驱动轴，驱动安装在轴上的位于变速箱两侧的两组旋耕部件旋转，切削土壤并将其向后抛扔、破碎，同时通过土壤反力推动机器前进；变速箱下方的土壤被阻力铲耕松，从而防止漏耕，同时还

可以起到稳定耕深和限制耕深的作用，将阻力铲换作犁体也可用于起垄作业。微耕机具有体积小、重量轻、小巧灵活、操作简单等特点，适合于大棚蔬菜、果园等的耕作。

图 9-3　微型旋耕机

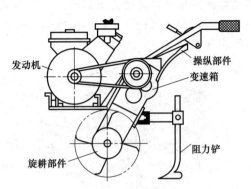

图 9-4　自走式旋耕机结构示意图

（4）蔬菜播种机械

蔬菜播种常采用通用的条播机、单体播种机和蔬菜专用播种机。目前，蔬菜播种正向着精密播种方向发展，各种气力播种机应用比较多。由于蔬菜种子多为不规则形状，为了保证精密播种，通常用包衣材料把蔬菜种子处理成丸粒，还有将种子制成饼片状。为了播种发芽缓慢的小粒蔬菜种子，英国发明了液体播种催芽种子的新方法，已有相应的成套设备。我国研制了一些蔬菜播种机，可播种白菜、萝卜、菠菜、油菜和豆类等，能满足农业技术要求。

① 精密播种机　蔬菜精密播种可以节省种子，减少间苗用工量，出苗齐，群体结构合理，成熟期一致，便于一次收获，提高蔬菜产量和质量。目前，国外实现精密播种的有：莴苣、番茄、洋葱、圆白菜、花椰菜、芹菜、大白菜、萝卜和黄瓜等。蔬菜种子尺寸差别大，重量轻，形状复杂，有些种子如胡萝卜、番茄等，表面粗糙，带有绒毛，要精确地分成单粒比较困难；有些种子存在高温休眠和低温休眠的问题，要求在理想条件下发芽后才能播种。因此，精密播种前需将种子预先进行清选、分级、包衣等处理。清选、分级处理多用于球形种子和丸粒化种子，其目的在于提高种子纯度并使其尺寸一致，以便于播种。

a. 饼片播种机。包衣处理的种子可分为球形丸粒种子和圆片形饼片种子等。一般包衣材料与种子的质量之比为 50∶1，微量包衣为 10∶1。种子包衣后粒度可达到 2.5～4.5mm，形成有利于机械化播种的形状。饼片种是将种子压在包衣材料中间，呈扁平圆柱状，直径为 19mm、厚度为 6mm。因播种后饼片直立于土壤中，上边缘裸露于地表，故播深比较容易控制，还可以防止地表板结对出苗的影响。饼片播种机结构如图 9-5 所示，其定向锥由两个锥体及槽底组成。槽底与左侧锥体装成一体，靠地轮转动，其转速为右侧锥体的 2 倍。工作时，种箱底部提供的饼片靠这种转速差扭转而平行于种槽，进而被带动落入单排的饼片滑道中。播种轮由播种盘和倾斜限深环组成，播种轮转动，饼片由滑道落入播种盘的缺口内，倾斜的限深环挤压土壤使饼片保持在压入的位置上。

b. 冲穴播种机。如图 9-6 所示冲穴播种机，在排种轮的圆周上开有用于捡拾种子的缺口，当缺口通过种箱时，拾起一粒种子。圆柱形冲头装在冲穴轮上，冲穴轮紧靠排种轮安装在传动轴上，利用一个偏心盘使冲头与地面保持垂直。当冲头运动到带有一粒种子的排种轮缺口时，含有 Fe_3O_4 成分的包衣种片被磁性冲头吸引，冲头带着种子压入土中，冲头退回时，种子靠周围土壤的附着力来克服冲头吸引力，可保留在种穴内，播后不覆盖土壤，以利于出苗。

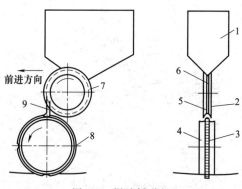

图 9-5　饼片播种机

1—种子箱；2—右锥体；3—播种盘；4—限深环；5—左锥体；
6—饼片槽；7—定向锥；8—饼片槽口；9—饼片滑道

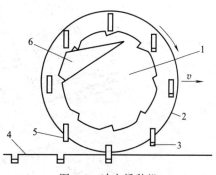

图 9-6　冲穴播种机

1—排种轮；2—冲穴轮；3—饼片种子；
4—地面；5—磁性冲失；6—种子箱

c. 吸嘴式气力播种机。吸嘴式气力播种机适用于营养钵育苗单粒点播。图 9-7 是一种制钵播种联合作业机的播种装置，它由吸嘴、压板、盛种盘和吸气装置等组成。吸嘴为吸种部件，它的内部有孔道与吸气道相通，端部有吸气口，用以吸附种子，里边装一个顶针，平时顶针吸入吸气口内，当压板下压顶针时，顶针由吸气口伸出将种子排出。其工作过程如下：吸嘴Ⅰ和Ⅱ直立时，压板压下，顶针由吸种口伸出，吸嘴Ⅰ吸附的种子落到电木板上，种子以自重落入营养钵块的种穴内。在电木板右移时吸嘴Ⅱ将种子吸附，转入下方的吸嘴Ⅰ自盛种管内又吸附一粒种子。当再转到上方直立位置时，又重复上述工作过程。

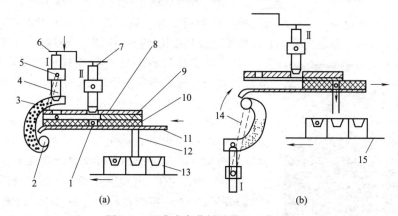

图 9-7　吸嘴式育苗播种装置工作原理

1—种子；2—吸气管；3—盛种盘；4—吸嘴；5—吸气管；6—压板；7—顶针；8—带孔铁板；
9—斜槽板；10—电木板；11—下挡板；12—排种管；13—营养钵块；14—吸气道；15—输送带

d. 板式育苗播种机。板式育苗播种机适用于营养钵和育苗盘的单粒播种，生产效率比较高，但要求种子饱满、清洁、发芽率高，不能进行一穴多粒播种。板式育苗播种机如图9-8 所示，由带孔的吸种板、吸气装置、漏种板、输种管、育苗盘等机构组成。工作时，种子被快速地撒在吸种板上，吸种板上的吸孔在负压的作用下，将种子吸住，多余的种子流回吸种板的下面。当吸种板转动到漏种板处时，通过控制装置，切断真空吸力，种子自吸种板的孔落下并通过漏种板孔和下方的输种管，落入育苗盘上相对应的营养钵块上，然后覆土和灌水，将种盘送入催芽室。该装置可配置各种尺寸的吸种板，以适应各种类型的种子和育苗盘。

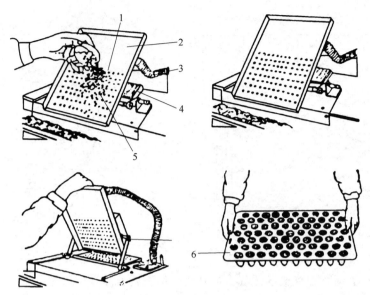

图 9-8　板式育苗播种机

1—吸孔；2—吸种板；3—吸气管；4—漏种板；5—种子；6—育苗盘

e. 针式精密播种机。针式精密播种机通过针式吸嘴杆的往复运动实现负压吸种和正压吹种两个工作流程。精密播种机通过真空发生器产生真空，同时针式吸嘴杆在摆杆气缸的作用下到达振荡的种子盘上方，吸嘴通过真空吸嘴吸附种子。随后，吸嘴杆在回位气缸作用下带动吸嘴杆返回到排种管上方，此时真空发生器喷射出正压气流，将种子吹落至排种管，种子沿着排种管落入穴盘中。针式精密播种机播种精度好、效率高、全自动化操作、操作简便、应用面广、省工省时，但是更换针头和种子时需要重新进行气压调试及重新设置气体压力。

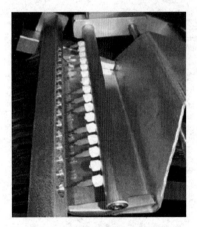

图 9-9　单排针式精密播种机

针式精密播种机的针式吸嘴杆经历了由单排针式到双排针式的发展，美国 SEEDERMAN 公司生产的 GS 系列精密播种机（图 9-9）采用单排针式的播种结构，生产效率能达到 300 盘/h。单排针式精密播种机能够实现蔬菜种子的全自动播种，降低了人工劳动的强度，但是单排针式吸嘴杆的往复运动消耗大量时间和能量。

荷兰 VISSER 开发了采用双排针式结构的 GRANETTE2000 精密播种机（图 9-10），该播种机在一个行程内播种两排种子，实现播种自动化的同时，提高了播种效率，效率达 700 盘/h。

f. 滚筒式精密播种机。滚筒式精密播种机打破了针式播种的间歇作业流程，通过滚筒圆周吸附种子，实现种子的连续播种。如图 9-11 所示，滚筒式穴盘育苗精密播种机的种子由位于滚筒上方或侧方的漏斗喂入，种子在真空条件下被吸附在滚筒表面的吸孔中，多余的种子被气流或刮种器清理。当滚筒转到穴盘正上方时，吸孔与大气连通，真空消失，并产生弱正压气流，种子被吹落到穴孔中。滚筒继续滚动，强正压气流清洗滚筒吸孔，为下一次吸种做准备。滚筒式穴盘育苗精密播种机由光电传感器信号控制播种动作的开始与结束，滚筒的转速可以调节。滚筒式播种机的特点是播种效率高，每小时可播种超过1000 盘，适合于大型蔬菜或花卉基地使用。

图 9-10 双排针式精密播种机

图 9-11 滚筒式穴盘育苗精密播种机

② 蔬菜液体播种机 蔬菜液体播种机是将已催芽的种子悬浮于液体凝胶中，再播入土壤中的机具。此法可用于菠菜、胡萝卜、茼蒿、番茄、芹菜、莴苣等苗床播种。英国在 20 世纪 60 年代初期开始研究液体播种法，应用于胡萝卜、莴苣和芹菜等蔬菜的栽培上，取得了良好的效果。1977 年液体播种的机械化设备开始投入市场。目前，液体播种法已经推广到美国和日本等十几个国家。我国尚未应用此项技术。

液体播种法的主要技术及设备有种子催芽技术和设备、催芽种子储存设备、凝胶介质的选择、发芽种子与未发芽种子的分离及液体播种机等。因此，应用液体播种要有相应的全套设备。图 9-12 所示为一种液体播种机，将已催芽的蔬菜种子悬浮，与一种作为播种介质的高黏性液体凝胶混合在一起，再将其播入土壤中，胶液可以保护芽种不受到损伤。这种方法可用于胡萝卜、番茄、莴苣、芹菜、菠菜等蔬菜的播种。工作时把催芽的种子均匀地悬浮于凝胶中，催芽的种子在凝胶中处于静止状态，只要均匀地排出凝胶，就能实现精密播种。为了排出含有催芽种子的凝胶，液体播种机采用的是

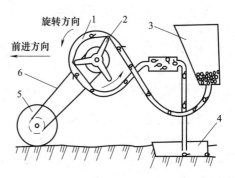

图 9-12 液体播种机
1—软导管；2—转子；3—种子箱；
4—开沟器；5—地轮；6—链条

一种特殊排种机构——蠕动泵，主要由软导管和转子组成。转子转动时周期性地挤压软导管，从而不断排出含有芽种的胶液。用光电指示器和计算机控制其排种过程，可使芽种的随机输入变成等距排种。改变滚子的转速，就可以调节液体播种机的播种量，转速越高，播种量越大。改变凝胶与种子的混合比也可以调节液体播种机的播种量，但种子的比例不能太高，否则凝胶就不能流动。

液体播种机多为条播机，有人力手推的液体播种机，也有与小型拖拉机相配套的多行液体播种机。液体播种机的特点是：种子的发芽条件好，播种后出苗率高，播种前，种子在催芽设备内集中催芽，可为种子发芽提供最好的温度、水分、光照和通气条件，并能克服种子的休眠问题；出苗迅速一致，增加了蔬菜有价值的生育天数，能提高产量；对种子尺寸要求不严，能播种大小不同、形状各异种子。

（5）卷帘机械

在寒冷冬季为了保温，需要在日光温室透明物上覆盖保温材料（保温帘），通常是草帘、保温被等。在日照比较强时，还需及时将保温帘卷起。由于卷帘工作时间性强，劳动强度大，棚上作业还有一定的危险性，故有必要实现机械化。常见的卷帘机有人工和电动两种形式。图 9-13 为人力卷帘机。它在保温被的下端横向固定一根铁管作为卷帘轴，在轴的两端

安装卷帘机构。通过摇转绕线轮，钢索牵引卷帘轮转动，即可实现卷帘作业。铺放时松放在保温被内的放帘线，即可实现放帘。

电动卷帘机的形式较多，图 9-14 是其中的一种。它在棚顶上固定安装卷帘机构，该机构由电机、减速机构和卷帘轴等组成。在屋面上横向固定安装一根卷帘轴。在保温帘的下端横向固定一根与帘宽相等的钢管，在保温被下纵向铺放几根拉绳，绳的一端固定在后屋面上，另一端固定在卷帘轴上，并缠绕在保温被上。当需要卷帘时，启动电机使卷帘轴转动，拉绳在卷帘轴上缠绕，牵引保温帘上升，完成卷帘动作。

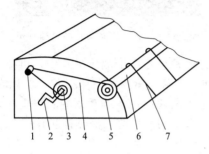

图 9-13　人力卷帘机

1—滑轮；2—摇把；3—绕线轮；4—牵引索；
5—卷帘轮；6—卷帘；7—放帘线

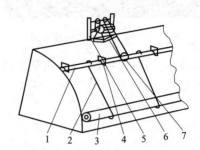

图 9-14　电动卷帘机

1—卷帘轴；2—拉绳；3—保温被；4—固定套；
5—固定架；6—电机和减速器；7—链轮

9.3　环境调控设备

农作物的生长发育需要有一定的环境条件，主要有温度、水分、光照、空气成分、土壤的成分和物理机械性质、营养液的温度和成分等。温室自动控制应根据作物及其不同生长阶段对环境条件的具体需要，随时调整控制参数的量。环境调控设备就是用来调节控制上述环境条件的设备。

（1）开窗机

温室自然通风靠侧窗、天窗或温室覆盖膜卷起形成的通风口来实现，用于天窗或侧窗启闭的机械设备称为开窗机。开窗机有多种类型，常用的有齿条直推连续开窗机（图 9-15）和轨道式推杆开窗机（图 9-16）。齿条直推连续开窗机由电机直联减速器、联轴器、传动轴、轴支承和齿条机构等组成，齿条机构包括与传动轴相连的齿轮和与窗相连的齿条两部分。电机直联减速器开启，通过联轴器带动传动轴转动齿轮，齿轮传动齿条将窗开启或关闭。轨道式推杆开窗机由电机直联减速器、联轴器、传动轴、齿条机构、推杆和支杆等组成，

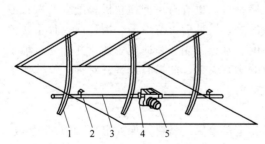

图 9-15　齿条直推连续开窗机

1—齿条；2—轴支承；3—传动轴；
4—联轴器；5—减速器

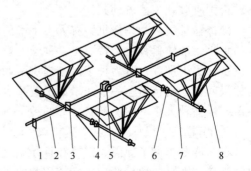

图 9-16　轨道式推杆开窗机

1—轴支承；2—传动轴；3—齿条机构；4—联轴器；
5—减速器；6—推杆支承；7—推杆；8—支杆

齿条机构包括齿轮盒和齿条两部分。电机直联减速器通过联轴器带动传动轴转动齿轮，齿轮传动齿条并带动与其相连的推杆做水平运动，推杆推动与窗相连的支杆将窗开启或关闭。

（2）湿帘-风机降温系统

湿帘-风机降温系统由湿帘降温装置和风机组成，分别配置在温室的相对两侧，风机通常采用低压大流量轴流风机。湿帘降温装置由配水管、湿帘、湿帘支承构件、回水管路、集水箱、过滤网、过滤装置、供水管路、分水管路、溢流管、浮球阀、水泵等组成（图9-17）。工作时，由泵将过滤后的水泵入供水管路流入配水管，配水管使水均匀分配流向湿帘的上方，水从上到下流动，经过湿帘汇集到集水槽，再经过回水管路流回集水箱。流经湿帘的水使湿帘完全浸湿，风机开启后抽吸温室内空气使温室处于负压状态，室外空气通过湿帘进入室内。通过湿帘的空气和流经湿帘的水进行热湿交换，使进入室内的空气温度低于室外空气温度，达到降温的效果。

（3）拉幕机

温室中用于遮阳网展开和收拢的设备称为拉幕机，拉幕机与遮阳网及托幕线等组成了拉幕系统。按照传动方式的不同，可以分为钢索拉幕机、齿条拉幕机和链式拉幕机等，目前在温室中普遍应用的是钢索拉幕机和齿条拉幕机。

① 钢索拉幕机主要由减速电机（电机直联减速器）、联轴器、驱动轴、轴支承、驱动钢索、换向轮等组成（图9-18）。驱动钢索穿过换向轮后其两端在驱动轴上缠绕，形成一闭合环，减速电机通过联轴器带动驱动轴，使驱动钢索的一端在轴上缠绕，另一端从轴上放开，从而实现驱动钢索沿钢索轴线方向的运动。遮阳网的一端固定在梁柱上，另一端固定在驱动钢索上，驱动钢索运动就可以带动遮阳网完成展开和收拢。通常减速电机安装在驱动轴的中部，可使驱动轴的最大扭转角为最小，以保证缠绕在驱动轴上的驱动钢索运动一致。

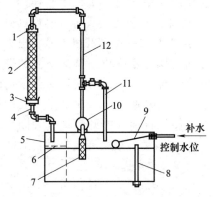

图9-17　湿帘降温装置简图

1—配水管；2—湿帘；3—集水槽；4—回水管路；
5—集水箱；6—过滤网；7—过滤装置；8—溢流管；
9—浮球阀；10—水泵；11—分水管路；12—供水管路

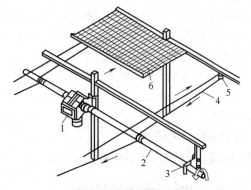

图9-18　钢索驱动拉幕机

1—减速电机；2—驱动轴；3—轴支承；
4—驱动钢索；5—换向轮；6—遮阳网

② 齿条拉幕机主要由减速电机、驱动轴、齿条、齿轮盒、推拉杆、支承滚轮等组成（图9-19）。常见的齿条拉幕机有同轴传动和平行轴传动两种，同轴传动指齿条与推拉杆为同轴，平行轴传动指齿条与推拉杆平行。齿条拉幕机的减速电机通过联轴器与驱动轴相连，驱动轴上等间距同轴安装若干个由齿轮盒和齿条组成的齿条机构，齿条与推拉杆固接，推拉杆通过支承滚轮安装在温室骨架上。电机带动驱动轴转动时，通过齿条机构带动推拉杆做直线往复运动。遮阳网一端与温室梁柱固定，另一端固定在推拉杆上时，就可实现遮阳网的展开和收拢。

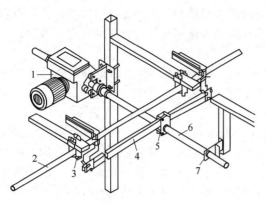

图 9-19　齿条拉幕机（平行轴传动）

1—减速电机；2—推拉杆；3—支承滚轮；4—齿条；

5—齿轮盒；6—驱动轴；7—轴承座

（4）CO_2发生装置

CO_2是绿色植物光合作用不可缺少的原料，植物体中的碳素主要来自于CO_2。温室是密闭或半密闭系统，空气流动性小，与外界交换少，常造成温室内作物正常生长发育所需要的CO_2匮乏，尤其在早春、秋末以及冬季，由于温室通风少，温室内CO_2浓度可能下降到 $220mL/m^3$，甚至更低。作物的CO_2饱和浓度为 $1000～1600mL/m^3$，补偿浓度为 $80～100mL/m^3$，在补偿浓度和饱和度之间，CO_2的浓度越高，作物的光合作用越强，增产效果越明显。一般温室内CO_2浓度低于 $300mL/m^3$ 时，就要补施CO_2，施补后浓度一般控制在 $500～1300mL/m^3$。增加CO_2浓度的方法通常有燃烧法、化学反应法、利用微生物分解有机物产生CO_2等。

产生CO_2的简单常用方法是燃烧燃料，最常用的燃料有丙烷、丁烷、酒精和天然气，这些碳氢化合物燃料成本较低、纯净、容易燃烧、便于自动控制，是很好的CO_2来源。燃料在充分燃烧的情况下产生CO_2。当燃烧产生蓝色、白色或无色火焰时，生成有用的CO_2；如果是红色、橙色或黄色火焰，说明燃料燃烧不完全，将产生CO。少量的CO就会对植物和人体产生致命的毒害。CO对蔬菜作物叶片组织产生漂白作用，使叶片白化或黄化，严重时造成叶片枯死。含硫或硫化物的燃料燃烧时会产生有毒的副产物SO_2，不能使用。CO_2发生器主要包括燃料供应系统、点火装置、燃烧室、风机和自动监控装置等。燃料供应系统的主要作用是提供清洁适量的燃油或压力适当的燃气；点火装置是按照开机信号发出火花点燃燃料，并在燃烧室内充分燃烧（图9-20）；风机一方面为燃烧室提供新鲜的空气助燃，另一方面将产生的CO_2均匀混合吹入温室空间；自动监控装置是按一定时间程序或设定的上下限浓度自动开停机，有的监控系统还含有通风自动停机的功能。CO_2发生器一般设计为筒式结构，如图9-21所示，顶部设有紧固挂环，可以方便地将筒身挂到温室（大棚）的最佳位置使用，不占场地。燃烧式CO_2发生器在产生CO_2的同时，也会产生热量，对寒冷地区的温室，特别是冬季栽培是有益的。

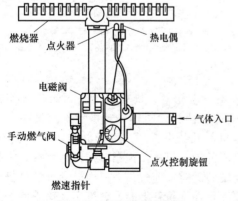

图 9-20　发生器点火装置

图 9-21　筒式 CO_2 燃烧发生器

（5）人工补光装置

补光常用的人工光源主要有白炽灯、荧光灯、金属卤化物灯、高压钠灯和低压钠灯等（图9-22）。选用哪种光源主要取决于不同的使用目的，即作物对光的响应和需求，另外还需考虑投资及运行费用等经济因素。光源布置取决于作物、光照强度、设施高度、灯的大小等因素。在设置灯的位置时，灯与作物之间的距离是影响种

白炽灯　　荧光灯　金属卤化物灯 高压钠灯

图 9-22　常用人工光源

植区域光照分布的重要因素。反映光照均匀程度的参数为照度均匀率，即室内最小照度与最大照度之比。为保证作物生长均匀，照度均匀率推荐值应大于 0.7。

① 白炽灯辐射能主要是红外线，可见光所占比例很小。电能大部分转化为热能，因而白炽灯发光效率很低（10～20lm/W），它发射的热量还有可能灼伤附近的作物。目前常用的白炽灯为 40～100W，一般只作为辅助光源应用。

② 荧光灯是一种低压气体放电灯，内壁涂有荧光粉。通过改变荧光粉的成分可获得不同的可见光谱。荧光灯光谱性能好，发光性能较好（约 65lm/W），使用寿命长，是现有电光源中最成功、使用最广泛的一种。由于荧光灯提供线光源，一般可获得更均匀的光照。主要缺点是单灯功率小，一般为 3～125W，多用于光周期补光。

③ 金属卤化物灯是一种新型光源，具有发光效率高（约 100lm/W）、光色好、寿命长和输出功率大等特点，是目前高强度人工光照主要光源。作物生产中常用的是 400W 和 1000W 两种规格。安装灯具时应同时考虑反光罩安装，使光照更均匀，光照强度更大。

④ 高压钠灯和低压钠灯，高压钠灯性能类似金属卤化物灯，寿命约 24000h，广泛用于蔬菜及花卉的光合补光；低压钠灯是一种很特殊的光源，只有 589nm 的发射波长，在电光源中的发光效率最高，由于产热量小，低压钠灯比高压钠灯可以更加接近作物。

⑤ 半导体二极管发光光源（LED）节能而寿命长，可以按照植物生长或生产所需的特定波长进行定制与选择，LED 光源发光过程中不发热，可以贴近植物枝叶，从而大大提高光能利用率与多层次生产的空间利用率。利用 LED 技术能为植物创造出最佳的光环境，是采用传统日光灯或钠灯补光工厂的提升与发展。发光二极管不仅使用红色，还有绿色和蓝色，也有把这几种色彩结合在一起的。LED 的缺点是成本较高，尤其是白色和青色 LED，红色的较便宜，但只用红色 LED 效果受到限制，因此常和荧光灯配合使用。由于 LED 工作电压低（仅 1.5～3.0V），能主动发光且有一定亮度，亮度又能用电压（或电流）调节，本身又耐冲击、抗振动、高效率、分量轻、寿命长（10×10^4h）。

9.4　自动控制技术

设施内作物生长的好坏，产量和质量的高低，关键在于环境条件对于作物生育需求的适宜程度。除了应进行设施结构的优化设计外，在生产过程中还应经常对与作物生长密切相关的各种环境因素进行必要的调节，以确保高产、高效、优质、低消耗。以计算机技术、信息技术，特别是生物工程为代表的现代农业科技革命，正在推动传统农业向现代农业方向加速发展，设施农业中作物的生长发育需要有一定的温度、水分、光照、空气成分、土壤成分和物理机械性质、营养液的温度和成分等条件。设施农业自动控制应根据作物及其不同生长阶段对环境条件的具体需要，随时调整控制参数的量。

设施农业自动控制技术由电气与控制系统组成，依据设施内外设置的信息检测系统检测的设施内外的环境信息，通过强电控制柜及环境控制器或计算机操作驱动/执行机构（如通

风机、开窗机、湿帘-风机降温系统、拉幕机、CO_2发生器、人工补光装置、采暖系统、灌溉施肥系统等），对设施内的环境气候（如温度、湿度、光照、CO_2等）和灌溉施肥进行调节控制，以满足栽培作物的生长发育需要。

（1）电气与控制系统分类

设施农业电气与控制系统按照人工参与操作程度，可分为手动控制系统和自动控制系统。自动控制系统按照功能与组成，又分为数字式控制仪、控制器和计算机控制几种类型。

① 手动控制系统主要依据传感器测量的温度、湿度、光照度和操作者对设施内外观测的信息，通过手动操作强电控制柜对各驱动/执行机构进行控制。手动控制系统主要由强电控制柜组成。

② 数字式控制仪控制系统通常通过传感器对设施内的某一环境因子监测，并对其设定域值，然后控制仪自动对驱动设备进行开启或关闭，从而使环境因子控制在设定的范围内。数字式控制仪控制系统主要由强电控制柜、传感器（信息检测）和数字式控制仪组成。数字式控制仪采用单因子控制，在控制过程中只对某一要素进行控制，不考虑其他要素的影响和变化，局限性较大。

③ 控制器控制系统，由于影响作物生长的众多环境因子之间的相互制约、相互耦合，当某一环境要素发生变化时，相关的其他要素也要相应改变才能达到环境要素的优化组合。控制器控制系统就是采用了综合环境控制，由强电控制柜、传感器（信息检测）和环境控制器组成。环境控制器通常采用单片机或可编程控制器作为控制核心部件。

④ 计算机控制系统一般可分为两类，一类由环境控制器与计算机构成，可以独立控制，控制系统的核心控制部件在控制器中，计算机只需完成监视和数据处理工作，设施管理者可以利用计算机进行文字处理及其他工作；另一类计算机为专用设备，它是控制系统的核心，不能用它从事其他工作，计算机中安装有设施环境控制软件。计算机控制系统采用的多种传感器构成了信息检测系统。计算机自动控制系统的组成如图9-23所示。

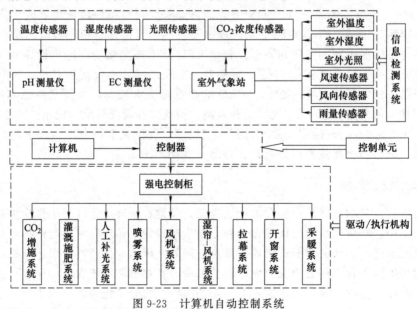

图9-23　计算机自动控制系统

（2）组成控制系统的常见设备

① 强电控制柜一般包括断路器、继电器、接触器、按钮、限位开关等电气元件。强电控制柜是设施农业电气与控制系统的基础，手动控制系统和自动控制系统均需通过强电控制

柜来实现控制。手动控制系统中通过操作控制柜面板上的按钮开启或关闭驱动/执行机构等。在自动控制系统中，强电控制柜的操作有手动和自动控制两种方式，计算机出现故障时或者需要手动操作时，可以选择手动控制方式。

② 信息检测传感器是实现设施农业自动控制的重要元器件，常用传感器有温度、湿度、CO_2 浓度、EC（Electric conductivity）浓度、pH 测量和光照传感器以及室外气象站等。

a. 常用的温度传感器有热电偶型、热电阻型、热敏电阻型等。

b. 湿度传感器可以检测绝对湿度和相对湿度。相对湿度可用干湿球法检测，如果空气中的水汽未达到饱和状态则干球温度和湿球温度之间就存在差值，根据干球温度和湿球温度之间的温度差就可得到空气的相对湿度。

c. CO_2 浓度传感器有气敏电阻、电化学、红外检测仪和阻抗型压电 CO_2 浓度传感器等。气敏电阻是一种半导体敏感元件，它是利用 CO_2 的吸附而使半导体本身的电导率发生变化的机理来检测 CO_2 浓度。电化学 CO_2 浓度传感器是基于 CO_2 浓度通过电化学反应转变成电信号的传感器。阻抗型压电 CO_2 浓度传感器是基于串联式压电晶体对溶液电导率和介电常数的灵敏响应而制成的 CO_2 浓度传感器。红外 CO_2 浓度检测仪是根据 CO_2 气体在红外区具有特定的吸收波长而制成的。

d. pH 测量仪用来检测溶液的酸碱度。对于灌溉施肥和营养液栽培系统，检测溶液的 pH 非常重要。

e. EC 测量仪，EC 是指电导率。在溶液中，离子浓度越高，导电能力越强，EC 值越大；离子浓度越低，EC 值越小。在营养液中，养分是以离子的形式存在，如果养分含量高则 EC 值大。因此测得营养液的 EC 值也就得到了营养液中养分的总浓度。

f. 光照强度传感器是用来检测光照强度的传感器。光照强度是控制温室外遮阳、内遮阳的主要参数。

g. 室外气象站包括风速传感器、风向传感器、温度传感器、湿度传感器、光照传感器、雨量传感器。

③ 数字式控制仪与传感器一起组成控制系统，如温度传感器与温度控制仪组成温度控制系统，温度传感器采集的温度信息传入温度控制仪，依据温度控制仪预先设置的温度上下限，发出控制信号到控制柜对相关设备进行开启和关闭的控制。

④ 温室环境控制器采用了综合环境控制。这种控制方法根据作物对各种环境要素的配合关系，当某一要素发生变化时，其他要素自动做出相应改变和调整，能更好地优化环境组合条件。

复习思考题

1. 设施内常用的播种方法有哪些？对设施内播种机械有哪些农业技术要求？
2. 简述植物工厂的意义及基本组成。
3. 植物工厂栽培技术管理的核心是什么？
4. 试述计算机在设施农业智能化管理中的作用。

参 考 文 献

[1] 池田善郎，笈田昭，梅田幹雄. 农业机械学［M］3 版. 东京：文永堂出版社，2009.

[2] 桑正中. 农业机械学（上）［M］. 北京：机械工业出版社，1988.

[3] 吴守一. 农业机械学（下）［M］. 北京：机械工业出版社，1987.

[4] 李宝筏. 农业机械学（第二版）［M］. 北京：中国农业出版社，2018.

[5] 南京农业大学. 农业机械学（上、下）［M］. 北京：中国农业出版社，1996.

[6] 北京农业工程大学. 农业机械学（上、下）［M］. 北京：中国农业出版社，1996.

[7] 耿端阳，等. 新编农业机械学［M］. 北京：国防工业出版社，2011.

[8] 高连兴. 农业机械概论［M］. 北京：中国农业出版社，2000.

[9] 汪懋华. 农业机械化工程技术［M］. 郑州：河南科学技术出版社，2000.

[10] 张波屏. 现代种植机械工程［M］. 北京：机械工业出版社，1997.

[11] 尚书旗. 设施栽培工程技术［M］. 北京：农业出版社，1989.

[12] 杨庚，等. 水稻抛秧栽培技术［M］. 北京：中国农业出版社，1994.

[13] 陈贵林. 蔬菜温室建造与管理手册［M］. 北京：中国农业出版社，2000.

[14] 王秀峰. 蔬菜工厂化育苗［M］. 北京：中国农业出版社，2000.

[15] 中华人民共和国农业部农业机械化管理司. 设施农业：园艺装备与技术［M］. 北京：中国农业出版社，2010.

[16] 王双喜. 设施农业装备［M］. 北京：中国农业大学出版，2010.

[17] 沈瀚，等. 设施农业机械［M］. 北京：中国大地出版社，2009.

[18] 邝朴生，等. 精确农业基础［M］. 北京：中国农业大学出版社，1999.

[19] 戚昌滋. 现代广义设计方法学［M］. 北京：中国建筑工业出版社，1987.

[20] 余友泰. 农业机械化工程［M］. 北京：中国展望出版社，1987.

[21] E. L. Barger, R. A. Kepner, Roy Bainer. Principlm of Farm Machinery, third Edition ［M］. CBS Publishers & Distributors Pvt. Ltd. 2005.

[22] Gary Krutz, Lester Thompson, Paul Char. Design of Agricultural Machinery ［M］. John Wiley&Sons, 1984.

[23] Culpin Claude. Farm Machinery. Twelfth edition ［M］. Oxford：BlackWell Scientific Publication, Wiley，1 992 .

[24] Brian Bell. Farm Machinery. 5th edition ［M］. England：Old Pond Publishing Ltd，2005.

[25] Kohnosuke Tsuga. Rice Transplanter ［M］. JICA，1992.

[26] Bakker-Arkema, &Brooker B. Drying and storage of grains and oilseeds ［M］. AVI Publisher，1992.

[27] FAO Books. Paddy drying manual ［M］. Fao Inter-Departmental Working Group，1987.

[28] C W Hall. Drying and storage of agricultural crops ［M］. AVI Publisher，1980.

[29] 杨晓彬，张贵，李国龙，等. 基于 Pro/E 犁体曲面的设计绘制方法［J］. 农业工程，2011，1（4）：71-73.

[30] 赵永满，梅卫江. 铧式犁犁体曲面设计研究现状与分析［J］. 农机化研究，2010，（5）：232-234.

[31] 应义斌，赵匀，张强. 悬挂犁传统受力分析方法的质疑和计算机辅助分析［J］. 农业机械学报，1994，9（3）：61-65.

[32] 刘阳春. 变量配肥施肥精准作业装备关键技术研究［D］. 北京：中国农业机械化科学研究院，2012.

[33] 陈远鹏，龙慧，刘志杰. 我国施肥技术与施肥机械的研究现状及对策［J］. 农机化研究，2015，（4）：255-260.

[34] 何志文，王建楠，胡志超. 我国旋耕播种机的发展现状与趋势［J］. 江苏农业科学，2010，（1）：361-363.

[35] 刘文忠，赵满全，王文明，等. 气吸式排种装置排种性能理论分析与试验［J］. 农业工程学报，

2010，26 (9)：133-138

[36] 于晓旭，赵匀，陈宝成，等. 移栽机械发展现状与展望 [J]. 农业机械学报，2014，(8)：44-53.

[37] 周海波，马旭，姚亚利. 水稻秧盘育秧播种技术与装备的研究现状及发展趋势 [J]. 农业工程学报，2008，24 (4)：301-306.

[38] 俞高红，黄小艳，叶秉良，等. 旋转式水稻钵苗移栽机构的机理分析与参数优化 [J]. 农业工程学报，2013，29 (3)：16-22.

[39] 薛党勤，侯书林，张佳喜. 我国旱地移栽机械的研究进展与发展趋势 [J]. 中国农机化学报，2013，9 (5)：8-11.

[40] 方宪法. 我国旱作移栽机械技术现状及发展趋势 [J]. 农业机械，2010，(1)：35-36.

[41] 金诚谦，吴崇友，袁文胜. 链夹式移栽机栽植作业质量影响因素分析 [J]. 农业机械学报，2008，39 (9)：196-198.

[42] 卢昱宇，冯伟民，陈罡，等. 蔬菜嫁接技术研究进展及应用 [J]. 江苏农业科学，2014，42 (7)：167-169.

[43] 辜松. 蔬菜嫁接机的发展现状 [J]. 农业工程技术 (温室园艺)，2014，(5)：26，28，30.

[44] 姜凯，郑文刚，张骞，等. 蔬菜嫁接机器人研制与试验 [J]. 农业工程学报. 2012，28 (4)：8-13.

[45] 辜松，刘宝伟，王希英，等. 2JC-500 型自动嫁接机西瓜苗嫁接效果生产试验 [J]. 农业工程学报，2008，24 (12)：84-88.

[46] 辜松. 蔬菜工厂化嫁接育苗生产装备与技术 [M]. 北京：中国农业出版社，2006.

[47] 马旭，齐龙，梁柏，等. 水稻田间机械除草装备与技术研究现状及发展趋势 [J]. 农业工程学报，2011，27 (6)：162-168.

[48] 范德耀，姚青，杨保军，等. 田间杂草识别与除草技术智能化研究进展 [J]. 中国农业科学，2010，43 (9)：1823-1833.

[49] 李江国，刘占良，张晋国，等. 国内外田间机械除草技术研究现状 [J]. 农机化研究，2006，(10)：14-16.

[50] 臼井智彦，伊藤勝浩，大里達朗. 水稲栽培における固定式タイン型除草機の除草効果 [J]. 東北雑草研究会，2009，(9)：38-41.

[51] 石田恭正，岡本嗣男，芋生憲司，等. ウォータージェットによる物理的除草に関する研究 [J]. 農業機械学会誌，2005，67 (2)：93-99.

[52] 西脇健太郎，大谷隆二，中山壮一. 機械除草と除草剤の部分散布を組み合わせたハイブリッド除草機 [J]. 農業機械学会誌，2010，72 (1)：86-92.

[53] 汤攀，李红，陈超，等. 考虑配重的垂直摇臂式喷头摇臂运动规律及水力性能 [J]. 农业工程学报，2015，31 (2)：37-44.

[54] 朱兴业，蔡彬，涂琴. 轻小型喷灌机组逐级阻力损失水力计算 [J]. 排灌机械工程学报，2011，29 (2)：180-184.

[55] 龚时宏，李久生，李光永. 喷微灌技术现状及未来发展重点 [J]. 中国水利，2012，(2)：66-70.

[56] 严海军，刘竹青，王福星，等. 我国摇臂式喷头的研究与发展 [J]. 中国农业大学学报，2007，12 (1)：77-80.

[57] Burillo G S，Delirhasannia R，Playán E. Initial drop velocity in a fixed spray plate sprinkler [J]. Journal of Irrigation and Drainage Engineering，2013，139 (7)：521-531.

[58] Dadhich S M，Singh R P，Mahar P S. Saving time in sprinkler irrigation application through cyclic operation：A theoretical approach [J]. Irrigation and Drainage，2012，61 (5)：631-635.

[59] 袁寿其，李红，王新坤. 中国节水灌溉装备发展现状、问题、趋势与建议 [J]. 排灌机械工程学报，2015，33 (1)：78-92.

[60] 王立朋，魏正英，邓涛，等. 压力补偿灌水器分步式计算流体动力学设计方法 [J]. 农业工程学报，2012，28 (11)：86-92.

[61] 周兴，魏正英，苑伟静，等. 压力补偿灌水器流固耦合计算方法 [J]. 农业工程学报，2013，29

（2）：30-36.

[62] 魏正英，苑伟静，周兴，等. 我国压力补偿灌水器的研究进展 [J]. 农业机械学报，2014，45（1）：94-101，107.

[63] 何雄奎. 改变我国植保机械和施药技术严重落后的现状 [J]. 农业工程学报，2004，20（1）：13-15.

[64] 杨学军，严荷荣，徐赛章，等. 植保机械的研究现状及发展趋势 [J]. 农业机械学报，2002，33（6）：129-131.

[65] 许林云，周宏平，高绍岩. 稳态烟雾机烟化管结构参数对烟化效果的影响 [J]. 农业工程学报，2014，30（1）：40-46.

[66] 张东彦，兰玉彬，陈立平，等. 中国农业航空施药技术研究进展与展望 [J]. 农业机械学报，2014，45（10）：53-59.

[67] 周海燕，杨学军，严荷荣，等. 风轮转盘式离心喷头试验 [J]. 农业机械学报，2008，39（10）：76-79.

[68] 曹坳程，郭美霞，王秋霞，等. 世界土壤消毒技术进展 [J]. 中国蔬菜，2010，（21）：17-22.

[69] 赵郑斌，王俊友，刘立晶，等. 穴盘育苗精密播种机的研究现状分析 [J]. 农机化研究，2015，（8）：1-5，25.

[70] 赵匀. 农业机械分析与综合 [M]. 北京：机械工业出版社，2008.

[71] 农业部农垦局，中国农垦发展中心. 收获机械 [M]. 北京：中国农业出版社，2009.

[72] 黄涛. 畜牧机械 [M]. 北京：中国农业出版社，2008.